CAD/CAM 软件应用技术

——Mastercam

（第 2 版）

主　编　蒋洪平　柴　俊

副主编　宋　浩　王　军　孙　希

北京理工大学出版社

BEIJING INSTITUTE OF TECHNOLOGY PRESS

内 容 简 介

本书主要内容包括 CAD/CAM 入门、二维图形绘制、图形编辑与标注、三维曲面造型、三维实体造型、二维铣削加工、三维曲面加工和车床加工 8 个项目。通过项目描述、项目目标、项目实施、项目评价、项目总结、项目拓展、相关知识和巩固练习等形式，读者可以熟练地掌握 Mastercam 2022 相关知识的实际运用。

本书深入浅出、实例引导、讲解翔实，既可作为高等院校、高职院校机械、机电、数控、模具类专业的教学用书，也可作为软件认证培训教材，或工程技术人员更新知识的参考用书。

图书在版编目（CIP）数据

CAD/CAM 软件应用技术：Mastercam / 蒋洪平，柴俊主编. --2 版. --北京：北京理工大学出版社，2022.1

ISBN 978-7-5763-1014-6

Ⅰ. ①C…　Ⅱ. ①蒋…②柴…　Ⅲ. ①计算机辅助设计–应用软件　Ⅳ. ①TP391.7

中国版本图书馆 CIP 数据核字（2022）第 028081 号

出版发行 / 北京理工大学出版社有限责任公司
社　　址 / 北京市海淀区中关村南大街 5 号
邮　　编 / 100081
电　　话 /（010）68914775（总编室）
（010）82562903（教材售后服务热线）
（010）68944723（其他图书服务热线）
网　　址 / http://www.bitpress.com.cn
经　　销 / 全国各地新华书店
印　　刷 / 三河市龙大印装有限公司
开　　本 / 787 毫米×1092 毫米　1/16
印　　张 / 18.25
字　　数 / 426 千字
版　　次 / 2022 年 1 月第 2 版　2022 年 1 月第 1 次印刷
定　　价 / 88.00 元

责任编辑 / 孟雯雯
文案编辑 / 多海鹏
责任校对 / 周瑞红
责任印制 / 李志强

前　言

Mastercam 是美国 CNC Software 公司开发的基于 PC 平台的 CAD/CAM 一体化软件，主要有设计、铣床、车床、线切割和木雕 5 个功能模块。目前，包括美国在内的各工业大国都采用该系统作为设计、加工制造的标准。在全球 CAM 市场份额上，Mastercam 长期位居榜首。

本书基于职业教育最新理念，采用任务驱动、项目教学法，以 8 个典型的循序渐进的项目实例介绍三维 CAD/CAM 软件 Mastercam 2022 的功能模块和使用方法，主要内容包括 CAD/CAM 入门、二维图形绘制、图形编辑与标注、三维曲面造型、三维实体造型、二维铣削加工、三维曲面加工和车床加工。

本书力求体现以下特点：

（1）以加工制造类企业需求为依据，以学生就业为导向，符合国家职业技能标准相关要求。

（2）紧扣“以能力为本位、以项目课程为主体、以职业实践为主线的模块化课程体系构建”的课程改革理念。

（3）通过项目描述、项目目标、项目实施、项目评价、项目总结、项目拓展、相关知识和巩固练习，引导学生明确学习目标、掌握知识与技能、丰富专业经验、强化工艺设计与选择能力，逐步提高分析、解决及反思生产中实际问题的能力，以形成职业核心竞争力。

本书既可作为职业院校机械、机电、数控、模具类专业的教学用书，也可作为软件认证培训教材，或工程技术人员更新知识的参考用书。

本书由蒋洪平、柴俊任主编，宋浩、王军、孙希任副主编。蒋洪平教授统稿全书，具体编写分工：蒋洪平（项目 1 及各项目巩固练习与参考答案），宋浩（项目 2），王军（项目 3），孙希（项目 4 及课程资源与平台建设），朱军（项目 5），柴俊（项目 6 及各项目任务与拓展实操视频），周亮（项目 7），蒋锋、陈王东（项目 8）。

本书作者长期从事数控加工、CAD/CAM 软件应用技术的教学与推广工作，并有丰富的职业技能竞赛指导经验。本书内容组织充分考虑教学规律，由浅入深、系统性强、重点突出、举例典型、条理清楚，对使用者具有较强的指导性。

书中例题和练习涉及的原文件以及结果文件，请到北京理工大学出版社网址（http://www.bitpress.com.cn）上下载，或与作者联系通过电子邮件传送。

为方便读者“泛在、移动、个性化”学习与使用，本书依托“云班课 App”（智能教学助手）创建共享式公共班课（班级：Mastercam2022，课程：CAD/CAM 软件应用技术，班课号：8388764），里面有丰富的配套教学资源和活动类型。

所有意见和建议请发往：58119394@qq.com（作者）。

欢迎访问江苏省职业教育名师工作室“蒋洪平 CAD/CAM 技术名师工作室”网站：http://www.mve.cn。

编　者

2022 年 7 月

AR 内容资源获取说明

——→ 扫描二维码即可获取本书 AR 内容资源！

Step1：扫描下方二维码，下载安装“4D 书城”App；

Step2：打开“4D 书城”App，单击菜单栏中间的扫码图标，再次扫描二维码下载本书；

Step3：在“书架”上找到本书并打开，即可获取本书 AR 内容资源！

目　录

项目 1 CAD/CAM 入门

1.1 项 目 描 述

以 Mastercam 2022 为例，介绍 CAD/CAM 软件的工作环境、系统设置、常用工具等基本内容。通过本项目的学习，完成以下操作任务：

（1） 新建文档，命名为“XIANGMU1－1”，保存目录设置为 D:\ Mastercam 2022。

（2） 指定系统工作区的背景颜色为白色（15 号颜色）。

（3） 建立如表 1－1 所示的图层。

表 1－1　图层设置要求

图层编号	图层名称
1	粗实线
2	细实线
3	中心线
4	虚线

（4） 绘制一个球体，颜色为黑色（0 号颜色），半径为 100 mm，并利用系统配置对话框，调整其线框模式的线条显示密度，并重新生成显示效果。

（5） 修改球体显示颜色为红色（12 号颜色）。

1.2 项 目 目 标

知识目标

（1） 了解 Mastercam 2022 的功能特点、使用界面等基础知识。

（2） 掌握 Mastercam 2022 的运行环境，以及屏幕、颜色、图层、线型、线宽等图素属性的设置方法。

技能目标

（1） 能启动与退出 Mastercam 2022。

（2） 能对 Mastercam 2022 运行环境和图素属性进行设置。

（3） 完成“项目描述”中的操作任务。

素养目标

（1） 养成勤于学习、乐于学习、善于学习的行为习惯。

（2） 培养探索新知、勇于进取的坚毅品质和创新创业精神。

（3） 形成制造业市场、产品、质量、服务和品牌等意识。

1.3 项 目 实 施

1.3.1 准备工作

配套 CAD/CAM 机房，至少有 40 个工位。PC 机模块或配置（参考）如下：

（1）CPU：≥i7（内核数≥8，线程数≥16，基础频率≥2.5 GHz，超频最高≥4.9 Hz，三级缓存≥16 MB，支持的 PCIe 版本≥4.0）。

（2）主板：≥570 系列及以上芯片组（处理器适配主板）。

（3）内存：≥16 GB（16GX1） DDR4 3 200 MHz，不低于两个内存插槽。

（4）硬盘：1T 固态硬盘。

（5）网卡：集成 10 M/100 M/1 000 M 自适应网卡。

（6）声卡：集成声道声卡。

（7）接口：≥8 个 USB 接口（至少前置 4 个 USB3.2 接口）、2 个 PS/2 接口、1 个串口、主板集成 2 个视频接口（其中至少 1 个 VGA）。

（8）机箱：标准立式箱标，安装和拆卸便捷，支持多硬盘，采用蜂窝结构，高效散热静音，噪声指标≤20 dB，安全锁孔，开关位于前面板。

（9）电源：≥300 W 高效电源。

（10）品牌认证：相关论证，如国家 3C 论证、节能产品论证、环境标示产品论证、能效标识。

（11）操作系统：支持 Windows 7\8\9\10\11，64 位操作系统。

（12）键盘鼠标：原厂键盘、鼠标（与主机同品牌）。

（13）显示器：≥***英寸液晶显示器（同品牌电脑显示器）。

（14）其他：售后服务、网络同传系统、主机安全锁、局域网、Mastercam 2022 软件等。

上机操作前应预先准备好项目资料、手册、书籍和文具，认真研究任务书及指导书，分析项目任务，明确要求及内容。

1.3.2　操作步骤

根据项目描述要求，认真制定实施方案，遵守规范，安全操作，按时完成项目操作任务，并养成良好的学习与工作习惯，具体步骤参考如下。

（1）选择 **新建 (Ctrl+N)**（或者选择 文件→新建），新建一个文档。选择 **保存 (Ctrl+S)** 命令，以文件名“XIANGMU1－1”保存在目录 D:\ Mastercam 2022 中，如图 1－1 所示。

（2）选择 文件→配置，打开“系统配置”对话框，如图 1－2 所示；单击选择 **颜色** 标签页，结果如图 1－3 所示，在该对话框的中间列表中，选择“背景（渐变起始）”选项，在对话框右侧单击选择第一行的最后一个颜色块“15”，同理将“背景（渐变终止）”选项指定为第 15 号颜色（白色），单击对话框右下方的“确定”按钮，在弹出的对话框中选择“是”。若选择“否”，则这些设置将只应用于本次。

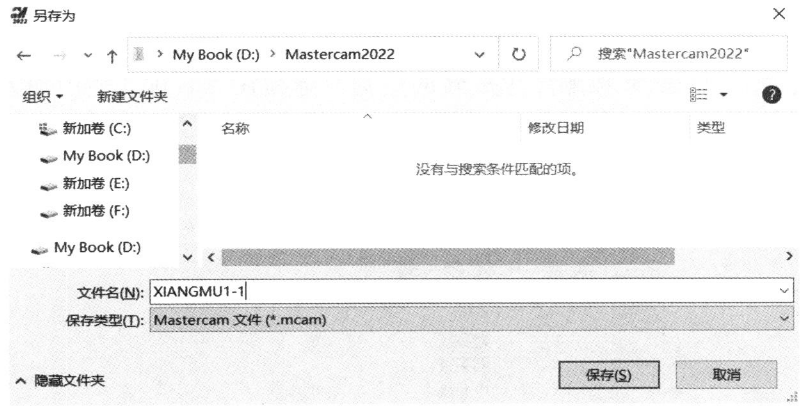

图 1－1　保存目录与文档命名

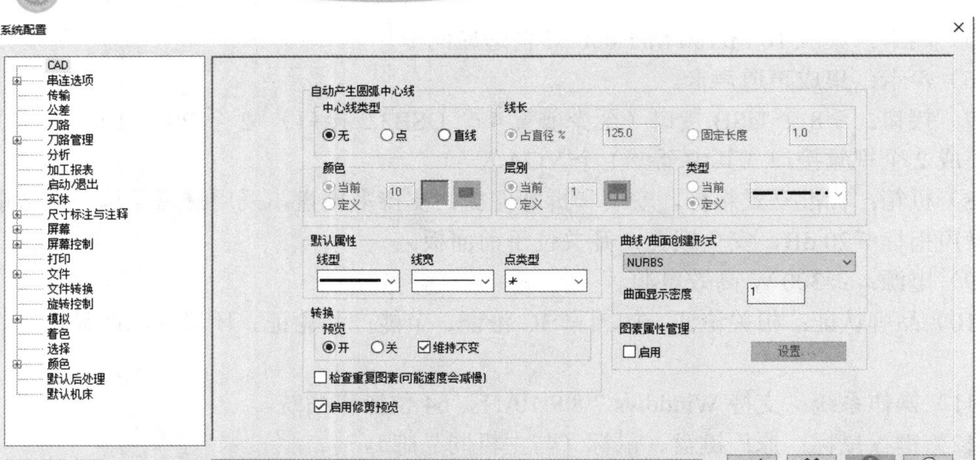

图 1–2 “系统配置”对话框

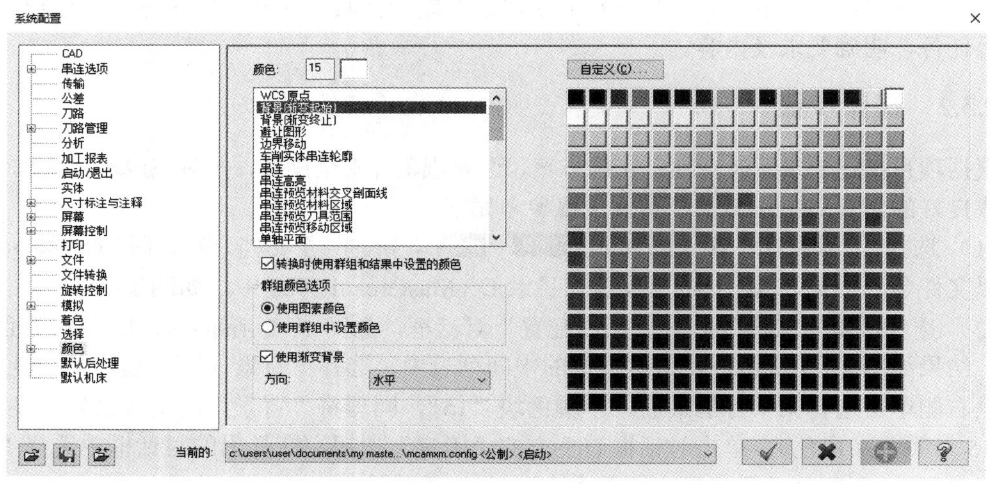

图 1–3 “系统配置”对话框——颜色标签页

（3）在“视图”中单击“层别”，弹出“层别”对话框，默认层别编号是 1，在名称栏中输入“粗实线”，单击 ✚ 按顺序生成新的层别，继续在“名称”栏中输入“细实线”，以此类推，4 个层别设置结果如图 1–4 所示，单击“确定”按钮 ✓，退出“层别”对话框。

层别

号码	高亮	名称	层别设置	图素
1	X	粗实线		0
2	X	细实线		0
3	X	中心线		0
✓ 4	X	虚线		0

图 1–4 “层别”对话框

（4）选择 文件 → 配置 ，打开“系统配置”对话框，如图 1－5 所示，单击选择 **颜色** 标签页，结果如图 1－5 所示。在该对话框的中间列表中选择“实体”选项，在对话框右侧单击选择第一行的第一个颜色块“0”，单击对话框右下方的“确定”按钮，在弹出的对话框中选择“是”。若选择“否”，则这些设置将只应用于本次。

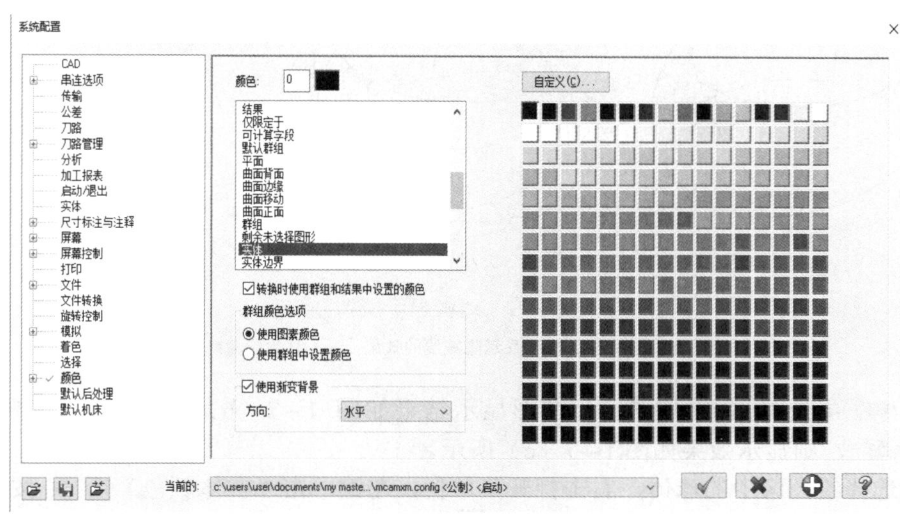

图 1－5　颜色设置对话框

选择 实体 → 球体 ，打开如图 1－6 所示的“基本球体”对话框，选择 ◉ 实体(S)，在 半径(U) 栏中输入半径“100”。在绘图区的中间位置，任意单击一点作为球体的中心点。单击对话框中的“确定”按钮✔，即可绘制一个球体。

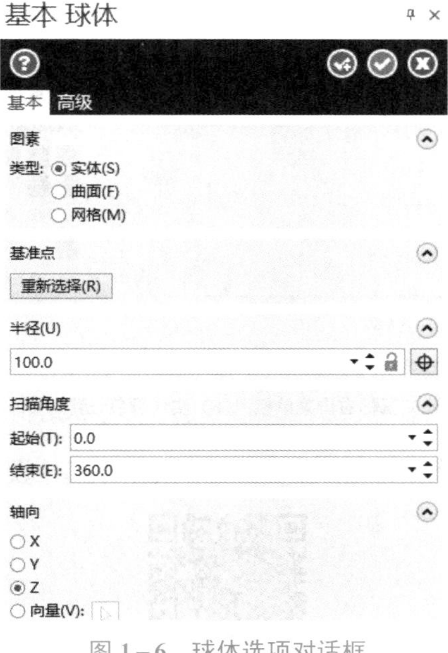

图 1－6　球体选项对话框

在菜单栏选择 视图 ，在工具栏中单击“等视图”按钮 等视图 ，以等视图观察球体。在工具栏单击 线框 下拉箭头，选择 显示线框 ，确保球体以线框模式显示，结果如图 1－7（a）所示。

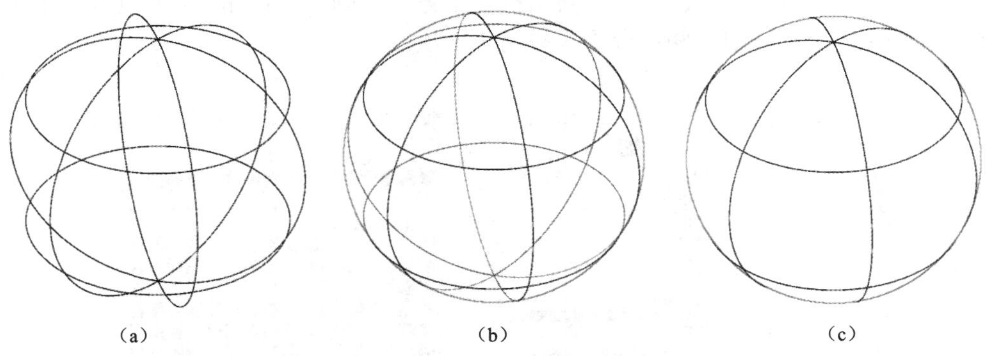

（a）　　（b）　　（c）

图 1－7　线框显示模式

（a）显示线框的效果；（b）显示隐藏线的效果；（c）移除隐藏线的效果

在 线框 中选择 显示隐藏线 ，图形显示结果如图 1－7（b）所示。在 线框 中选择 移除隐藏线 ，则显示效果如图 1－7（c）所示。

（5）选择绘图区中的球体，右击打开菜单栏，左键单击“实体颜色”后 按钮，弹出“颜色设置”对话框，如图 1－8 所示，点选颜色块（12 号），单击“确定”按钮，球体颜色即修改为红色。

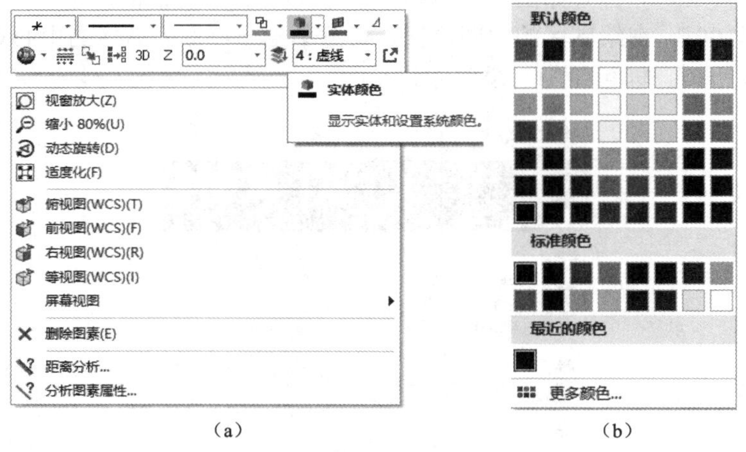

（a）　　（b）

图 1－8　右键菜单

（a）鼠标右击菜单栏；（b）实体颜色设置对话框

注意：此类技巧也适用于层别、点型、线型、线宽等属性设置上，请读者自行尝试操作。

项目描述任务操作视频（XM1S）

1.4 项 目 评 价

项目实施评价表见表 1－2。

表 1－2 项目实施评价表

序号	检测内容与要求	分值	学生自评（25%）	小组评价（25%）	教师评价（50%）
1	学习态度	5			
2	安全、规范、文明操作	5			
3	能新建“XIANGMU1－1”文档，并保存在 D 盘 Mastercam 2022 目录下	15			
4	能设置系统工作区背景颜色为白色	15			
5	能建立 1、2、3、4 图层，并分别命名为粗实线、细实线、中心线和虚线	15			
6	能绘制一个颜色为黑色、半径为 100 mm 的球体，并能调整线框模式	10			
7	能修改球体显示颜色为红色	10			
8	项目任务实施方案的可行性及完成的速度	10			
9	小组合作与分工	5			
10	学习成果展示与问题回答	10			
总分		100			
			合计： （等第： ）		
问题记录和解决方法	记录项目实施中出现的问题和采取的解决方法				
签字：				时间：	

1.5 项目总结

Mastercam 是目前国内外制造业广泛使用的 CAD/CAM 集成软件之一。Mastercam 操作灵活，易学易用，系统配置包括 Mastercam 2022 软件正常工作时需要的各个方面的参数设置。对于一般用户来说，采用系统默认的参数设置就能较好地完成各项工作。但有时也需要改变系统某些项目的设置，以满足用户的某种需要。

通过本项目的学习，可以非常熟练地掌握以下内容：

（1） Mastercam 2022 的基本功能、特点和使用界面；

（2） Mastercam 2022 工作时所需的各种参数的设置以及涉及图素的各种属性设置；

（3） Mastercam 2022 界面相对以往版本更加友好、功能更加强大、操作更加简单。

1.6 项目拓展

1.6.1 Mastercam 2022 的快捷键

在 Mastercam 2022 中，提供了系统默认的快捷键，用于某些命令的调用，提高了工作效率。读者可以根据需要进行快捷键的设置。系统默认的快捷键设置见表 1－3。

表 1－3 系统默认的快捷键设置

快捷键	功能	快捷键	功能
Alt+1	设置视图面为俯视图	Page Up	绘图视窗放大
Alt+2	设置视图面为前视图	←	绘图视窗左移（绘图区中图形右移）
Alt+3	设置视图面为后视图	→	绘图视窗右移（绘图区中图形左移）
Alt+4	设置视图面为底视图	↑	绘图视窗上移（绘图区中图形下移）
Alt+5	设置视图面为右视图	↓	绘图视窗下移（绘图区中图形上移）
Alt+6	设置视图面为左视图	Esc	结束正在进行的操作
Alt+7	设置视图面为等视图	F1	窗口放大
Alt+A	进入自动保存文件对话框	F2	缩小图形 50%

续表

快捷键	功能	快捷键	功能
Alt+C	运行加载项	Alt+F2	缩小图形 80%
Alt+D	尺寸标注自定义选项	F4	图素分析
Alt+E	隐藏/取消隐藏	F5	删除图素
Alt+G	进入绘图区网格捕捉对话框	F9	显示轴线
Alt+H	进入 Mastercam 2022 在线帮助	Delete	删除图素（等同于）
Alt+P	自定义视图预览	Alt+F1	适度化（等同于 Home）
Alt+T	刀具路径显示/关闭	Alt+F4	退出 Mastercam 2022
Alt+S	开启/关闭实体着色显示	Alt+F8	系统配置
Alt+U	取消前一个操作动作	Alt+F9	显示指针
Alt+V	显示 Mastercam 2022 的版本号、产品详细信息	Alt+F12	设定旋转位置
Alt+O	切换显示刀路管理器	Ctrl+A	全部选择
Alt+I	切换显示实体管理器	Ctrl+X	剪切
Alt+L	切换显示平面管理器	Ctrl+C	复制
Alt+Z	切换显示层别管理器	Ctrl+V	粘贴
Alt+M	切换显示多线程管理器	Ctrl+N	新建
Alt+B	切换显示浮雕管理器	Ctrl+S	保存
Page Up	绘图视窗放大	Shift+Ctrl+S	另存为
Page Down	绘图视窗缩小	Ctrl+P	打印
Home	适度化	Ctrl+T	半透明度

1.6.2　Mastercam 2022 的工作流程

Mastercam 2022 是一种典型的 CAD/CAM 软件系统，它把 CAD 造型和 CAM 数控编程集成于一个系统环境中，完成零件几何造型、刀具路径生成、加工模拟仿真、数控加工程序生成和数据传输，最终完成零件的数控机床加工。其工作流程如图 1－9 所示。

从图 1－9 中可以看出，一般可以通过以下三种途径来完成零件造型。

（1）由系统本身的 CAD 模块建立模型。

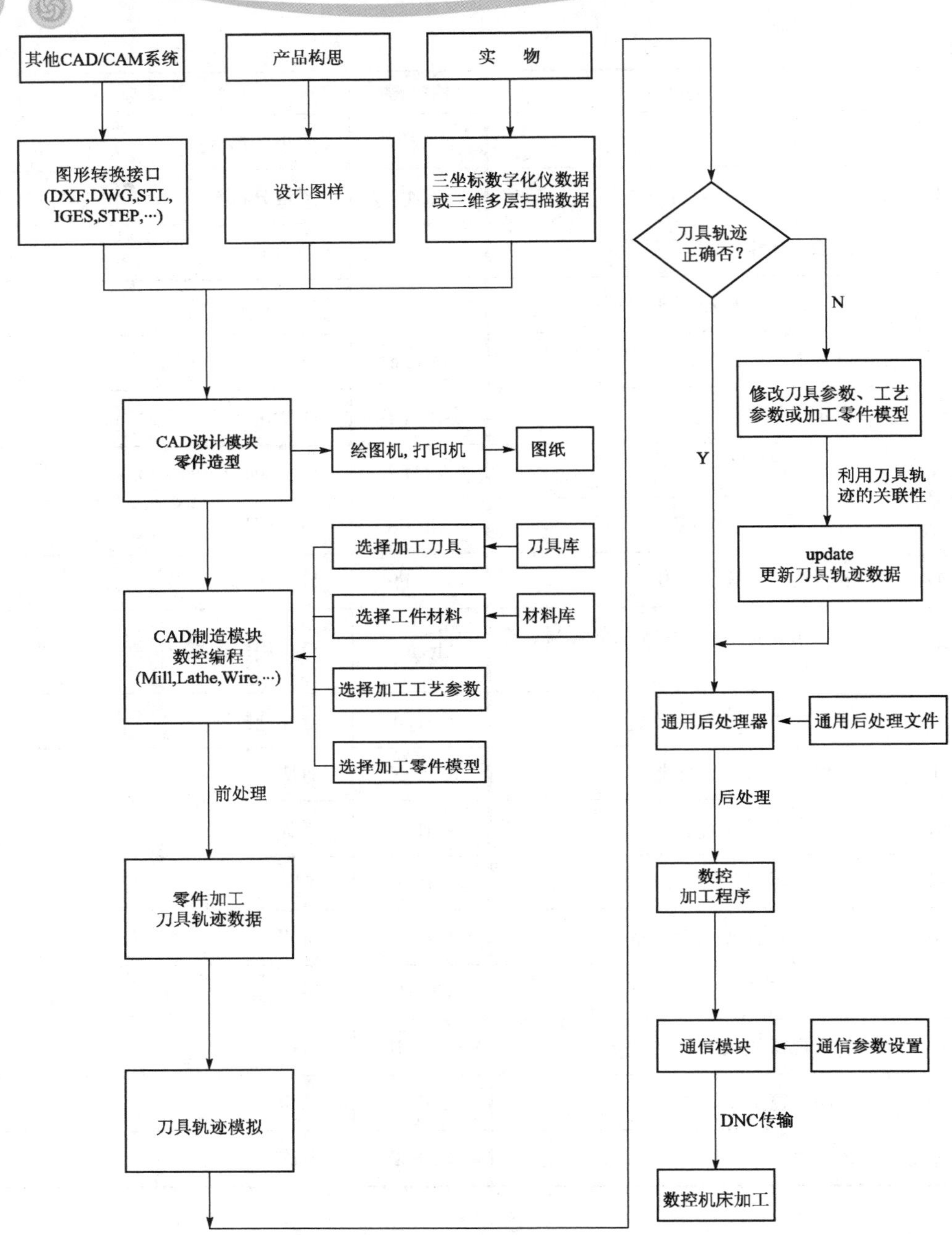

图 1－9　Mastercam 2022 工作流程图

（2）通过系统提供的 DXF、IGES、CADL、VDA、STL，PARASLD、DWG 等标准图形转换接口，把其他 CAD 软件生成的图形转变成本系统的图形文件，实现图形文件共享。

（3）通过系统提供的 ASCⅡ图形转换接口，把经过三坐标测量仪或扫描仪测得的实物数据（*X*、*Y*、*Z* 离散点）转变成本系统的图形文件。

Mastercam 2022 系统的工作流程包括三个主要处理过程：

（1）利用 CAD 设计模块，通过上面叙述的三种途径来完成零件造型。

（2）利用 CAM 制造模块，选择合适的加工方式、加工刀具、材料、工艺参数和加工部位，产生刀具路径，生成刀具的运动轨迹数据，通常我们称其为 CLF（Cut Location File）文件。这种数据与采用哪一种特定的数控系统无关，因此这个过程称为前处理。其生成的刀具运动轨迹，通过仿真模块进行轨迹模拟。如果使用者不满意，可以利用刀具轨迹与图形、加工参数的关联性进行局部修改，并立即生成新的刀具轨迹。

（3）产生数控加工程序。由于世界上有几百种型号的数控系统（如 FANUC、SIEMENS、AB、GE、MITSUBISHI 等），它们的数控指令格式不完全相同，因此软件系统应选择针对某一数控系统的处理文件，生成特定的数控加工程序，这样才能正确地完成数控加工。这个过程称为后处理。

在整个工作流程中需要输入两种数据：零件几何模型数据和切削加工工艺数据。

1.6.3　定制鼠标右键快捷菜单

在默认的情况下，鼠标右键快捷菜单中是没有平移视图命令（Pan）的。为方便软件的操作使用，需在鼠标右键快捷菜单中添加“平移”命令。

（1）在菜单栏空白处右击选择 自定义功能区... 命令，选择 上下文菜单，在“类别”中找到“图形视图”，选择 平移(P)，单击 添加(A)> 按钮，单击“确定”按钮，自定义对话框如图 1－10 所示。

图 1－10　自定义对话框

（2）在绘图区右击鼠标，添加 平移(P) 成功后，结果如图 1－11 所示。

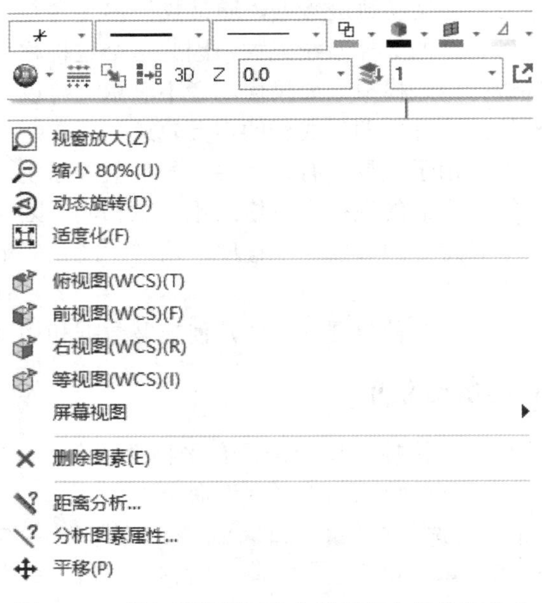

图 1－11　增加平移视图命令的鼠标右键快捷菜单

学有所思，举一反三。通过项目拓展，你有什么新的发现和收获？请写出来。

____

____。

根据项目编组，加强小组分工、协作训练，请充分发挥个人的聪明才智，自行设计、编制拓展项目实施评价表，格式不限。

1.7 相关知识

1.7.1 项目基础知识

项目基础知识

1.7.2 辅助项目知识

辅助项目知识（思政类）

1.8 巩固练习

1.8.1 填空题

1. Mastercam 2022 是美国________公司推出的 CAD/CAM 产品，主要包括________、________、________、________、________5 个功能模块。

2. 属性面板是 Mastercam 2022 的重要组成部分，可以设置图素的________、________、________、________等属性。

3. Mastercam 2022 有 3 种保存功能，分别是________、________、________。

4. 合并其他文件中的图素，要使用________命令。

5. 通过操作管理器可以对________、________、________、________等进行管理和编辑。

1.8.2 选择题

1.（　　）不是 Mastercam 2022 的组成模块。

A. Mill　　B. Design　　C. Wire　　D. Router

2.（　　）不是在属性面板中进行设置的。

A. 标注样式　　B. 点的类型

C. 图素的图层　　D. 图形视角

3. 打印图样到图纸时，不能使用（　　）方法设置打印线宽。

A. 颜色对应线宽　　B. 图层对应线宽

C. 图素线宽　　D. 统一线宽

1.8.3 简答题

1. Mastercam 2022 由哪几个模块组成？它们的作用是什么？

2. Mastercam 2022 的工作窗口由哪几部分组成？它们的作用是什么？

3. Mastercam 2022 所提供的自动抓点功能可以自动捕捉哪些点？如何打开和关闭自动

抓点功能？

4. 试说明下面所列 Mastercam 2022 几个快捷键的意义。

Alt+1、Alt+7、F1、F2、F4、F5、F9、Alt+S、Alt+T、Alt+F8

5. 在鼠标右键快捷菜单中，如何添加删除图素命令？

1.8.4 操作题

1. 基础练习

（1）在屏幕上显示栅格，其大小为 200，间距为 5。

（2）查看绘制直线命令的使用方法是什么？

2. 提升训练

（1）利用“系统配置”（快捷键：Alt+F8）对话框，将绘图区颜色设置为蓝色，绘图颜色设置为黄色，并将图层第 1、2、3、4 层分别命名为中心线、虚线、粗实线、点画线。

（2）定制鼠标右键快捷菜单。

巩固练习（填空题、选择题）答案

项目 2 二维图形绘制

2.1 项目描述

本项目主要介绍 Mastercam 2022 点、直线、圆弧等二维绘图命令的使用方法。通过本项目的学习，完成操作任务——绘制图 2-1 所示的简单二维图形。

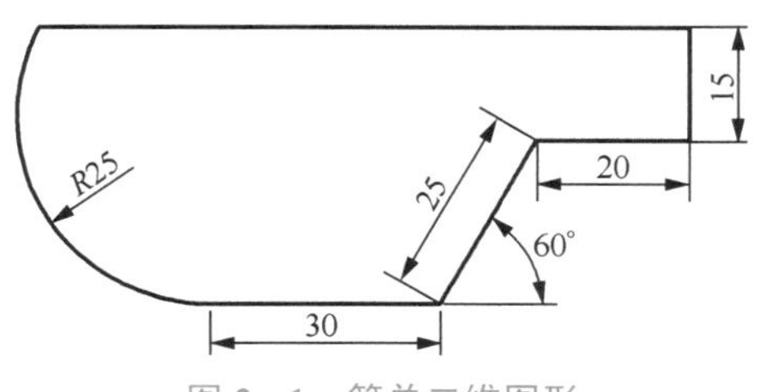

图 2-1　简单二维图形

2.2 项目目标

知识目标

（1）熟悉 Mastercam 2022 二维图形绘制命令。
（2）掌握 Mastercam 2022 二维图形命令的使用方法。

技能目标

（1）能使用 Mastercam 2022 二维图形命令绘制简单的二维图。
（2）能对 Mastercam 2022 绘图环境和图层属性进行设置。
（3）完成“项目描述”中的操作任务。

素养目标

（1）养成细致、耐心、坚韧的学习品质和行为习惯。
（2）培养团结协作的精神和集体观念。
（3）适应工业产品质量、技术标准、工作规范等要求。

2.3 项目实施

2.3.1 准备工作

参见项目 1。

2.3.2 操作步骤

根据项目描述要求，认真制定实施方案，遵守规范、安全操作，按时完成项目操作任务，并养成良好的学习与工作习惯，具体步骤参考如下。

1. 图形分析

本项目实例图形比较简单，主要由 5 条直线和 1 段圆弧组成，使用 Mastercam 2022 的直线和圆弧命令即可完成该图形的绘制。

2. 操作步骤

（1）选择 ，新建一个文档。

（2）在菜单栏选择 线框，在工具栏选择 命令，在如图 2–2 所示的操作栏中点选绘制连续线按钮 ◉ 连续线(U) 。

（3）系统提示选择线段的第一个点，在绘图区左上角部位任意选择一个点作为线段的第一个点，在如图 2–2 所示的操作栏输入线段长度“30”（长度(L): 30.0），按 Enter 键确认；输入线段角度“0”（角度(A): 0.0），按 Enter 键确认产生第一条线段。

（4）根据提示，在操作栏输入线段长度“25”，按 Enter 键确认；输入线段角度“60°”，按 Enter 键确认产生第二条线段。

（5）根据提示，在操作栏输入线段长度“20”，按 Enter 键确认；输入线段角度“0”，按 Enter 键确认产生第三条线段。

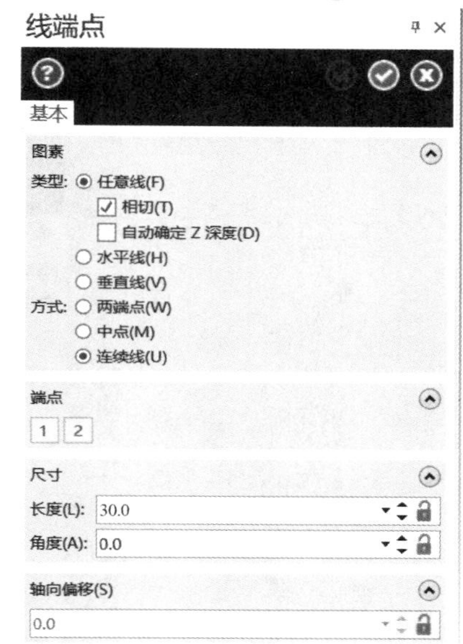

图 2–2 “线端点”对话框

（6）根据提示，在操作栏输入线段长度“15”，按 Enter 键确认；输入线段角度“90”，按 Enter 键确认产生第四条线段。

（7）选择工具栏中的 切弧 命令，在如图 2–3（a）所示的操作栏中单击按钮 方式(M): 单一物体切弧 。

（8）系统提示选取一个圆弧将要与其相切的图素，选择第一条线段；在如图 2–3（b）所示的“切弧”操作栏中输入半径“25”（半径(U): 25.0），按 Enter 键确认；系统提示指定切点，选择第一条线段的起点，按 Enter 键确认产生圆弧。

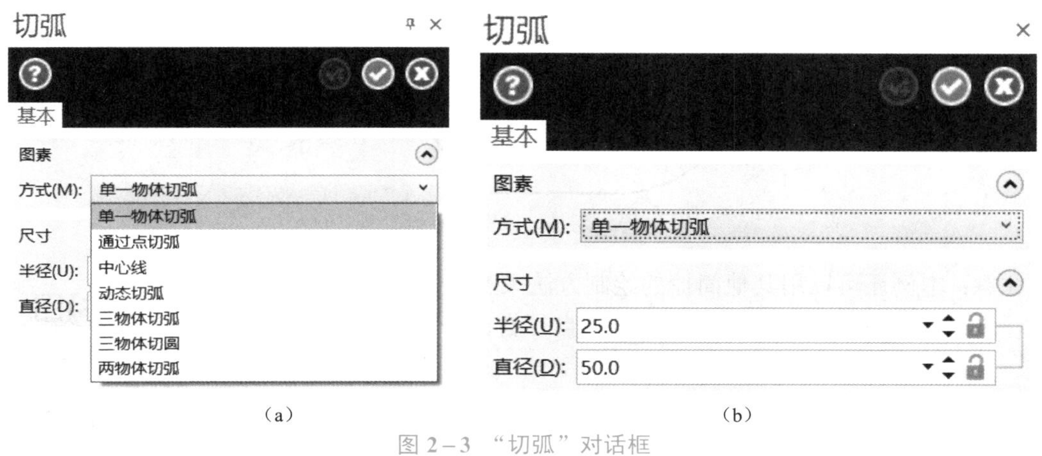

（a）　　（b）

图 2–3 “切弧”对话框

（a）“切弧”方式；（b）“单一物体切弧”对话框

（9）在菜单栏选择 线框，在工具栏单击 分割 命令，弹出如图 2-4 所示的“分割”对话框，根据提示“选择曲线或圆弧去分割/删除”剪去多余图素。

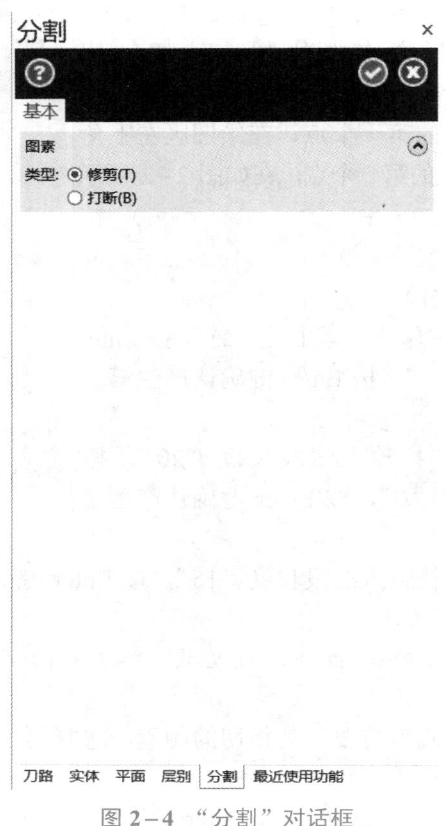

图 2-4 “分割”对话框

（10）简单二维图形绘制结果如图 2-5 所示。选择 命令，以文件名“XIANGMU2-1”保存绘图结果。

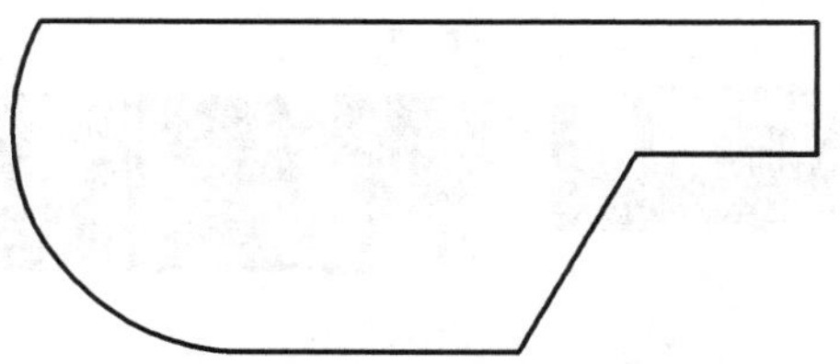

图 2-5 简单二维图形绘制结果

注意：本例还可以用其他简捷的绘制方法来实现，例如运用平行线、水平线、垂直线、矩形等，请读者自行尝试。

项目描述任务操作视频（XM2S）

2.4 项目评价

项目实施评价表见表 2－1。

表 2－1　项目实施评价表

序号	检测内容与要求	分值	学生自评（25%）	小组评价（25%）	教师评价（50%）
1	学习态度	5			
2	安全、规范、文明操作	5			
3	能新建“XIANGMU2－1”文档，并保存在 D 盘 Mastercam 2022 目录下	15			
4	能绘制长度 30、角度 0° 的直线	10			
5	能绘制长度 25、角度 60° 的直线	15			
6	能绘制长度 20、角度 0° 的直线	10			
7	能绘制长度 15、角度 90° 的直线	10			
8	能绘制半径 25 的切弧	15			
9	小组合作与分工	5			
10	学习成果展示与问题回答	10			
总分		100			
			合计：　　　　（等第：　　）		
问题记录和解决方法	记录项目实施中出现的问题和采取的解决方法				
签字：				时间：	

2.5 项目总结

二维图形的绘制是整个 CAD 应用的基础，熟练地使用各种绘图命令是绘制二维图形的前提。Mastercam 2022 提供了各种二维绘图命令，使用这些命令，不仅可以绘制简单的点、线、圆弧等图素，还可以绘制各种变换矩形、螺旋线等复杂图素，综合利用这些绘图命令可以绘制各种二维图形。

通过本项目的学习，可以非常熟练地掌握以下内容：

（1）Mastercam 2022 二维绘图命令的使用方法，包括绘制点、直线、圆弧、矩形、正多边形和图形文字等命令。

（2）若综合运用绝对坐标、相对坐标和各种捕捉方法，还能绘制更为精确的二维图形。

（3）通过各种属性设置，能绘制有形有色的二维图形。

2.6 项目拓展

上述项目实例比较简单，运用的绘图命令也比较少，通过操作训练，读者可以快速上手并建立学习信心，下面结合一个中等复杂图形的绘制（见图 2－6），进一步熟练掌握 Mastercam 2022 二维绘图命令的使用方法，达到举一反三的目的。

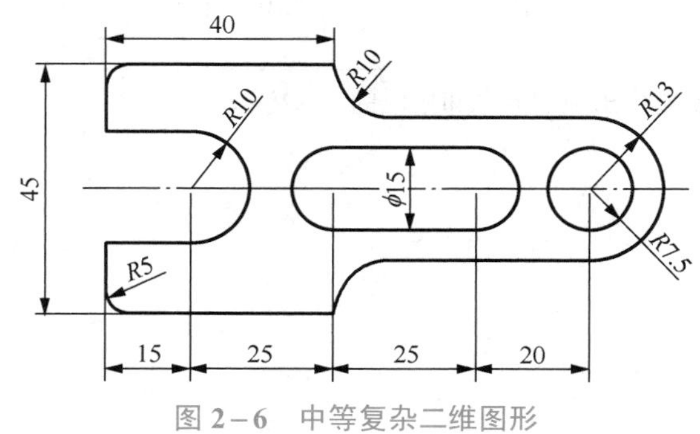

图 2－6　中等复杂二维图形

1. 图形分析

本例由 11 条直线（10 条轮廓线、1 条中心线）、9 个圆弧（1 个整圆、8 个圆弧）组成。本例通过层别设置对中心线和轮廓线进行分层管理。

2. 操作步骤

（1）选择，新建一个文档。

（2）在操作栏单击层别，打开如图 2－7 所示的“层别”对话框。

图 2－7　“层别”对话框

（3）对话框中默认编号为“1”，在“名称”文本框中输入图层的名称“中心线”，将第 1 层命名为“中心线”；接着在“号码”文本框中输入“2”，按下 Enter 键，然后在“名称”文本框中输入图层的名称“实线”，将第 2 层命名为“实线”。

（4）在图层号码栏中，单击图层编号为 1 的图层，将该层设置为当前图层。

（5）鼠标右击，打开属性面板，单击“线框颜色”（）下拉箭头，打开“颜色设置”对话框，选择红色；同理，选择“线型”下拉列表中的中心线（第 3 项）。

（6）单击绘图工具栏中的两点画线按钮，绘制中心线。

（7）鼠标右击，打开属性面板，单击“线框颜色”（）下拉箭头，打开“颜色设置”对话框，选择黑色。设置当前图层编号为第 2 层，选择“线型”下拉列表中的实线（第 1 项），选择“线宽”下拉列表中的较粗实线（第 2 项）。

（8）绘制圆。单击绘图工具栏中的，捕捉中心线上任一点为圆心，在工具栏的“半径”文本框 半径(U): 0.0 中输入“7.5”，按下 Enter 键，单击“确定”按钮，用同样的方法绘制出其他半径为 10 和 13 的圆。结果如图 2－8 所示。

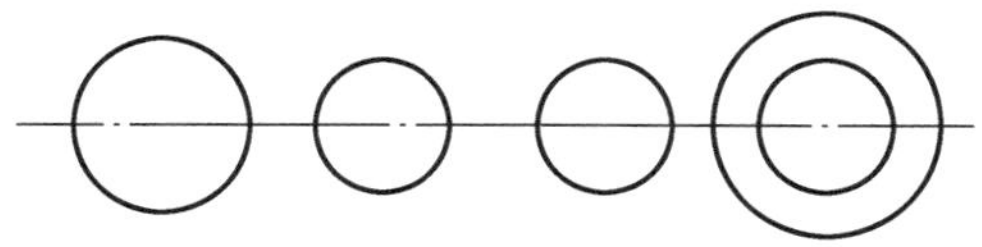

图 2－8　绘制圆弧（一）

（9）单击绘图工具栏中的两点画线按钮，捕捉中间两个 $R7.5$ 圆的上、下端点，按下 Enter 键，单击“确定”按钮，结果如图 2－9 所示。

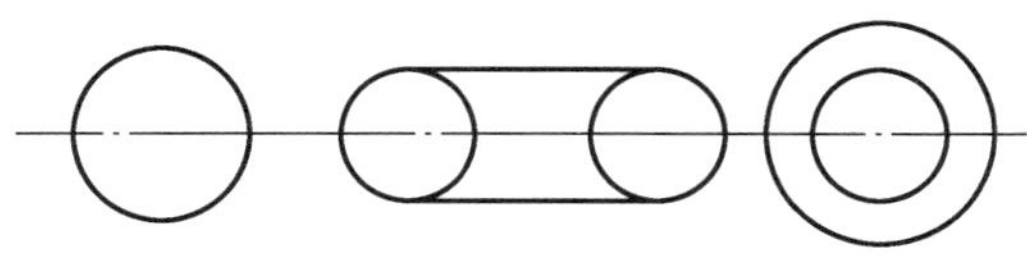

图 2－9　绘制直线（一）

（10）单击绘图工具栏中的两点画线按钮，点选 连续线(U)，捕捉 $R10$ 圆的上端点，在 长度(L): 0 角度(A): 0.0 中的“长度”和“角度”栏分别输入“15”“180”；按下 Enter 键，继续

在长度(L): 0 角度(A): 0.0 中输入“12.5”和“90”；按下 Enter 键，继续在长度(L): 0 角度(A): 0.0 中输入“40”和“0”，按下 Enter 键，单击“确定”按钮，结果如图 2－10 所示。

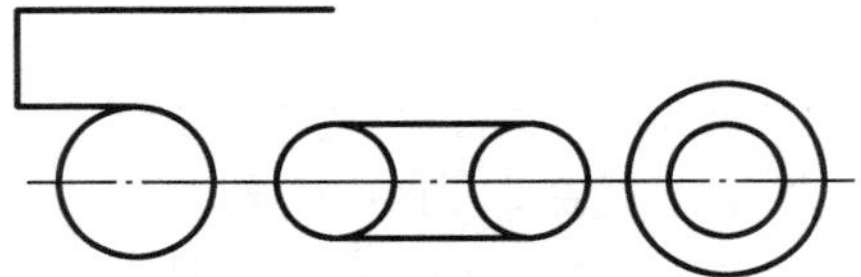

图 2－10　绘制直线（二）

（11） 同理，画出其余直线，结果如图 2－11 所示。

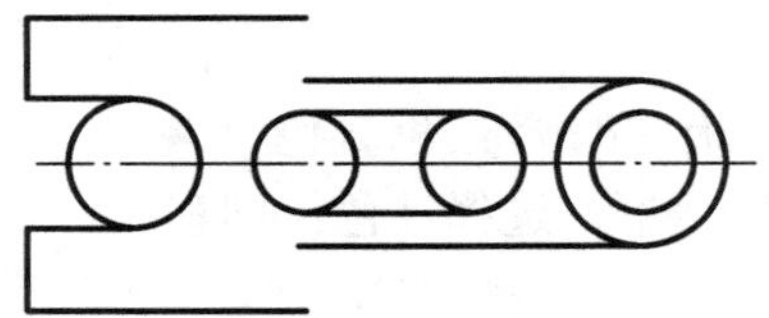

图 2－11　绘制直线（三）

（12） 单击工具栏中的切弧，按下方式(M): 通过点切弧，选择与圆弧相切的直线，在半径(U): 10.0 中输入“10”，选择圆弧经过的点，按下 Enter 键，单击“确定”按钮，结果如图 2－12 所示。

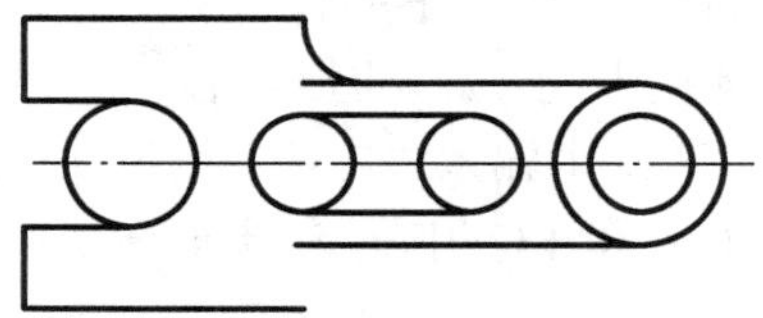

图 2－12　绘制圆弧（二）

（13） 同理，画出中心线下方圆弧。

（14） 单击工具栏中的分割，剪去多余图素，结果如图 2－13 所示。

（15） 选择（“保存”命令），以文件名“XIANGMU2－2”保存绘图结果。

项目拓展任务操作视频（XM2T）

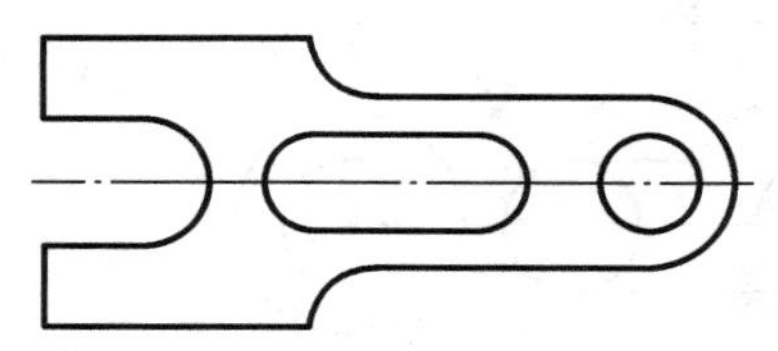

图 2－13　中等复杂二维图形绘图结果

学有所思，举一反三。通过项目拓展，你有什么新的发现和收获？请写出来。

____。

根据项目编组，加强小组分工、协作训练，请充分发挥个人的聪明才智，自行设计、编制拓展项目实施评价表，格式不限。

2.7 相关知识

2.7.1 项目基础知识

项目基础知识

2.7.2 辅助项目知识

辅助项目知识（思政类）

2.8 巩固练习

2.8.1 填空题

1. Mastercam 2022 提供了 5 种绘线的方式，依次是________、________、________、________和________。

2. 两点法绘制矩形，是指通过指定矩形的________来绘制矩形。

3. 倒角绘制功能可以在________或相交的________间形成________，并自动修剪或延伸________。

4. 两图素间的倒圆角存在几种可能，由鼠标________图素的位置决定在图素的哪个夹角产生倒圆角。

5. 使用“绘制圆弧”命令绘制圆时，可以根据________、________来绘制圆。

2.8.2 选择题

1. 在 Mastercam 2022 中有两种类型的曲线：一是参数式曲线，其形状由（　　）决定。

A. 端点　　B. 节点
C. 控制点　　D. 参考点

2. 基准点法绘制矩形，是指通过指定矩形的（　　）来绘制矩形。

A. 一个特定点及长和宽　　B. 中点及长和宽
C. 两个对角点　　D. 长和宽

3. 串连倒角方式仅有单一距离方式和线宽方式两种，角度都为（　　），所以串连的路径不区分方向。

A. 15°　　B. 30°
C. 45°　　D. 60°

4. 在 Mastercam 2022 中，系统没有直接提供绘制（　　）图素的命令。

A. 直线　　B. 圆弧
C. 矩形　　D. 圆

5. 在 Mastercam 2022 中，操作者可以直接捕捉（　　）的中心点。

A. 矩形　　B. 椭圆
C. 正多边形　　D. 圆弧

2.8.3 简答题

1. 自动光标（AutoCursor）和选择工具栏在绘图中的作用是什么？
2. 如何输入一个已知点？
3. Mastercam 2022 提供了多少种方法绘制直线？多少种方法创建圆弧？多少种方法创建圆？
4. 变形矩形的类型有哪些？试画出相应的图形。
5. 绘制边界框命令的作用是什么？如何使用该命令？

2.8.4 操作题

1. 基础练习

绘制如图 2－14～图 2－19 所示的二维图形。

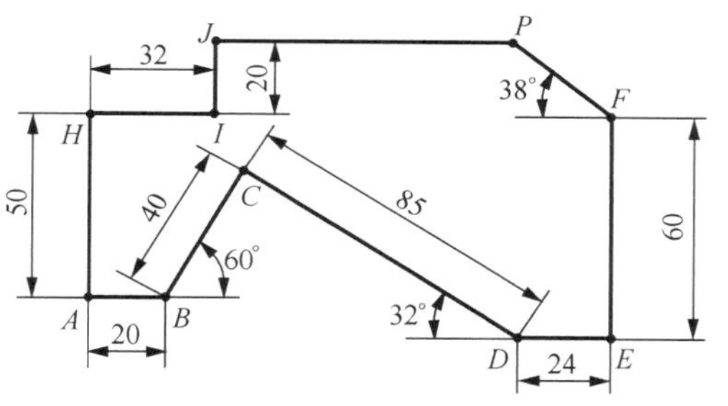

图 2－14　二维图形（一）

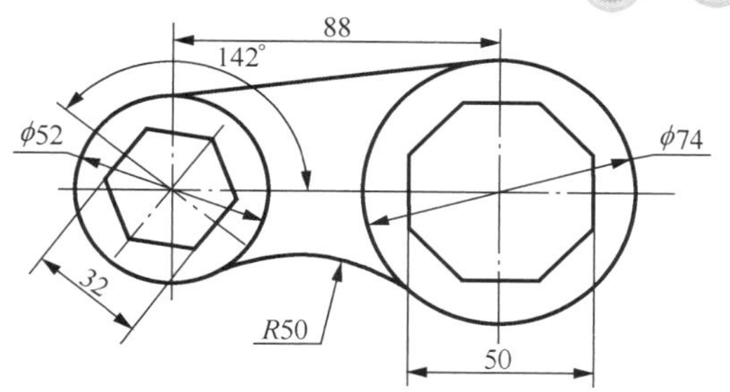

图 2－15　二维图形（二）

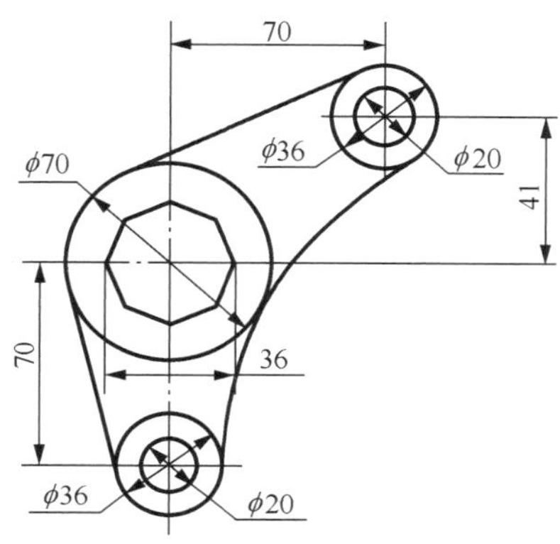

图 2－16　二维图形（三）

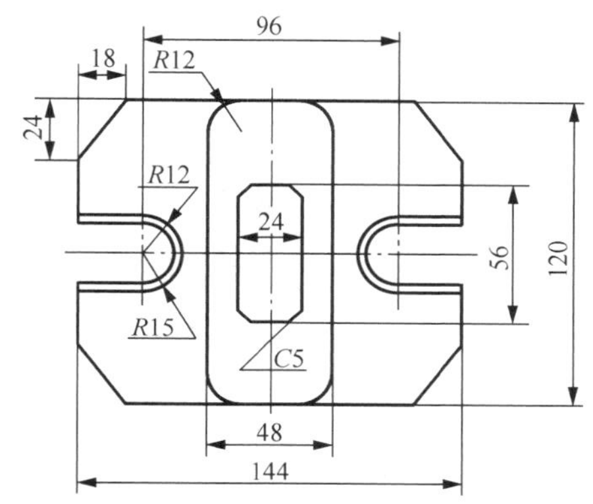

图 2－17　二维图形（四）

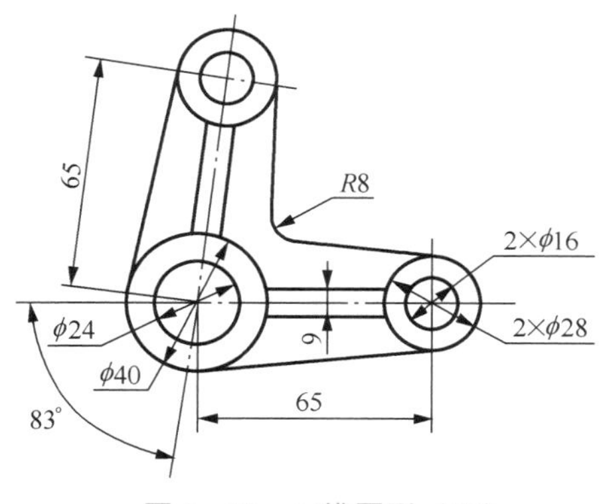

图 2－18　二维图形（五）

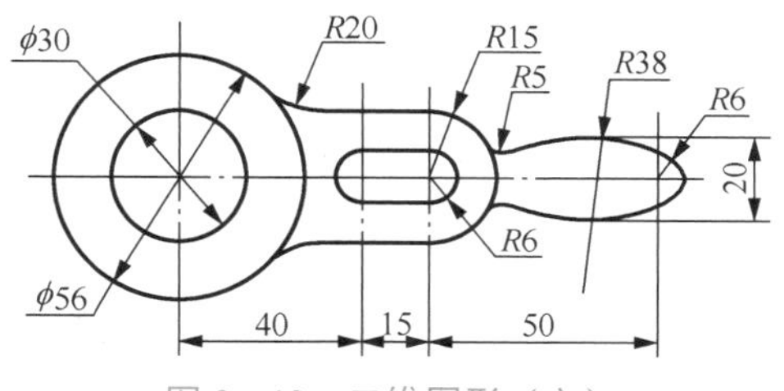

图 2－19　二维图形（六）

2. 提升训练

绘制如图 2－20～图 2－25 所示的二维图形。

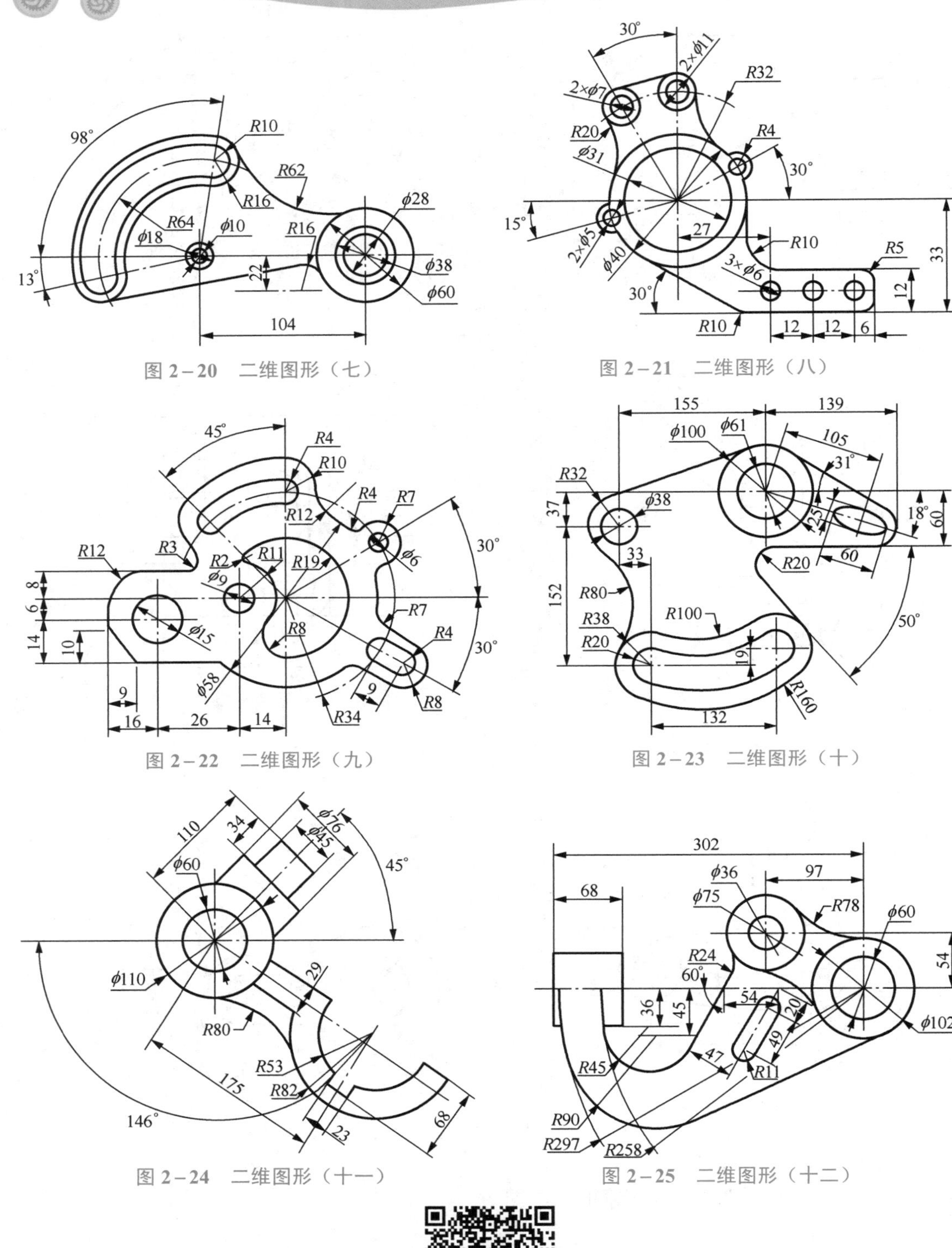

图 2-20　二维图形（七）

图 2-21　二维图形（八）

图 2-22　二维图形（九）

图 2-23　二维图形（十）

图 2-24　二维图形（十一）

图 2-25　二维图形（十二）

巩固练习（填空题、选择题）答案

项目 3 图形编辑与标注

3.1 项目描述

本项目主要介绍 Mastercam 2022 几何对象的选择方法，常用二维图形编辑、标注和转换命令的使用方法。通过本项目的学习，完成操作任务——绘制图 3－1 所示二维图形，并标注尺寸。

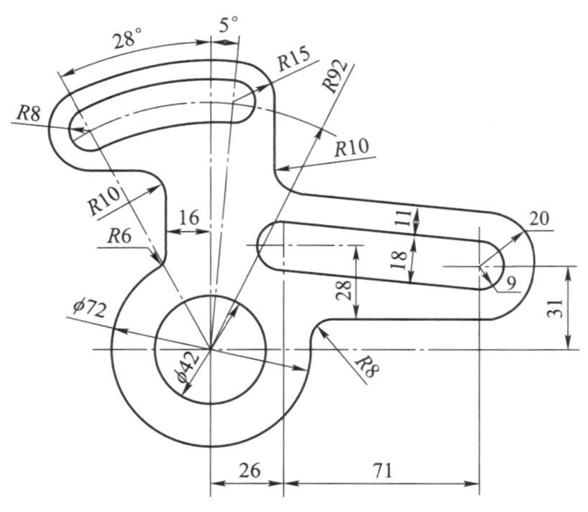

图 3－1　二维图形绘制与标注

3.2 项目目标

知识目标

（1） 掌握 Mastercam 2022 几何对象的选择方法。

（2） 掌握 Mastercam 2022 二维图形编辑（删除、修剪、延伸、连接和打断等命令）、标注和转换命令的使用方法。

技能目标

（1） 能使用图形编辑命令绘制中等复杂程度的二维图形。

（2） 能对二维图形进行尺寸标注。

（3） 完成“项目描述”中的操作任务。

素养目标

（1） 提升学习兴趣，养成一丝不苟的学习态度。

（2） 培养有条不紊开展工作的职业习惯。

（3） 适应多元评价，形成反思能力。

（4） 树立审美意识。

3.3 项目实施

3.3.1 准备工作

参见项目 1。

3.3.2 操作步骤

根据项目描述要求，认真制定实施方案，遵守规范，安全操作，按时完成项目操作任务，并养成良好的学习与工作习惯，具体步骤参考如下。

1. 图形分析

本项目实例图形为典型的二维图形，由直线、圆弧等组成。在绘制过程中，通过分层、

绘制辅助线，以及结合编辑命令的使用，可以方便地绘制该二维图形；该二维图形尺寸标注类型有水平标注、垂直标注、圆弧标注（可直径标注，也可半径标注）和角度标注。

2. 操作步骤

（1） 选择“文件”→“新建”命令，新建一个文档。

（2） 在操作栏上单击“层别”选项，或者选择“视图”→“层别”命令，打开如图 3–2 所示的“层别”对话框。

（3） 在“名称”文本框中输入图层的名称“中心线”，将第一层命名为“中心线”；接着在“编号”文本框中输入“2”，按下 Enter 键，然后在“名称”文本框中输入图层的名称“实线”，将第二层命名为“实线”；接着在“编号”文本框中输入“3”，按下 Enter 键，然后在“名称”文本框中输入图层的名称“标注”，将第三层命名为“标注”。

（4） 在图层号码栏中，单击图层编号为 1 的图层，将该层设置为当前图层，单击“关闭”按钮✕，关闭“层别管理”对话框。

（5） 选择“主页”→“属性”区域，或右击鼠标，在属性面板上点选“线框颜色”（ ）下拉列表，选择红色，对话框自动关闭；同理选择“线型”（ ）下拉列表中的中心线（ ）（第 3 项）。

（6） 单击“线框”工具栏中的“两点画线”按钮 ，绘制中心线 AB 和 CD，如图 3–3（a）所示。

（7） 绘制直线 CD 的平行线 EF。单击“线框”工具栏中的“两点画线”按钮“／”→“平行线”，选择直线 CD，在操作栏“补正距离(D)”文本框中设置间距的值为“26”，然后在直线 CD 的右侧单击一点，绘制出直线 EF，单击“确定”按钮 。同理绘制出平行于 CD、AB 的其他定位线，如图 3–3（b）所示。

图 3–2 “层别管理”对话框

（8） 单击“线框”工具栏中的“两点画线”按钮／，在操作栏的尺寸文本框 长度(L): 0.0001 、角度(A): 0.0 中分别填写“112”和“85”，绘制出 OQ；同理，在 长度(L): 0.0001 、角度(A): 0.0 中分别填写“112”和“118”，绘制出 OP，如图 3–3（c）所示。

（9） 单击“线框”工具栏中的 → ，捕捉原点“O”为圆心，在文本框 半径(U): 0.0 、起始(S): 0.0 、结束(E): 0.0 中分别填写“92”“70”和“130”，按下 Enter 键，单击“确定”按钮 ✓。结果如图 3–3（d）所示。

（10） 在属性面板上点选“线框颜色”（ ）下拉列表，选择黑色。选择“主页”→“规划”区域，或右击鼠标，选择“更改图层”列表 1：中心线 中选择编号为 2 的图层，选择“线型”下拉列表 中的实线（第 1 项），选择“线宽”下拉列表 中的较粗实线（第 2 项）。

（11） 绘制圆。单击“线框”工具栏中的 ，捕捉原点 O 为圆心，在工具栏的“半径”

文本框 半径(U): 0.0 中输入“21”，按下 Enter 键，单击“确定”按钮 ✔，用同样的方法绘制出半径为 36、21、9、20、8、15 的圆。结果如图 3-4 所示。

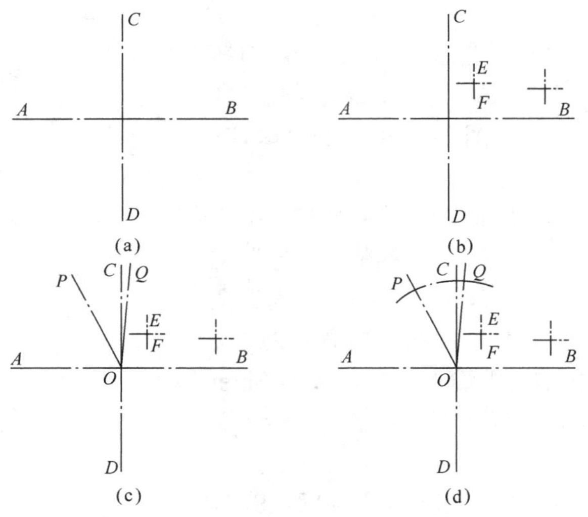

图 3-3　绘制中心线

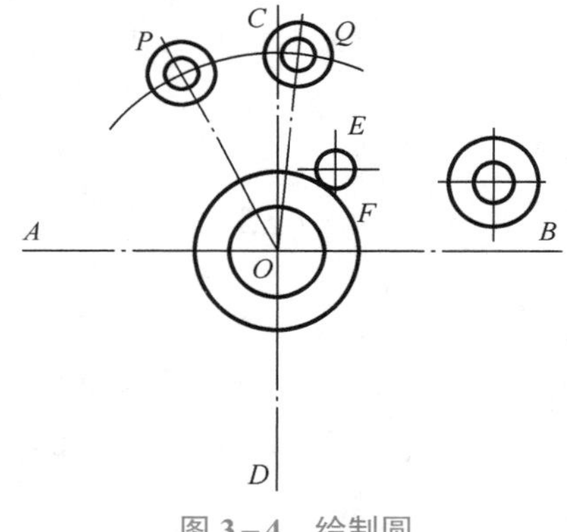

图 3-4　绘制圆

（12）单击“线框”工具栏中的 → 捕捉原点 O 为圆心，在 半径(U): 0.0、起始(S): 0.0、结束(E): 0.0 中分别填写“84”“85”“118”；按下 Enter 键，捕捉原点 O 为圆心，在 半径(U): 0.0、起始(S): 0.0、结束(E): 0.0 中分别填写“100”“85”“118”；按下 Enter 键，捕捉原点 O 为圆心，在 半径(U): 0.0、起始(S): 0.0、结束(E): 0.0 中分别填写“107”“85”“118”，按下 Enter 键，单击“确定”按钮 ✔。

（13）在绘图区上方，在选择工具栏单击“选择设置”按钮，打开如图 3-5 所示的“自动抓点”对话框，只选择 ☑相切，单击“确定”按钮 ✔。单击“线框”工具栏中的“两点画线”按钮，连接两个 $R9$ 圆。单击“确定”按钮 ✔。

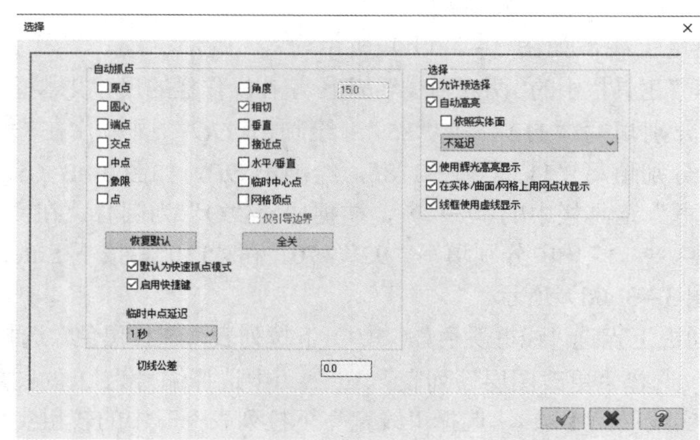

图 3-5　光标自动抓点设置对话框

（14）单击工具栏中的 修剪 →，剪去多余图素，结果如图 3－6 所示。

（15）选择“转换”→“补正”面板区域，单击工具栏中的“单体补正”按钮，打开如图 3－7 所示的“偏移图素”对话框，在该对话框中，点选“复制”，设置“编号”为“1”，“距离”为“11”。选择直线 GH，然后在 GH 的上方单击，偏置产生一条新的直线 L_1；接下来继续选择所要偏置的直线，并向所需要的一侧单击，偏置产生新的直线 L_2。单击“确定”按钮。

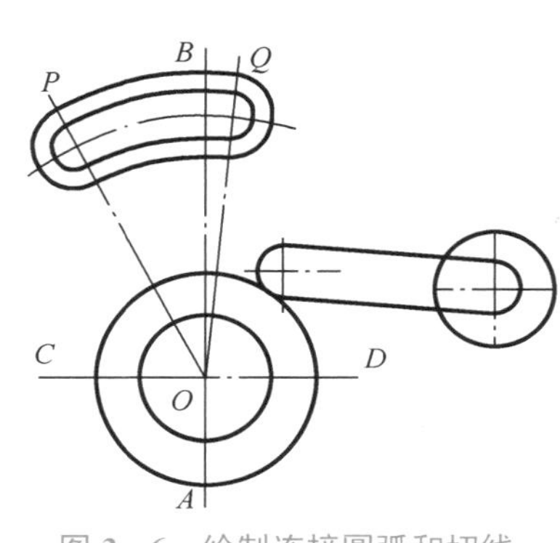

图 3－6　绘制连接圆弧和切线

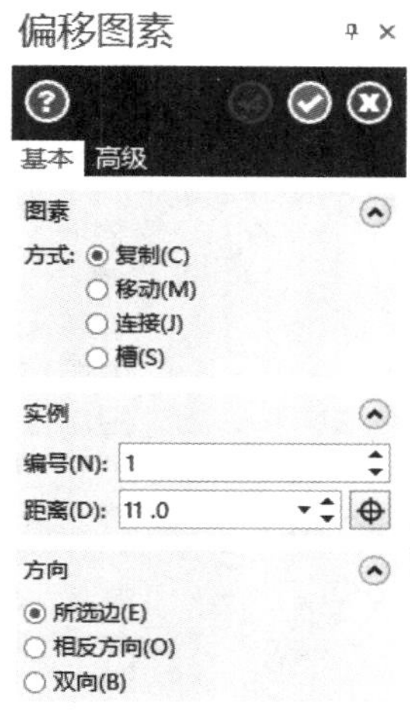

图 3－7　偏移图素对话框

（16）单击“线框”工具栏中的“两点画线”按钮，点选“水平线”水平线(H)，选择起始点，绘制分别与 $R15$ 和 $R20$ 相切的两条水平直线 L_4、L_3；同理，点选“垂直线”垂直线(V)，绘制与 $R15$ 相切的垂直线 L_5。

（17）单击“线框”工具栏中的 修剪 →，剪去多余图素，结果如图 3－8 所示。

（18）单击“线框”工具栏中的“倒圆角”按钮，在 半径(U) 5.0 中分别输入“10”“8”“6”，选择相邻线段倒圆角。结果如图 3－9 所示。

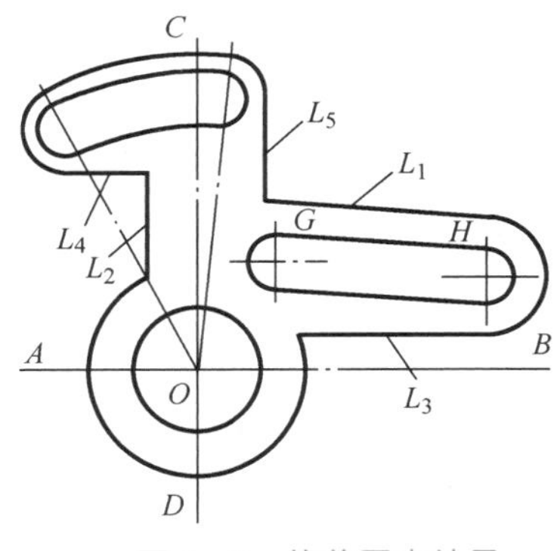

图 3－8　修剪图素结果

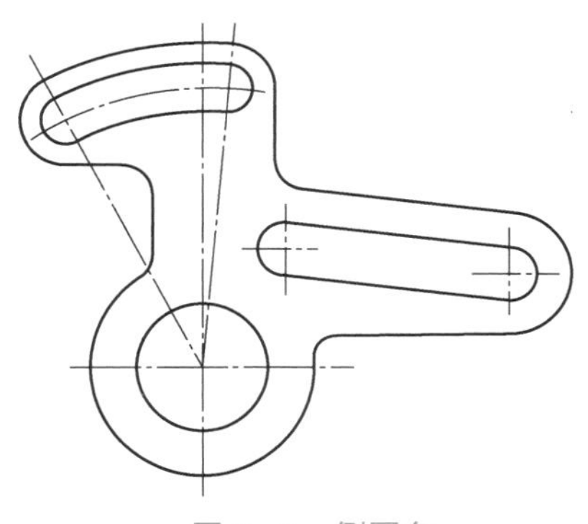
图 3－9　倒圆角

（19）右击鼠标，在属性面板的“更改层别”列表 1：中心线 中选择编号为“3”的图层，选择“线型”下拉列表中的实线（第 1 项），选择“线宽”下拉列表中的较细实线（第 1 项）。

（20）设置尺寸标注属性。选择菜单栏“标注”，在工具栏“尺寸标注”区域单击“尺寸标注设置”按钮，打开如图 3-10 所示的自定义选项的对话框，在尺寸属性中将小数位数设置为“0”。其他选项使用默认值，单击“确定”按钮，关闭对话框。

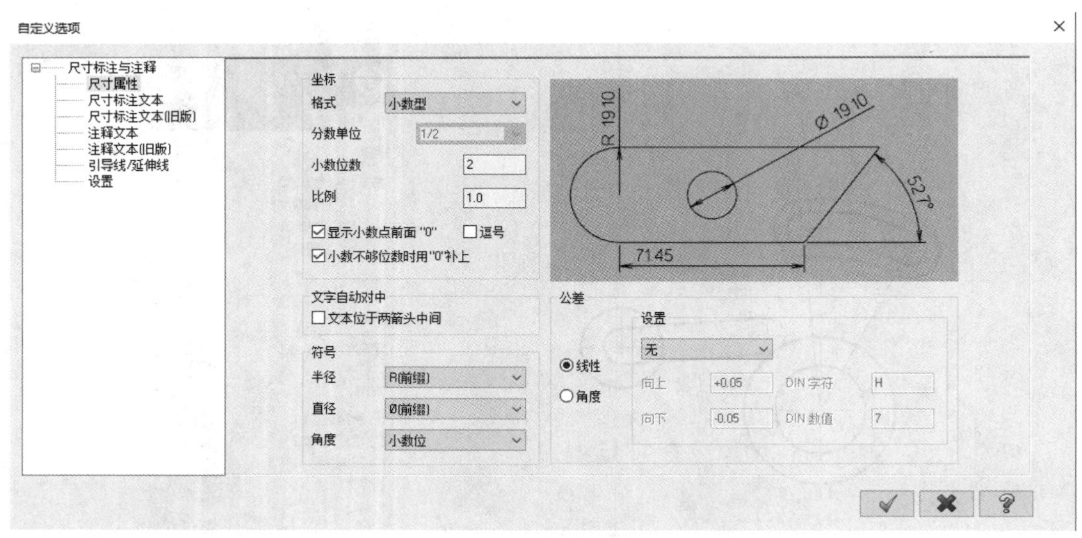

图 3-10 “自定义选项”对话框

（21）水平方向坐标标注。选择菜单栏“标注”，在工具栏“尺寸标注”区域单击“水平”工具栏按钮，捕捉所要标注尺寸的两个端点，在合适的位置单击左键标注尺寸“26”和“16”，然后选择“串连”，捕捉标注尺寸“26”，继续捕捉另一端点即可完成标注尺寸“71”，标注结果如图 3-11（a）所示。

（22）垂直方向坐标标注。在“尺寸标注”面板区域单击“垂直”，捕捉所要标注尺寸的两个端点，在合适的位置单击左键标注尺寸 31 和 28，标注结果如图 3-11（b）所示。

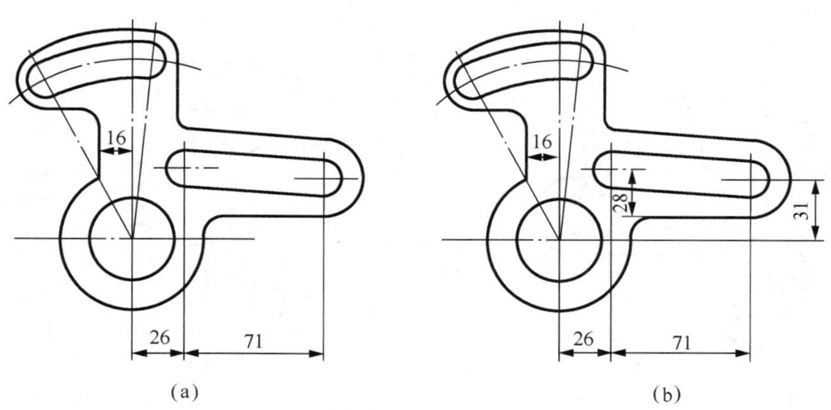

图 3-11 水平方向和垂直方向尺寸标注

（23）平行尺寸标注。在“尺寸标注”面板区域单击平行，选择间距为“18”的两条平行直线，在合适的位置单击左键标注尺寸 18 和 11，标注结果如图 3－12 所示。

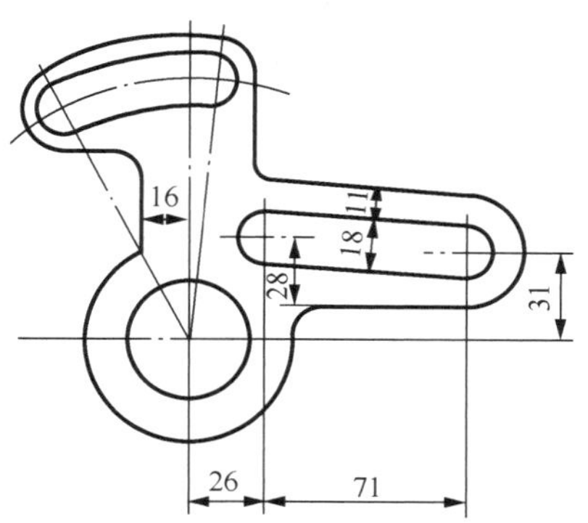

图 3－12　平行尺寸标注

（24）标注直径和半径。设置尺寸标注属性。选择“标注→ 尺寸标注 → ↘”，打开如图 3－10 所示的“自定义选项”对话框，在“尺寸标注文本”中的“文本定位方式”栏中选择“◉水平方向”，其他选项使用默认值，单击“确定”按钮 ✔。关闭对话框。

在“尺寸标注”面板区域单击“⊘直径”，捕捉所要标注的尺寸，在“尺寸标注”操作栏中（见图 3－13）选择“◉ 半径(U)”或者“○ 直径(D)”，在合适的位置单击左键即可。标注完后单击“确定”按钮，关闭对话框，标注结果如图 3－14 所示。

（25）标注角度。在“尺寸标注”面板区域单击“△角度”，捕捉所要标注的角度，在合适的位置单击左键即可。标注完后单击“确定”按钮，关闭对话框，标注结果如图 3－15 所示。

（26）选择“文件”→“保存”命令，以文件名“XIANGMU 3－1”保存绘图结果。

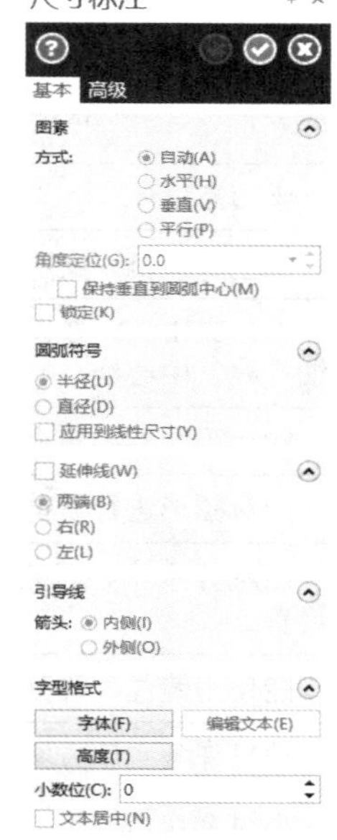

图 3－13　圆弧尺寸标注操作栏

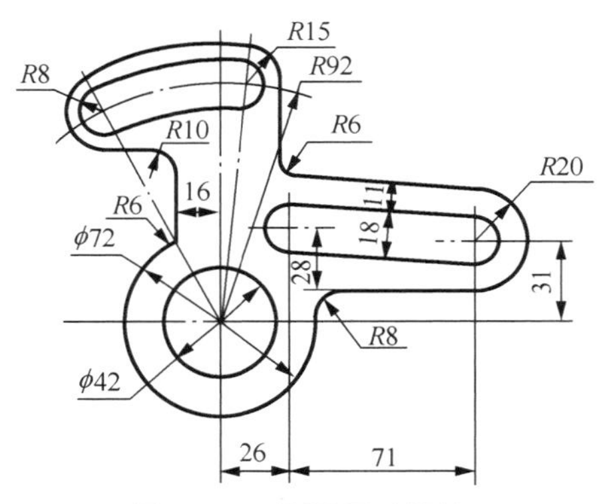

图 3－14　圆弧尺寸标注

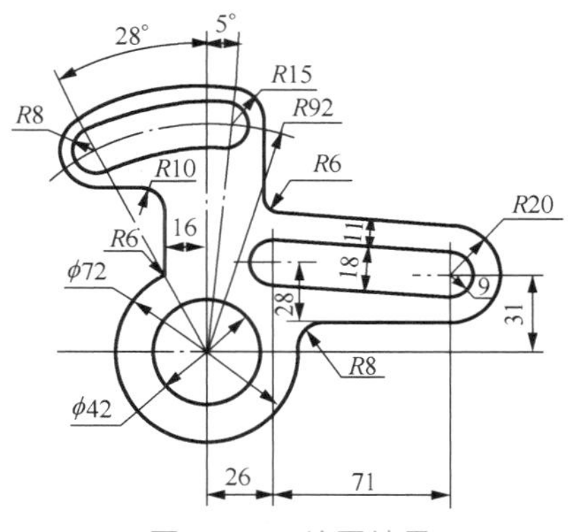

图 3－15　绘图结果

项目描述任务操作视频 XM3S

3.4 项 目 评 价

项目实施评价表见表 3－1。

表 3－1　项目实施评价表

<table>
<tr><th>序号</th><th>检测内容与要求</th><th>分值</th><th>学生自评
（25%）</th><th>小组评价
（25%）</th><th>教师评价
（50%）</th></tr>
<tr><td>1</td><td>学习态度</td><td>5</td><td></td><td></td><td></td></tr>
<tr><td>2</td><td>安全、规范、文明操作</td><td>5</td><td></td><td></td><td></td></tr>
<tr><td>3</td><td>能建立 1、2、3 图层，并分别命名为粗实线、细实线、中心线</td><td>5</td><td></td><td></td><td></td></tr>
<tr><td>4</td><td>能运用图形编辑命令绘制图形</td><td>15</td><td></td><td></td><td></td></tr>
<tr><td>5</td><td>能对图形进行修剪整理</td><td>15</td><td></td><td></td><td></td></tr>
<tr><td>6</td><td>能进行水平、垂直、圆弧、角度尺寸标注的设置</td><td>15</td><td></td><td></td><td></td></tr>
<tr><td>7</td><td>能使用镜像、阵列等命令绘图</td><td>15</td><td></td><td></td><td></td></tr>
<tr><td>8</td><td>项目任务实施方案的可行性及完成的速度</td><td>10</td><td></td><td></td><td></td></tr>
<tr><td>9</td><td>小组合作与分工</td><td>5</td><td></td><td></td><td></td></tr>
<tr><td>10</td><td>学习成果展示与问题回答</td><td>10</td><td></td><td></td><td></td></tr>
<tr><td colspan="2" rowspan="2">总分</td><td rowspan="2">100</td><td></td><td></td><td></td></tr>
<tr><td colspan="3">合计：　　　　　　（等第：　　　）</td></tr>
<tr><td>问题记录和解决方法</td><td colspan="5">记录项目实施中出现的问题和采取的解决方法</td></tr>
<tr><td colspan="4">签字：</td><td colspan="2">时间：</td></tr>
</table>

3.5 项目总结

在工程设计中，很少有图样只使用绘图命令就能完成设计，往往需要对所绘制的图素进行位置、形状等的调整，以确保图样的准确性；同时对已绘制的图素进行复制、偏置、投影等快速产生新图素的操作，可以大大提高设计者的工作效率。

图形标注是绘制设计工作中的一项重要内容，主要包括标注各类尺寸、注释和图案填充3个方面。虽然Mastercam 2022的最终目的是生成加工用的NC程序，但为了便于用户生成工程图，Mastercam 2022还提供了相当强的图形标注功能。

通过本项目的学习，可以非常熟练地掌握以下内容：

（1） Mastercam 2022几何对象的选择方法。

（2） 使用删除与恢复命令来删除图形，通过修剪、延伸、打断和连接命令对图素进行调整，通过平移、旋转、偏置和投影等转换命令对图形进行转换等，从而快速地进行二维图形的设计。

（3） 尺寸标注的组成和调整尺寸标注的参数设置方法。

（4） 通过对图形进行线性尺寸、基线/链式尺寸、角度等各类尺寸的正确标注、注释和编辑，从而绘制完整工程图的方法。

3.6 项目拓展

即使是在同一图样中，也经常需要绘制一些相同或相近的图形，此时可以根据需要，对它们进行平移、镜像、偏置（补正）、阵列、投影等操作，以加快设计速度。读者通过操作练习图3－16所示的二维图形，逐步体会这类图形的绘制规律。

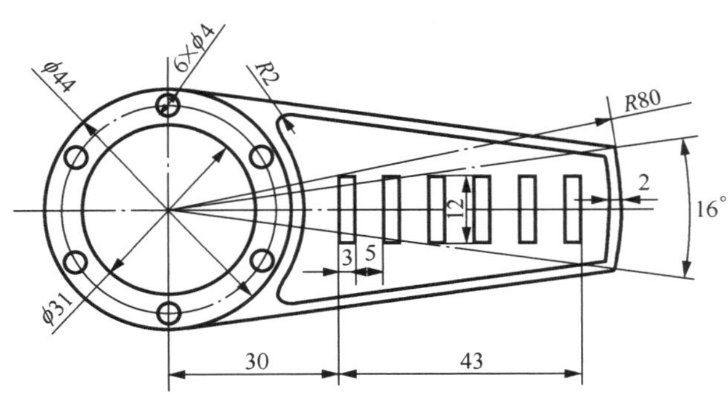

图3－16　使用外形偏置（串联补正）和阵列命令绘制图形

1. 图形分析

本项目实例图形主要由 2 个间距为 2 mm 的外轮廓图形（2 条直线和 2 段圆弧），6 个圆周均匀分布的直径为 4 mm 的圆及直径为 44 mm、31 mm 的圆，以及 6 个 12 mm × 3 mm 的矩形组成，为一综合使用直线、圆弧、偏置和阵列等绘制命令的二维图形。

2. 操作步骤

（1）选择“文件”→“新建”命令，新建一个文档。

（2）在属性面板中，“线型”选择点画线，“线宽”选择第 1 项（较细的线），绘制中心线。

（3）线型选择实线，“线宽”选择第 2 项（轮廓线使用较宽的实线），利用直线、圆弧命令，绘制如图 3－17 所示的外围轮廓线图。

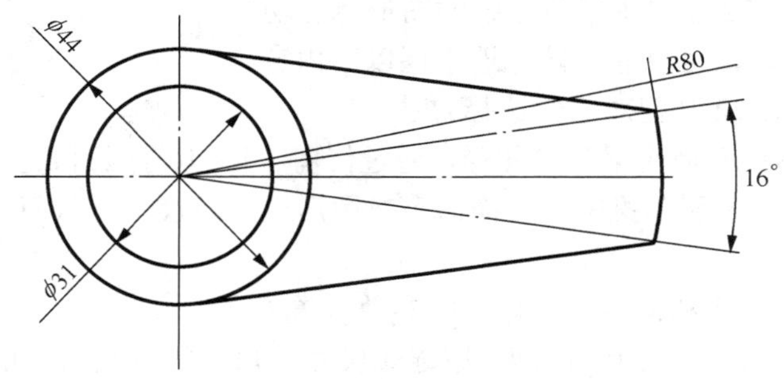

图 3－17　外围轮廓图

（4）使用相对坐标方式，利用绘圆命令与矩形命令分别绘制一个圆和一个矩形，结果如图 3－18 所示。

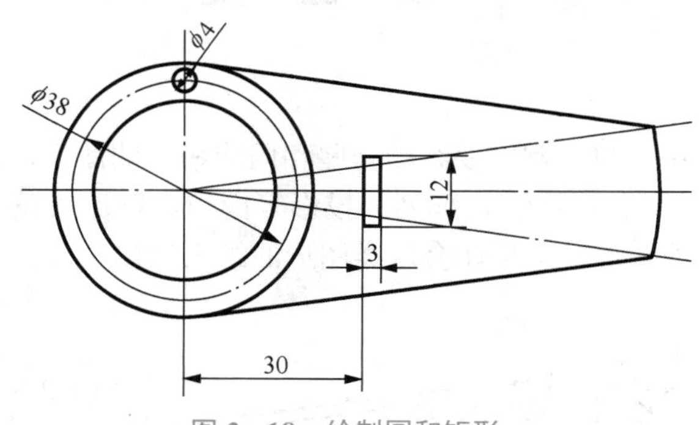

图 3－18　绘制圆和矩形

（5）单击“转换”工具栏中的“直角阵列”按钮 直角阵列，选择矩形，然后按 Enter 键，在操作栏出现“直角阵列”对话框。在“方向 1”中“数量”设置为“6”，“平移距离”为“8”；在“方向 2”中“数量”设置为“1”，“平移距离”为“0”；其他选项采用默认设置。单击“确定”按钮，关闭对话框，结果如图 3－19 所示。

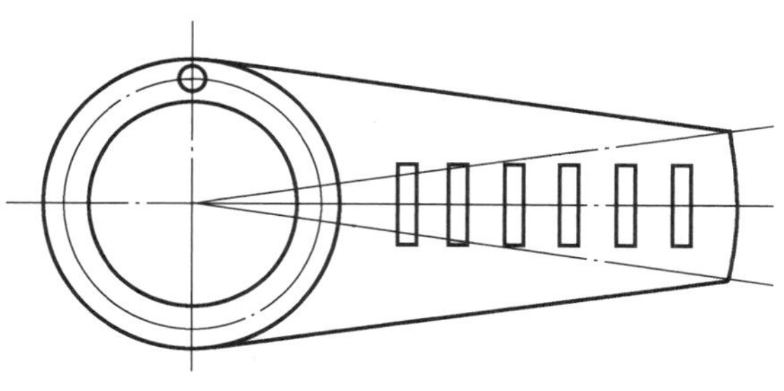

图 3－19　对矩形阵列后的结果

（6）单击“转换”工具栏中的“旋转”按钮，出现旋转：选择要旋转的图素提示，选择小圆，然后按 Enter 键，打开“旋转”对话框。在“次数”中设置为“5”，“旋转角度”设置为“60”，选择大圆圆心为旋转中心，其他选项采用默认设置。单击“确定”按钮，关闭对话框，结果如图 3－20 所示。

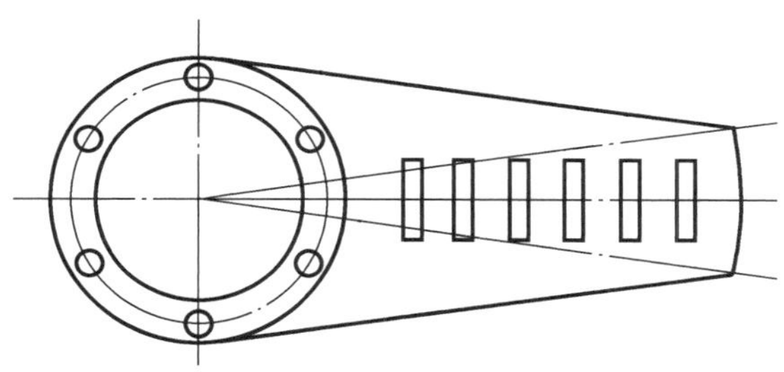

图 3－20　旋转操作结束时的效果

（7）单击“转换”工具栏中“串联补正”（外形偏置）按钮，打开“偏移串联”对话框，同时弹出“线框串联”对话框，单击“串联”选择方式按钮，选择图形的外围轮廓线，然后单击“确定”按钮，关闭“线框串联”对话框。在“偏移串连”对话框中，将其中的“偏置距离”设置为“2”，“拐角处理方式”选择“尖角(H)”选项，其他选项采用默认设置。系统将显示外形偏置后的预览效果。单选“方向”选项按钮，直到所生成的新图形偏置在轮廓线的内侧。然后单击“确定”按钮，关闭“串连补正”对话框，结果如图 3－21 所示。

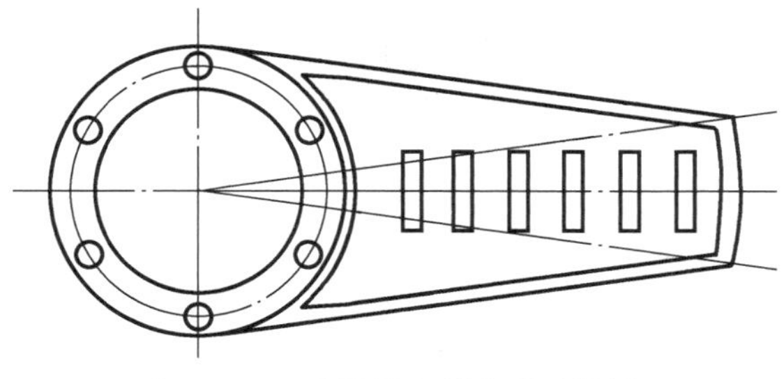

图 3－21　串连补正操作后的结果

（8）单击“线框”工具栏中的“图素倒圆角”按钮，在操作栏中，将“圆角半径”设置为“2”，其他选项采用默认值，在“图素倒圆角”对话框单击“确定”按钮，结束圆角操作。

（9）选择主页→（或在工具栏选择清除颜色按钮），清除图形因转换操作而改变的颜色。

（13）选择文件→保存命令，以文件名“XIANGMU3－2”保存绘图结果。结果如图 3－22 所示。

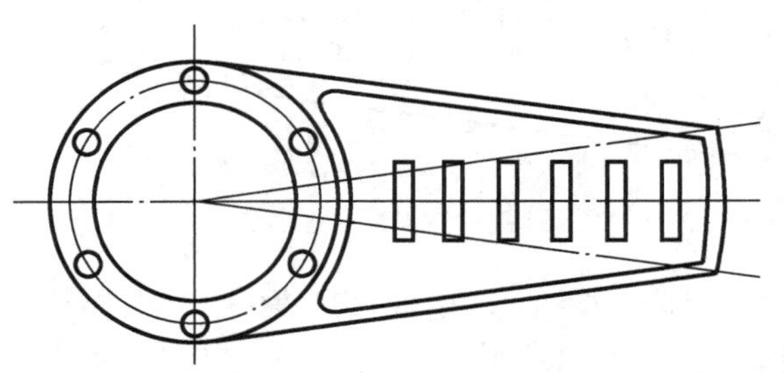

项目拓展任务操作视频 XM3T

图 3－22　倒圆角操作后的结果

学有所思，举一反三。通过项目拓展，你有什么新的发现和收获？请写出来。

____

____。

根据项目编组，加强小组分工、协作训练，请充分发挥个人的聪明才智，自行设计、编制拓展项目实施评价表，格式不限。

3.7 相关知识

3.7.1 项目基础知识

项目基础知识

3.7.2 辅助项目知识

辅助项目知识（思政类）

3.8 巩固练习

3.8.1 填空题

1. 在 Mastercam 2022 中，能够明确指定修剪长度的方式是________。

2. 许多转换命令都有图形数量编辑框，其中，________、________、________、________、________等命令指的是新生成的图形数量，而________则指包括原图在内的总数量。

3. 圆角操作具有 4 种类型，它们分别是________方式，在图素交接处产生一段优弧；________方式，产生反向劣弧；________方式，绘制一个整圆；________方式，生成一段圆弧。

4. 修剪命令有 6 种工作方式，分别是________、________、________、________、________、________。

5. 一个完整的尺寸标注通常由________、________、________、________4 部分组成。

6. 关于图形注释的输入，主要有________、________和________3 种方式。

7. 关于点的标注，有________、________、________、________4 种方式。

3.8.2 选择题

1. 在修剪/延伸命令中，只能修剪不能延伸的方式是（　　）。

A. 修剪 1 个图素　　B. 修剪 2 个图素

C. 分割　　D. 修剪到指定点

2. 连接图素命令可以连接有间隙的（　　）。

A. 直线　　B. 圆弧

C. SP 样条线　　D. 曲线

3. 要等距离复制图素，应使用（　　）命令。

A. 阵列　　B. 旋转

C. 平移　　D. 偏置

4. 要设置图形的尺寸标注样式，应选择（　　）菜单。

A. 文件（File）　　B. 编辑（Edit）

C. 创建（Create）　　D. 设置（Settings）

5. 在标注尺寸公差时，若要标注公差带，则应在 Settings 下拉列表中选择（　　）选项。

A. none　　B. +/−　　C. Limit　　D. DIN

3.8.3 简答题

1. 复制图形可以采用哪些方法？
2. 选择平面有哪些方法？
3. 倒圆角操作共有哪 5 种类型？
4. 修剪命令有哪几种工作方式？
5. 利用智能标注命令，可以标注哪些类型的尺寸？
6. 一个完整的尺寸标注通常由哪些部分组成？
7. 点的标注共有哪 4 种显示方式？
8. 在设置尺寸标注样式时，哪些参数可以通过设置比率的方式来获得？

3.8.4 操作题

1．基础练习

绘制如图 3－23～图 3－27 所示的二维图形，并标注尺寸。

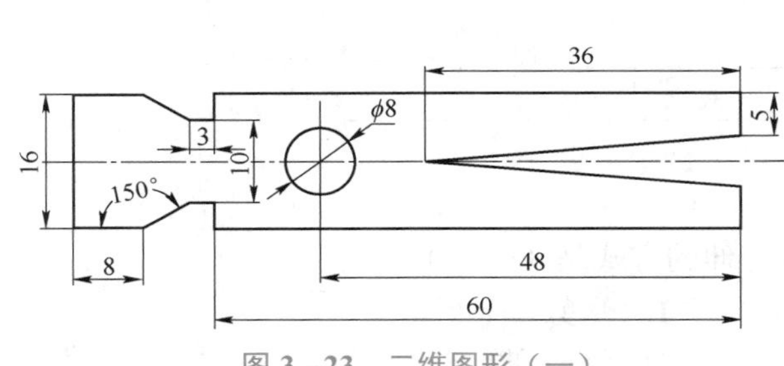

图 3－23　二维图形（一）

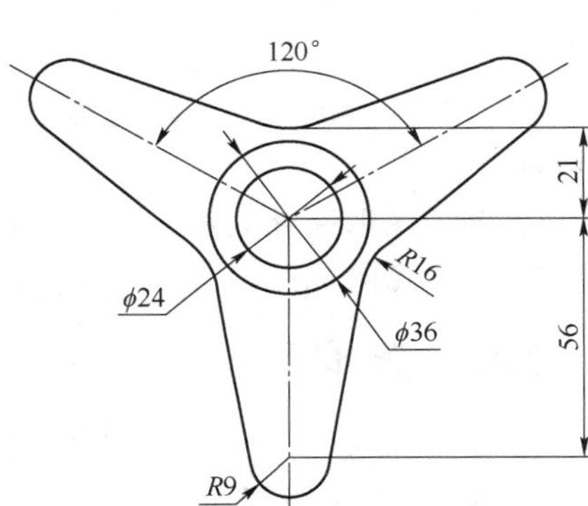

图 3－24　二维图形（二）

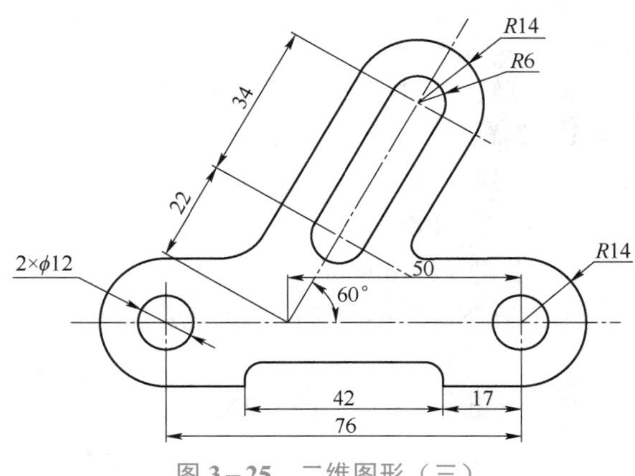

图 3－25　二维图形（三）

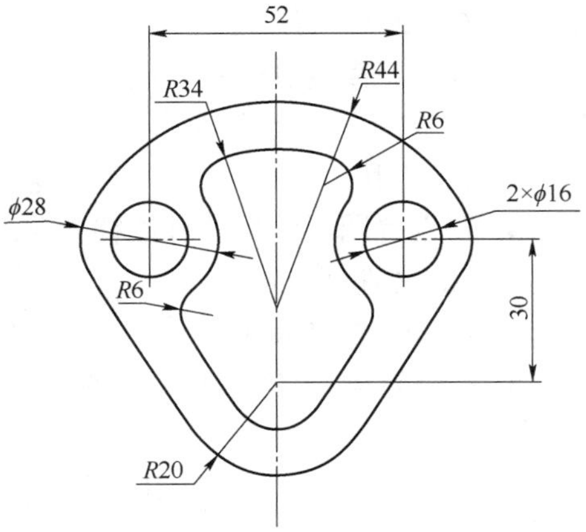

图 3－26　二维图形（四）

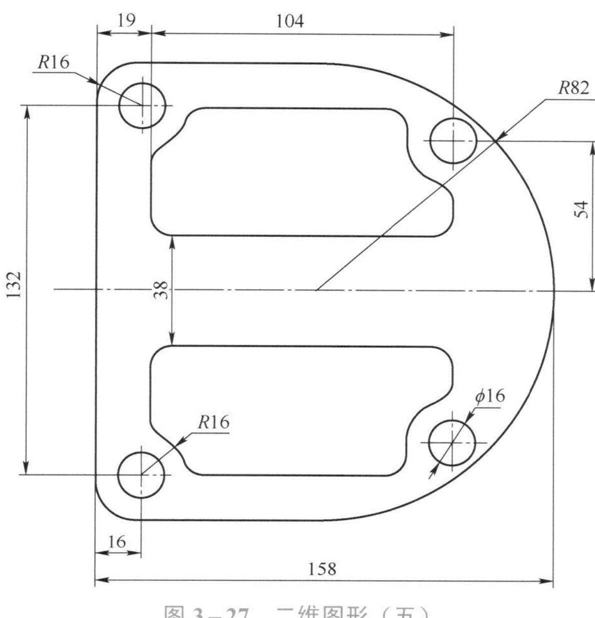

图 3-27 二维图形（五）

2. 提升训练

绘制如图 3-28～图 3-38 所示的二维图形，并标注尺寸。

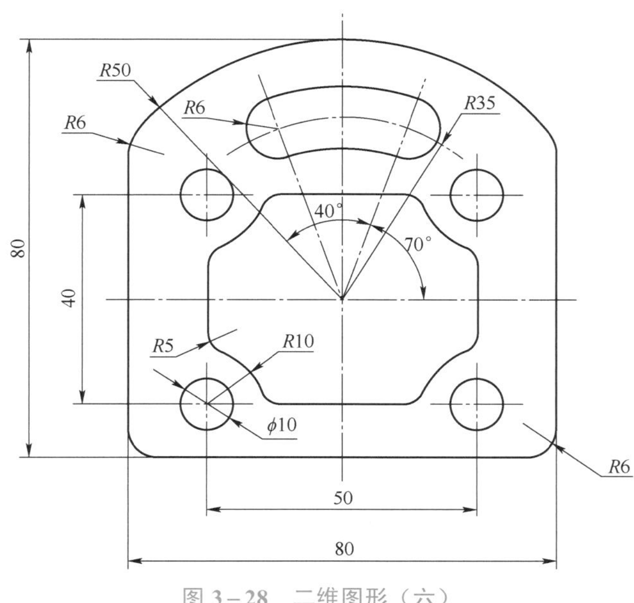

图 3-28 二维图形（六）

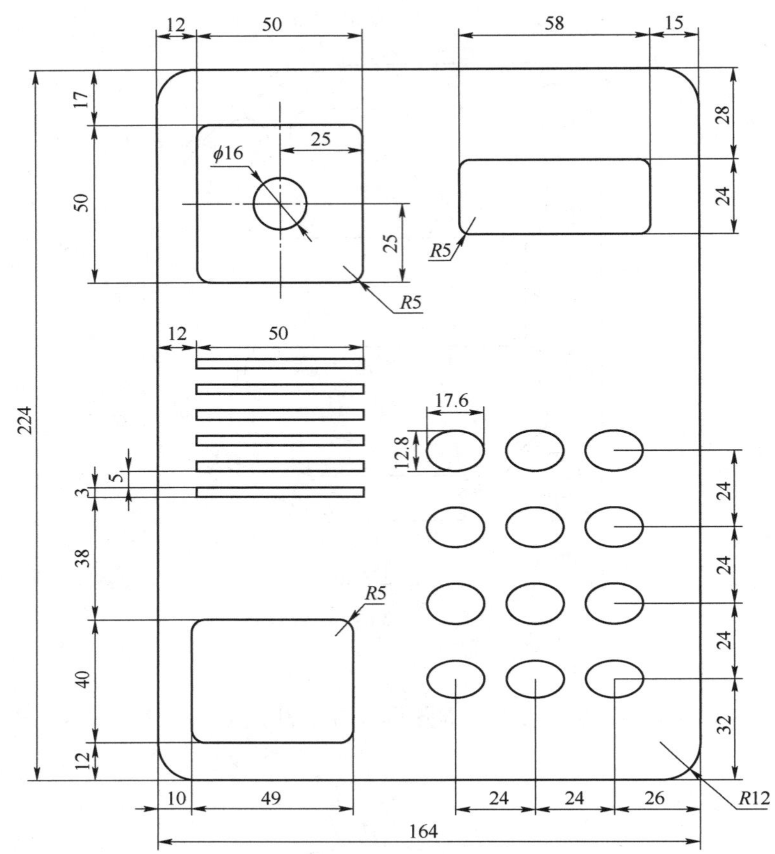

图 3-29　二维图形（七）

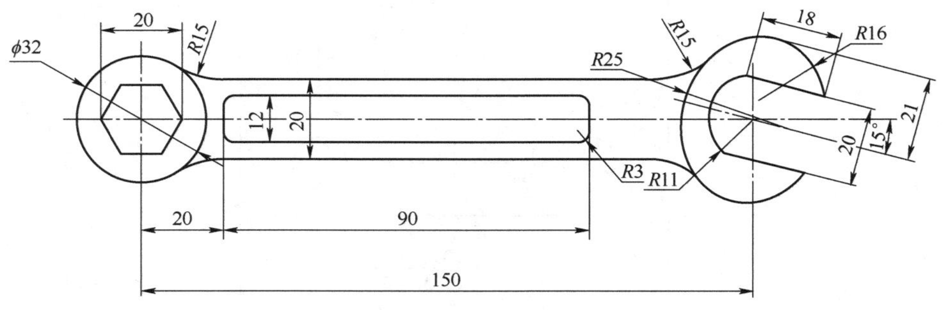

图 3-30　二维图形（八）

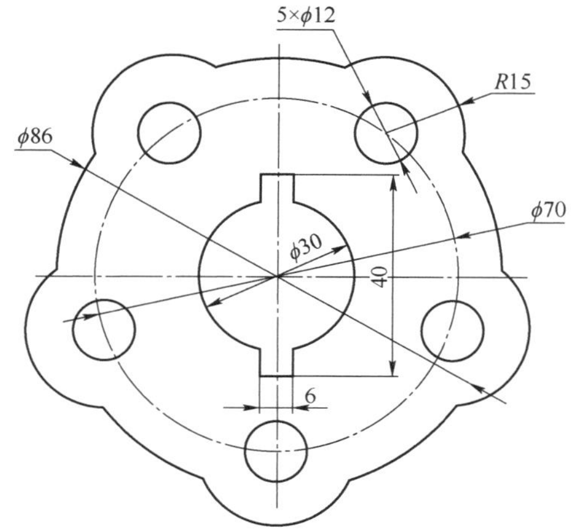

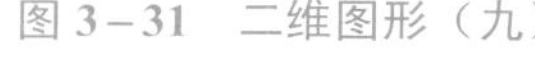
图 3－31　二维图形（九）

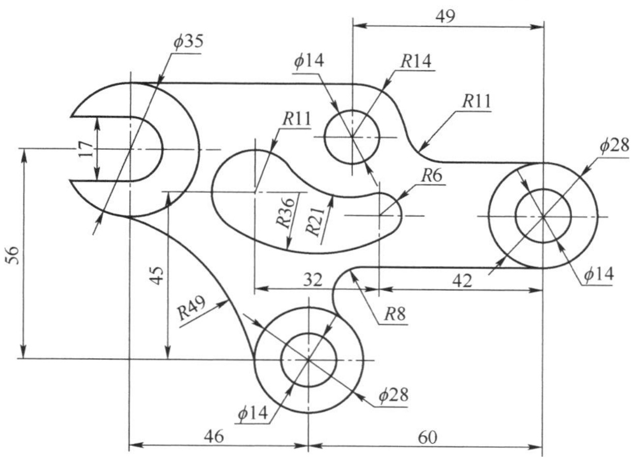

图 3－32　二维图形（十）

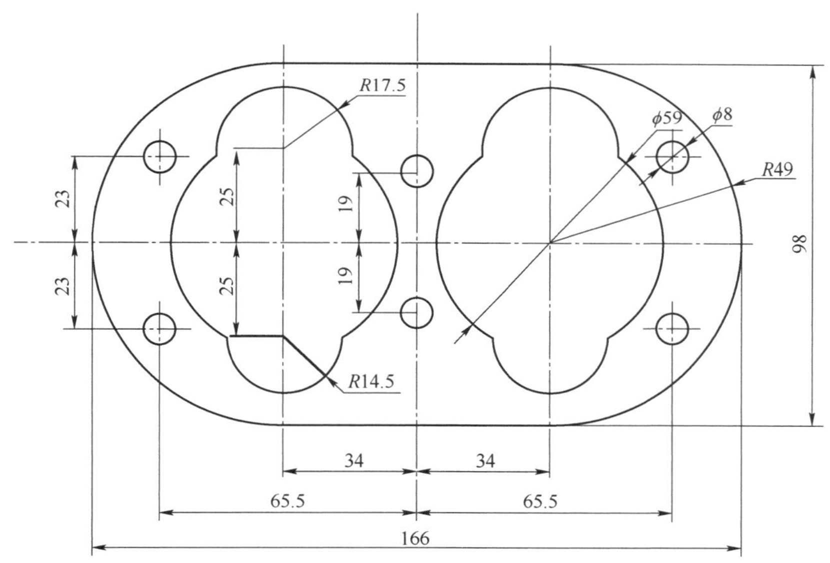

图 3－33　二维图形（十一）

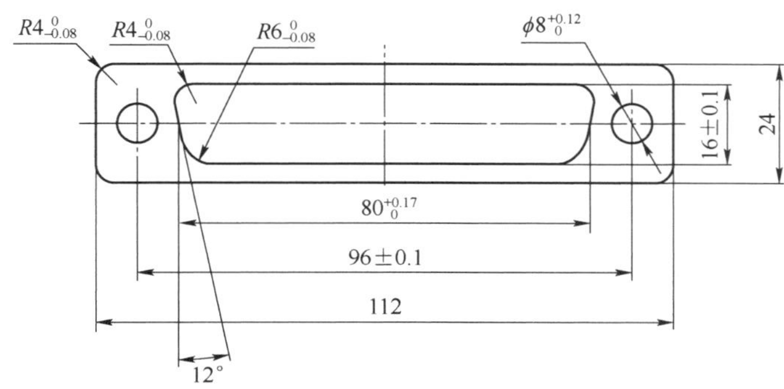

图 3－34　二维图形（十二）

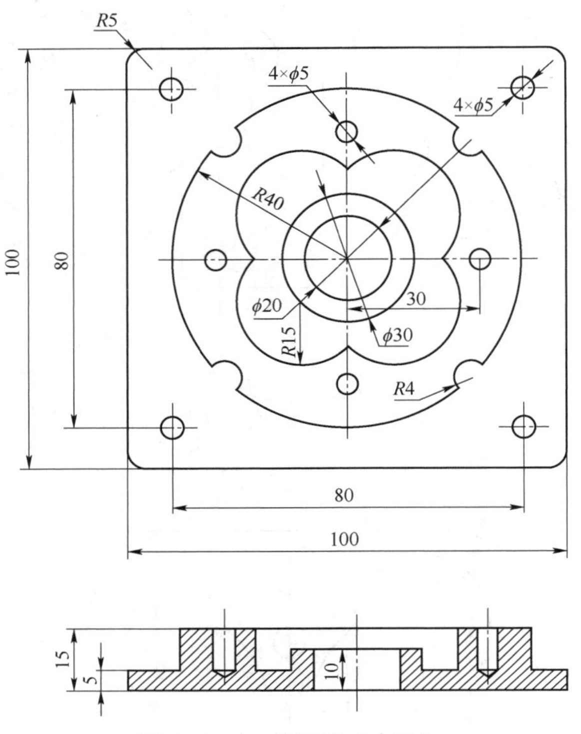

图 3-35　二维图形（十三）

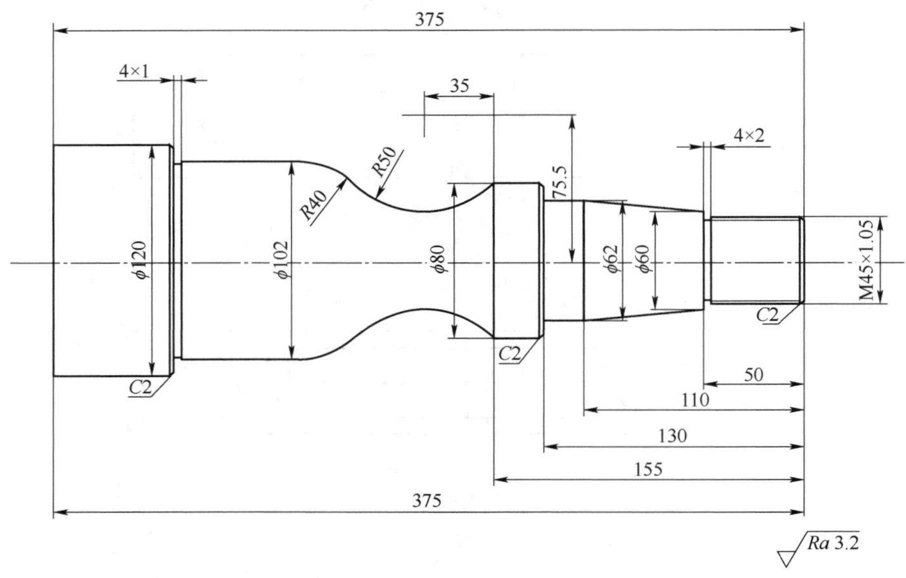

图 3-36　二维图形（十四）

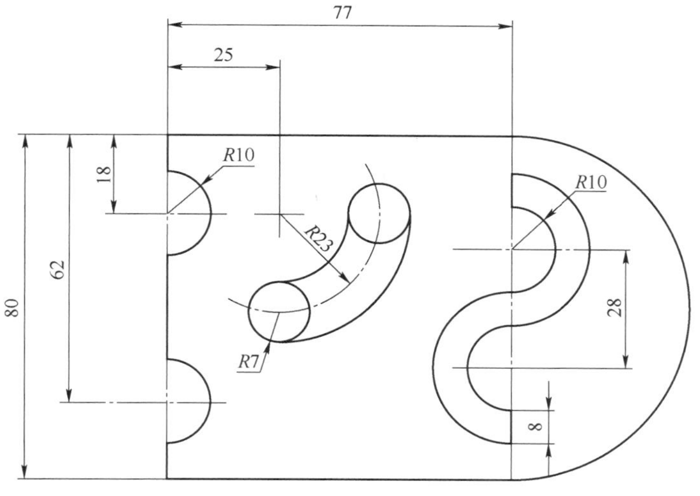

图 3-37　二维图形（十五）

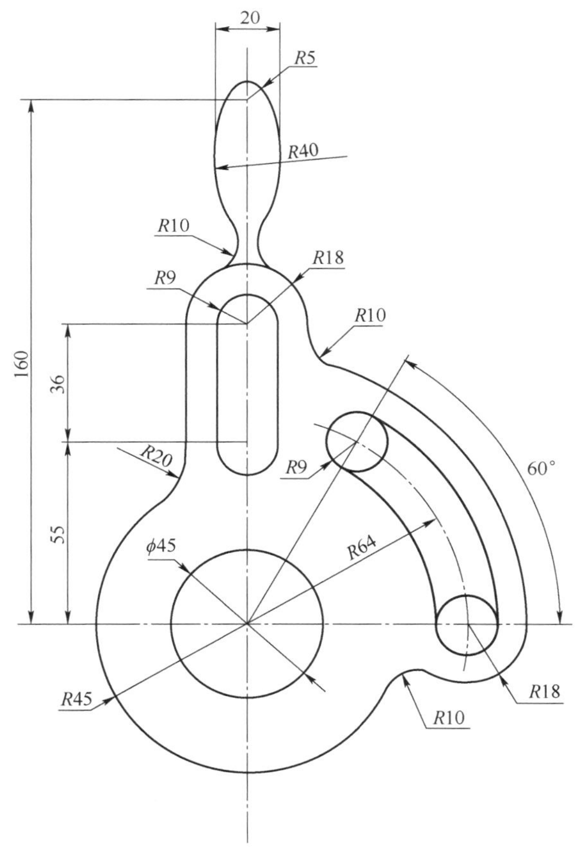

图 3-38　二维图形（十六）

巩固练习（填空题、选择题）答案

项目 4 三维曲面造型

4.1 项目描述

本项目主要介绍 Mastercam 2022 三维曲面造型功能命令的使用，例如拉伸、旋转、扫掠等功能。通过本项目的学习，完成操作任务——建立图 4-1 所示的笔筒曲面模型。

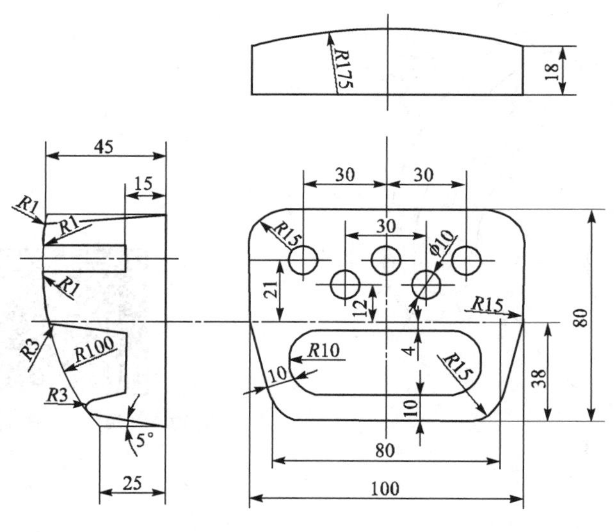

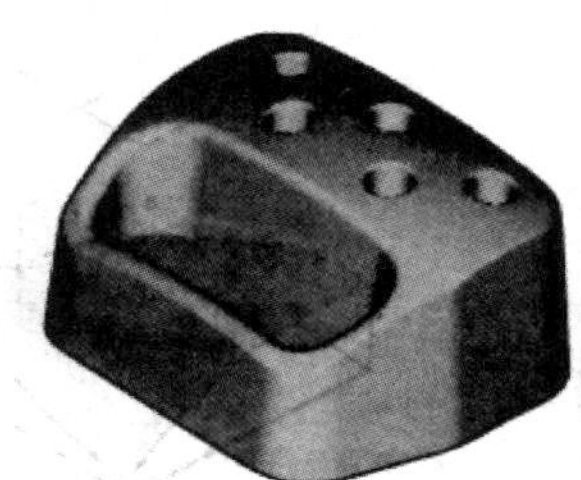

图 4-1　笔筒曲面模型

4.2 项 目 目 标

知识目标

（1） 熟悉 Mastercam 2022 三维造型的类型。
（2） 熟悉 Mastercam 2022 三维线架模型的构建思路。
（3） 掌握 Mastercam 2022 构图面、视角及构图深度的设置技术。
（4） 掌握 Mastercam 2022 曲面造型功能命令的使用技术。

技能目标

（1） 能综合运用构图面、视角及构图深度，绘制三维线架模型。

（2） 能综合运用 Mastercam 2022 三维曲面造型功能命令，对二维图像进行拉伸、旋转、扫掠等操作来创建各种各样的三维曲面，以及对曲面进行圆角、修剪、曲面融接等操作来构建较为复杂的三维曲面。

（3） 完成“项目描述”中的操作任务。

素养目标

（1） 培养创新创业精神。
（2） 培养批判质疑、勇于探究的科学精神。
（3） 树立产品意识和审美意识。

4.3 项 目 实 施

4.3.1 准备工作

参见项目 1。

4.3.2 操作步骤

根据项目描述要求，认真制定实施方案，遵守规范，安全操作，按时完成项目操作任务，

并养成良好的学习与工作习惯，具体步骤参考如下。

1. 图形分析

本例先绘二维图形，然后综合运用视角视图、构图面、构图深度、点、线、圆、倒角，以及曲面修整、牵引曲面、扫描曲面、曲面倒圆角、曲面延伸等命令绘制笔筒曲面。

2. 操作步骤

1）绘制二维轮廓

（1）选择 新建 (Ctrl+N)（或者选择 文件→新建），新建一个文档。

（2）选择菜单栏中的 线框 → 线端点 命令，单击操作栏中绘制连续线按钮 连续线(U)，根据提示输入点："−50，0""−50，42""50，42""50，0""40，−38""−40，−38""−50，0"，按 Enter 键确定，结果如图 4−2 所示。

（3）单击工具栏中的 图素倒圆角 按钮，进行倒圆角（共有 6 处），半径为 15，结果如图 4−3 所示。

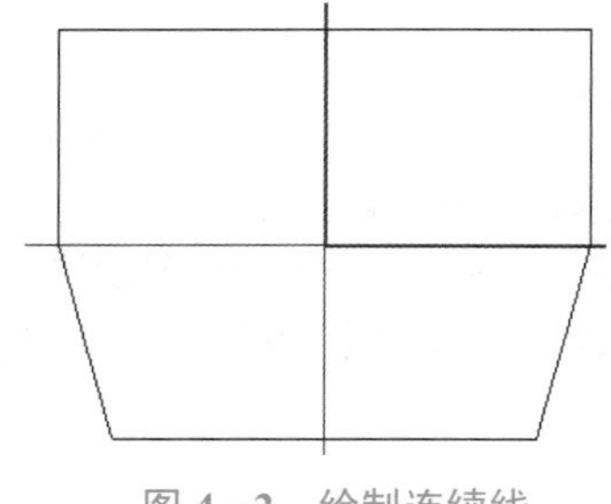
图 4−2　绘制连续线

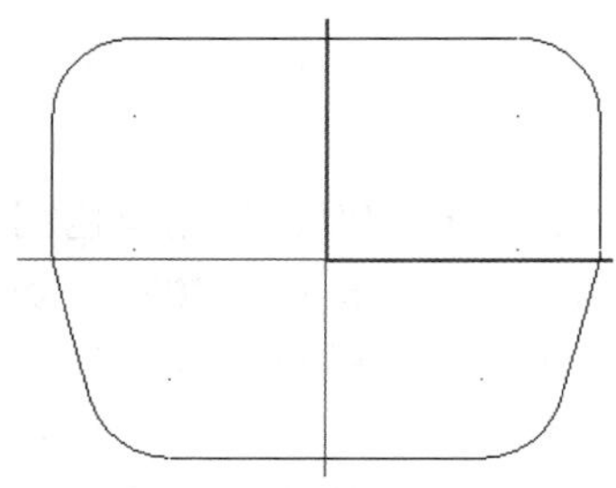
图 4−3　倒 R15 mm 圆角

（4）在状态栏，设置构图深度为 Z: 15.00000，按 Enter 键确定。

（5）在工具栏，单击 已知点画圆 按钮绘制圆弧，直径修改为"10"，输入圆心坐标："−30，21""0，21""30，21""15，12""−15，12"，并分别按 Enter 键确定，结果如图 4−4 所示。

注：本步骤输入的点，*Z* 轴坐标都是 15。

（6）在工具栏，单击 平行线 按钮，绘制下水平线的平行线，间距为 10.0，结果如图 4−5 所示。

注：本步骤输入的点，*Z* 轴坐标都是 0。

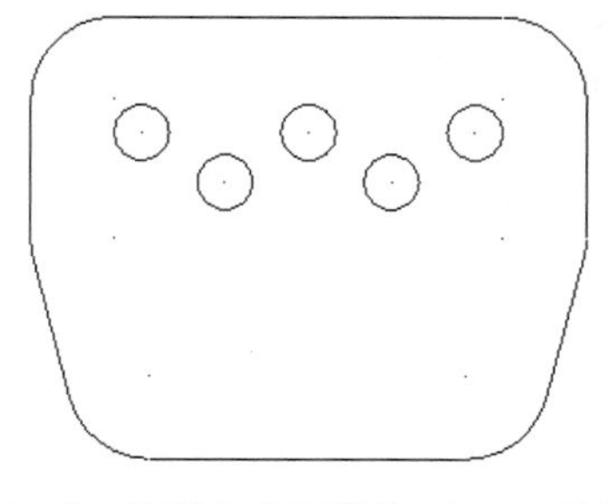
图 4−4　绘制 5 个直径为 10 mm 的圆

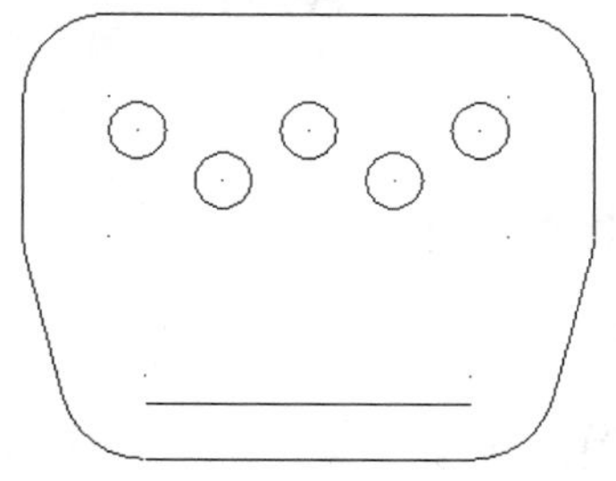
图 4−5　绘制平行线

（7）用类似的方法绘制其余三条平行线，结果如图 4－6 所示。

（8）倒圆角，圆角半径值为 10，结果如图 4－7 所示。

（9）右击工作区，单击“前视图”按钮 前视图(WCS)(F) ，进入前视图视角；单击状态栏中的“构图面——前视图”按钮 前视图 ，进入前视构图面，绘图区左下角如图 4－8 所示。

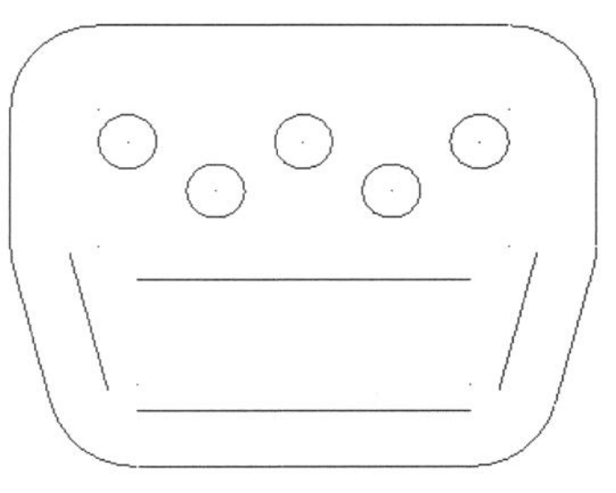

图 4－6 绘制其余三条平行线

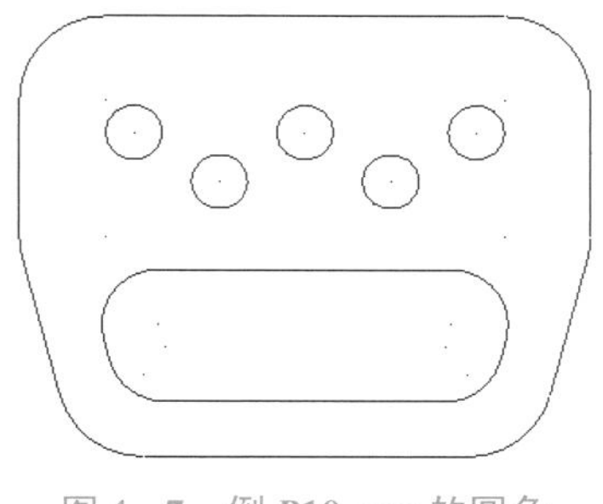

图 4－7 倒 R10 mm 的圆角

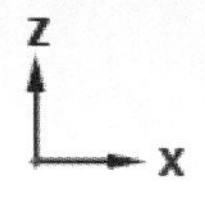

图 4－8 前视图视角、前视构图面

（10）在工具栏中选择 端点画弧 ，绘制圆弧。输入第一点坐标“－50，18”，第二点坐标“50，18”，半径修改为“175”，按 Enter 键确定，单击所需的圆弧段，结果如图 4－9 所示。

（11）右击工作区，单击“右视图”按钮 右视图(WCS)(R) ，然后单击状态栏中的“构图面——右视图”按钮 右视图 ，绘图区左下角如图 4－10 所示；构图深度为 Z: 0.00000，按 Enter 键确定。

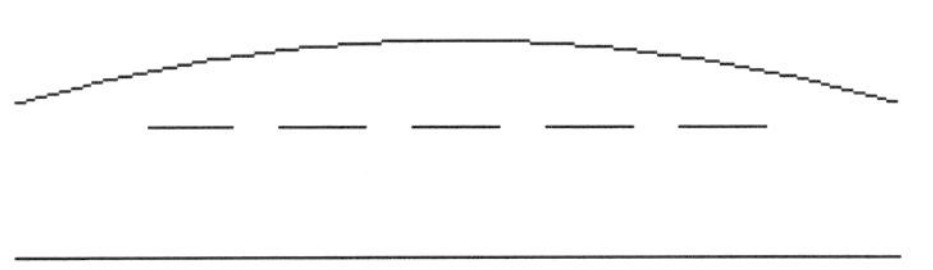

图 4－9 两点画弧（一）

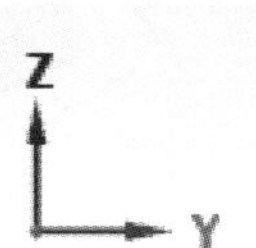

图 4－10 右视图视角、右视构图面

（12）在工具栏选择 端点画弧 ，绘制圆弧。输入第一点坐标“－38，25”，第二点坐标“42，45”，半径修改为“100”，按 Enter 键确定，单击所需的圆弧段，结果如图 4－11 所示。

（13）右击工作区，单击“等视图”按钮 等视图(WCS)(I) ，结果如图 4－12 所示。

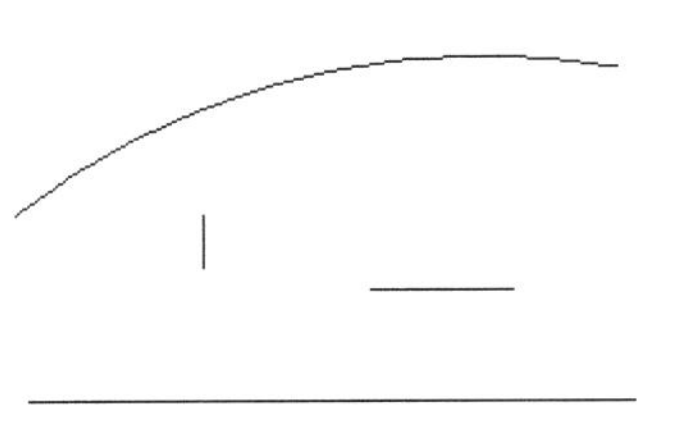

图 4－11 两点画弧（二）

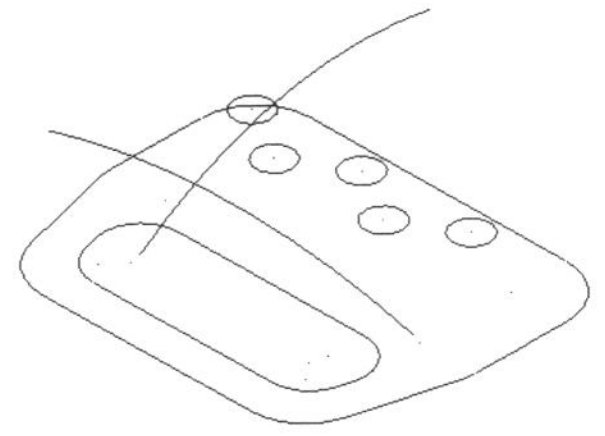

图 4－12 等角视图

（14）在工具栏，单击 平移 按钮，选择平移的图素 R175 圆弧，按 Enter 键，弹出平移选项对话框，选择平移方式 移动(M) ，单击 向量始于/止于 重新选择(T) 按钮，在选择平移起点的提示下，选择 R175 圆弧的中点，再选取平移终点（R100 圆弧的下端点），确定后结果如图 4－13 所示。

2）生成 Flat 曲面

（1）选择 曲面 →平面修剪 命令，弹出“串连选择”对话框，根据提示“选择要定义平面边界串连 1 选择图素以开始新串连。[按住 Shift 同时单击] 以选择相切图素。”，单击倒圆角框，单击 按钮。单击工具栏中的“图形着色”按钮，结果如图 4–14 所示。

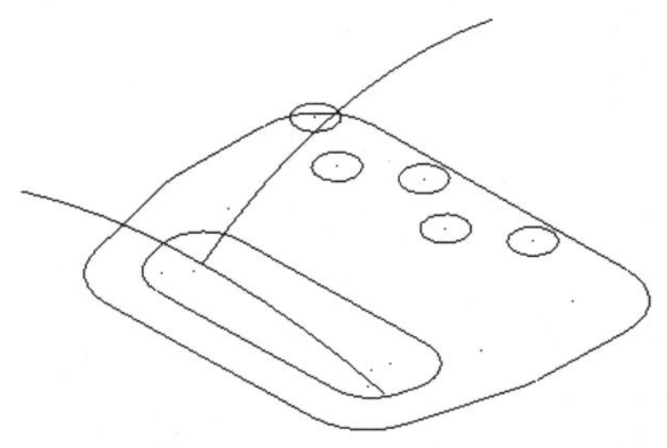

图 4–13　曲线平移

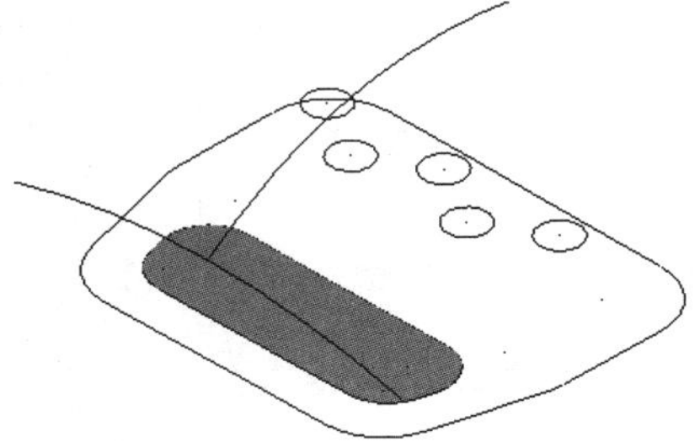

图 4–14　生成笔筒的 Flat 曲面（一）

（2）继续完成另外 5 个 Flat 曲面的生成，结果如图 4–15 所示。

3）生成拔模曲面（牵引曲面）

（1）视角和构图面设置后，绘图区左下角如图 4–16 所示。

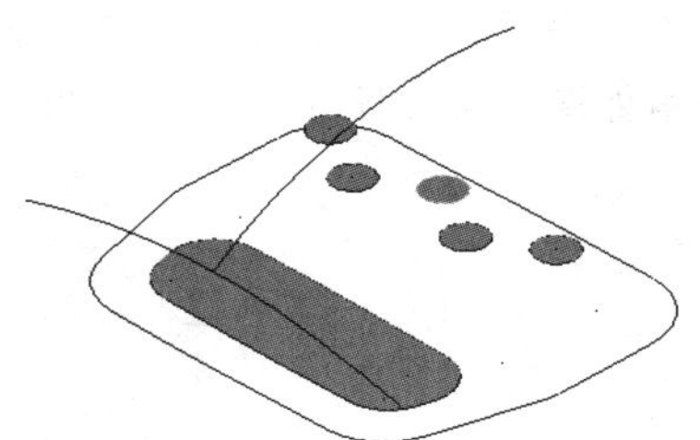

图 4–15　生成笔筒的 Flat 曲面（二）

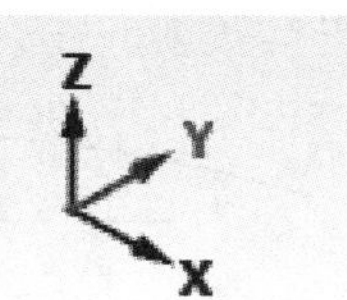

图 4–16　等角视图视角、俯视构图面

（2）选择 曲面 →拔模 命令，弹出“线框串连”对话框，根据提示“选择直线、圆弧或样条曲线。1 选择图素以开始新串连。[按住 Shift 同时单击] 以选择相切图素。”，依次单击 5 个圆，确保箭头同向（逆时针切于圆），确定后，弹出“曲面拔模”对话框，如图 4–17 所示，将拔模长度设置为“50”，确认后如图 4–18 所示。

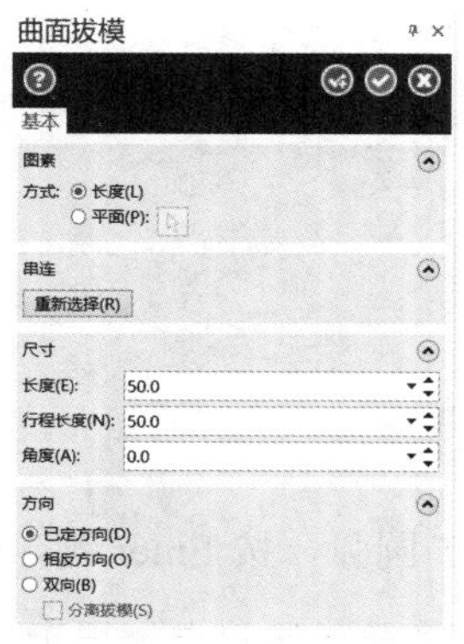

图 4–17　“曲面拔模”对话框

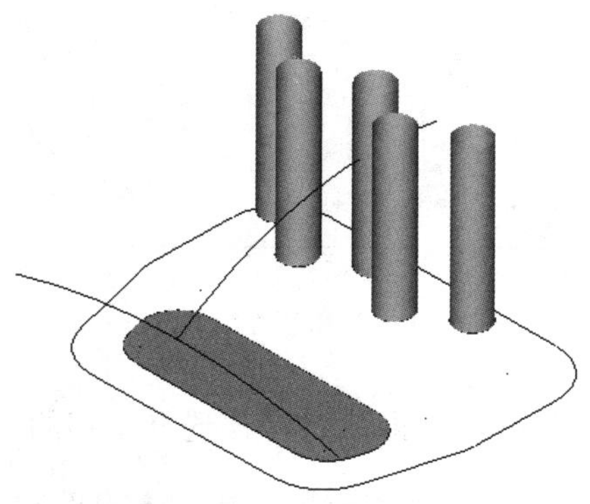

图 4–18　生成 5 个圆对应的牵引曲面

（3）同理，选择拔模命令，“串连”选择倒圆封闭曲线，确保箭头逆时针切于圆，“牵引角度”设置为“-5”，确定后结果如图 4-19 所示。

（4）单击状态栏中的“构图面——右视图”按钮 右视图，进入右视图构图面。

（5）选择 曲面 → 扫描 命令，弹出“线框串连”对话框，根据提示“扫描曲面：定义 截面外形 选择图素以开始新串连。[按住 Shift 同时单击] 以选择相切图素。”，在“选择方式”区域选择单体按钮，单击 $R175$ 圆弧，确保箭头向右，单击按钮；根据提示“扫描曲面：定义 引导方向的外形 选择图素以开始新串连。[按住 Shift 同时单击] 以选择相切图素。”，单击 $R100$ 圆弧，确保箭头向右上方，单击按钮，结果如图 4-20 所示。

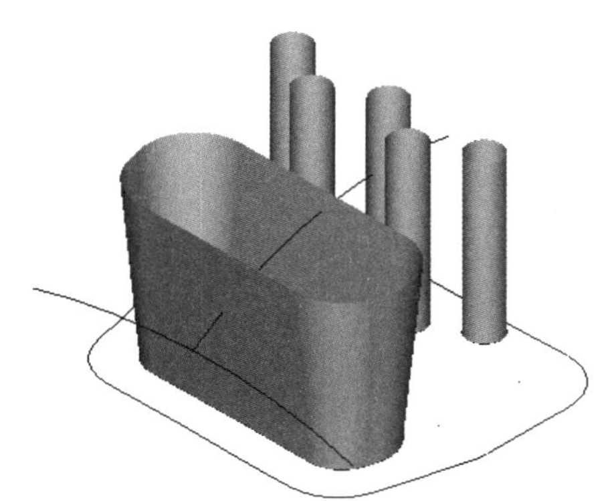

图 4-19　生成倒圆封闭曲线对应的拔模曲面

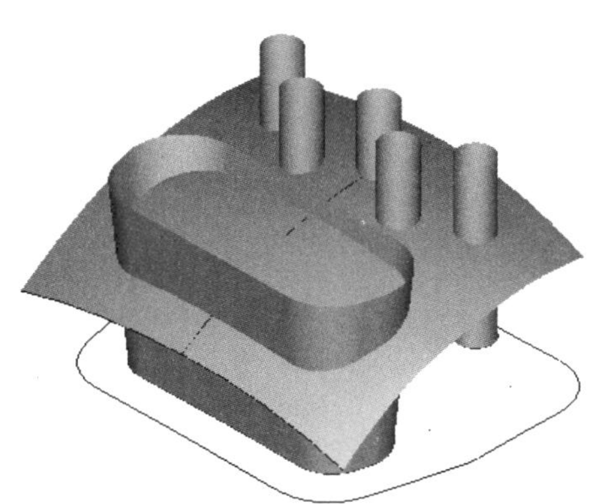

图 4-20　扫描曲面

（6）选择 曲面 → 圆角到曲面 命令，根据提示“选择第一个曲面集，然后按 [Enter] 继续”，单击大牵引曲面（共 8 个小曲面），确定后，根据提示“选择第二个曲面集，然后按 [Enter] 继续”，单击扫描曲面，确定后，弹出“曲面圆角到曲面”对话框，半径修改为“3”，单选☑修剪曲面(E)，如图 4-21 所示。倒圆角结果如图 4-22 所示。

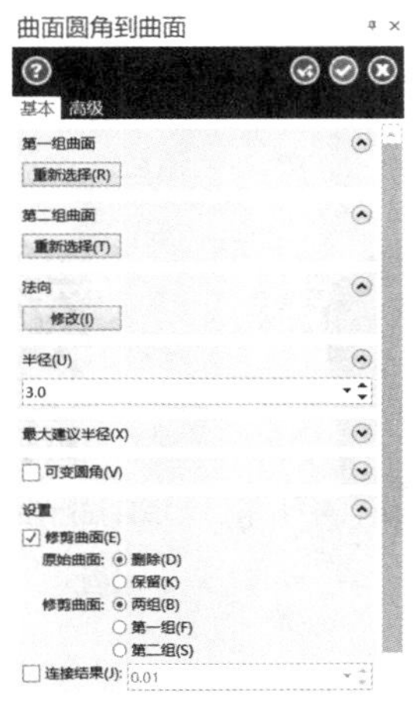

图 4-21　“曲面圆角到曲面”对话框

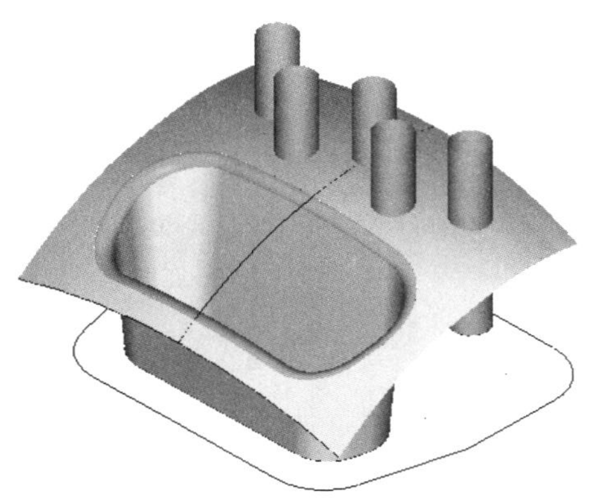

图 4-22　大牵引曲面倒圆角

（7）同理，选择 5 个小圆柱面为第一组曲面，扫描曲面为第二组曲面，进行倒圆角，半径修改为“1”，点选 ☑ 修剪曲面(E) ，倒圆角结果如图 4－23 所示。

注意：若倒圆角不成功，则表明曲面法线未相交，可通过动态修改曲面法线的方法来解决（选择 曲面 → 更改法向 命令），请读者自行尝试。

（8）选择 曲面 → 拔模 命令，单击外轮廓线，确保箭头逆时针相切于轮廓，牵引长度为 长度(E): 50.0 ，牵引角度为 角度(A): 5.0 ，确定后结果如图 4－24 所示。

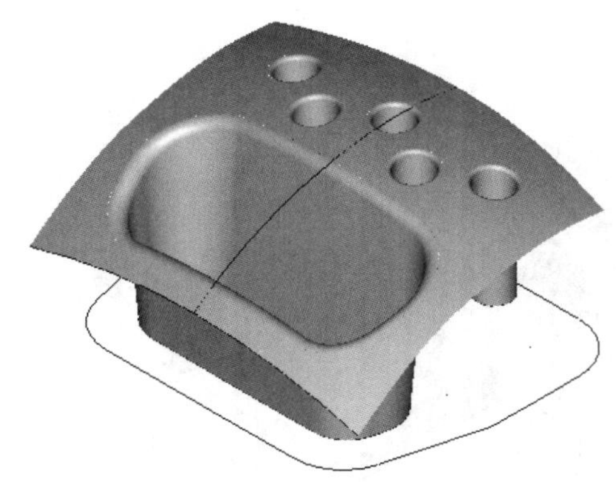

图 4－23　5 个小圆柱曲面倒圆角

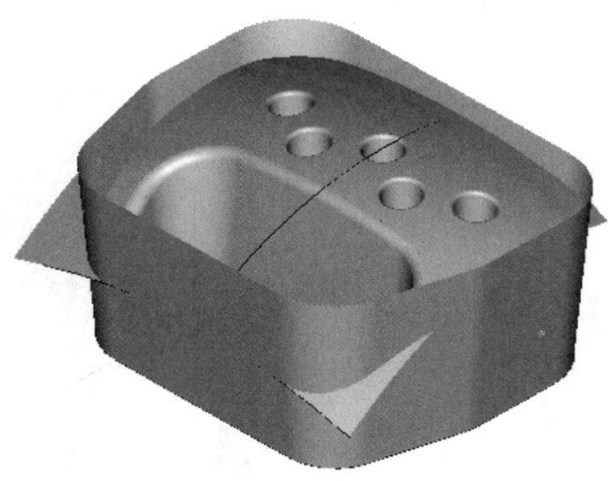

图 4－24　生成与外轮廓线对应的牵引曲面

（9）选择 曲面 → 圆角到曲面 命令，进行倒圆角，根据提示，选取与外轮廓线对应的大牵引曲面（共 12 个小牵引曲面）为第一组曲面，扫描曲面为第二组曲面，倒圆半径修改为“1”，点选 ☑ 修剪曲面(E) ，确定后结果如图 4－25 所示。

注意：若倒圆角不成功，则可通过 曲面 → 延伸 命令延伸扫描曲面来解决。

（10）选择“ 保存 (Ctrl+S) ”命令，以文件名“XIANGMU4－1”保存绘图结果。

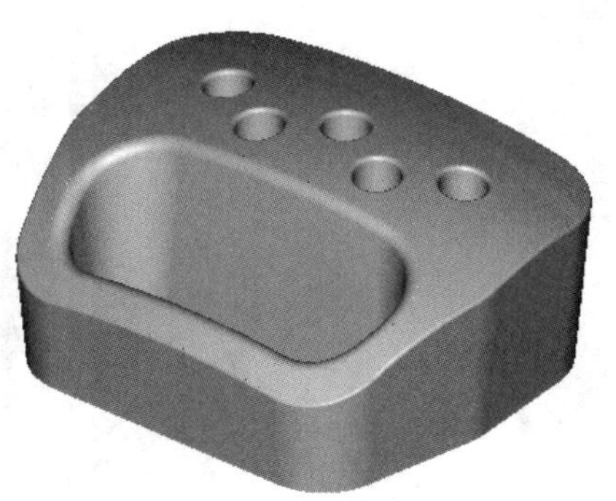

图 4－25　完成后的笔筒造型

项目描述任务操作视频 XM4S

4.4 项 目 评 价

项目实施评价表见表 4－1。

表 4－1　项目实施评价表

<table>
<tr><th>序号</th><th>检测内容与要求</th><th>分值</th><th>学生自评
（25%）</th><th>小组评价
（25%）</th><th>教师评价
（50%）</th></tr>
<tr><td>1</td><td>学习态度</td><td>5</td><td></td><td></td><td></td></tr>
<tr><td>2</td><td>安全、规范、文明操作</td><td>5</td><td></td><td></td><td></td></tr>
<tr><td>3</td><td>能分析笔筒曲面模型零件图，规划绘图思路</td><td>15</td><td></td><td></td><td></td></tr>
<tr><td>4</td><td>能绘制曲面造型所需三维线架</td><td>15</td><td></td><td></td><td></td></tr>
<tr><td>5</td><td>能通过 Flat 曲面、牵引曲面、扫描曲面等方式绘制笔筒曲面</td><td>15</td><td></td><td></td><td></td></tr>
<tr><td>6</td><td>能对所绘制的笔筒曲面进行倒圆角处理</td><td>15</td><td></td><td></td><td></td></tr>
<tr><td>7</td><td>能以文件名“XIANGMU4－1”保存笔筒曲面模型</td><td>5</td><td></td><td></td><td></td></tr>
<tr><td>8</td><td>项目任务实施方案的可行性及完成的速度</td><td>10</td><td></td><td></td><td></td></tr>
<tr><td>9</td><td>小组合作与分工</td><td>5</td><td></td><td></td><td></td></tr>
<tr><td>10</td><td>学习成果展示与问题回答</td><td>10</td><td></td><td></td><td></td></tr>
<tr><td>总分</td><td>100</td><td></td><td></td><td></td><td></td></tr>
<tr><td colspan="2" rowspan="2">总分</td><td rowspan="2">100</td><td></td><td></td><td></td></tr>
<tr><td colspan="3">合计：　　　　　（等第：　　　　）</td></tr>
<tr><td>问题记录和解决方法</td><td colspan="5">记录项目实施中出现的问题和采取的解决方法</td></tr>
<tr><td colspan="4">签字：</td><td colspan="2">时间：</td></tr>
</table>

4.5 项目总结

曲面是用来构建模型的重要工具和手段。根据 CAD 建模原理，三维模型可以看作是由一定大小和形状的曲面围成的，因此使用曲面可以构建实体模型。同时，在 CAM 技术中，加工的任务就是使用刀具切出具有一定形状和尺寸精度的表面，因此，在加工之前，一般先绘制出零件加工后的理想表面形状。总之，三维曲面造型设计是 Mastercam 2022 的重要组成部分。

通过本项目的学习，可以非常熟练地掌握以下内容：

（1）产品表面往往由多种形式的曲面综合而成，读者必须具备综合、灵活应用各种曲面造型的能力。

（2）曲面模型的建立步骤是：① 建立线框模型；② 产生曲面；③ 编辑曲面。

（3）Mastercam 2022 三维曲面造型功能，例如拉伸曲面、旋转曲面、扫掠曲面，以及对曲面进行圆角、修剪和融接等的操作使用。

4.6 项目拓展

建立如图 4－26 所示的轮毂曲面模型。

1. 图形分析

本例也是一个非常复杂的曲面模型。绘图思路是：绘制轮毂外形及底部曲面的线框→绘制轮毂凹槽的外形轮廓→构建轮毂外形的旋转曲面→构建轮毂凹槽底部曲面→构建凹槽曲面轮廓→构建凹槽扫描曲面→构建倒圆角曲面→曲面旋转复制。

2. 操作步骤

1）绘制轮毂外形及底部曲面的线框

设置层别编号：1；层别名称：外形。

（1）在前视图构图面上绘制轮毂外形，如图 4－27 所示，输入 P_1～P_{16} 共计 16 个点，点的坐标如表 4－2 所示。

图 4－26　轮毂曲面模型

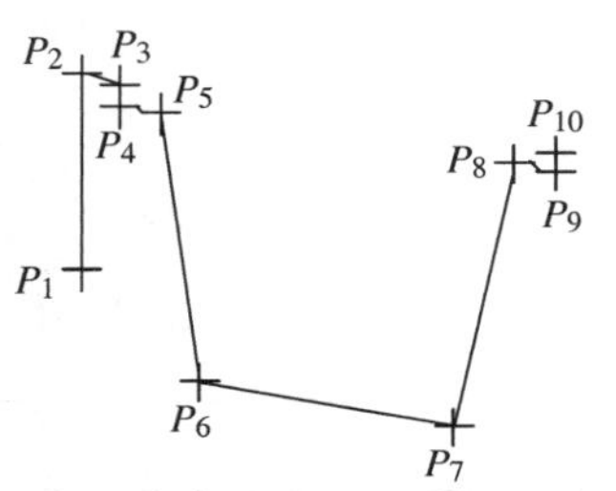

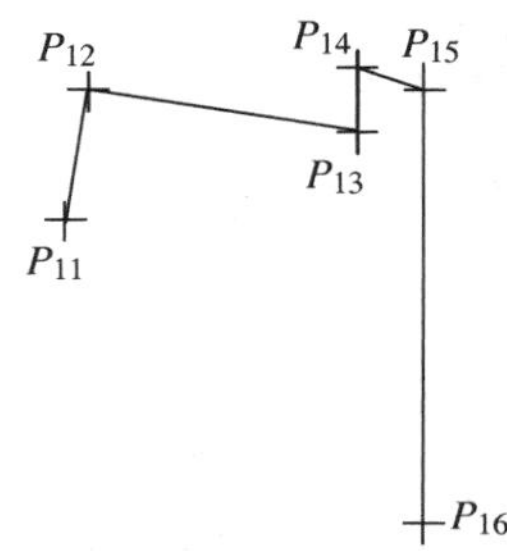

图 4－27　轮毂外形

表 4-2　点的坐标

P_1	7.062，12.267	P_7	15.398，8.779	P_{12}	43.351，8.862
P_2	7.062，16.794	P_8	16.789，14.810	P_{13}	48.689，7.978
P_3	7.944，16.583	P_9	17.703，14.599	P_{14}	48.689，9.296
P_4	7.944，16.070	P_{10}	17.703，15.033	P_{15}	50.000，8.913
P_5	8.861，15.923	P_{11}	42.898，6.187	P_{16}	50.000，0
P_6	9.724，9.728				

（2）单击“线框”工具栏中的“端点画弧”按钮 端点画弧 ，在操作栏的“尺寸”栏中输入半径值为“90”，依次选择 P_{10}、P_{11} 两点处，生成如图 4-28 所示（隐藏所有的点）的圆弧。

（3）单击“线框”工具栏中的“线端点”按钮 线端点，输入坐标为（21.568，8.862，0），在操作栏中输入长度为“20”、角度为“-12.5”，单击“确定”按钮生成如图 4-29 所示的图形。

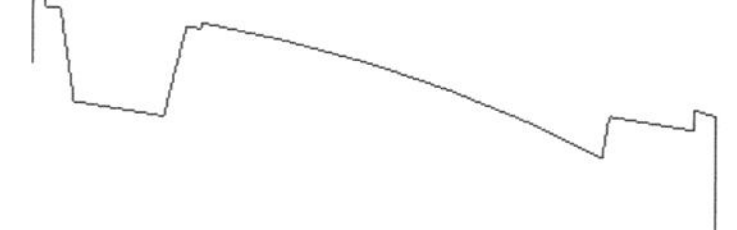

图 4-28　绘制半径为 90 的圆弧

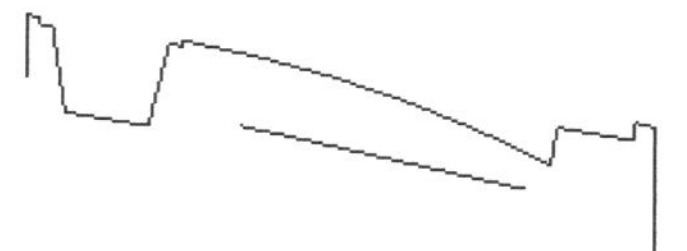

图 4-29　绘制直线

（4）单击“线框”工具栏中的“切弧”按钮 切弧 ，在操作栏的“方式”栏中选择“通过点切弧”按钮 通过点切弧 ，输入半径为“8”，选取上一步骤所绘制出的极坐标线，输入圆外一点坐标值为（41.432，2.762，0），单击“确定”按钮生成如图 4-30 所示图形。

（5）单击“线框”工具栏中的“修建到图素”按钮 修剪到图素 ，在操作栏的“方式”栏中选择“修剪两物体”按钮 修剪两物体(2) ，分别选取保留的直线段和圆弧，生成如图 4-31 所示图形。

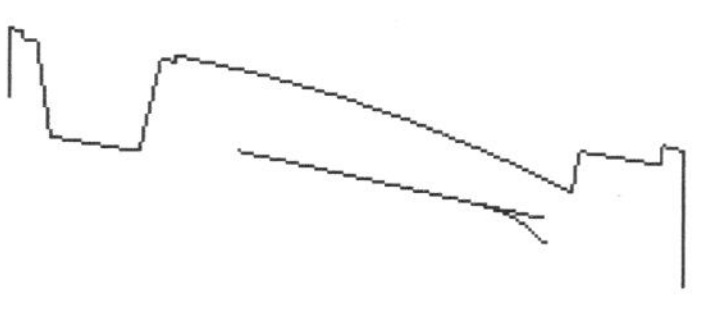

图 4-30　绘制圆弧

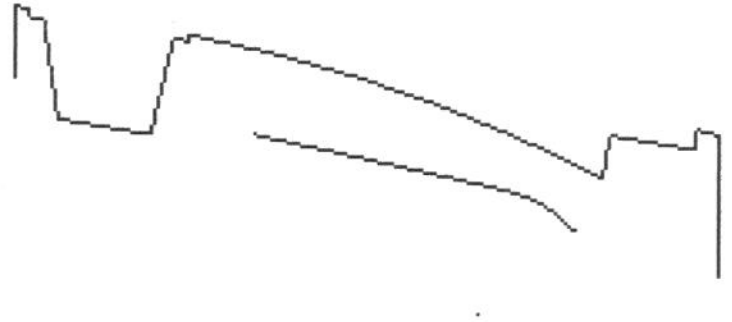

图 4-31　修剪图形

（6）单击“线框”工具栏中的“倒圆角”按钮 图素倒圆角，设置圆角半径分别为“3”和“1”，绘制如图 4-32 所示圆角。

（7）任意绘制一条 X 轴坐标为 0 的垂直线作为旋转轴，如图 4-33 所示。

2）绘制轮毂凹槽的外形轮廓

设置层别编号为“2”，层别名称为“凹槽”，关闭图层 1。

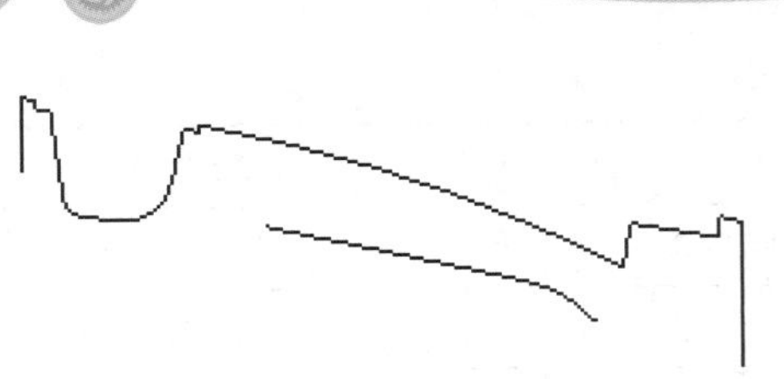

图 4-32　倒圆角

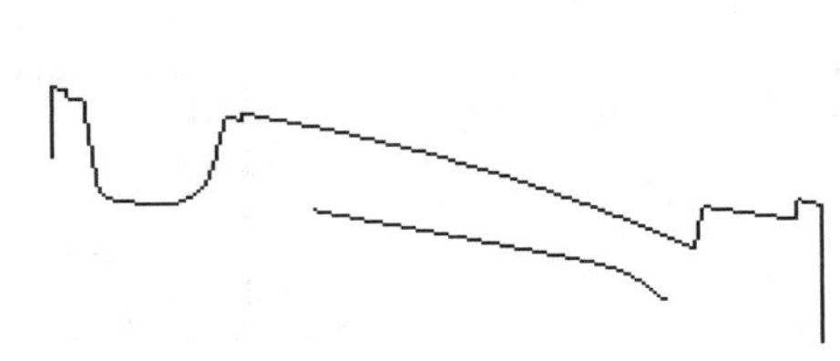

图 4-33　绘制对称轴

（1）设置视角为俯视图视角，构图深度 Z 为 40，2D 绘图方式，隐藏图层 1。

（2）单击“线框”工具栏中的“线端点”按钮，选择坐标原点，在“直线”工具栏中输入长度为“50”、角度为“3.5”，单击“应用”按钮；绘制第二条线，选择坐标原点为起点，在“直线”工具栏中输入长度为“50”、角度为“56.5”。单击“确定”按钮生成如图 4-34 所示图形。

（3）单击“线框”工具栏中的“极坐标圆弧”按钮，选择原点作为圆心点，在“极坐标圆弧”工具栏中输入半径为“40”，起始角度为“0”、终止角度为“60”，单击“确定”按钮生成如图 4-35 所示图形。

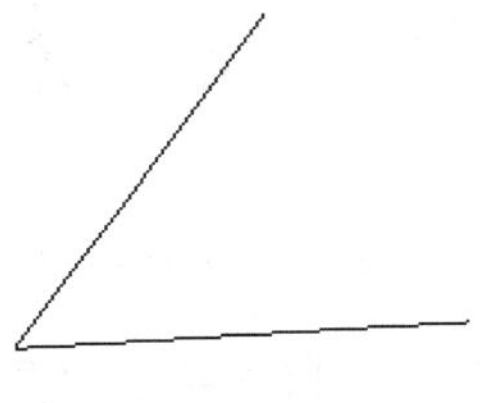

图 4-34　绘制直线

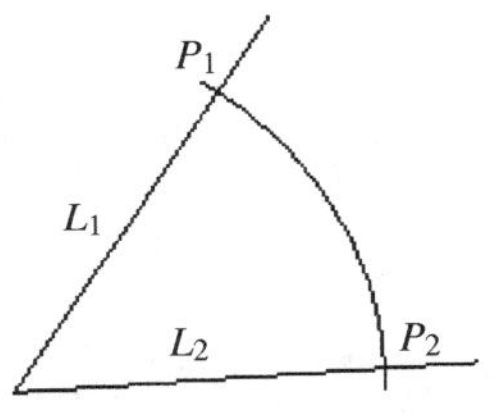

图 4-35　绘制圆弧

（4）单击“转换”工具栏中的“旋转”按钮，选取直线 L_1，单击“结束选择”按钮，设置旋转基点为 P_1 点，输入角度为“15”，单击“应用”按钮；选取直线 L_2，单击“结束选择”按钮，设置旋转基点为 P_2 点，输入角度为“-15”。单击“确定”按钮生成如图 4-36 所示图形。

（5）单击“线框”工具栏中的“倒圆角”按钮，设置圆角半径为“14”，选择 L_1 和 L_2 直线，单击“应用”按钮；设置圆角半径为“4”，选择 L_1 和 A_1，L_2 和 A_1。单击“确定”按钮，删除多余的线段，生成如图 4-37 所示圆角。

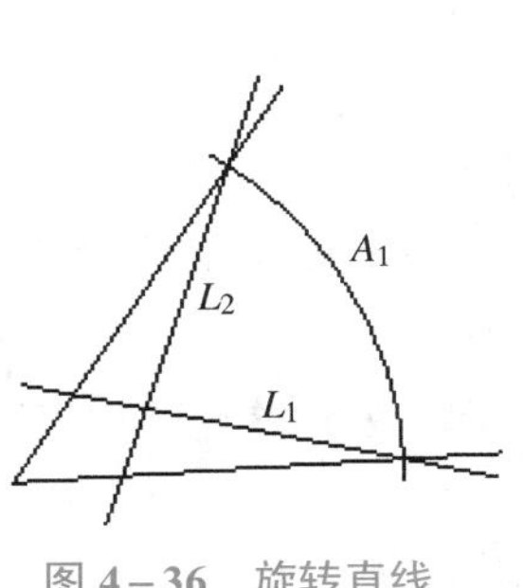

图 4-36　旋转直线

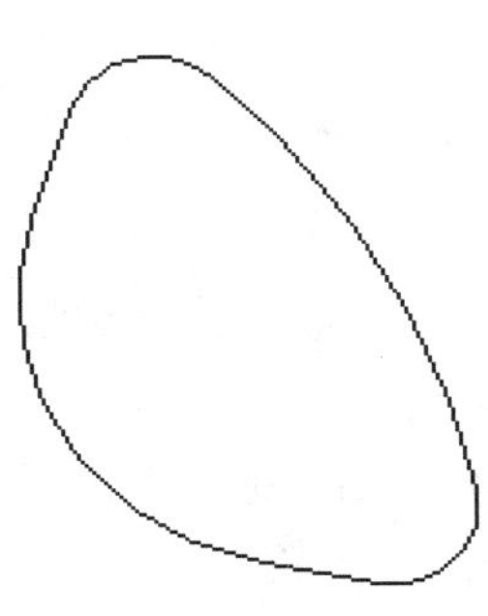

图 4-37　倒圆角

（6）单击“转换”工具栏中的“串连补正”按钮串连补正，串联选取如图 4－38 所示外形（注意箭头方向），单击“确定”按钮，在弹出的“串连补正”对话框中输入距离为“2”，单击“确定”按钮生成如图 4－39 所示图形。

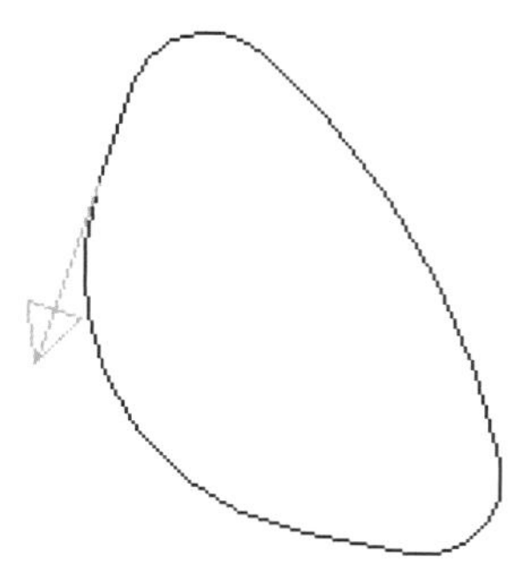

图 4－38　串连方向

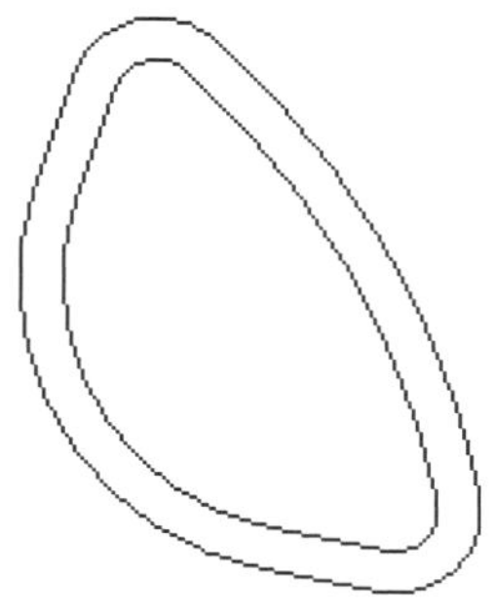

图 4－39　串连补正

3）构建轮毂外形的旋转曲面

设置层别编号为“3”，层别名称为“外形曲面”，显示图层 1，隐藏图层 2。

（1）设置视角为等角视图。

（2）单击“曲面”工具栏中的“旋转曲面”按钮旋转，选择如图 4－40 所示的轮廓线 1，单击“确定”按钮，选择 L_1 作为旋转轴（注意箭头朝上），输入旋转角度为“60”，单击“确定”按钮生成如图 4－41 所示的曲面。

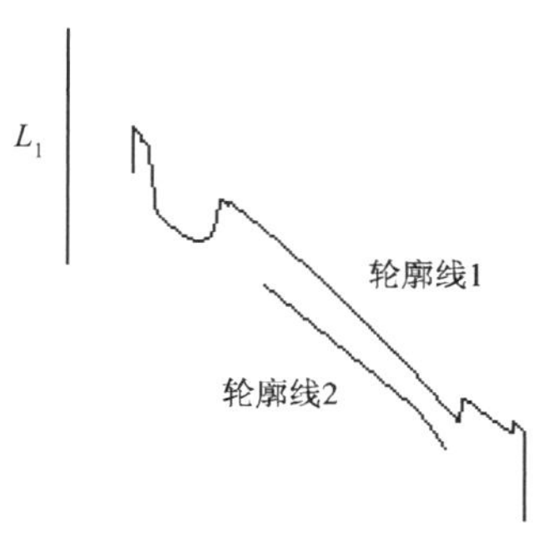

图 4－40　轮廓线选择

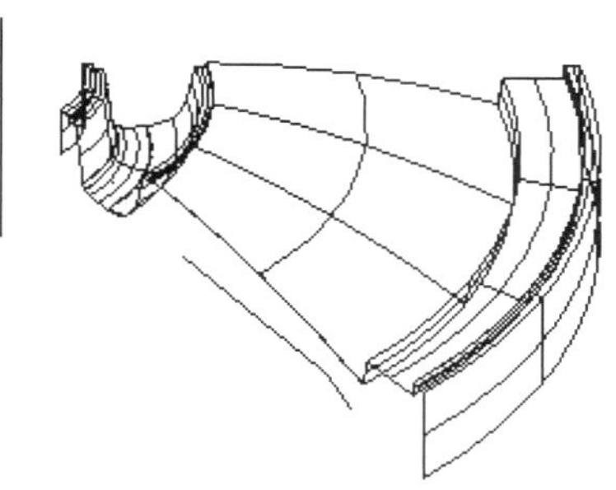

图 4－41　生成旋转曲面

4）构建轮毂凹槽底部曲面

设置层别编号“4”，层别名称为“凹槽底面”，关闭图层 3。

单击“曲面”工具栏中的“旋转曲面”按钮旋转，选择如图 4－40 所示的轮廓线 2，单击“确定”按钮，选择 L_1 作为旋转轴（注意箭头朝上），输入旋转角度为“60”，单击“确定”按钮，生成如图 4－42 所示的曲面。

5）构建凹槽曲面轮廓

打开图层 2，关闭图层 1。

（1）设置构图面为俯视图构图面。

（2）单击“转换”工具栏中的“投影”按钮 投影，选择图 4－43 中的曲线作为投影线，单击“结束选择”按钮，在“投影”操作栏中选择“投影到曲面”按钮 曲面/实体(S):，选择图 4－43 中的曲面，单击“确定”按钮，生成如图 4－44 所示图形。

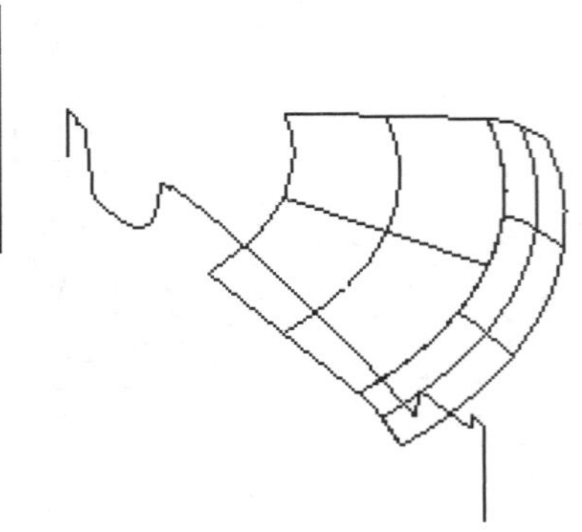

图 4－42　选择曲面

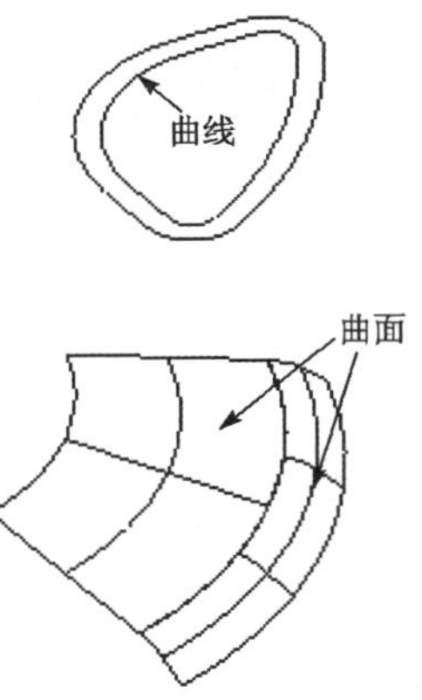

图 4－43　选择图素

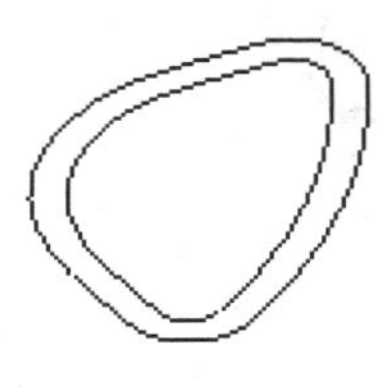

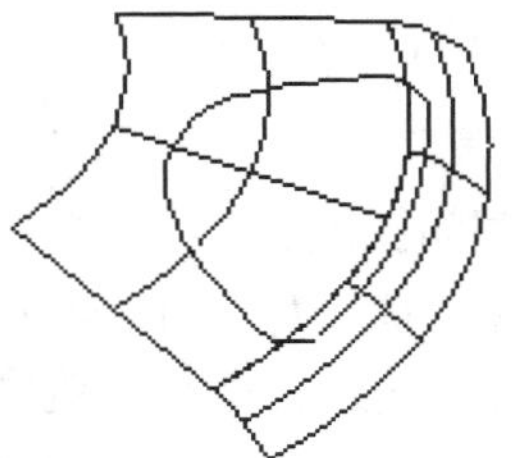

图 4－44　投影曲线

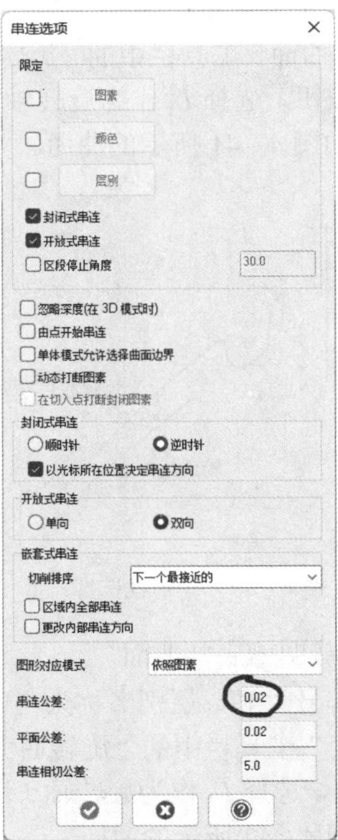

图 4－45　修改选项

（3）单击“曲面”工具栏中的“修整至曲线”按钮，选择图 4－42 中的曲面，单击“结束选择”按钮，在弹出的“串连选项”对话框中单击“选项”按钮，按照图 4－45 修改串连公差为“0.02”，单击“确定”按钮，选择上一步生成的投影线，鼠标单击图 4－46 所示 P_1 点为保留区域，单击“确定”按钮生成如图 4－47 所示图形。

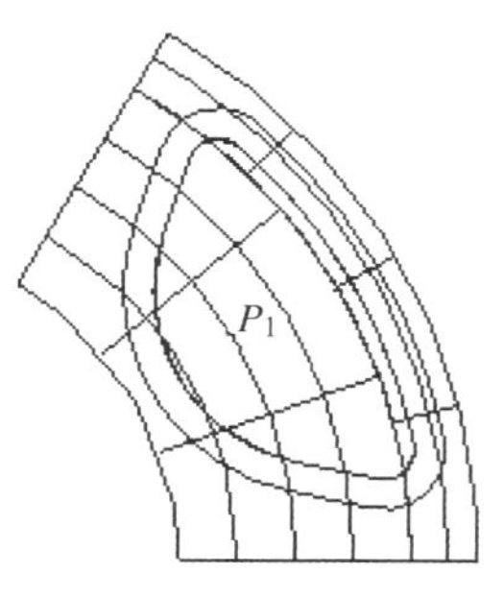

图 4－46　选择保留区域

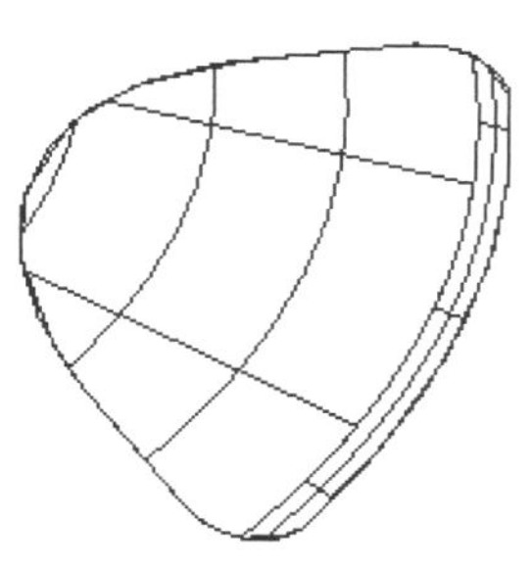
图 4－47　修剪后曲面

（4）打开图层 3。

（5）单击“转换”工具栏中的“投影”按钮，选择图 4－48 中的曲线作为投影线，单击“结束选择”按钮，在“投影”操作栏中选择“投影到曲面”选项 曲面/实体(S):，选择图 4－48 中的曲面，单击“确定”按钮，生成如图 4－49 所示图形。

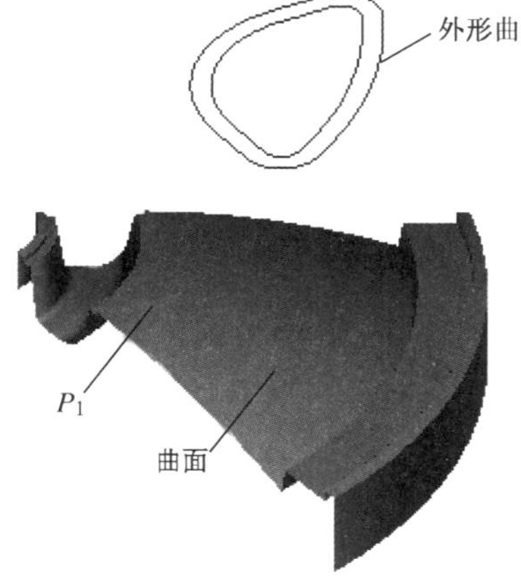

图 4－48　选择图素

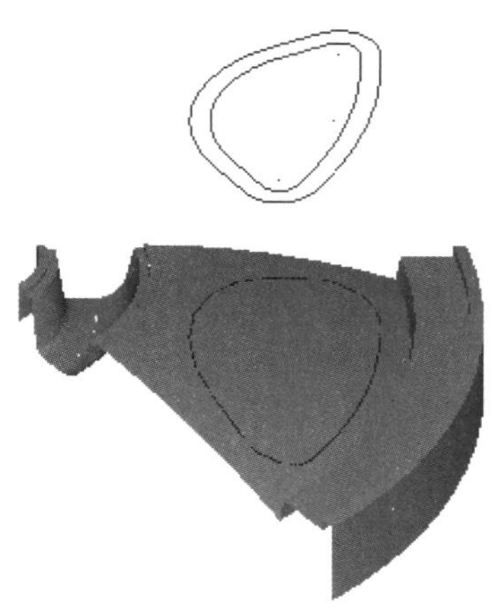
图 4－49　投影曲线

（6）单击“曲面”工具栏中的“修整至曲线”按钮，选择图 4－48 中的曲面，单击“结束选择”按钮，在弹出的“串连选项”对话框中单击“选项”按钮，按照图 4－45 修改串连公差为“0.02”，单击“确定”按钮，选择上一步生成的投影线，鼠标单击图 4－48 所示 P_1 点为保留区域，单击“确定”按钮生成如图 4－50 所示图形。

（7）设置图层 2 为构图层，关闭其他图层。

（8）在“线框”工具栏的“修剪”面板区域点选“打成若干段”命令 打断成多段 ，根据提示“选择图素打断或延伸”选择曲线，单击“结束选择”按钮，在弹出的“打断成若干段”操作栏中点选“类型”按钮 创建曲线(C)，设置为曲线（弧），在“区段”面板区域输入“数量”为“2”，如图 4-51 所示，单击“确定”按钮将曲线打成两段。曲线的中点 P_1 和 P_2 为断点。

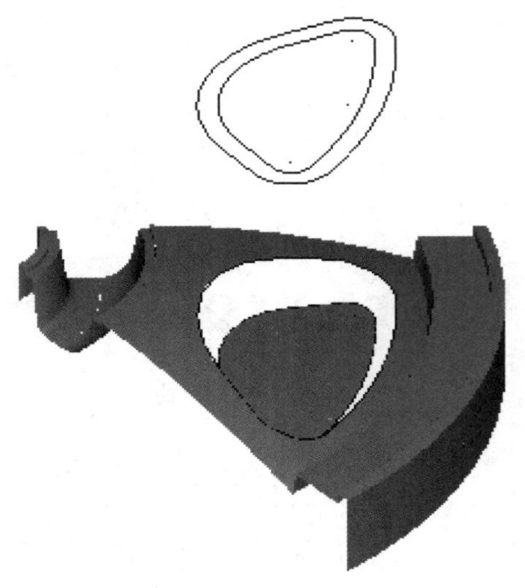

图 4-50 修剪曲面

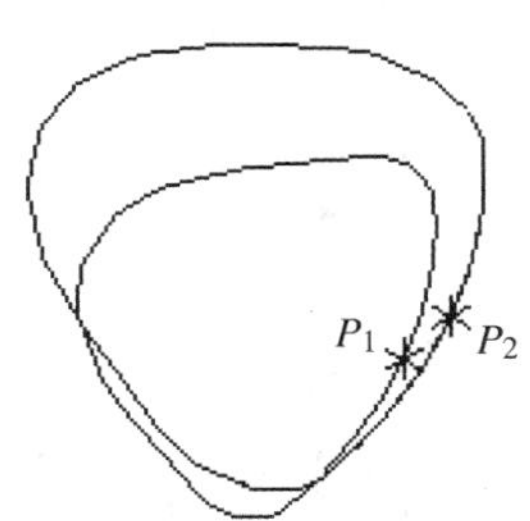

图 4-51 打断曲线

（9）在状态栏单击如图 4-52 所示的“绘图平面 2D/3D”按钮 3D，设置为 3D 空间绘图。

（10）单击“线框”工具栏中的“线端点”按钮 线端点，在“线端点”操作栏中选择“连续线”按钮，选择坐标原点为起始点，P_1 为第二点，P_2 为终点，单击“确定”按钮生成如图 4-53 所示图形。

（11）在操作栏，点选“平面”，单击“创建新平面”按钮 下拉列表，单击“依照图形”按钮 依照图形...，根据提示“依照图形设置绘图平面 选择图形”，分别选择图 4-53 中的 L_1 和 L_2，生成如图 4-54 所示坐标系的构图面，单击“确定”按钮，保存该构图面。

Z: 40.00000 3D 绘图平面: 俯视图

图 4-52 设置 3D 空间绘图

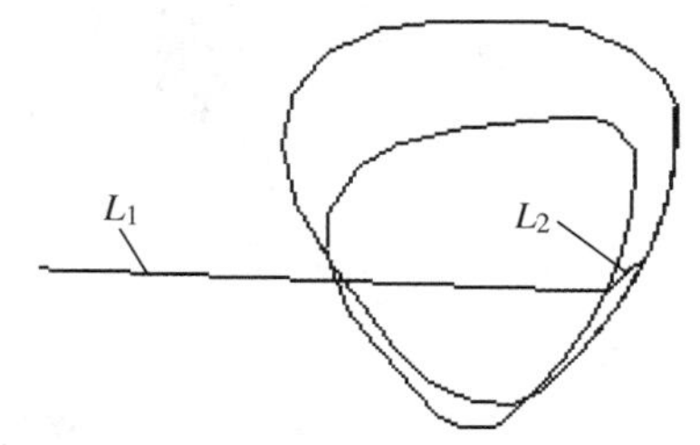

图 4-53 绘制直线

（12）单击“线框”工具栏中的“两点画弧”按钮 端点画弧 ，在“两点画弧”操作栏中输入半径为“2”，选择 P_1 和 P_2 点，保留如图 4-55 所示圆弧，删除多余的直线。

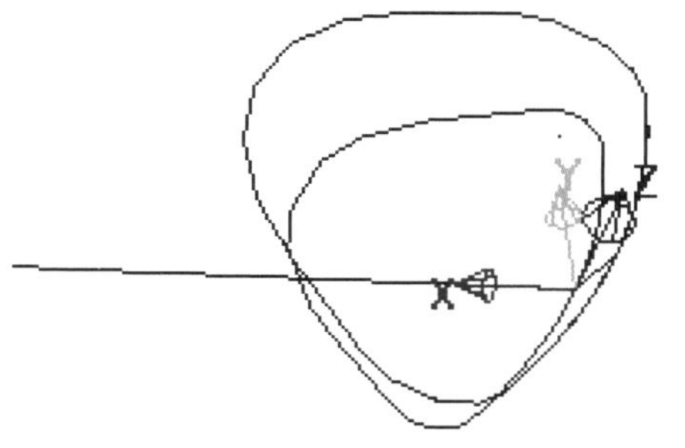

图 4－54　创建构图面

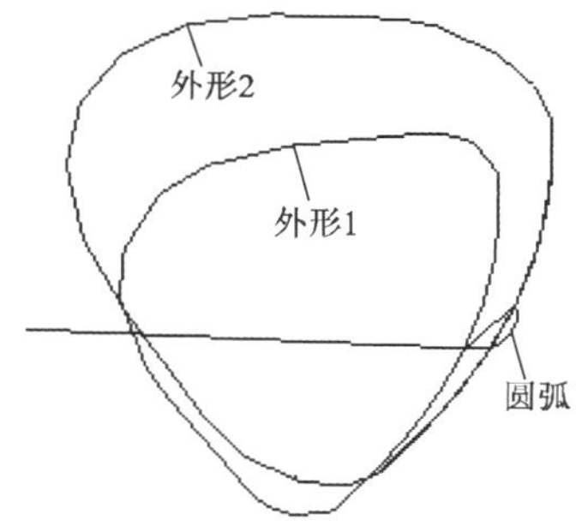

图 4－55　保留圆弧

6）构建凹槽扫描曲面

设置层别编号为“5”，层别名称为“凹槽曲面”。

单击“曲面”工具栏中的“扫描曲面”按钮扫描，选择圆弧为截面图形，单击“确定”按钮，外形 1 为轨迹线 1，外形 2 为轨迹线 2，单击“确定”按钮。在“扫描曲面”工具栏中选择“旋转”按钮，单击“确定”按钮生成如图 4－56 所示曲面。

7）构建倒圆角曲面

设置层别编号为“6”，层别名称为“倒圆角曲面”。

（1）打开图层 3、4、6。

（2）单击“曲面”工具栏中的“曲面/曲面倒圆角”按钮圆角到曲面，鼠标左键依次选择如图 4－57 所示曲面 1、曲面 2 为第一个组曲面，单击“结束选择”，曲面 3 为第二个曲面，单击“结束选择”，在弹出的“两曲面倒圆角”对话框中输入半径为“1.2”（注意倒圆角方向）。单击“确定”按钮生成如图 4－58 所示图形。

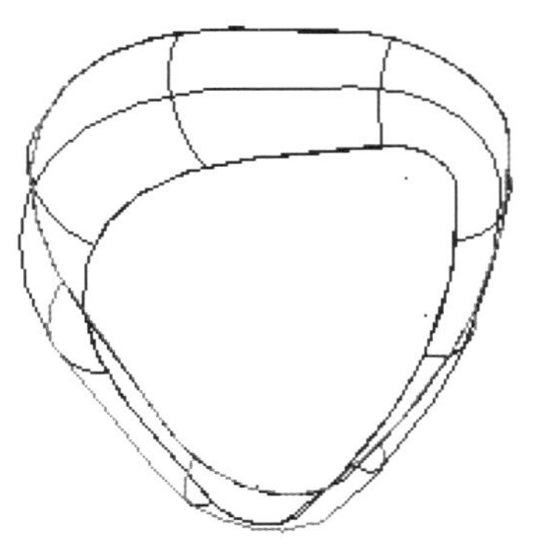

图 4－56　生成曲面

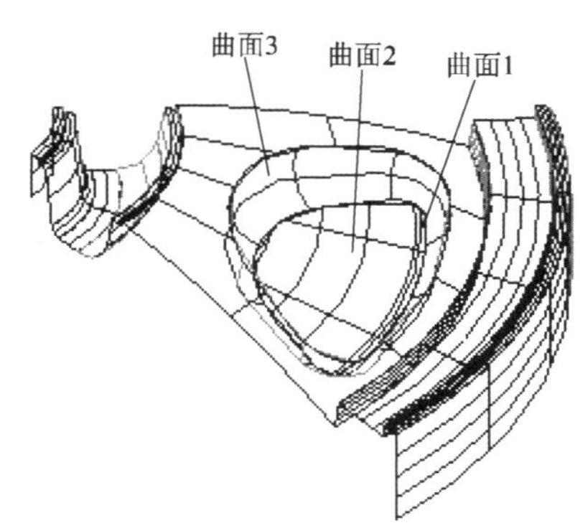

图 4－57　选择曲面

（3）单击“曲面”工具栏中的“曲面/曲面倒圆角”按钮圆角到曲面，鼠标左键依次选择如图 4－58 所示曲面 1 为第一个组曲面，单击“结束选择”，曲面 2 为第二个曲面，单击“结束选择”，在弹出的“两曲面倒圆角”对话框中输入半径为“0.8”，单击“反向法线”按钮 ↔ ，设置倒圆角方向如图 4－59 所示。单击“确定”按钮生成如图 4－60 所示图形。

8）曲面旋转复制

（1）设置构图面为俯视图构图面。

（2）单击“转换”工具栏中的“旋转”按钮 旋转，选择所有曲面，单击“结束选择”，选择旋转基点为原点，设置旋转角度为“60”、次数为“5”，单击“确定”按钮生成如图 4-61 所示曲面。

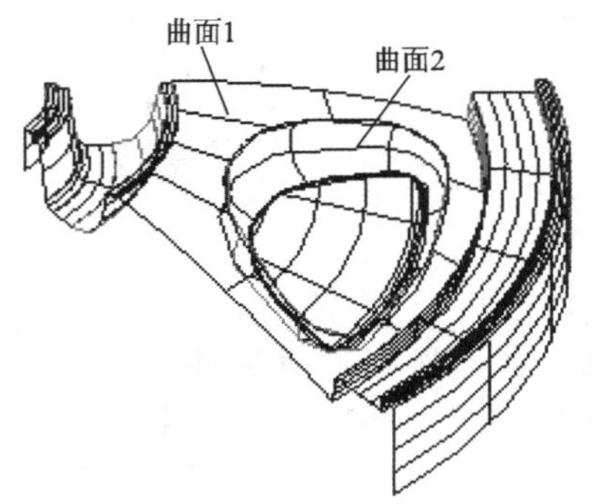

图 4-58　构建圆角曲面

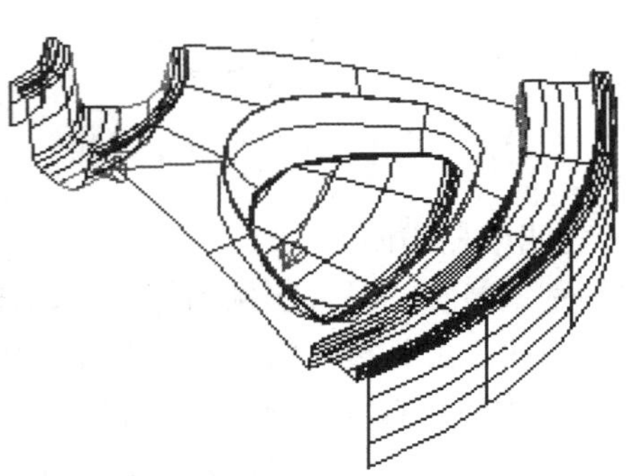
图 4-59　圆角方向

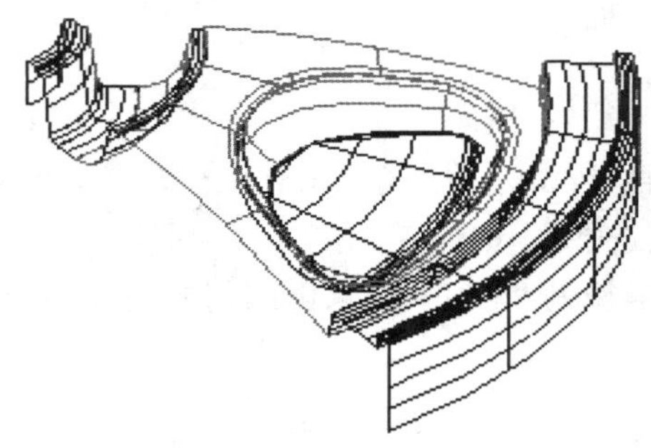
图 4-60　生成圆角面

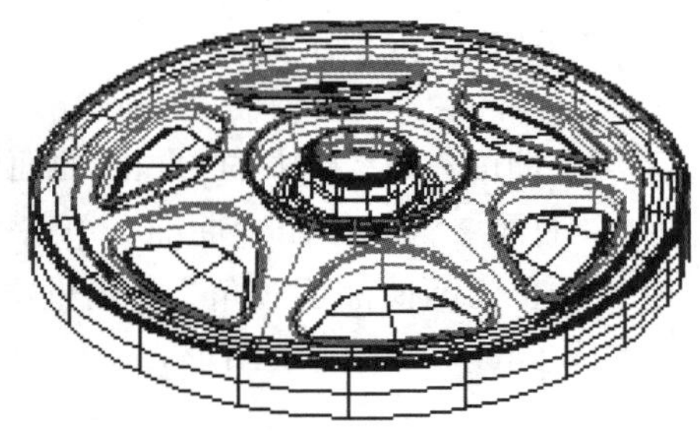
图 4-61　轮毂曲面模型

9）文件保存

选择“ 保存 (Ctrl+S) ”命令，以文件名“XIANGMU4-2”保存绘图结果。

项目拓展任务操作视频 XM4T

学有所思，举一反三。通过项目拓展，你有什么新的发现和收获？请写出来。

____

____。

根据项目编组，加强小组分工、协作训练，请充分发挥个人的聪明才智，自行设计、编制拓展项目实施评价表，格式不限。

4.7 相关知识

4.7.1 项目基础知识

项目基础知识

4.7.2 辅助项目知识

辅助项目知识（思政类）

4.8 巩固练习

4.8.1 填空题

1. 举升曲面和直纹曲面的主要区别在于，生成举升曲面时，截形间是通过________相连的，直纹曲面则是通过________相连的。

2. 曲面修剪有 3 种操作类型，它们是________、________、________。

3. 曲面圆角有 3 种操作类型，它们是________、________、________。

4. 对曲面进行编辑操作的命令主要有________、________、________、________、________、________、________、________等。

5. 创建网格曲面功能，要求定义两个方向的曲面，一个是________，另一个是________。

6. 创建曲面流线时，可以通过指定________、________或者________来确定曲线的数量。

4.8.2 选择题

1. 一个串连图素在绕某直线旋转产生旋转曲面后，该串连图素将（　　）。

A. 被隐藏　　B. 被删除　　C. 还存在　　D. 不一定

2. 在绘制圆柱曲面时，其中心轴可用多种方式，但不包括（　　）方式。

A. 坐标轴　　B. 直线　　C. 圆弧　　D. 未绘制的任意两点

3. 将曲面上的一个孔洞补起来，成为一个统一的曲面，应该使用（　　）命令。

A. 去除边界　　B. 填补孔洞　　C. 分割曲面　　D. 曲面融接

4. 关于曲面编辑，没有提供直接进行（　　）操作的命令。

A. 等半径圆角　　B. 曲面－平面圆角　　C. 变半径圆角　　D. 都不对

5.（　　）命令可以在曲面的常参数方向上创建曲线。

A. 绘制相交线　　B. 创建分模线　　C. 创建边界曲线　　D. 创建曲面流线

4.8.3 简答题

1. 举升曲面和直纹曲面的主要区别是什么？

2. 曲面倒圆角有哪 3 种类型？曲面修剪有哪 3 种类型？

3. 在创建什么曲线时，需要指定方向？

4. 将曲面上的孔洞补起来，形成一个网站的完整的曲面，应该使用什么命令？举例说明去除边界和填补孔洞有何区别。

5. 在创建曲面流线时，可以通过指定什么来指定曲线数量？

6. 曲面熔接可以熔接多少个曲面？

7. 创建剖切线是什么命令的一个特例？

8. 说明曲面法线方向对曲面倒圆角的影响。

9. 在 Mastercam 2022 中，有哪些方法可以用来创建曲面？

10. 创建交线和剖切线有什么相同之处？它们又有什么不同之处？

11. 对曲面进行圆角操作，需要进行哪些参数设置？画图说明曲面法线方向对曲面圆角操作的影响。

4.8.4 操作题

1. 基础练习

（1）完成三维线架及曲面零件图的绘制，如图 4－62 所示。

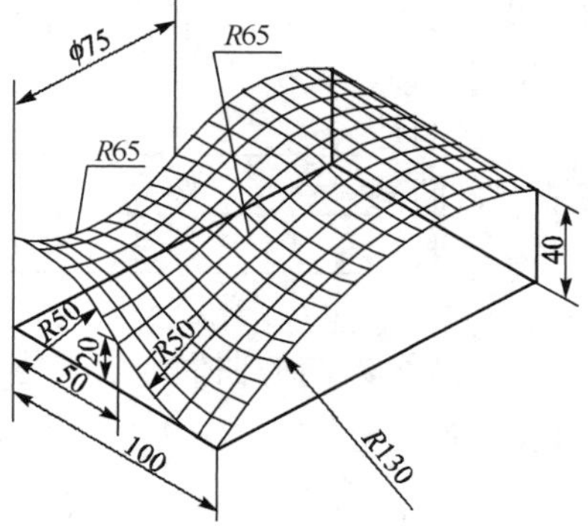

图 4－62　三维线架及曲面零件图

（2）绘制三维线架及曲面造型，如图 4－63～图 4－66 所示。

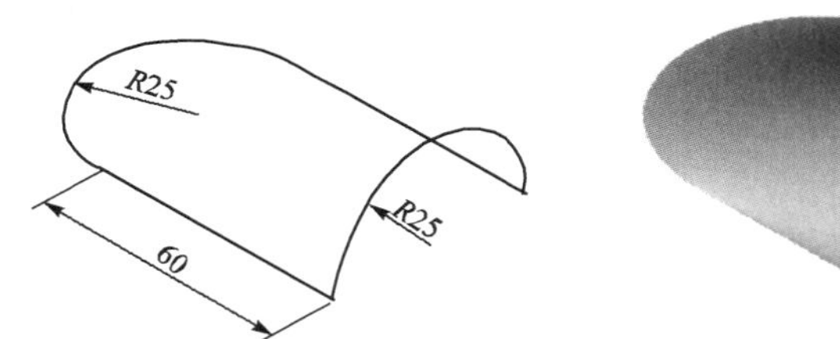

图 4－63　曲面造型（一）

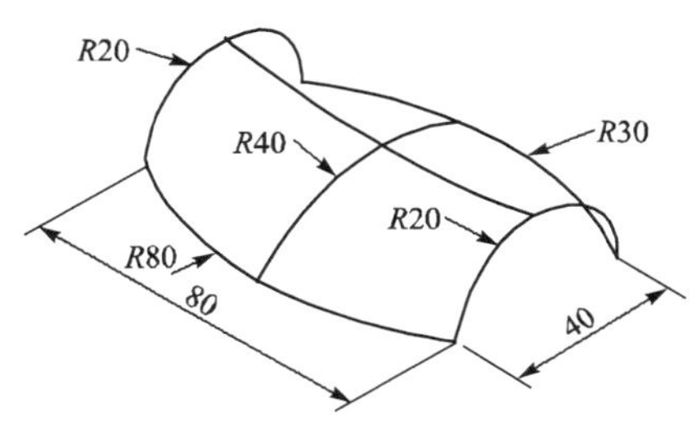

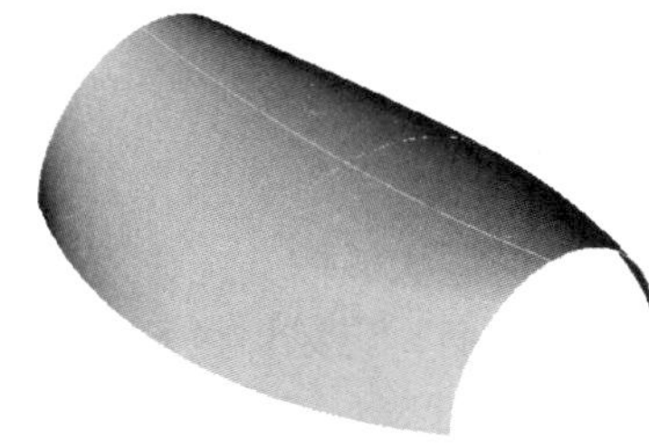

图 4－64　曲面造型（二）

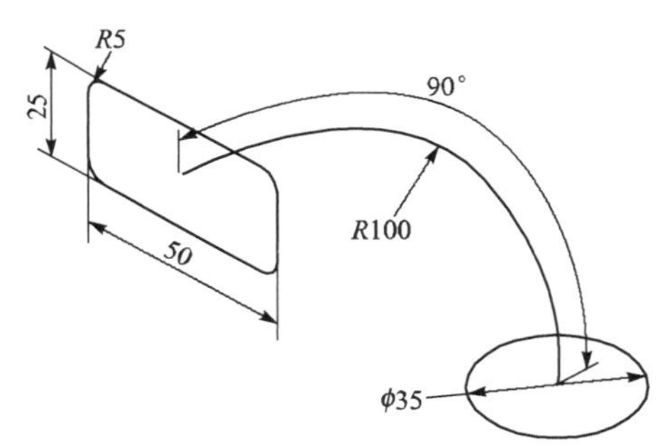

图 4－65　曲面造型（三）

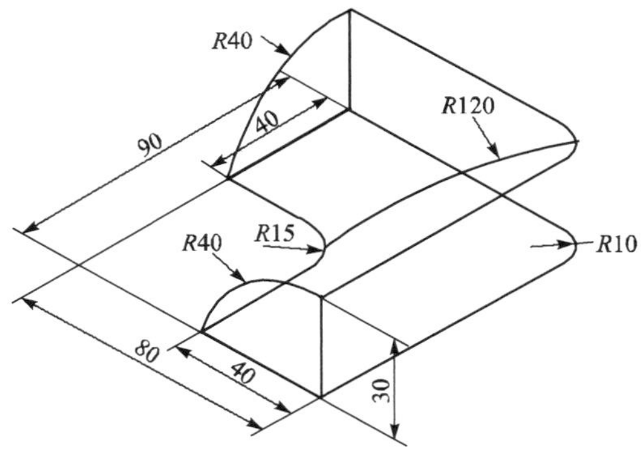

图 4－66　曲面造型（四）

2. 提升训练

（1）绘制茶壶盖零件的三维线架及曲面造型，如图 4－67 所示。

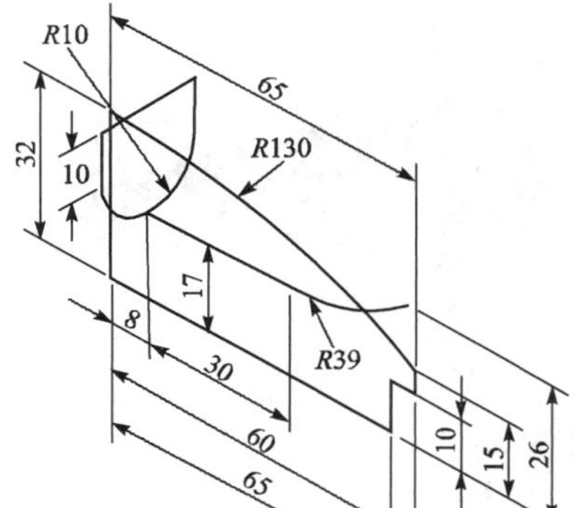

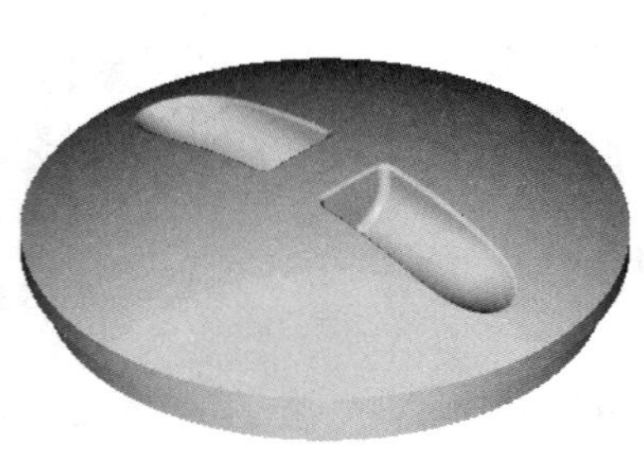

图 4－67　茶壶盖零件

（2）绘制以下电吹风模具工作面，倒圆角半径 *R*4，本体用扫描曲面，手柄、出风口用直纹曲面，本体与手柄、出风口进行修剪，删除多余部分，如图 4－68 所示。

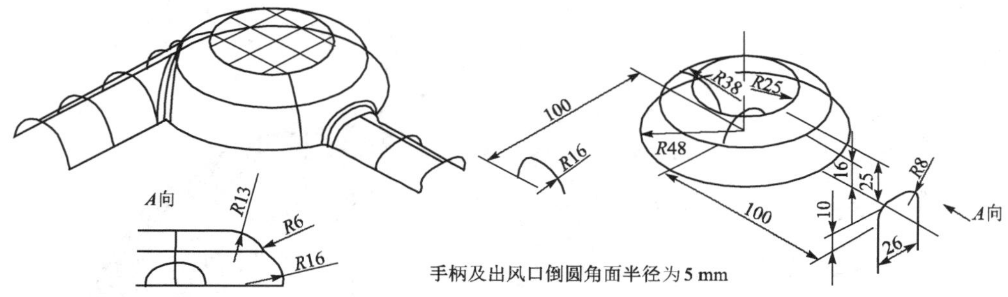

图 4－68　电吹风模具工作面

巩固练习（填空题、选择题）答案

项目 5 三维实体造型

5.1 项目描述

本项目主要介绍 Mastercam 2022 三维实体造型的各种方法。通过本项目的学习，完成操作任务——弯头连接件实体模型，如图 5-1 所示。

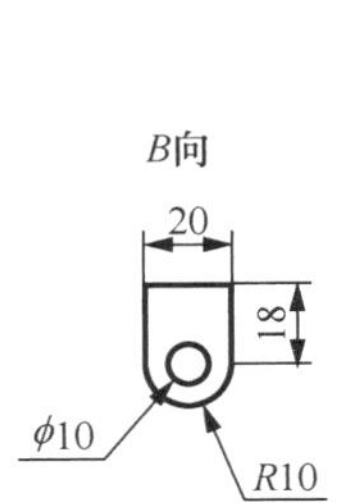

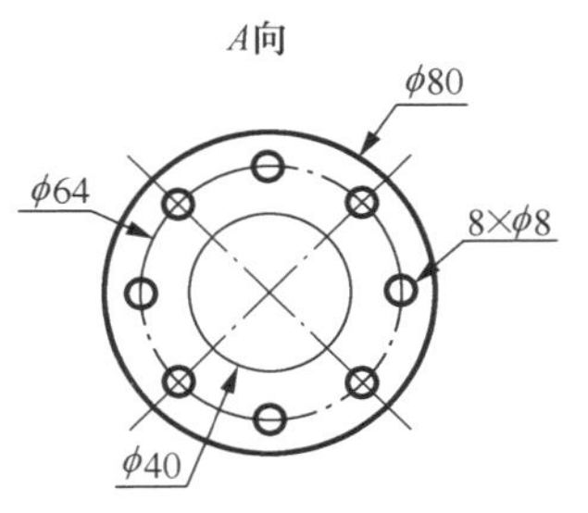

图 5-1 弯头连接件零件图

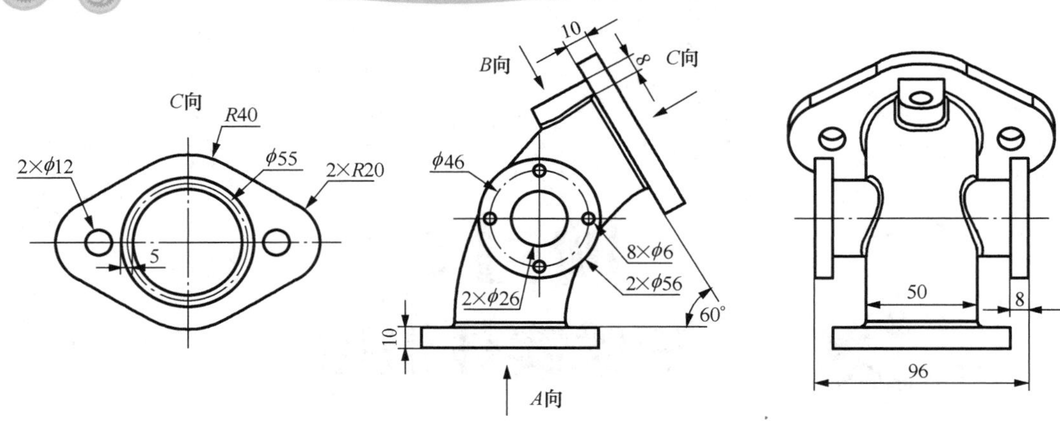

图 5－1　弯头连接件零件图（续）

5.2 项目目标

知识目标

（1）了解 Mastercam 2022 三维实体建模的基本过程。

（2）熟悉 Mastercam 2022 三维实体建模的基本方法。

（2）掌握 Mastercam 2022 拉伸、旋转、举升、扫描、布尔运算、倒圆角、倒直角、抽壳、拔模等命令的使用技术。

技能目标

（1）能利用 Mastercam 2022 对二维图形进行拉伸、旋转、举升、扫描以及将空间曲面转换为实体等操作来创建三维实体。

（2）能通过对三维实体进行布尔运算、圆角、倒角、抽壳、拔模等操作来创建各种各样的复杂实体。

（3）完成“项目描述”中的操作任务。

素养目标

（1）树立产品意识、质量意识。

（2）培养批判质疑、勇于探究的科学精神。

（3）培养劳模精神、劳动精神、工匠精神。

5.3 项目实施

5.3.1 准备工作

参见项目 1。

5.3.2 操作步骤

根据项目描述要求，认真制定实施方案，遵守规范，安全操作，按时完成项目操作任务，并养成良好的学习与工作习惯，具体步骤参考如下。

1. 图形分析

弯头连接件的主体结构是由多个拉伸实体和一个扫描实体构成的，具体构建流程如图 5－2 所示。

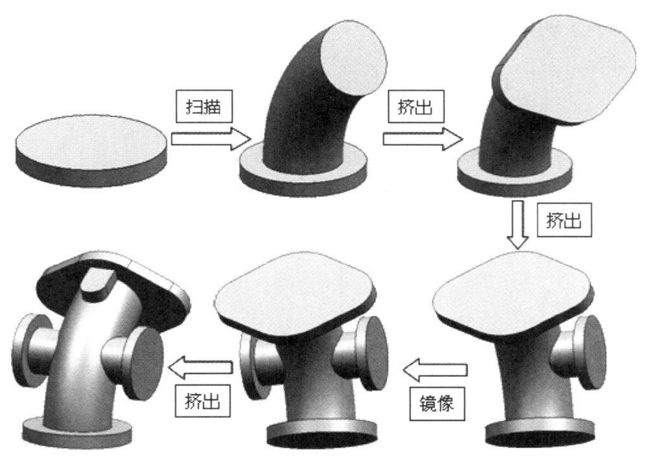

图 5－2　主体结构构建流程

在实体的主要结构上还有很多局部切割特征，如ϕ8、ϕ10、ϕ12 的孔，以及圆环槽等。具体构建流程如图 5－3 所示。

2. 操作步骤

1）构建主体结构

（1）设置工作环境。

设置“视图（Gview）”为“俯视图”，“绘图平面（Cplane）”为“俯视图 = 绘图平面”，“选择 Z 深度”为“0”。

（2）主体特征构建。

① 单击“线框”中的“已知点画圆”按钮已知点画圆，在原点处绘制如图 5－4 所示ϕ80 的圆。

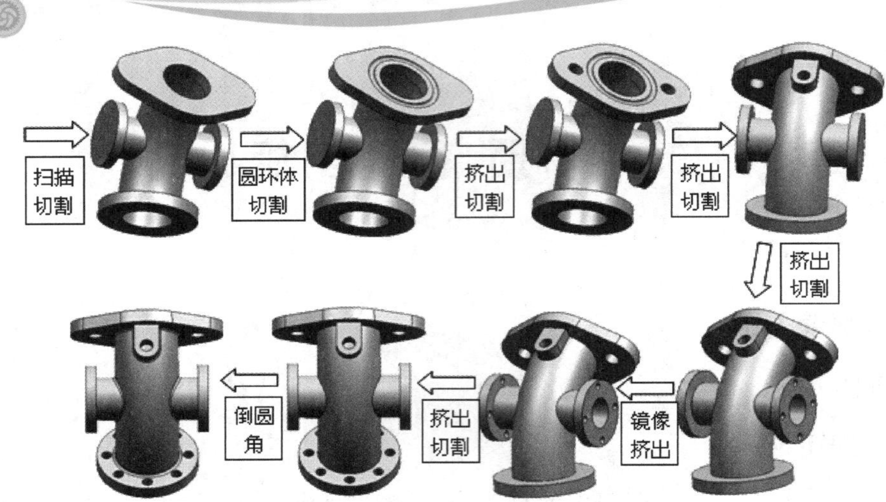

图 5-3　切割特征构建流程

② 单击“视图”工具栏中的“等视图”按钮 等视图（Alt+7），进入等角视图视角。单击“实体”工具栏的“拉伸”按钮，选中ϕ80 的圆，单击“确定”按钮，在弹出的“实体拉伸”对话框中，选择“类型”为“创建主体”，“距离”为“10”，如图 5-4 所示，单击“确定”按钮生成如图 5-5 所示实体。

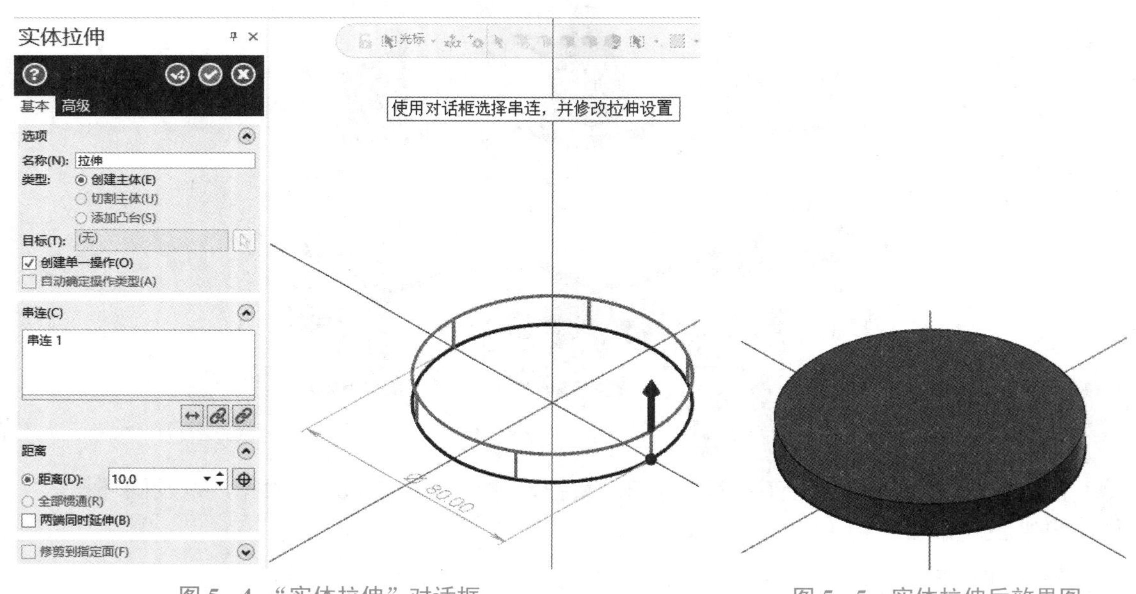

图 5-4　“实体拉伸”对话框　　图 5-5　实体拉伸后效果图

③ 在屏幕最下方的状态栏中，单击“绘图平面 2D/3D”按钮 3D，将绘图屏幕切换至“2D”（注：在 3D 模式下将捕捉空间中存在的点，而不作平面投影）。单击“视图”工具栏中的“前视图”按钮 前视图（Alt+2），进入前视图视角。

④ 使用“线端点”按钮、“极坐标画弧”按钮 极坐标画弧 和“通过点相切线”按钮 通过点相切线，绘制如图 5-6 所示两段长为“10”的直线和一段半径为“100”、弧度为“60”

的圆弧。

⑤ 单击“视图”工具栏中的“等视图”按钮 等视图 (Alt+7)，进入等角视图视角，单击屏幕下方状态栏中的“绘图平面：等视图”按钮 绘图平面: 等视图，将绘图平面设置为俯视图。使用“线框”中的“已知点画圆”按钮 已知点画圆，在如图 5－7 所示的位置绘制直径为“50”的圆。

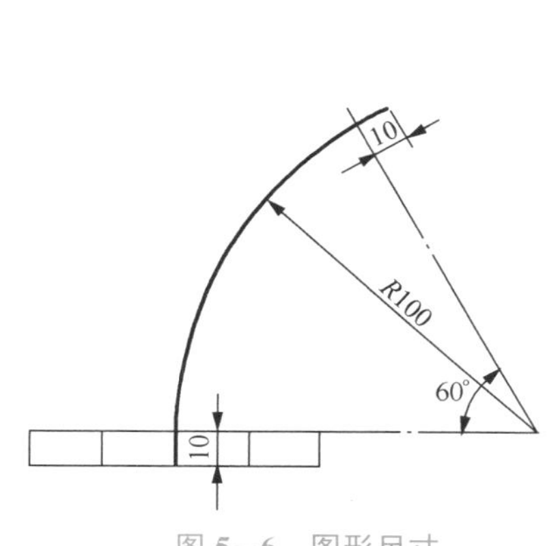

图 5－6　图形尺寸

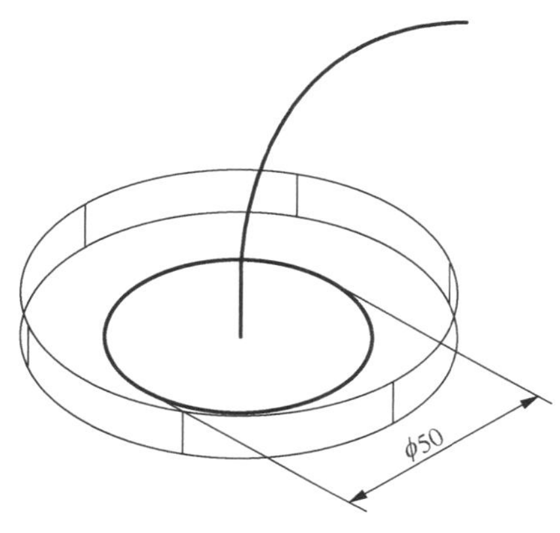

图 5－7　图形尺寸

⑥ 单击“实体”工具栏中的“扫描”按钮 扫描，选中圆作为扫描截面，单击“确定”按钮，选择直线和圆弧组成的线段作为扫描路径，在弹出的“扫描”设置对话框中选择“添加凸缘”，如图 5－8 所示，单击“确定”按钮生成实体特征，如图 5－9 所示。

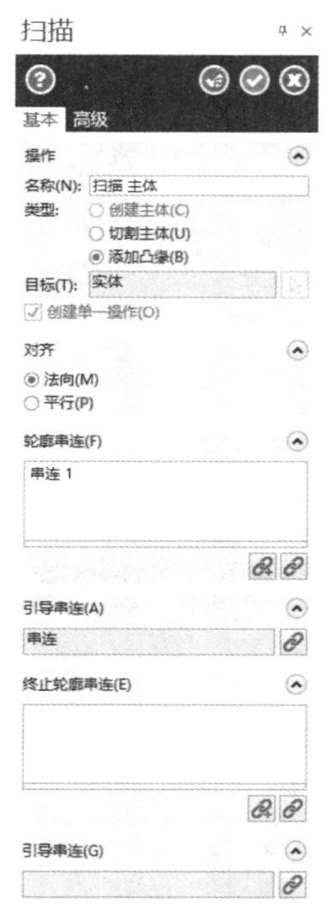

图 5－8　扫描实体设置对话框

图 5－9　实体效果图

⑦ 在“视图”工具栏中单击“平面”按钮 平面(Alt+L)，单击“创建新平面”按钮，在弹出的命令列表中选择如图 5－10 所示的“依照实体面”命令。选择如图 5－11 所示实体面为绘图平面，单击“下一个平面”按钮，直到选择到合适的坐标系，单击“确定”按钮，在弹出的“新建平面”对话框中将名称修改为“9”（注：以备后期重复使用），如图 5－12 所示，单击“确定”按钮生成新的绘图平面。

图 5－10 平面命令列表

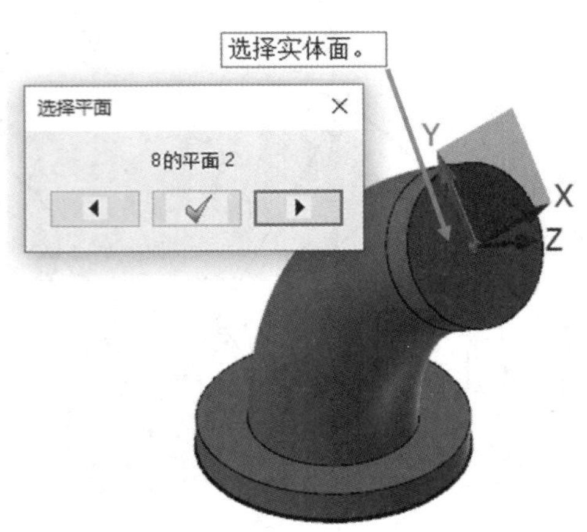

图 5－11 选择实体面

⑧ 在屏幕下方的状态栏中单击“绘图平面”按钮，在弹出的命令列表中选择如图 5－13 所示的“名称”命令；或者在视图中单击“平面”按钮 平面(Alt+L)，单击“G”按钮，如图 5－14 所示，生成新的视角。

图 5－12 新建平面名称

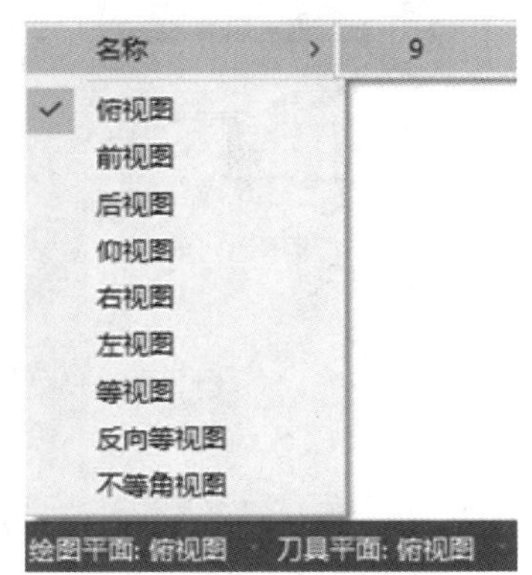

图 5－13 绘图平面命令列表

⑨ 使用“已知点画圆”按钮和“线端点”按钮，绘制如图 5－15 所示图形。

⑩ 单击“实体”工具栏的“拉伸”按钮，选中上一步绘制的图形，单击“确定”按钮，在弹出的“实体拉伸”设置对话框中，选择拉伸类型为“添加凸台(S)”，拉伸的“距离”为“10”（注意：拉伸方向如图 5－16 所示），单击“确定”按钮，生成如图 5－17 所示实体。

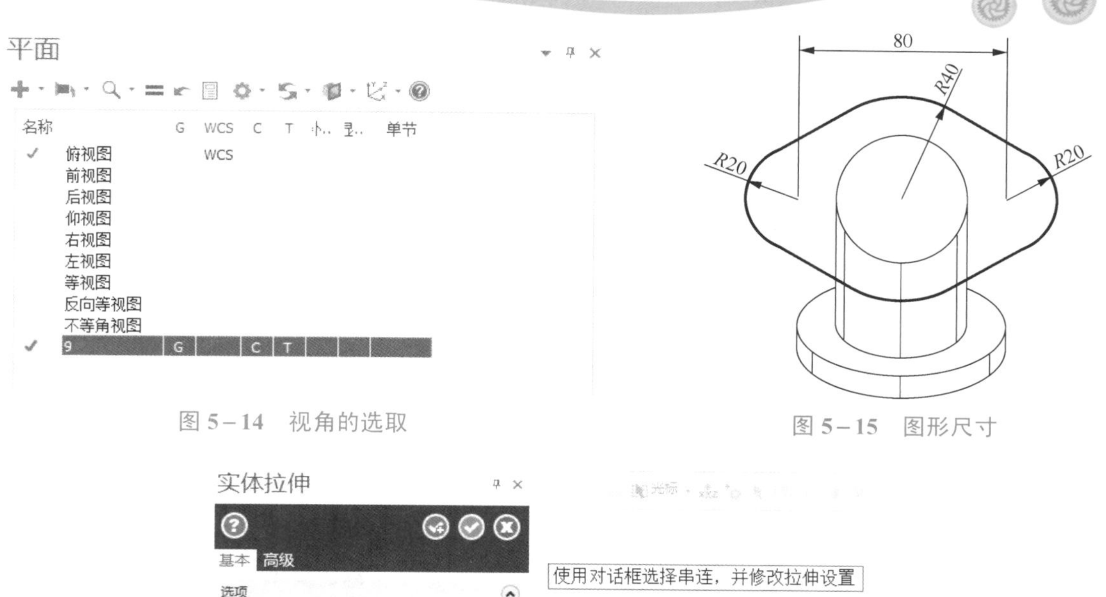

图 5-14 视角的选取

图 5-15 图形尺寸

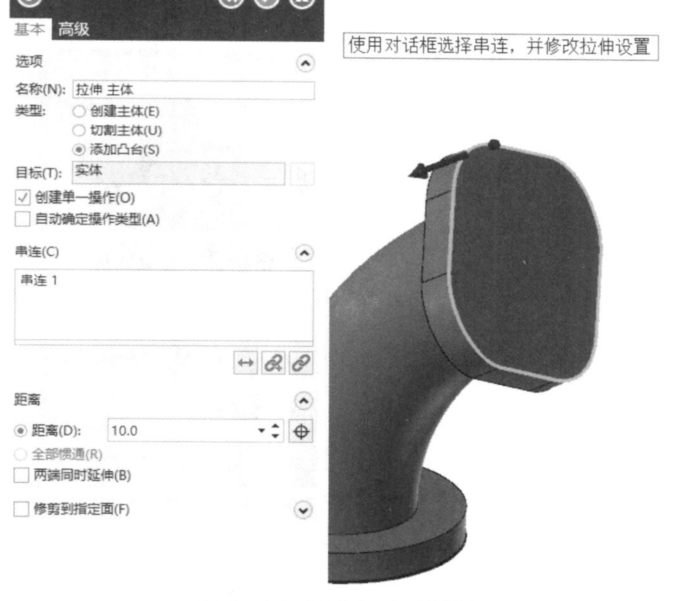

图 5-16 实体拉伸对话框

⑪ 单击“视图”工具栏中的“前视图”按钮 前视图 (Alt+2)，进入前视图视角。在状态栏将构图模式切换至“2D”，在“选择 Z 深度”输入框中输入深度值为“40”，显示结果为“Z: 40.00000 2D”。

⑫ 使用“已知点画圆”按钮，在如图 5-18 所示位置绘制一个直径为 35 的圆。

⑬ 单击“实体”工具栏的“拉伸”按钮，选中上一步绘制的圆，单击“确定”按钮，在弹出的“实体拉伸”对话框中选择拉伸操作类型为“◉ 创建主体(E)”，拉伸的距离为“40”（注意：拉伸方向如图 5-19 所示），单击“确定”按钮，生成如图 5-20 所示实体。

⑬ 单击“实体”工具栏中的“拉伸”按钮，选中上一步绘制的圆，单击“确定”按钮，在弹出的“实体拉伸”对话框中，选择拉伸操作类型为“◉ 创建主体(E)”，拉伸的距离为“40”（注意：拉伸方向如图 5-19 所示），单击“确定”按钮，生成如图 5-20 所示实体。

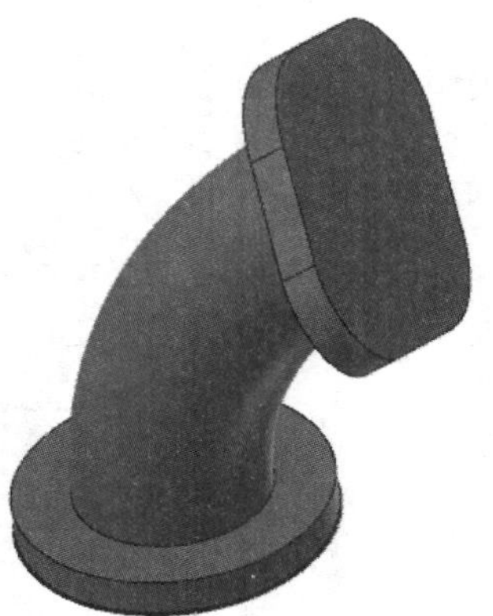

图 5－17　实体三维效果

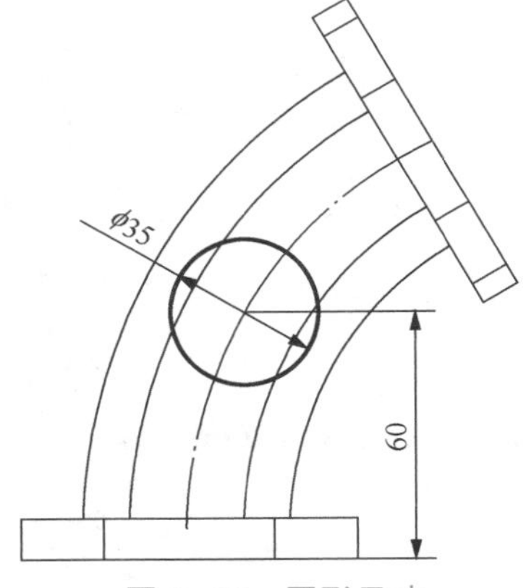

图 5－18　图形尺寸

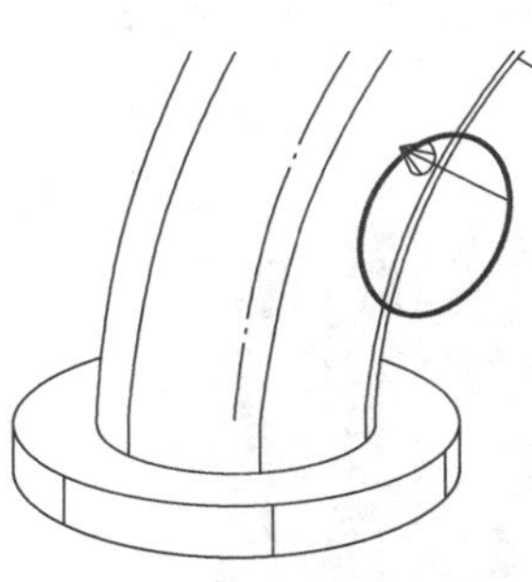

图 5－19　拉伸方向

图 5－20　实体三维效果

⑭ 单击“视图”工具栏中的“前视图”按钮 前视图 (Alt+2)，进入前视图视角。使用“已知点画圆”按钮，在如图 5－21 所示位置绘制一个直径为 55 的圆。

⑮ 单击“实体”工具栏的“拉伸”按钮，选中上一步绘制的圆，单击“确定”按钮，在弹出的“实体拉伸”设置对话框中，选择拉伸操作类型为“添加凸台”，拉伸的距离为“8”（注意：拉伸方向如图 5－22 所示），单击“确定”按钮，选中上一步生成的ϕ35 圆柱，生成如图 5－23 所示实体，此时工作区中有两个实体，实体管理器中的内容如图 5－24 所示。

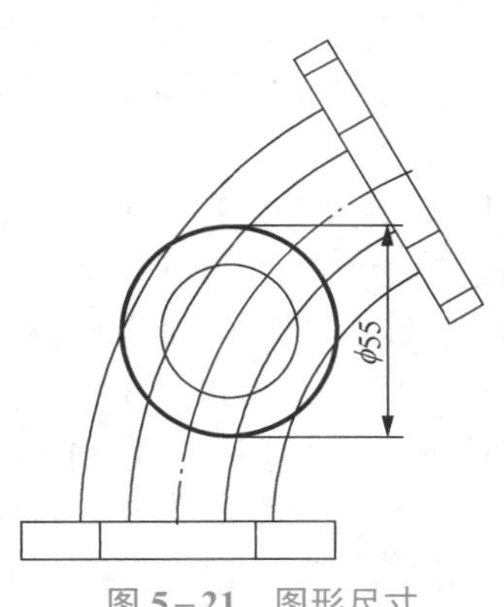

图 5－21　图形尺寸

图 5－22　拉伸方向

图 5－23　三维效果

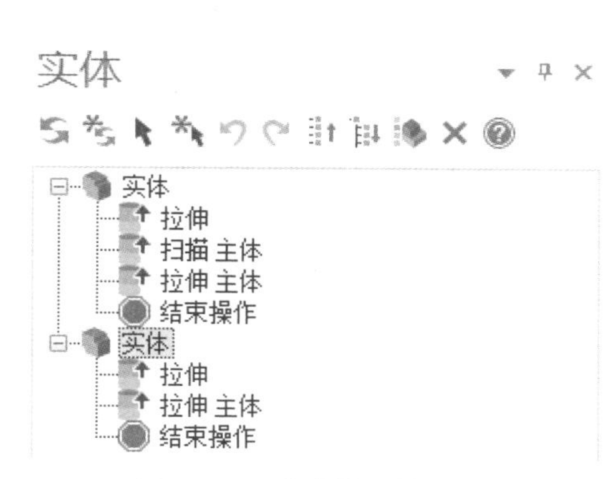

图 5－24　实体管理员

⑯ 单击屏幕下方的“绘图平面”按钮，将绘图平面设置为俯视图（注：在不同视图中镜像轴不同）。单击“转换”工具栏中的“镜像”按钮，选择上一步生成的实体（即实体管理器中的第二个实体），如图 5－25 所示，单击“结束选择”按钮，在弹出的“镜像”对话框中选择如图 5－26 所示按钮，此时工作区预览如图 5－27 所示，单击“确定”按钮，生成如图 5－28 所示实体。

图 5－25　选择实体

图 5－26　“镜像”对话框

图 5-27　镜像预览

图 5-28　三维实体效果

⑰ 在“实体”工具栏中单击“布尔运算”按钮 布尔运算，单击“结合”按钮，选择第一个实体作为目标主体，单击“选择”按钮，添加另外两个实体作为工具主体，单击“确定”按钮，将三个实体结合成一个实体。

⑱ 在“视图”工具栏中单击“平面”按钮 平面 (Alt+L)，单击“创建新平面”按钮，在弹出的命令列表中选择“依照实体面”命令。选择如图 5-29 所示实体面为绘图平面，单击“下一个平面”按钮，直到选择到合适的坐标系，单击“确定”按钮。在弹出的“新建平面”对话框中将名称修改为“10”（注：以备后期重复使用），单击“确定”按钮，生成新的绘图平面。

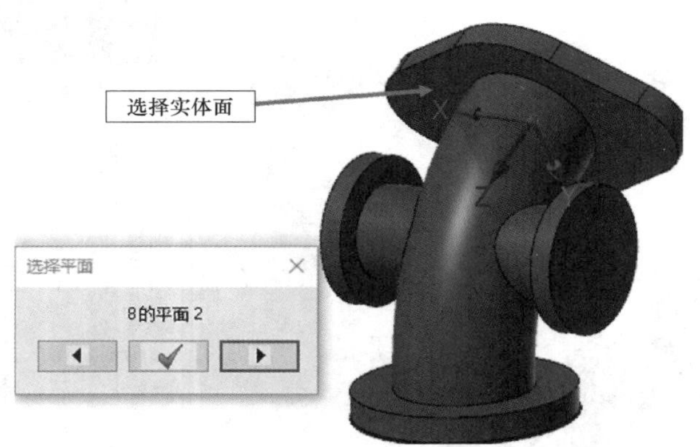

图 5-29　绘图平面选择

⑲ 在屏幕下方的状态栏中单击“绘图平面”按钮，在弹出的命令列表中选择名称为“10”的视角（上一步保存的名称）命令，生成新的视角。操作完成后注意及时将状态栏中的“设置 Z 深度” Z: 40.00000 修改为 Z: 0.00000。

⑳ 使用“已知点画圆”按钮（注：绘制辅助线）和“线端点”按钮，在 2D 状态下绘制如图 5-30 所示矩形。

㉑ 单击“实体”工具栏的“拉伸”按钮，选中上一步绘制的矩形，单击“确定”按钮，在弹出的“实体拉伸”设置对话框中选择实体拉伸操作类型为“添加凸台”，拉伸的距离为“28”，单击“确定”按钮，生成如图 5-31 所示实体。

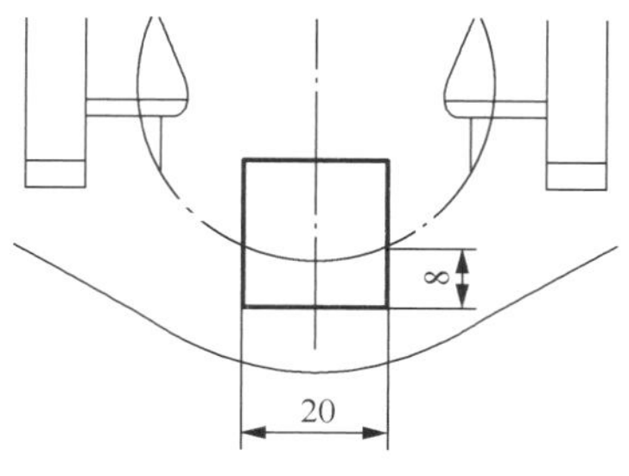

图 5-30 图形尺寸

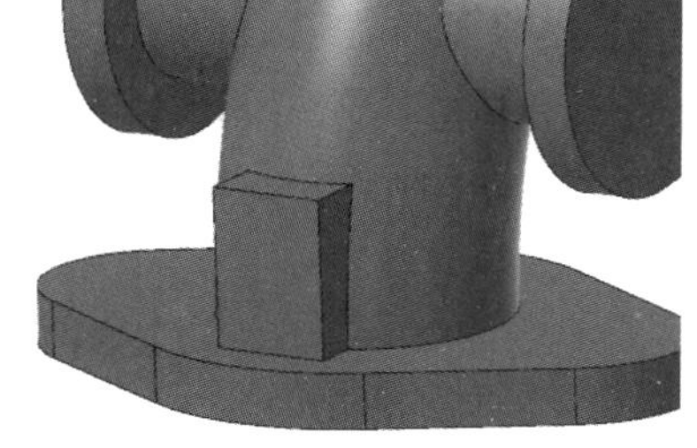

图 5-31 实体三维效果

㉒ 单击“实体”工具栏中的“固定半倒圆角”按钮 固定半倒圆角，在弹出的“实体选择”对话框中仅选择“边界”按钮（见图 5-32），选择如图 5-33 所示边界，单击“确定”按钮，在“固定圆角半径”操作栏中输入半径为“10”，单击“确定”按钮生成如图 5-34 所示圆角特征。

图 5-32 圆角选择方式设置

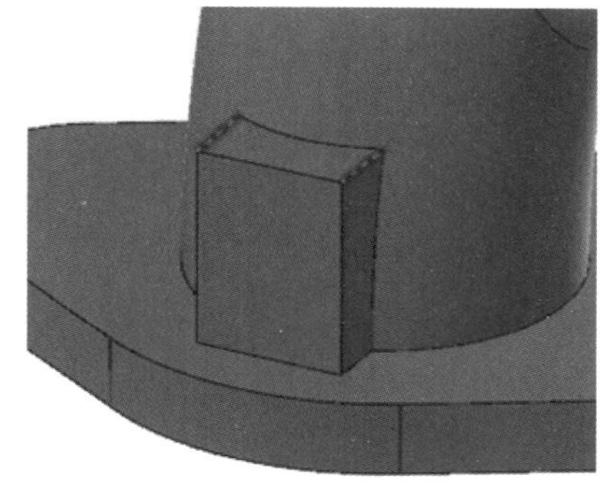

图 5-33 选择倒圆角边界

2）构建切割实体

（1）扫描切割实体

① 单击“视图”工具栏中的“俯视图”按钮 俯视图 (Alt+1)，进入俯视图视角，在状态栏“设置 Z 深度”输入框中输入深度值为“0”。

② 使用“已知点画圆”按钮，在如图 5-35 所示位置绘制一个直径为“40”的圆。

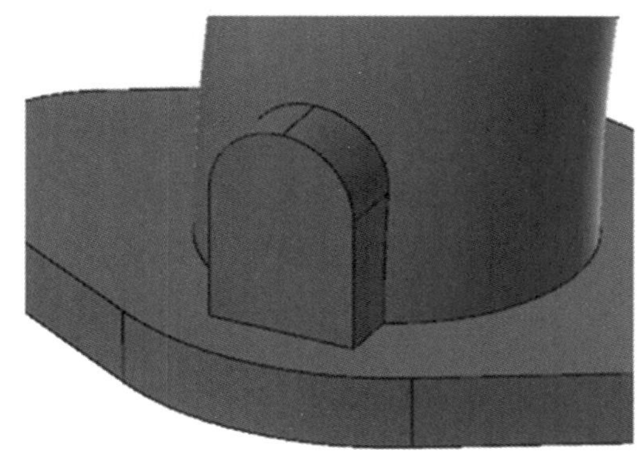

图 5-34 实体三维效果

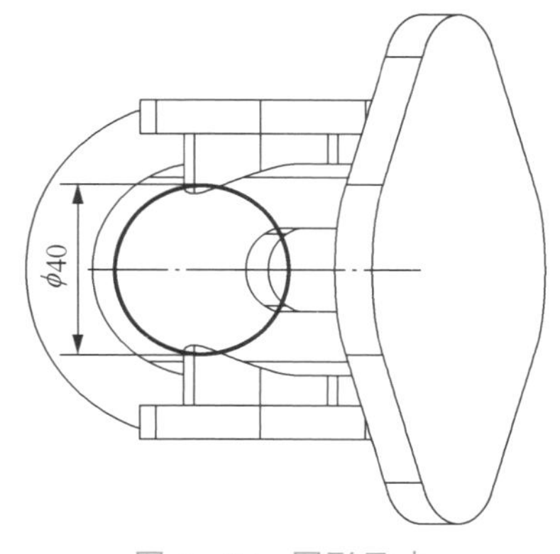

图 5-35 图形尺寸

③ 单击“实体”工具栏中的“扫描”按钮 扫描，选中ϕ40 圆作为扫描截面，单击“确定”按钮，选择直线和圆弧组成的线段作为扫描路径，在弹出的“扫描”对话框中选择“切割主体”选项，单击“确定”按钮，生成如图 5－36 所示实体特征。

（2）圆环体切割。

① 单击“实体”工具栏中的 圆环 按钮，在操作栏“基本 圆环体”对话框中输入圆环大径为“27.5”，小径为“2.5”，图素类型为“实体（S）”（见图 5－37），选中上表面中心为圆环放置基准点（注意：绘图平面在“3D”状态下选点）。在“轴向”中选择“向量”，在工作区中选择如图 5－38 所示两点为轴的定位点，单击“确定”按钮，生成如图 5－39 所示的圆环。

图 5－36　实体三维效果

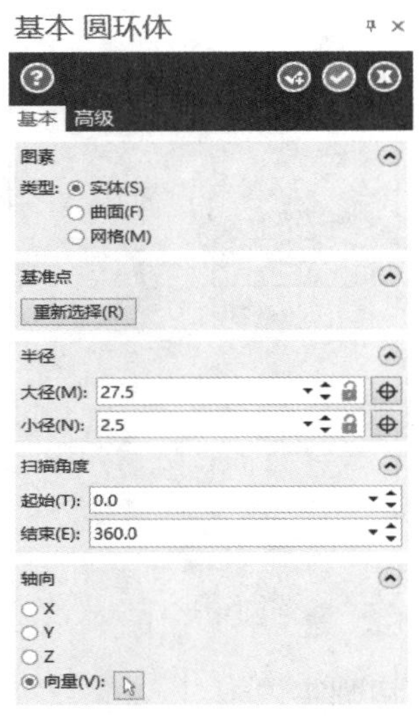

图 5－37　“基本 圆环体”对话框

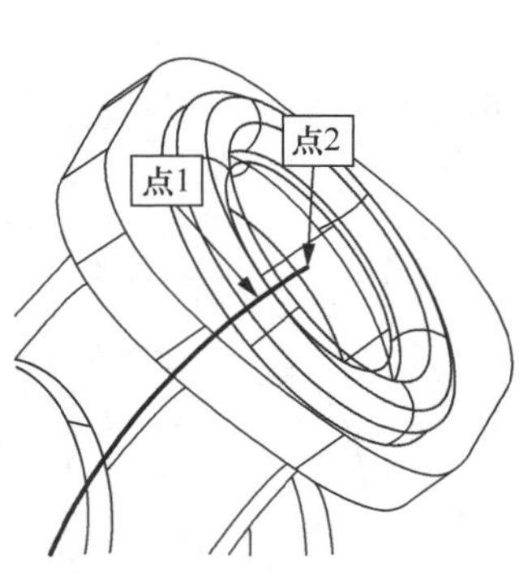

图 5－38　选择轴定位点

图 5－39　圆环体效果图

② 单击“实体”工具栏中的“布尔运算”按钮 布尔运算，依次选择如图 5－40 所示的目标实体和工具实体，选择类型为“切割” 切割(R)，单击“确定”按钮，生成如图 5－41 所示实体。

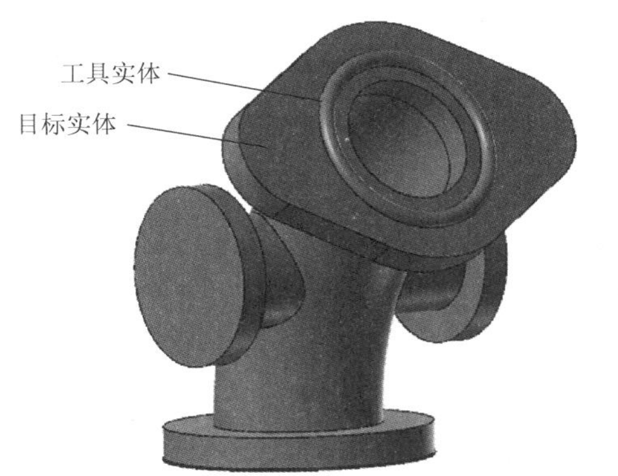

图 5-40 切割选择

图 5-41 实体三维效果

（3）拉伸切割

① 在“视图”工具栏栏中单击“平面”按钮 平面(Alt+L)，选择名称为“9”的视角（上面步骤保存的名称），在操作栏“平面”中点选“✔ 9 C T”中的“C”“T”，生成新的视角。单击“设置 Z 深度”按钮，选择上表面中的点为新的构图位置，此时 Z 值为“101.602 54”。

② 使用“已知点画圆”按钮，在如图 5-42 所示位置绘制两个直径为“12”的圆。

③ 单击“实体”工具栏的“拉伸”按钮，选中上一步绘制的两个圆，单击“确定”按钮，在弹出的“实体拉伸”设置对话框中，选择拉伸操作类型为“切割主体”◉ 切割主体(U)，拉伸的距离为“20”，单击“确定”按钮，生成如图 5-43 所示图形。

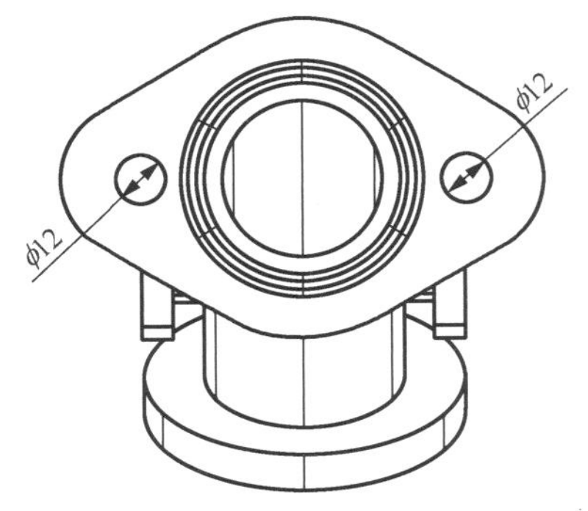

图 5-42 图形尺寸

图 5-43 实体三维效果

④ 在“视图”工具栏中单击“平面”按钮 平面(Alt+L)，单击“创建新平面”按钮，在弹出的命令列表中选择“依照实体面”命令 依照实体面...。选择如图 5-44 所示实体面为绘图平面，单击“下一个平面”按钮，直到选择到合适的坐标系，单击“确定”按钮。在弹出的“新建平面”对话框中将名称修改为“11”，单击“确定”按钮，生成新的绘图平面。选择名称为“11”的视角（上面步骤保存的名称），在操作栏“平面”中点选“✔ 11 C T”中的“C”“T”，生成新的视角。

⑤ 使用“已知点画圆”按钮，在如图 5-45 所示位置绘制一个直径为“10”的圆。

⑥ 单击“实体”工具栏的“拉伸”按钮，选中上一步绘制的圆，单击“确定”按钮，在弹出的“实体拉伸”设置对话框中，选择拉伸操作类型为“切割主体”◉ 切割主体(U)，拉伸的距离为“20”，单击“确定”按钮，生成如图 5-46 所示图形。

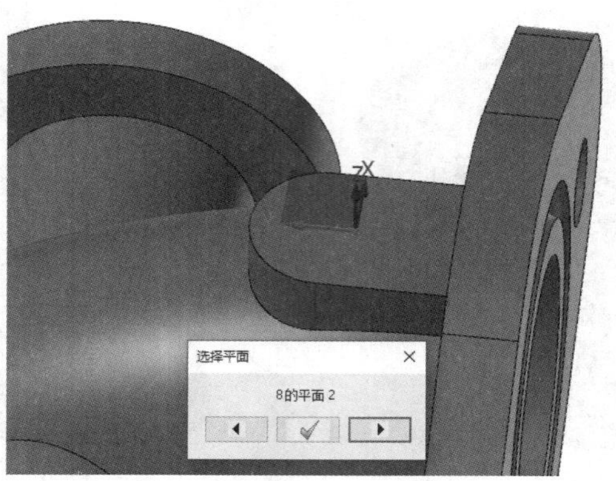

图 5-44　选择绘图平面

⑦ 单击“视图”中的 前视图 按钮，将绘图平面切换至前视图平面。单击状态栏中的“设置 Z 深度”为“40”（Z: 40.00000）。

⑧ 使用“线框”工具栏中的“已知点画圆”按钮和“转换”工具栏中的“旋转”按钮，在如图 5-47 所示位置绘制四个直径为“6”的圆和一个直径为“25”的圆。

⑨ 单击“实体”工具栏的“拉伸”按钮，选中上一步绘制的直径为“6”的圆，单击“确定”按钮，在弹出的“实体拉伸”设置对话框中，选择拉伸操作类型为“切割主体” ◉ 切割主体(U)，拉伸的距离为“10”，单击“确定”按钮。

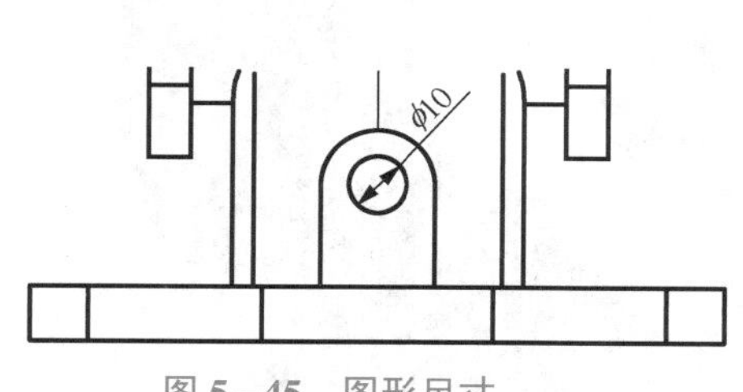

图 5-45　图形尺寸

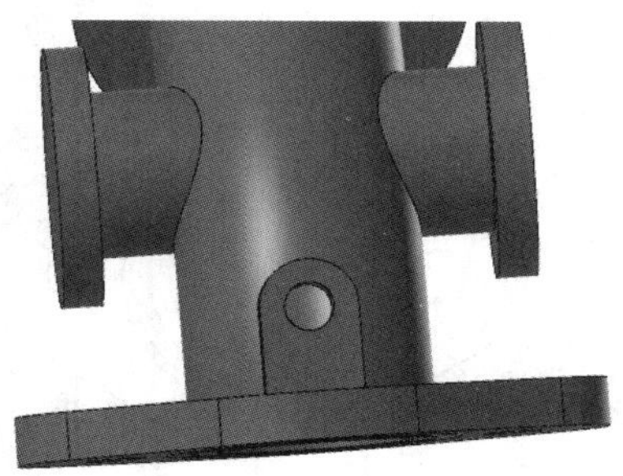

图 5-46　实体三维效果

⑩ 单击“实体”工具栏的“拉伸”按钮，选中上一步绘制的直径为“25”的圆，单击“确定”按钮，在弹出的“实体拉伸”设置对话框中，选择拉伸操作类型为“切割主体” ◉ 切割主体(U)，拉伸的距离为“40”，单击“确定”按钮，生成如图 5-48 所示图形。

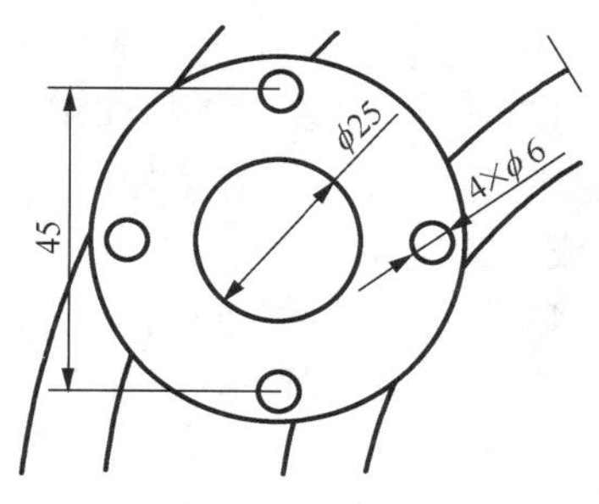

图 5-47　图形尺寸

图 5-48　实体三维效果

⑪ 利用相同的方法，处理另一侧的切割特征。

⑫ 单击“视图”中的“俯视图”按钮，将绘图平面切换至俯视图平面。在屏幕下方状态栏中，单击“设置 Z 深度”为“0”（Z: 0.00000）。

⑬ 使用“线框”工具栏中的“已知点画圆”按钮和“转换”工具栏中的“旋转”按钮，在如图 5－49 所示位置绘制八个直径为“8”的圆。

⑭ 单击“实体”工具栏的“拉伸”按钮，选中上一步绘制的直径为“8”的圆，单击“确定”按钮，在弹出的“实体拉伸”设置对话框中，选择拉伸操作类型为“切割主体”◉ 切割主体(U)，拉伸的距离为“10”，单击“确定”按钮，生成如图 5－50 所示图形。

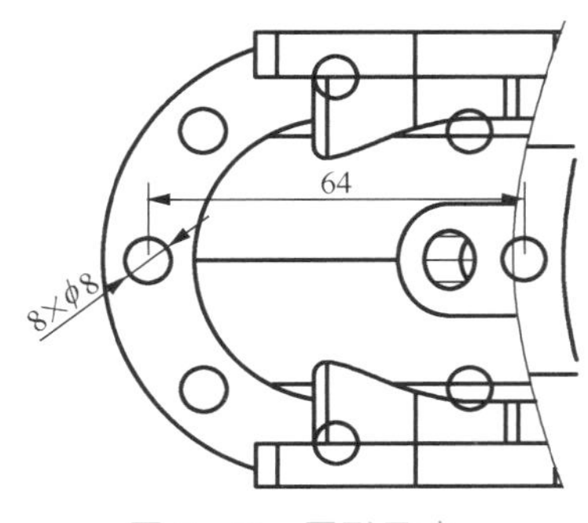

图 5－49　图形尺寸

图 5－50　实体三维效果

3）实体修饰

（1）实体倒圆角。

单击“实体”工具栏中的“固定半倒圆角”按钮 固定半倒圆角，在弹出的“实体选择”对话框中，选择方式选择“边界”按钮，选择如图 5－51 所示边界，单击“结束选择”按钮 结束选择，在“固定圆角半径”操作栏中输入半径为“2”，单击“确定”按钮，生成如图 5－52 所示圆角特征。

图 5－51　选择倒圆角边界

图 5－52　实体三维效果

项目描述任务操作视频 XM5S

（2）保存文件。

选择 文件(F) → 保存 命令，以文件名“XIANGMU5－1”保存绘图结果。

5.4 项目评价

项目实施评价表见表 5－1。

表 5－1　项目实施评价表

序号	检测内容与要求	分值	学生自评（25%）	小组评价（25%）	教师评价（50%）
1	学习态度	5			
2	安全、规范、文明操作	5			
3	能构建弯头连接件的主体结构	25			
4	能构建弯头连接件的切割实体（扫描切割）	10			
5	能构建弯头连接件的切割实体（圆环体切割）	10			
6	能构建弯头连接件的切割实体（拉伸切割）	10			
7	能对实体进行修饰（倒圆角）	10			
8	项目任务实施方案的可行性及完成的速度	10			
9	小组合作与分工	5			
10	学习成果展示与问题回答	10			
总分		100			
			合计：	（等第：	）
问题记录和解决方法	记录项目实施中出现的问题和采取的解决方法				
签字：				时间：	

5.5 项目总结

三维实体比二维图形更具体、更直接地表现物体的结构特征，它包含丰富的模型信息，

为产品的后续处理（分析、计算、制造）提供了条件。

通过本项目的学习，可以非常熟练地掌握以下内容：

（1） Mastercam 2022 三维实体造型的各种方法。

（2） 在 Mastercam 2022 中，除了可以直接使用系统提供的命令创建长方体、球体以及圆锥体等基本实体外，还可以通过对二维图形进行拉伸、旋转、布尔运算、倒圆角以及抽壳等操作来创建各种各样的复杂实体。

5.6 项目拓展

底座零件建模（见图 5－53）。

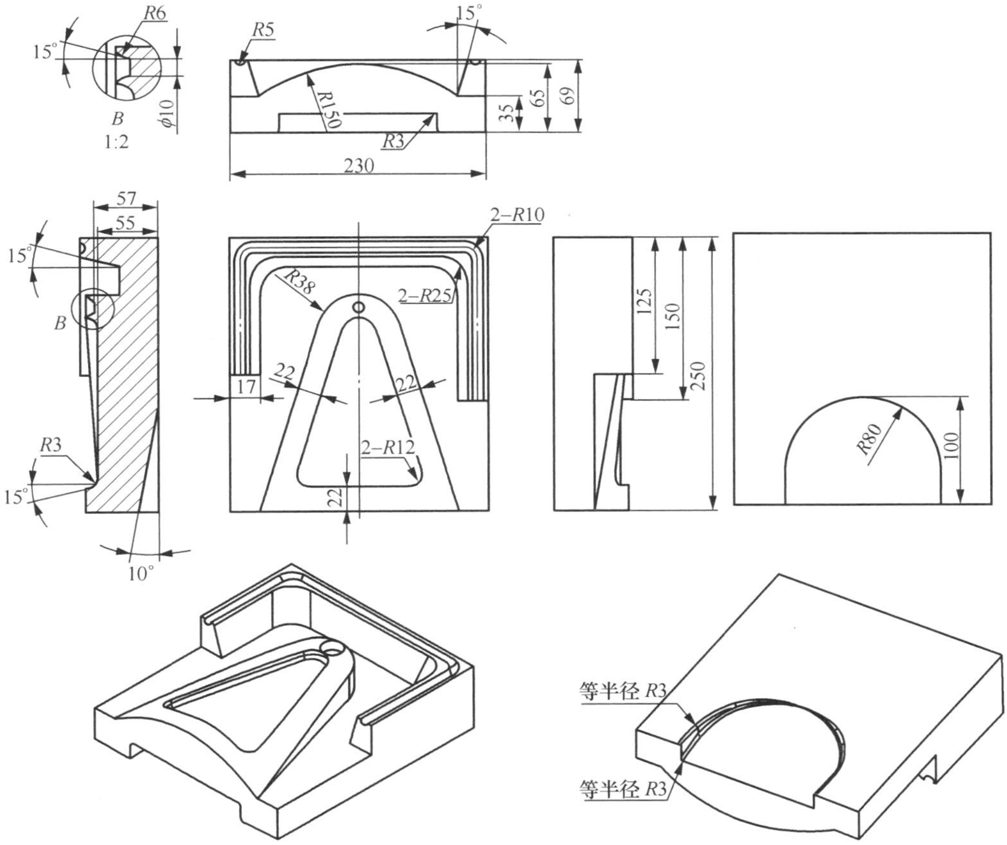

图 5－53 底座零件图

1. 图形分析

（1）底座零件的主要结构是在 230 × 250 的矩形底板上增加了多个拉伸特征，具体构建流程如图 5－54 所示。

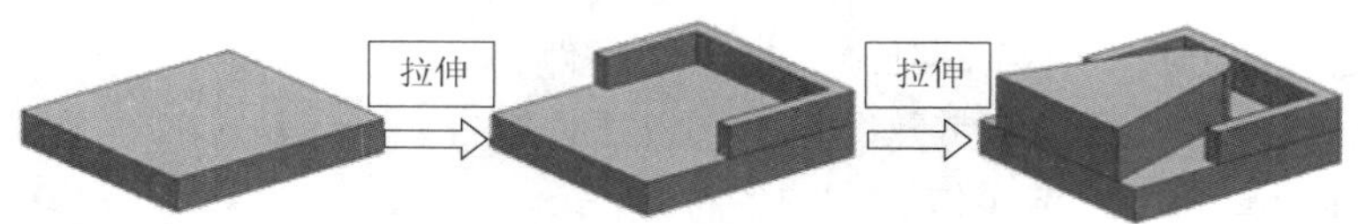

图 5－54　建模流程（一）

（2）底座零件的主要操作步骤在实体修建部分包含了曲面修剪和扫描修剪，具体构建流程如图 5－55 所示。

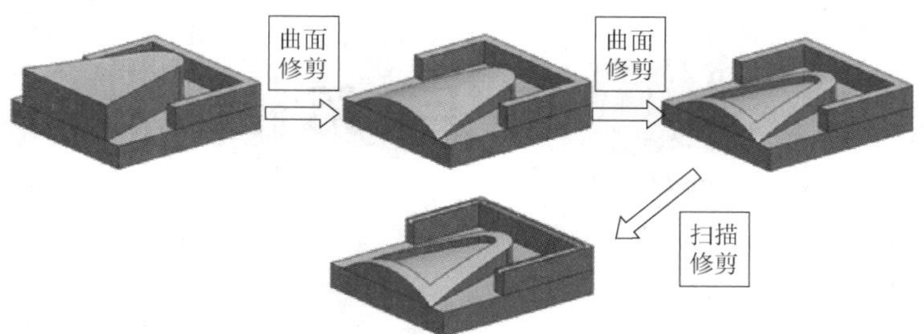

图 5－55　建模流程（二）

（3）底座零件中还包含了两处拔模特征、圆角特征以及孔特征，具体构建流程如图 5－56 所示。

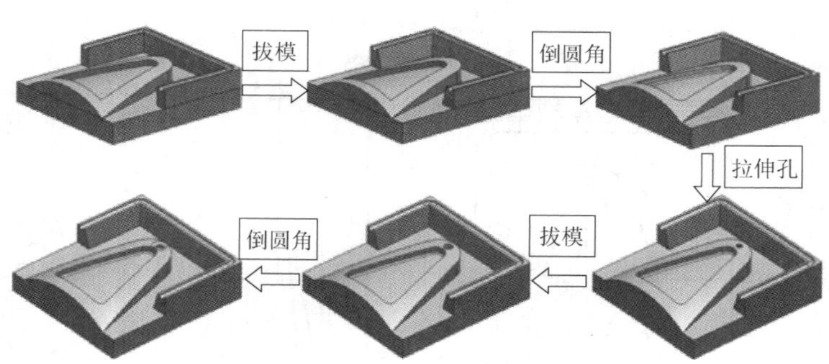

图 5－56　建模流程（三）

（4）底座零件的背面还有一个旋转切割特征以及圆角特征，具体构建流程如图 5－57 所示。

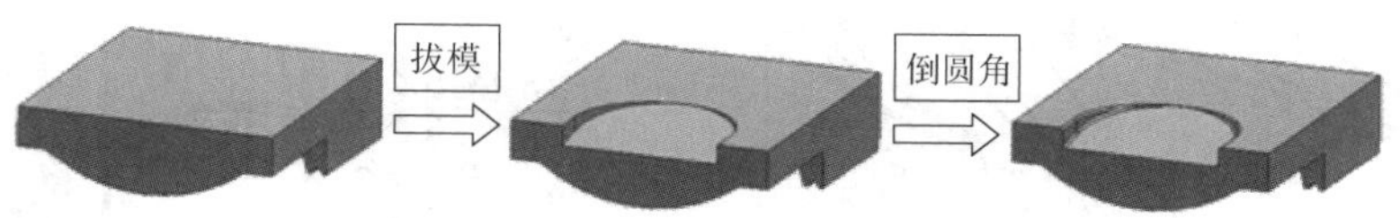

图 5－57　建模流程（四）

2. 操作步骤

1）构建主体结构

（1） 设置工作环境。

在屏幕下方的状态栏中设置“绘图平面”为俯视图（绘图平面: 俯视图），“刀具平面”为俯视

图（刀具平面：俯视图），“选择 Z 深度”设置为“0”（Z: 0.00000）。

（2）构建主体特征。

① 单击“线框”中的“矩形”按钮，在坐标原点绘制如图 5－58 所示宽为“230”、高为“250”的矩形。

② 单击“实体”工具栏的“拉伸”按钮，选中矩形为拉伸轮廓，设置拉伸操作类型为“创建主体”（◉ 创建主体(E)），拉伸距离为“35”（注意拉伸箭头方向），如图 5－59 所示，单击“确定”按钮，完成拉伸操作。

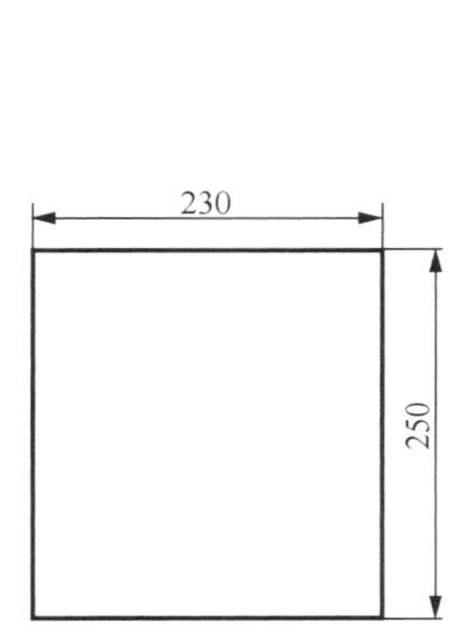

图 5－58　图形尺寸

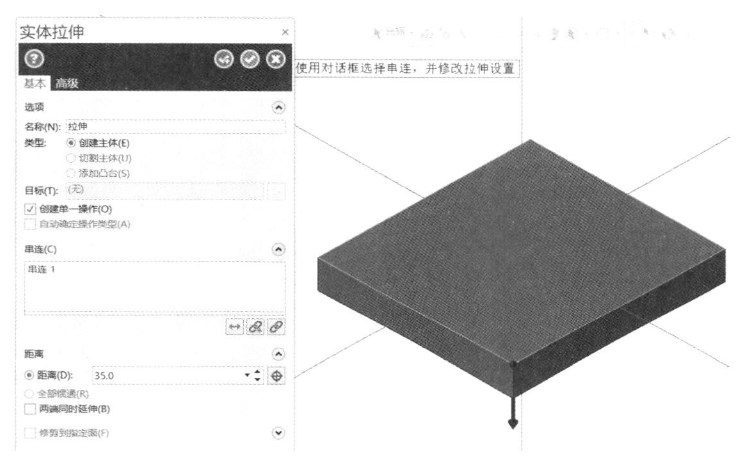

图 5－59　“实体拉伸”对话框及拉伸箭头方向

③ 隐藏上一步绘制的矩形轮廓，使用“线框”中的“线端点”按钮，绘制如图 5－60 所示图形。

④ 单击“实体”工具栏的“拉伸”按钮，选中矩形为拉伸轮廓，设置“拉伸操作”为添加凸台，拉伸距离为“34”，单击“确定”按钮，生成如图 5－61 所示实体。

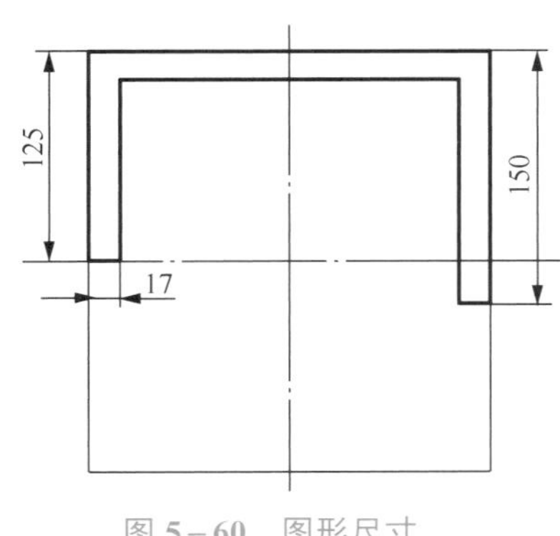

图 5－60　图形尺寸

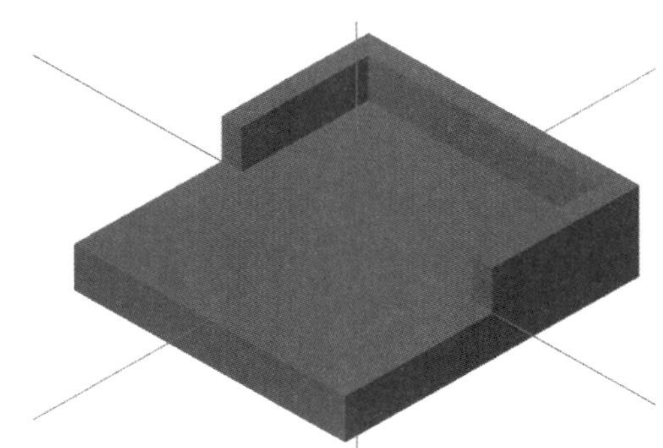

图 5－61　实体三维效果

⑤ 单击“视图”中的“前视图”按钮 前视图，单击“选择 Z 深度”按钮 Z: 125.00000，选择如图 5－62 所示位置为前视图平面的构图深度。

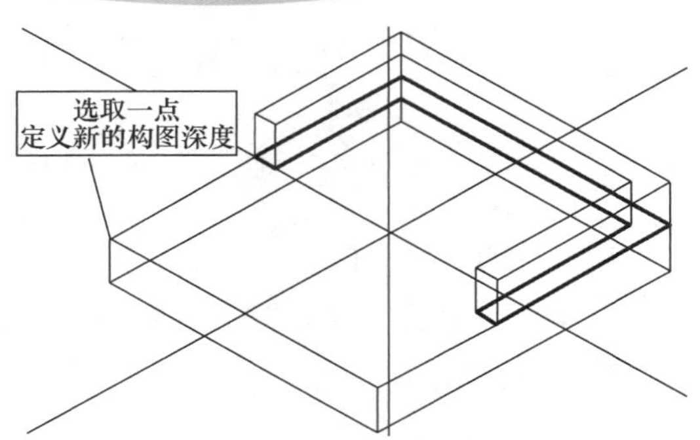

图 5-62　确定构图深度位置

⑥ 单击菜单栏中的“主页”→“消隐”命令，选中上一步绘制的直线，单击“结束选择”按钮，如图 5-63 所示。

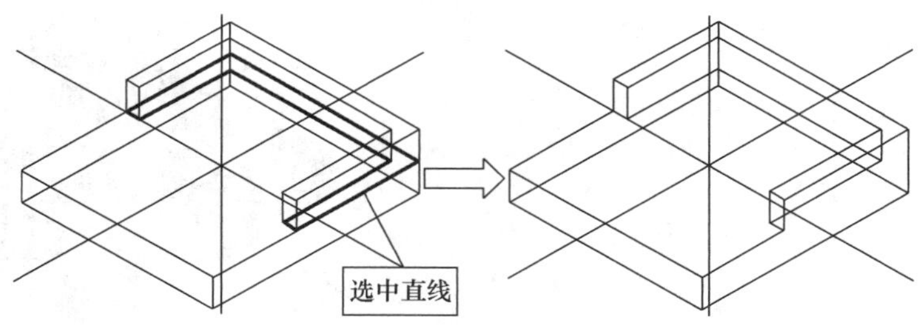

图 5-63　消隐图形

⑦ 单击“视图”工具栏中的“前视图”按钮 前视图，进入前视图视角。

⑧ 单击“线框”中的“线端点”按钮，在弹出的“线端点”工具栏中选择“水平线”按钮 ◉ 水平线(H)，在工作区中任意绘制一条经过 *Y* 轴的水平线，在轴向偏移中如图 5-64 所示位置处输入 *Y* 轴坐标为“30”，生成如图 5-65 所示直线。

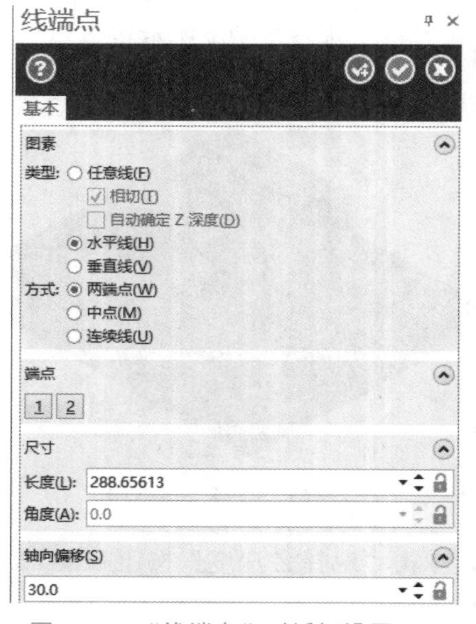

图 5-64　“线端点”对话框设置

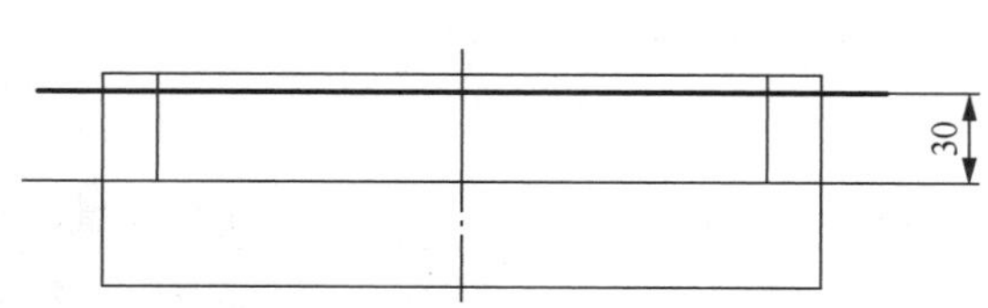

图 5-65　图形尺寸

⑨ 单击“转换”工具栏中的“单体补正”按钮，选中上一步绘制的水平线，输入补正距离为“150”，单击“确定”按钮。单击“线框”中的“线端点”按钮，在弹出的“线端点”工具栏中选择“垂直线”按钮 ◉ 垂直线(V)，在工作区中任意绘制一条经过 X 轴的水平线，在轴向偏移中输入 X 轴坐标为“0”，生成如图 5－66 所示图形。

⑩ 单击“线框”中图标中的“极坐标画弧”按钮 极坐标画弧，根据提示框 请输入圆心点，选择水平线和垂直线的交点，在弹出的“极坐标画弧”操作栏中输入半径“ 半径(U): 150.0 ”，起始角度“ 起始(S): 45.0 ”，终止角度“ 结束(E): 135.0 ”，如图 5－67 所示。删除多余的辅助线后圆弧如图 5－68 所示。

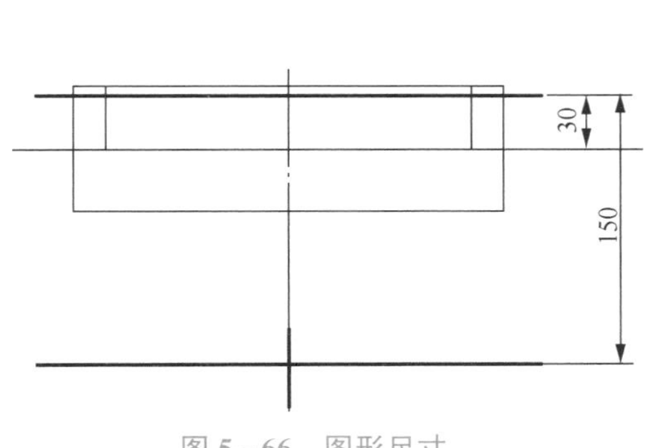

图 5－66　图形尺寸

极坐标画弧

基本

图素

方式: ◉ 手动(M)

○ 相切(T)

中心点

重新选择(R)

尺寸

半径(U): 150.0

直径(D): 300.0

角度

起始(S): 45.0

结束(E): 135.0

方向

◉ 定义圆弧(F)

○ 反转圆弧(V)

图 5－67　极坐标圆弧对话框设置

⑪ 使用快捷键“Alt+7”进入等角视图视角。

⑫ 单击“选择 Z 深度”按钮，选择如图 5－69 所示位置为俯视图平面的构图深度，此时“选择 Z 深度”为“0”（Z: 0.00000）。

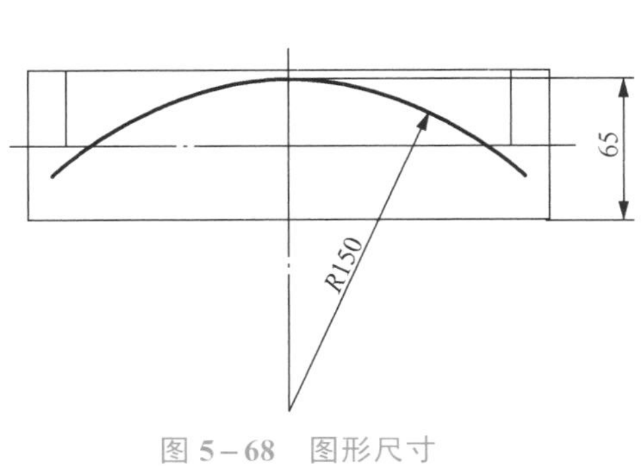

图 5－68　图形尺寸

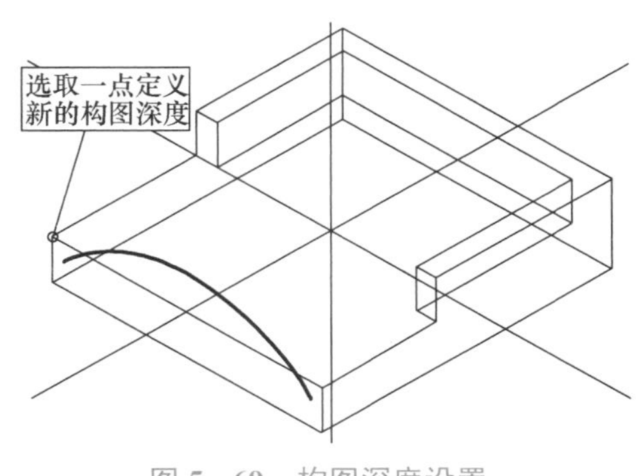

图 5－69　构图深度设置

⑬ 单击“线框”中的“已知点画圆”按钮，输入圆心坐标（0，35，0），按 Enter 键

确认，如图 5－70 所示，在弹出如图 5－71 所示的“已知点画圆”对话框中输入半径“50”，单击“确定”按钮，生成如图 5－72 所示圆。

⑭ 绘图模式切换至“3D”模式3D，单击“线框”工具栏中的“线端点”按钮，在弹出的“线端点”操作栏中选择“任意线”按钮◉ 任意线(F)，绘制如图 5－73 所示图形。

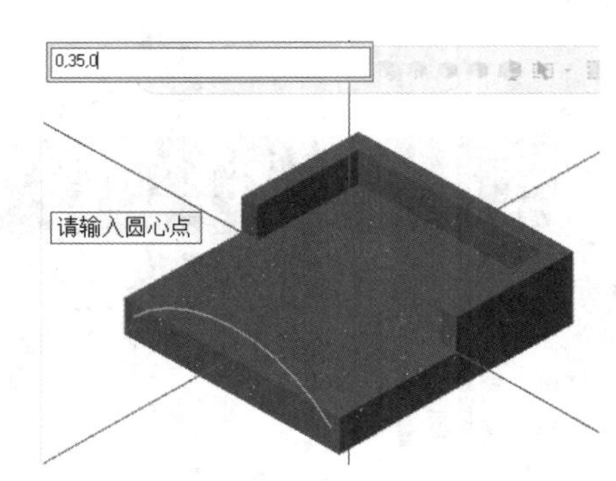

图 5－70　设置构图深度

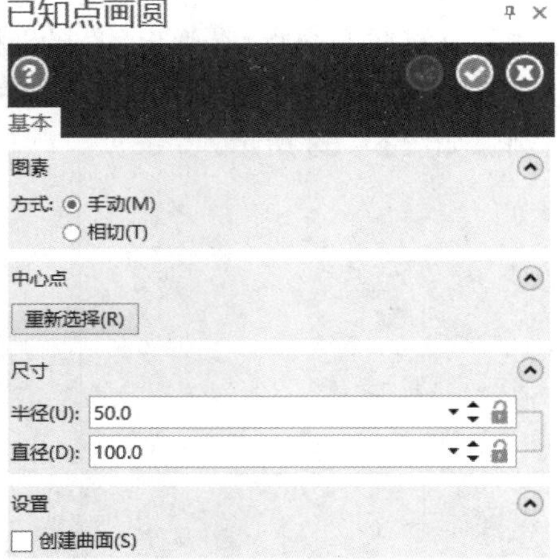

图 5－71　“已知点画圆”对话框

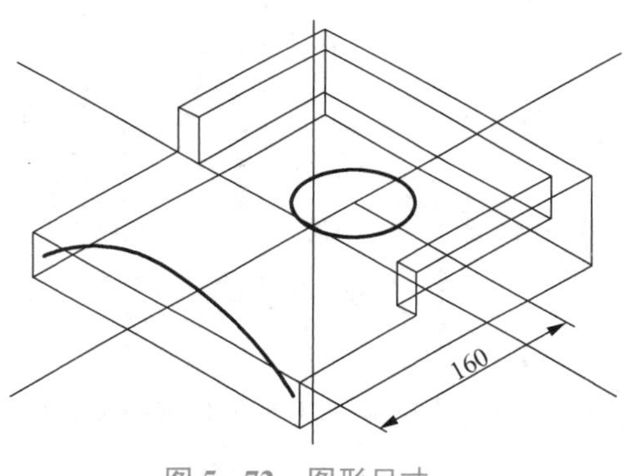

图 5－72　图形尺寸

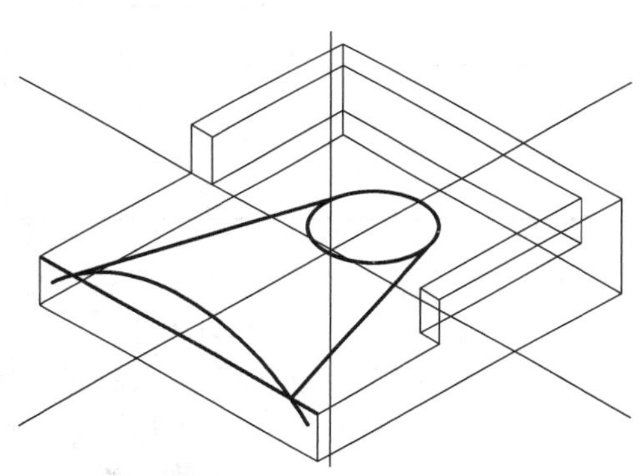

图 5－73　绘制图形

注：绘图模式不切换至“3D”模式，将无法选择圆弧与直线的交点。

⑮ 修剪并删除多余的辅助线，单击“实体”工具栏的“拉伸”按钮，选择拉伸轮廓，设置拉伸操作类型为“创建主体”◉ 创建主体(E)，拉伸距离为“30”，如图 5－74 所示。

2）实体修剪

（1）曲面修剪实体。

① 单击“视图”工具栏中的“前视图”按钮 前视图，将绘图平面切换至前视图。单击“转换”工具栏中的“平移”按钮，选择 $R150$ 圆弧，单击“结束选择”按钮 结束选择，增量输入“Z: 210”，选择“◉ 相反方向(P)”，单击“确定”按钮。

单击“画曲”面工具栏中的“举升”按钮 举升，选择如图 5－75 所示 $R150$ 曲线，单击“确定”按钮，生成如图 5－76 所示曲面。

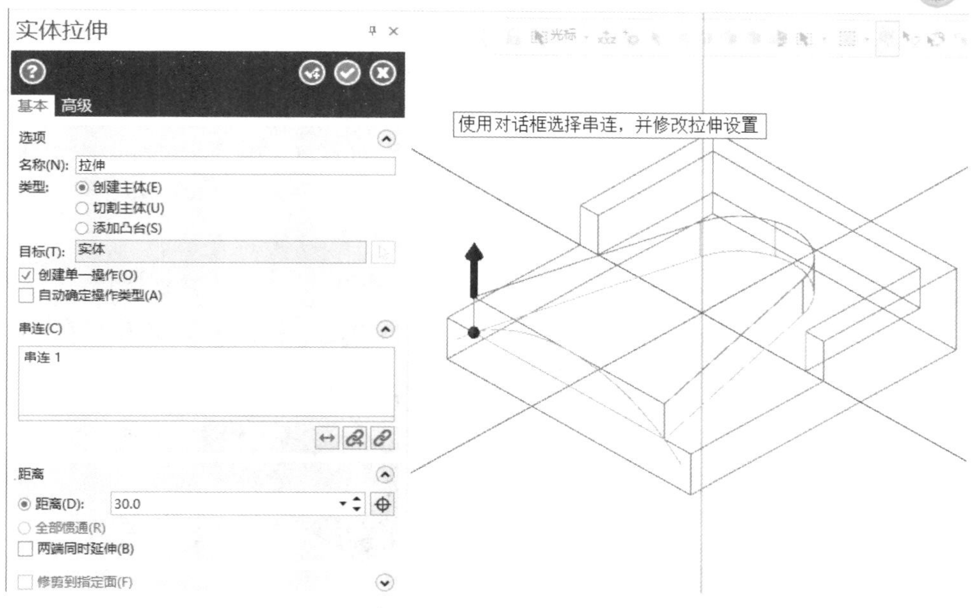

图 5-74 "实体拉伸"对话框及拉伸边界选择

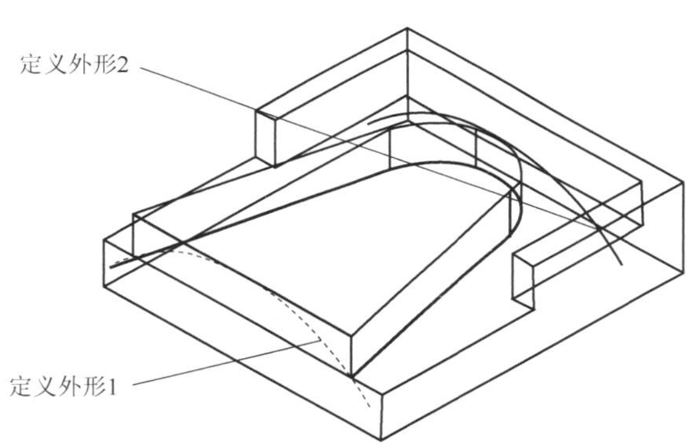

图 5-75 选择 *R*150 圆弧

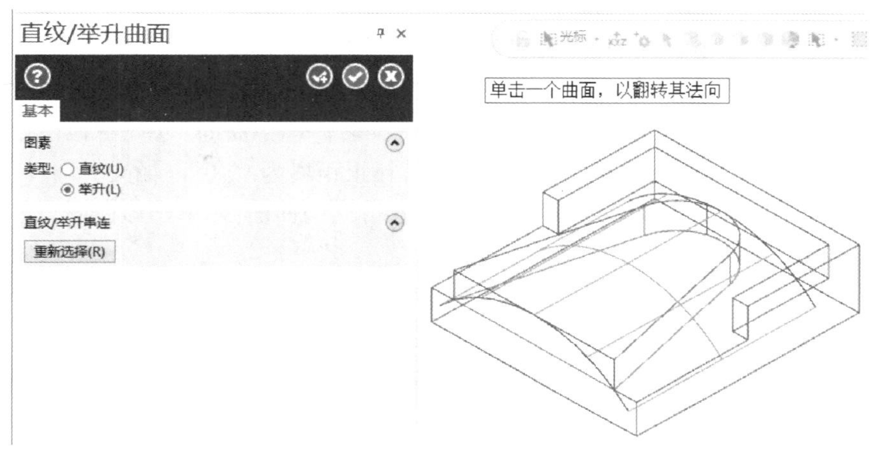

图 5-76 牵引曲面

② 在“实体”工具栏中单击“修剪到曲面/薄片”按钮，选择三角形实体为要修剪的实体，按 Enter 键确认，弹出提示“选择要修剪到的曲面或薄片”，选择如图 5－77 所示曲面，观察修剪保留部分的箭头。若结果如图 5－78 所示，则在“修剪实体”对话框中选择“全部反向”按钮，否则直接单击“确定”按钮，修剪后的实体如图 5－79 所示。

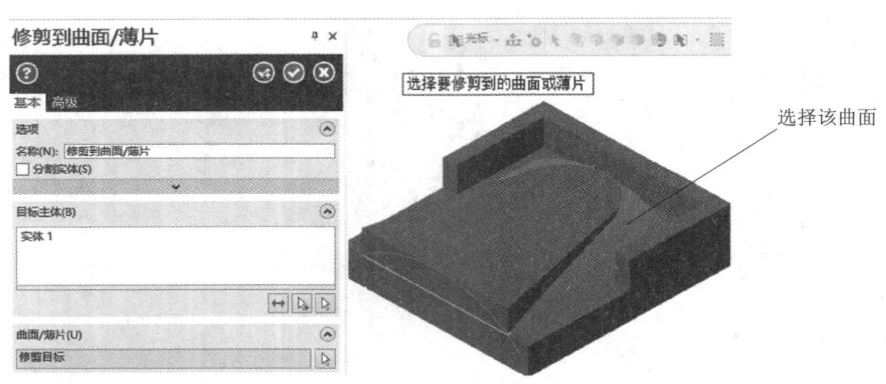

图 5－77　曲面选择

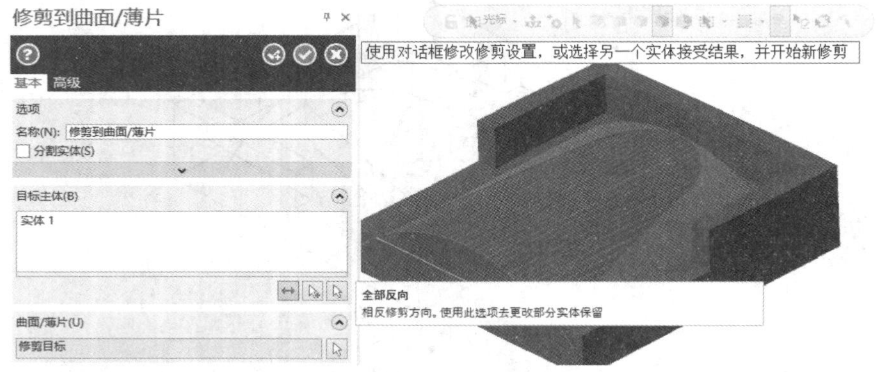

图 5－78　箭头方向确定

③ 在“实体”工具栏中单击“布尔运算”按钮 布尔运算，选择第一个实体，单击“添加选择”按钮，选择第二个实体，单击“确定”按钮，将两个实体结合成一个实体。

④ 在“曲面”工具栏中单击“补正”按钮 补正，选中曲面，单击“结束选择”按钮 结束选择，在弹出的“曲面补正”工具栏中输入补正距离为“10”，如果方向反了，则单击 单一切换(S) 按钮，根据提示“选择要翻转其补正方向的曲面”，单击该曲面，单击“确定”按钮，生成如图 5－80 所示的曲面。

⑤ 选中原始曲面及偏移后曲面，单击“主页”菜单中的“消隐”命令按钮 消隐，将两曲面消隐。

⑥ 单击“视图”工具栏中的“俯视图”按钮，进入俯视图视角。

⑦ 在状态区上将绘图模式切换至“2D”模式（2D），在“选择 Z 深度”输入框中输入深度值为“30”（Z: 30.00000）。

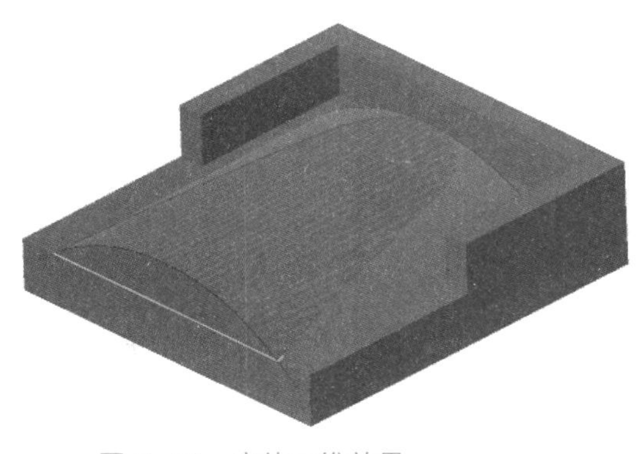
图 5－79　实体三维效果

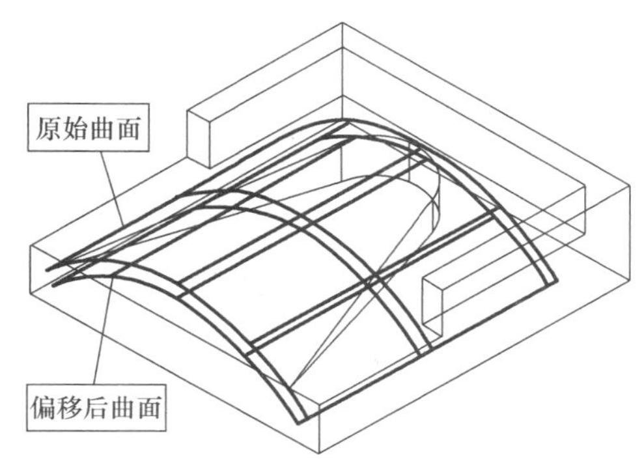

图 5－80　偏移曲面

⑧ 单击“主页”菜单中的“恢复消隐”按钮 恢复消隐，恢复显示三角形的轮廓线，并利用“转换”工具栏中的“单体补正”按钮将三角形轮廓线偏移“22”的距离，如图 5－81 所示。

⑨ 单击“线框”中的“图素倒圆角”按钮 图素倒圆角，在弹出的“图素倒圆角”工具栏中输入圆角半径为“12”，选择如图 5－82 所示的边，生成 *R*12 的圆角。

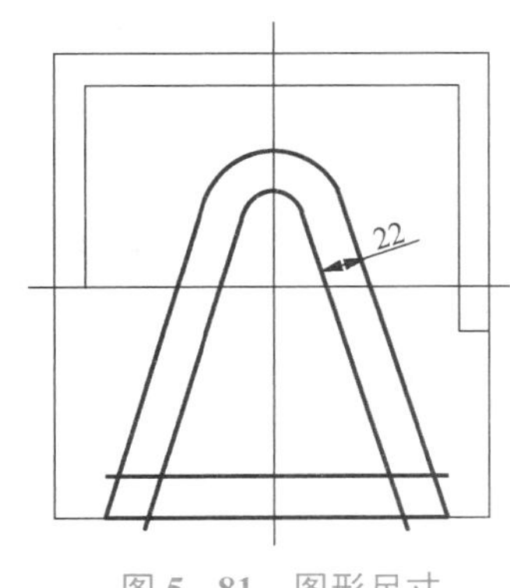

图 5－81　图形尺寸

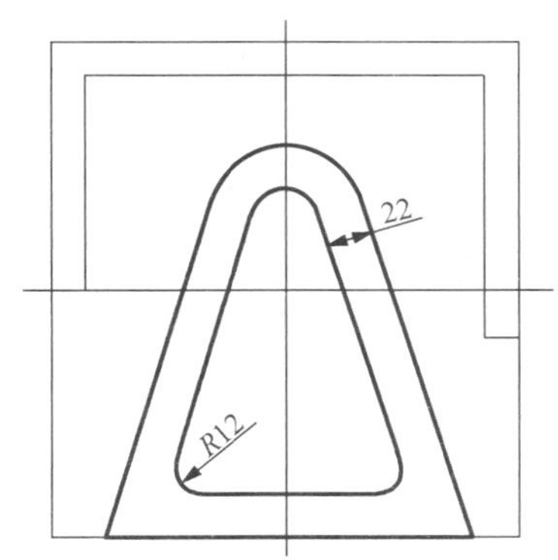

图 5－82　图形尺寸

⑩ 单击“实体”工具栏的“拉伸”按钮，选择拉伸轮廓，拉伸操作类型选择为“创建主体” 创建主体(E)，设置距离为“50”，如图 5－83 所示。

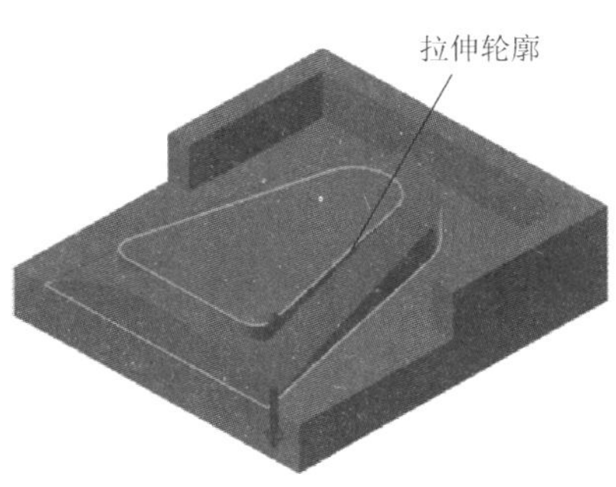

图 5－83　拉伸轮廓

⑪ 单击“视图”工具栏中的“等视图”按钮 等视图，进入等角视图视角。恢复消隐偏移后的曲面，并消隐主体特征，如图 5－84 所示。

⑫ 在“实体”工具栏中单击“修剪到曲面/薄片”按钮，在弹出的“修剪到曲面/薄片”对话框中选择修剪的主体，然后按 Enter 键，选择要修剪到的曲面或薄片，

注意观察修剪保留部分的预览，单击“确定”按钮✓，修剪后的实体如图 5－85 所示。

图 5－84　隐藏主体特征

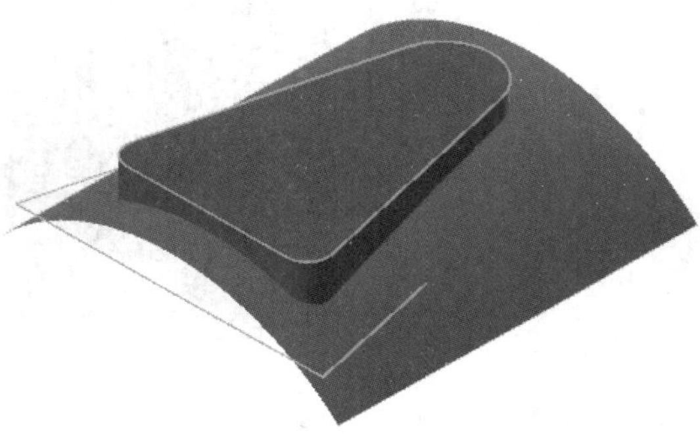

图 5－85　修剪实体后效果

⑬ 恢复消隐主体实体，并消隐曲面。

⑭ 在“实体”工具栏中单击“布尔运算”按钮 布尔运算，选择如图 5－86 所示的目标实体，单击“添加选择”按钮，选择工具实体，类型选择“切割” 切割(R)，单击“确定”按钮✓，将目标实体切割出工具实体，如图 5－87 所示。

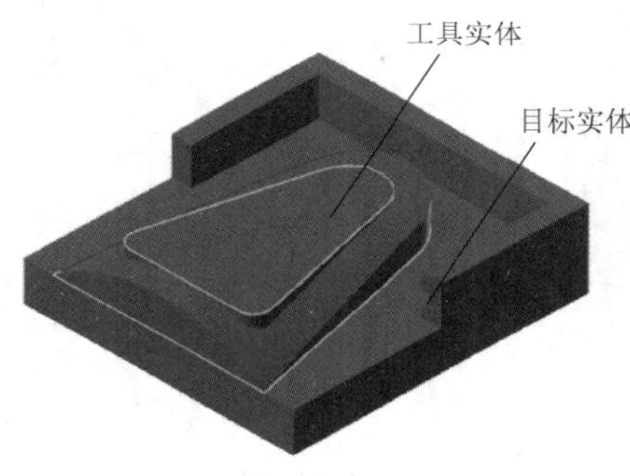

图 5－86　切割体选择

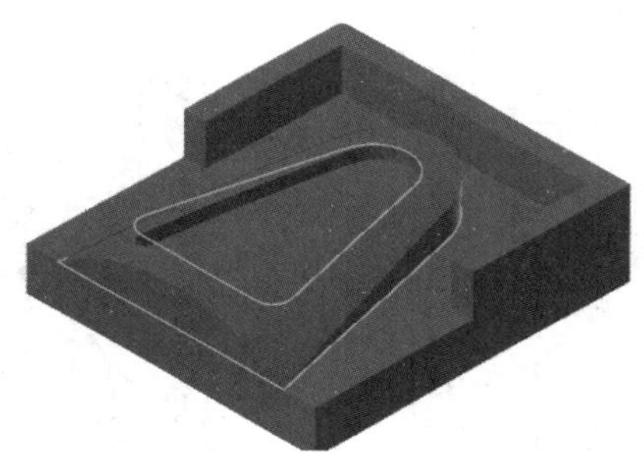

图 5－87　切割后三维效果

（2）扫描切割实体。

① 单击“视图”工具栏中的“俯视图”按钮，将构图模式切换至“2D”，单击“选择 Z 深度”按钮 Z: 0.00000，选择图形上表面的点为俯视图平面的构图深度，此时“选择 Z 深度”为“34”。

② 利用“线框”工具栏中的“线端点”按钮和“图素倒圆角”按钮 图素倒圆角，绘制如图 5－88 所示线条。

③ 单击“视图”工具栏中的“等视图”按钮 等视图，进入等角视图视角。单击屏幕下方的绘图平面选择“前视图” 绘图平面: 前视图，单击“选择 Z 深度”按钮 Z: 0.00000，选择如图 5－89 所示位置为前视图平面的构图深度，此时“选择 Z 深度”为“0”。

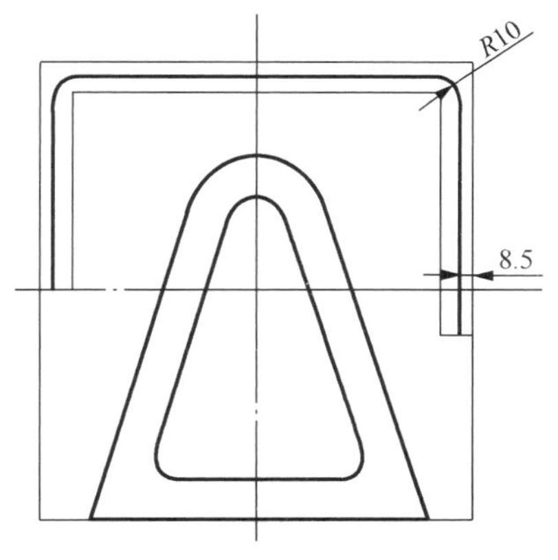

图 5-88　图形尺寸

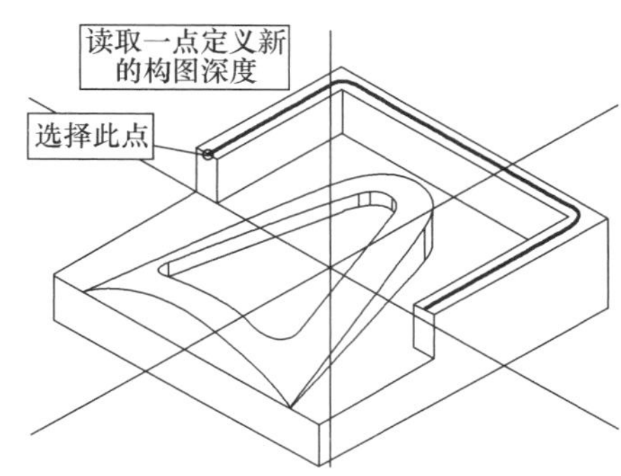

图 5-89　构图深度选择

④ 利用“线框”工具栏中的“已知点画圆”按钮，在线段端点绘制一个直径为“10”的圆，如图 5-90 所示。

⑤ 单击“实体”工具栏中的“扫描”按钮扫描，选中圆作为扫描截面，单击“确定”按钮，选择线段作为扫描路径，在弹出的“扫描”对话框中选择类型为“切割主体”切割主体(U)，如图 5-91 所示，单击“确定”按钮，生成切割特征，如图 5-92 所示。

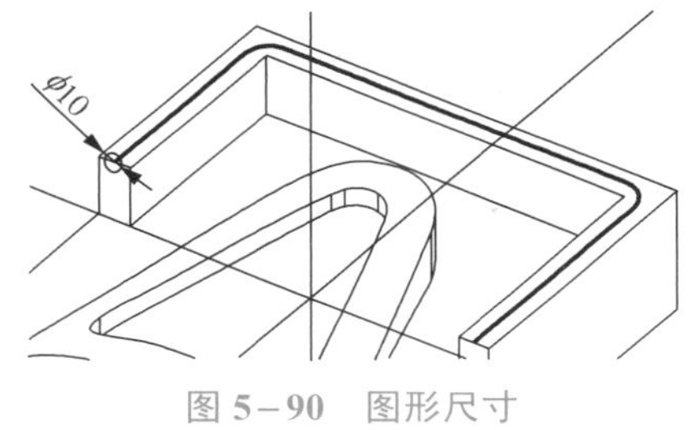

图 5-90　图形尺寸

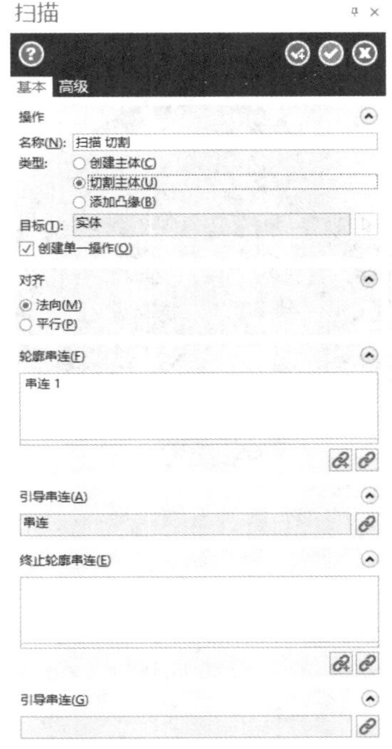

图 5-91　“扫描”对话框

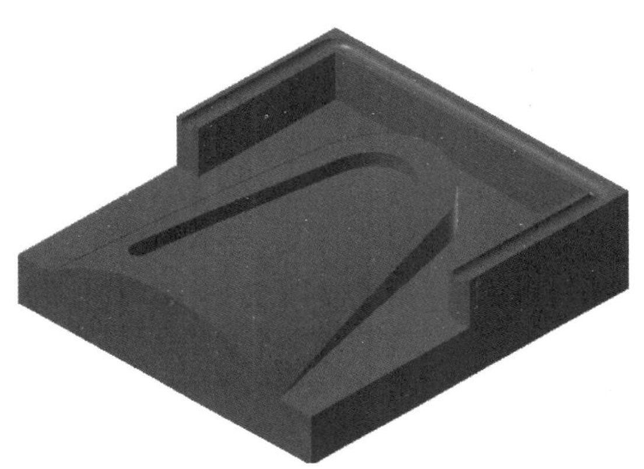

图 5-92　扫描切割后三维效果

3）实体特征修饰

（1） 实体面拔模。

① 单击“实体”工具栏中的“拔模”按钮 拔模，如图 5－93 所示选择要拔模的面，单击“结束选择”按钮，在出现“选择平面端面以指定拔模平面”提示后，选择上表面为固定不动的平面，如图 5－95 所示，在弹出的“依照实体面拔模”对话框中选择角度为“15”，如图 5－94 所示，单击“确定”按钮✔生成拔模面，如图 5－96 所示。

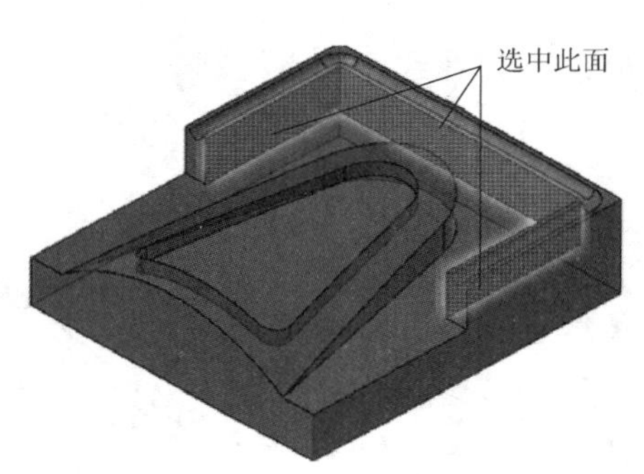

图 5－93 选择拔模

图 5－94 “依照实体面拔模”对话框

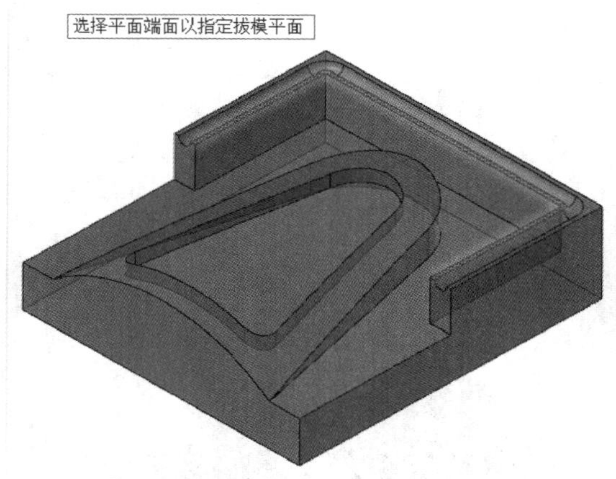

图 5－95 实体牵引方向

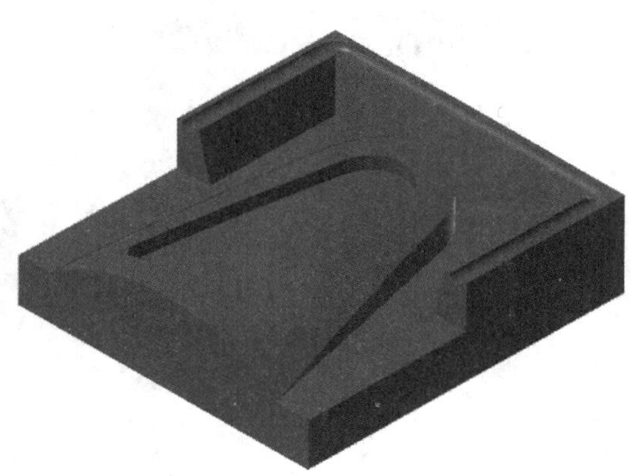

图 5－96 实体三维效果

② 单击“实体”工具栏中的“拔模”按钮，单击“依照拉伸边拔模”按钮 依照拉伸边拔模，选中如图 5－97 所示的拔模面，单击“确定”按钮✔，在弹出的“依照拉伸拔模”对话框中选择角度为“15”，如图 5－98 所示，单击“确定”按钮✔，生成如图 5－99 所示拔模面。图 5－100 所示为选择曲面的小技巧。

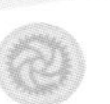

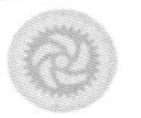

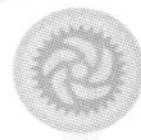

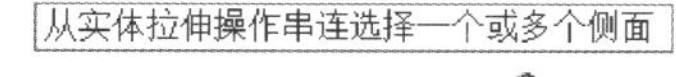

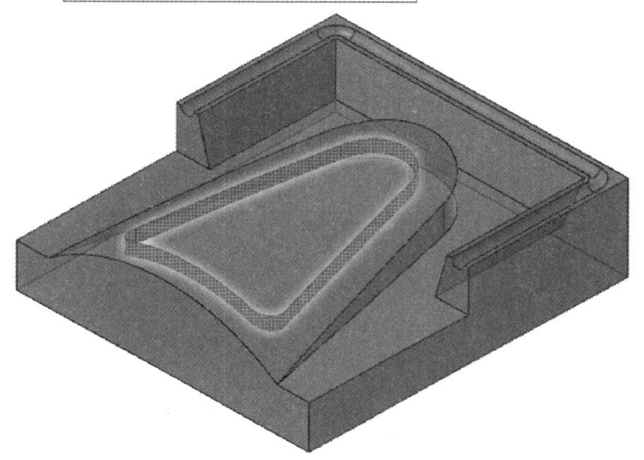

从实体拉伸操作串连选择一个或多个侧面

图 5-97　选择拔模

依照拉伸拔模
基本
高级
选项
名称(N): 依照拉伸拔模
到拔模面(F)
端面 1
端面 2
端面 3
角度(A)
15.0

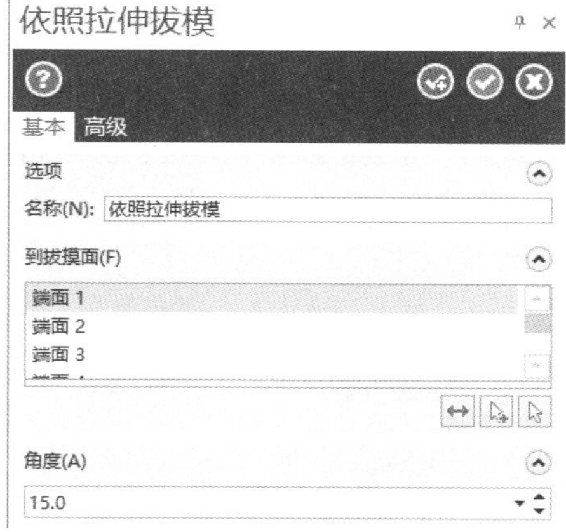

图 5-98　实体牵引对话框

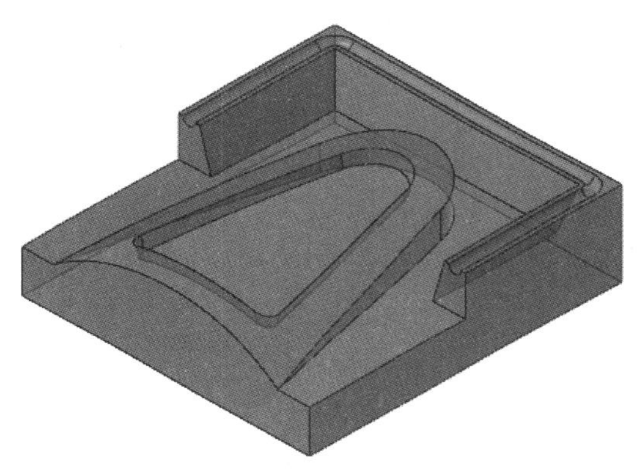

图 5-99　实体三维效果

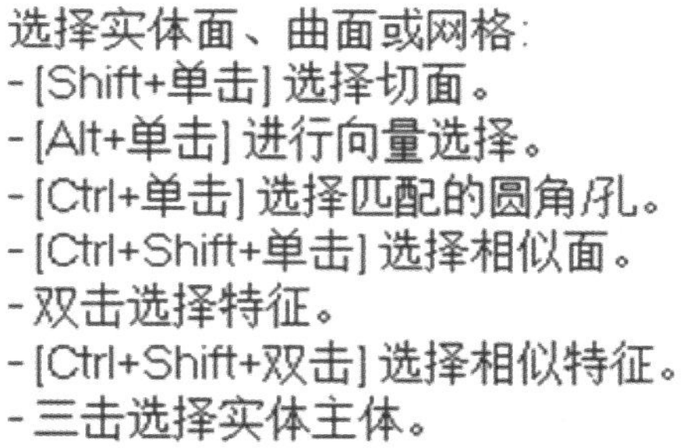

选择实体面、曲面或网格:
- [Shift+单击] 选择切面。
- [Alt+单击] 进行向量选择。
- [Ctrl+单击] 选择匹配的圆角/孔。
- [Ctrl+Shift+单击] 选择相似面。
- 双击选择特征。
- [Ctrl+Shift+双击] 选择相似特征。
- 三击选择实体主体。

图 5-100　选择曲面小技巧

（2）实体倒圆角

① 单击“实体”工具栏中的“固定半径倒圆角”按钮 固定半倒圆角，在实体选择栏中选择“边界”按钮（见图 5-101），选择如图 5-102 所示边界，单击“结束选择”按钮 结束选择，在弹出的“固定圆角半径”对话框中输入半径为“25”，单击“确定”按钮，生成如图 5-103 所示圆角特征。

实体选择
选择方式

图 5-101　倒圆角选择模式

选中此边

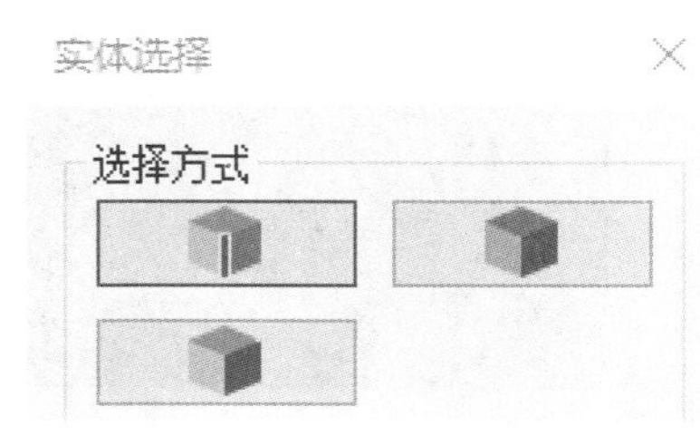

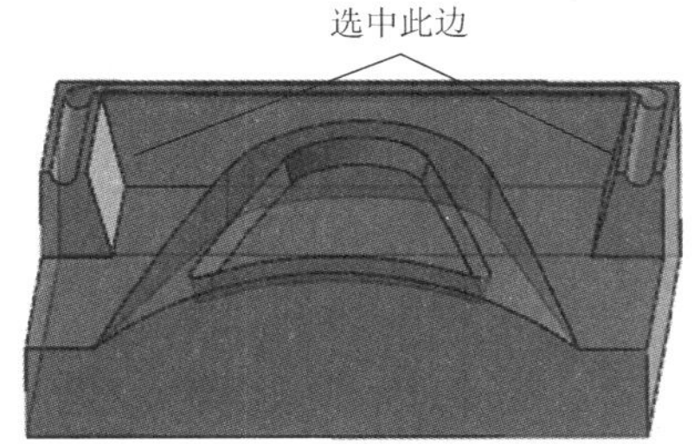

图 5-102　选择倒圆角边界

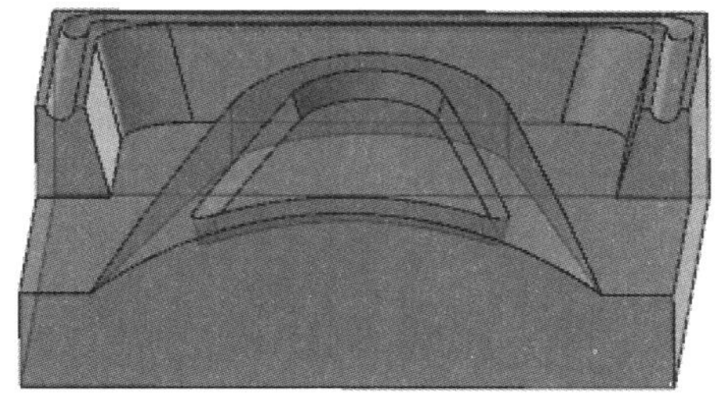

图 5-103　实体三维效果

② 单击“实体“工具栏中的“固定半径倒圆角”按钮 固定半倒圆角，在弹出的“实体选择”对话框中选择“面”按钮（见图 5－104），选择如图 5－105 所示曲面，单击“结束选择”按钮 结束选择，在弹出的“固定圆角半径”对话框中输入半径为“3”，单击“确定”按钮，生成如图 5－106 所示圆角特征。

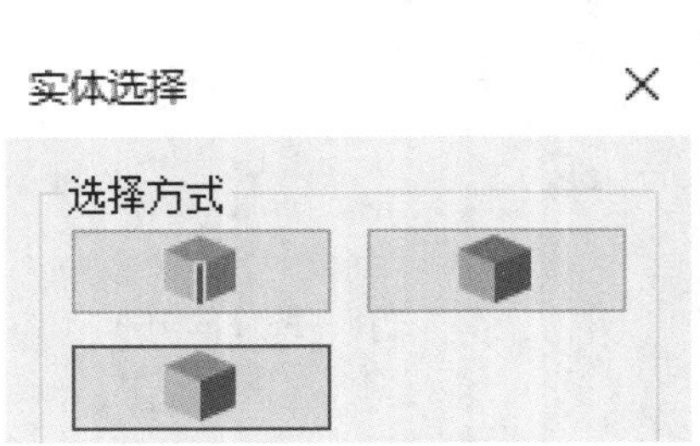

图 5－104　倒圆角选择模式

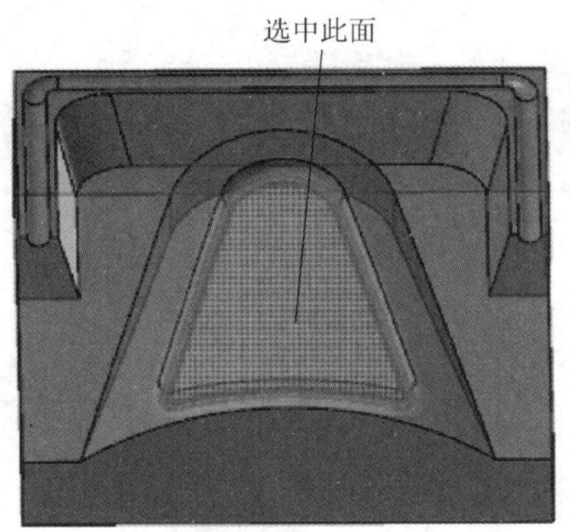

图 5－105　选择倒圆角边界

（3）孔特征修饰。

① 单击“视图“工具栏中的“俯视图”按钮，将构图模式切换至“2D”，单击“选择 Z 深度”按钮 Z: 0.00000，选择曲面上表面的点为俯视图平面的构图深度，如图 5－107 所示，此时“选择 Z 深度”为“30”（Z: 30.00000）。

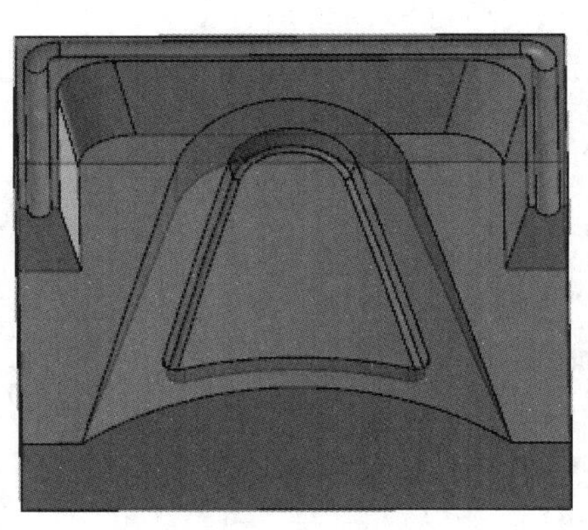

图 5－106　实体三维效果

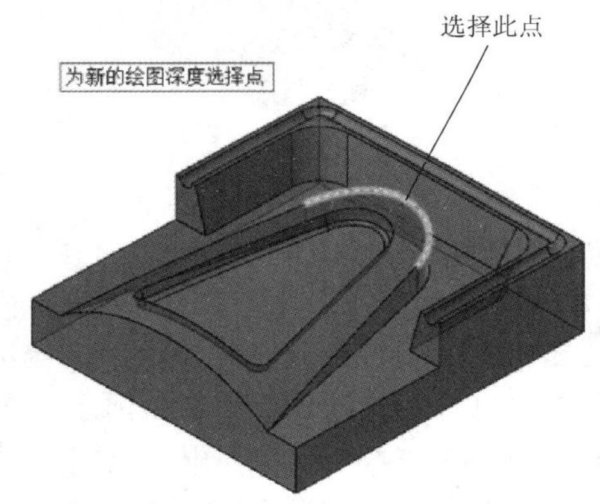

图 5－107　选择点确定构图深度

② 利用“线框”工具栏中的“已知点画圆”按钮绘制圆，如图 5－108 所示。

③ 单击“实体”工具栏的“拉伸”按钮，选择直径为“10”的圆，“拉伸操作”类型为“切割主体”，距离为“8”，单击“确定”按钮生成孔特征，如图 5－109 所示。

④ 单击“实体”工具栏中的“拔模”按钮 拔模，弹出“实体选择”对话框，选择如图 5－110 所示孔的侧面为拔模的面，单击“确定”选择按钮，在出现“选择平面端面以指定拔模平面”提示后，选择孔的底面为固定不动的平面，在弹出的“依照实体面拔模”对话框中选择角度为“15”，单击“确定”按钮并单击“全部反向”按钮（注：如果牵引方向与图示方向相反，即上大下小，则直接单击“确定”按钮），生成拔模面，如图 5－111 所示。

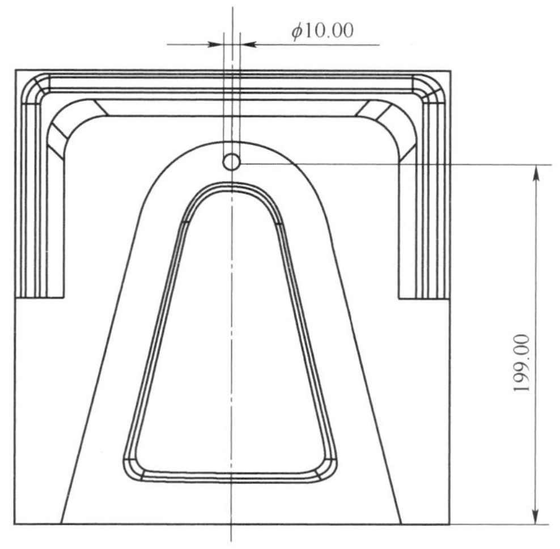

图 5-108　图形尺寸

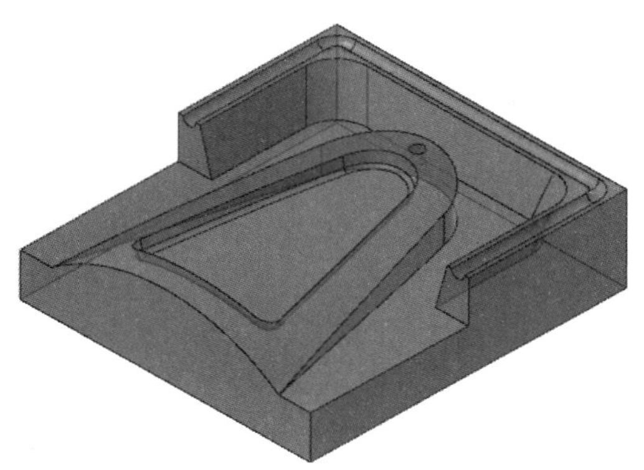

图 5-109　实体三维效果

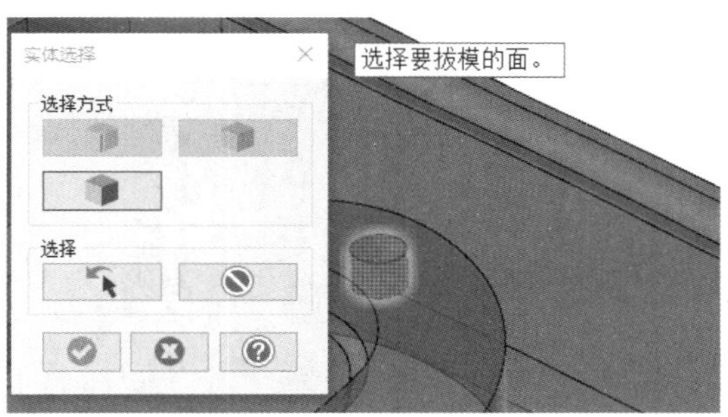

图 5-110　确定牵引方向

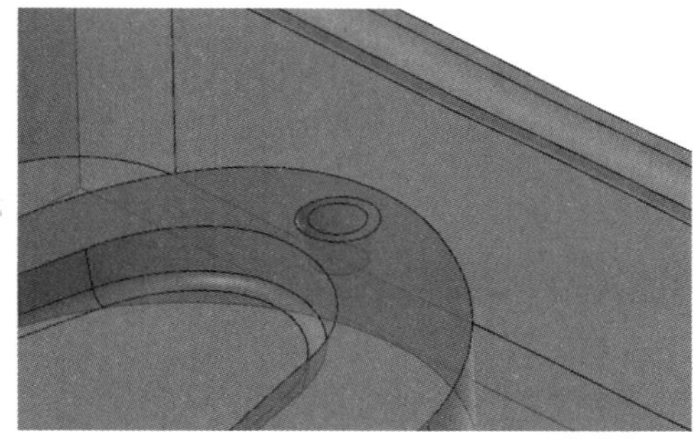

图 5-111　三维实体效果

⑤ 单击“实体”工具栏中的“固定半径倒圆角”按钮，在“实体选择”对话框中选择“边界”按钮，选择孔口边界，单击“确定”选择按钮，在弹出的“固定圆角半径”操作栏中输入半径为“3”，单击“确定”按钮，生成如图 5-112 所示圆角特征。

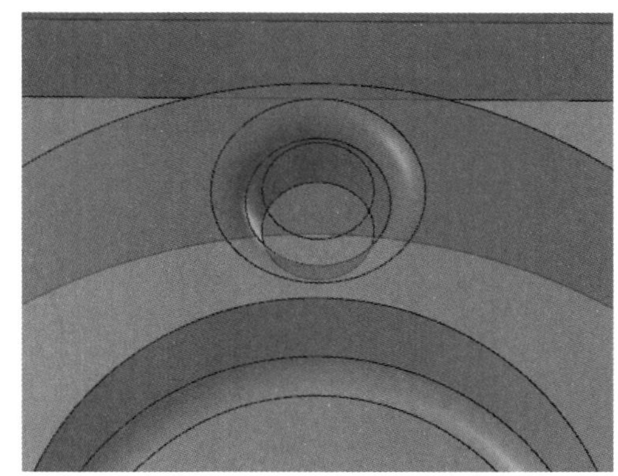

图 5-112　实体三维效果

4）背面特征的创建

（1） 旋转切割实体。

① 单击“视图”工具栏中的“俯视图”按钮，将构图模式切换至“2D”，单击“选择 Z 深度”按钮 Z: 30.00000，选择下底面上的点为俯视图平面的构图深度，如图 5-113 所示，此时“选择 Z 深度”为“-35”（Z: -35.00000）。

② 单击屏幕下方的“绘图平面”按钮 绘图平面: 俯视图，选择“俯视图”（✓ 俯视图），进入俯视图视角。

③ 利用“线框”工具栏中的“线端点”按钮和“已知点画圆”按钮，绘制如图 5-114 所示线条。

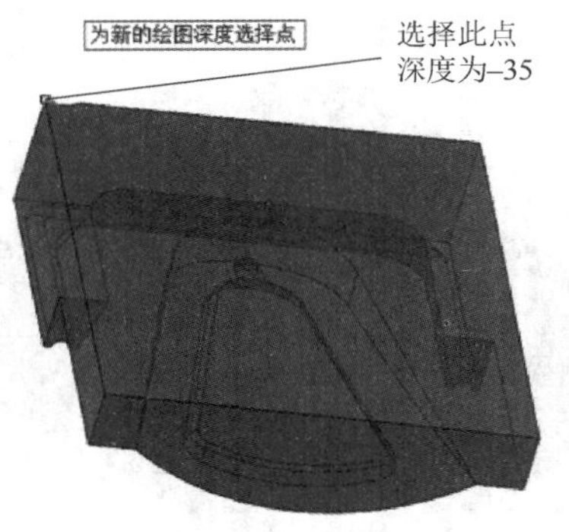

图 5-113　图形尺寸

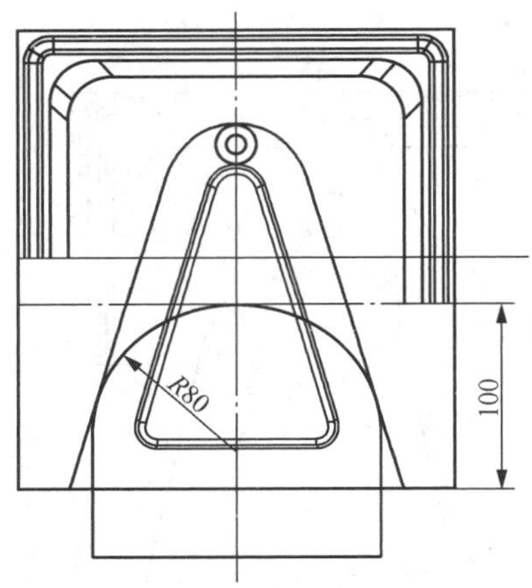

图 5-114　图形尺寸

④ 单击“实体”工具栏的“旋转”按钮 旋转，选取 R80 的圆弧轮廓作为旋转截面，中心线为旋转轴，如图 5-115 所示（注：如果旋转方向与图示方向相反，则单击“全部反向”按钮↔）。在弹出的“旋转实体”对话框中选择类型为“切割主体” 切割主体(U)，终止角度为“10”，如图 5-116 所示，单击“确定”按钮✓，生成如图 5-117 所示切割特征。

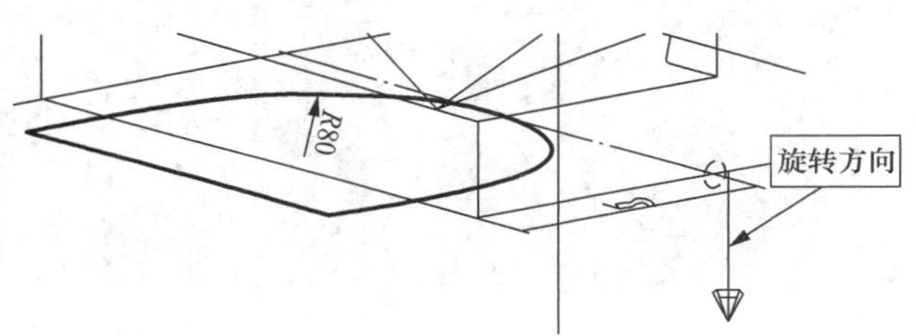

图 5-115　确定旋转方向

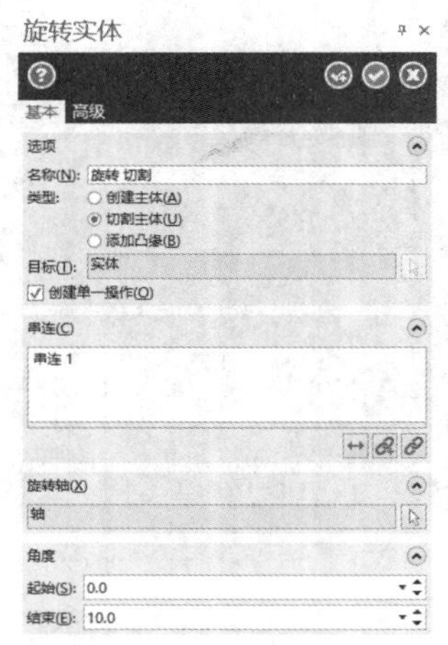

图 5-116　“旋转实体”对话框

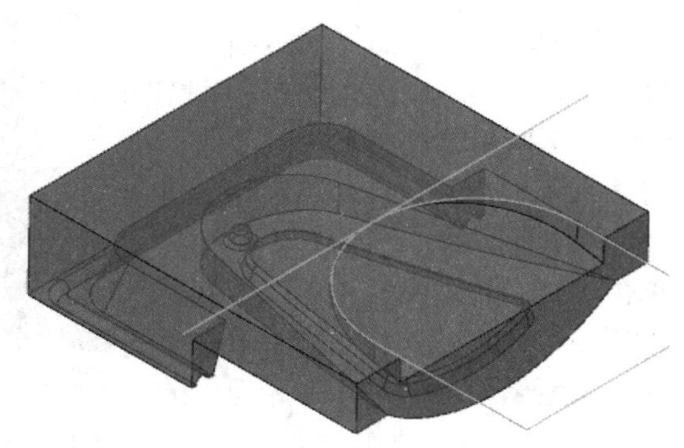

图 5-117　实体三维效果

（2） 圆角特征修饰。

单击“实体”工具栏中的“固定半径倒圆角”按钮，在弹出的“实体选择”对话框中选择“边界”按钮，选择如图 5-118 所示边界，在弹出的“固定圆角半径”对话框中

输入半径为“3”，单击“确定”按钮✔，生成如图 5-119 所示圆角特征。

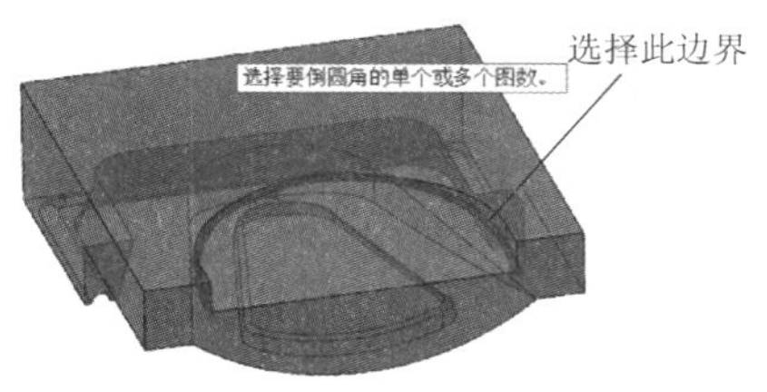

图 5-118　选择倒圆角边界

图 5-119　实体三维效果

（3）保存文件。

选择文件(F)→保存文件(S)命令，以文件名“XIANGMU5-2”保存绘图结果。

学有所思，举一反三。通过项目拓展，你有什么新的发现和收获？请写出来。

项目拓展任务操作视频（XM5T1）

____

____。

根据项目编组，加强小组分工、协作训练，请充分发挥个人的聪明才智，自行设计、编制拓展项目实施评价表，格式不限。

5.7 相关知识

5.7.1 项目基础知识

项目基础知识

项目拓展任务-连杆零件建模

5.7.2 辅助项目知识

辅助项目知识（思政类）

项目拓展任务-排气管道零件建模

5.8 巩固练习

5.8.1 填空题

1. 在 Mastercam 2022 中，使用命令直接绘制的规则三维实体有________、_________、________、________和________。

2. 在 Mastercam 2022 中，由二维截形生成三维实体的方法主要有________、________、________、________。

3. 直接对实体进行编辑的命令，主要有__________、__________、__________、________、________、________等。

4. 对实体进行圆角，当圆角半径过大产生溢出时，有________和________两种处理方式。

5. 对实体抽壳时，抽壳方向有________、________和________3 种方式。

5.8.2 选择题

1. 用户不能使用（　　）来修剪三维实体。

   A. 平面　　B. 三点
   C. 曲面　　D. 实体

2. 对实体进行布尔运算有多种方式，但下列的（　　）命令并不属于布尔运算命令。

   A. 并集　　B. 交集
   C. 逼近　　D. 差集

3. 对实体进行（　　）操作时，不需要指定方向。

   A. 并集运算　　B. 牵引实体面
   C. 实体抽壳　　D. 加厚薄壁实体

4. 对实体进行（　　）操作时，需要指定方向。

   A. 并集运算　　B. 实体圆角
   C. 实体倒角　　D. 修剪实体

5.8.3 简答题

1. 构建实体有哪些方法？各有什么特点？
2. 实体造型的步骤大致是怎样的？
3. 实体管理器的作用是什么？
4. 在 Mastercam 2022 实体抽壳中，抽壳方向有哪三种？
5. 对实体进行倒圆角，当圆角半径过大产生溢出时，有哪几种处理方式？
6. 在 Mastercam 2022 中，实体倒角有哪三种方式？

7. 布尔运算有哪几种方式？
8. 用户不能使用什么来修剪三维实体？
9. 对实体进行什么操作时，不需要指定方向？
10. 用扫描产生实体时，扫描路径如何规划？
11. 扫描曲面和扫描实体有哪些相同点？又有哪些不同点？
12. 创建举升实体时，如何避免产生扭曲现象？
13. 牵引实体表面的操作有哪些类型？各有何特点？

5.8.4　操作题

1. 基础练习

绘制如图 5－120～图 5－127 所示实体。

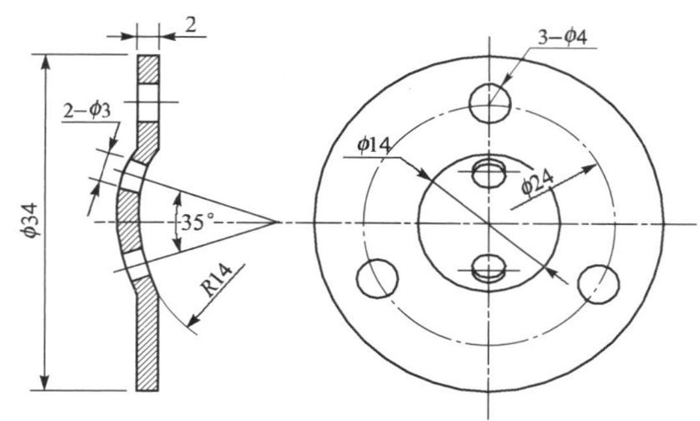

图 5－120　实体（一）

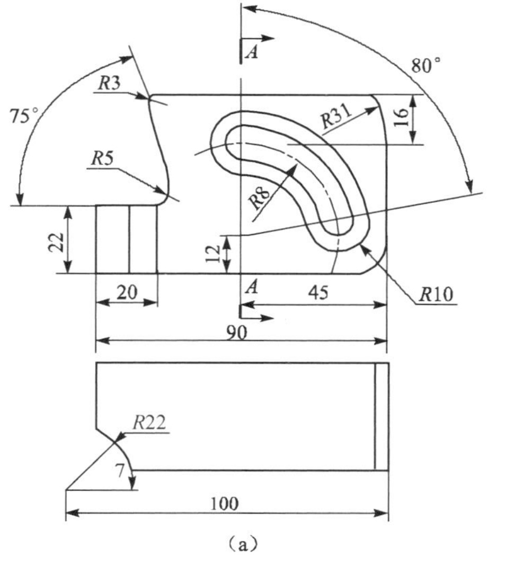

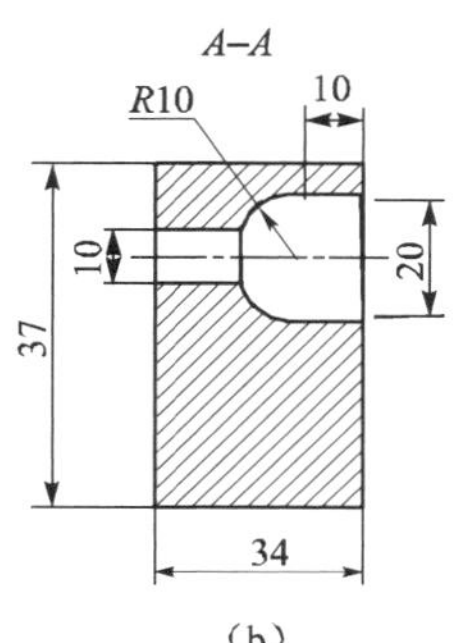

图 5－121　实体（二）

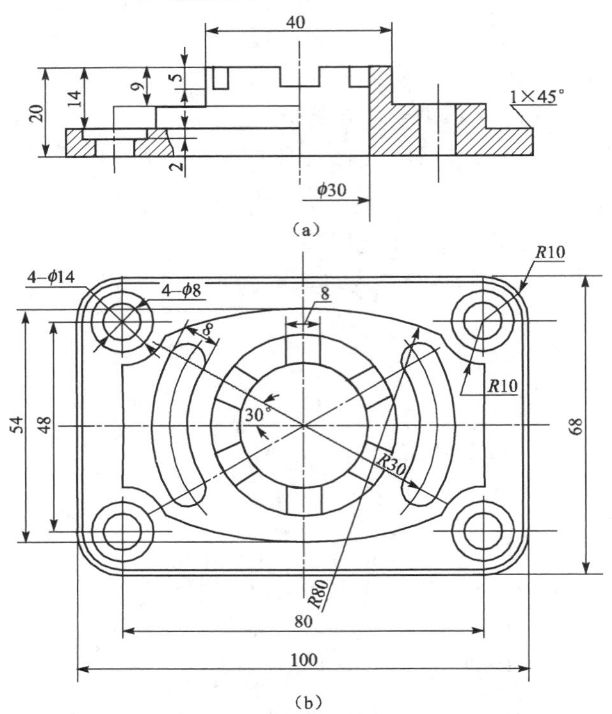

图 5–122　实体（三）

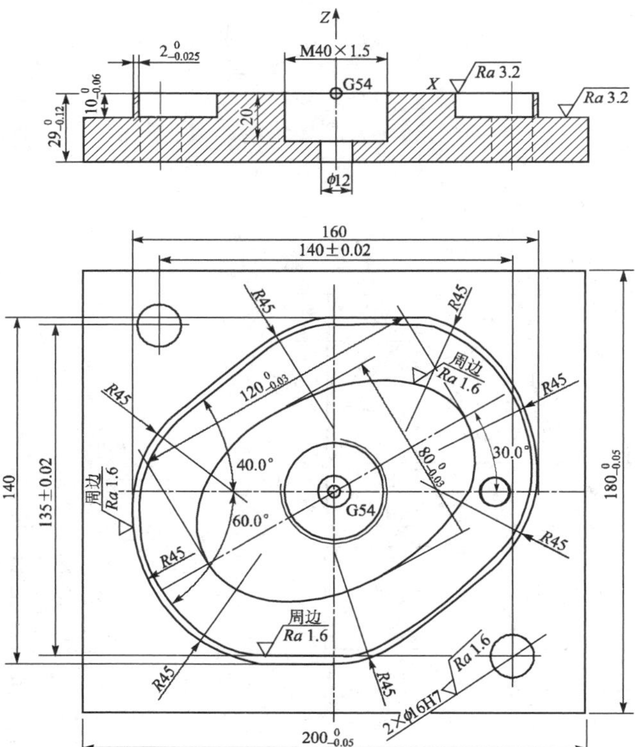

图 5–123　实体（四）

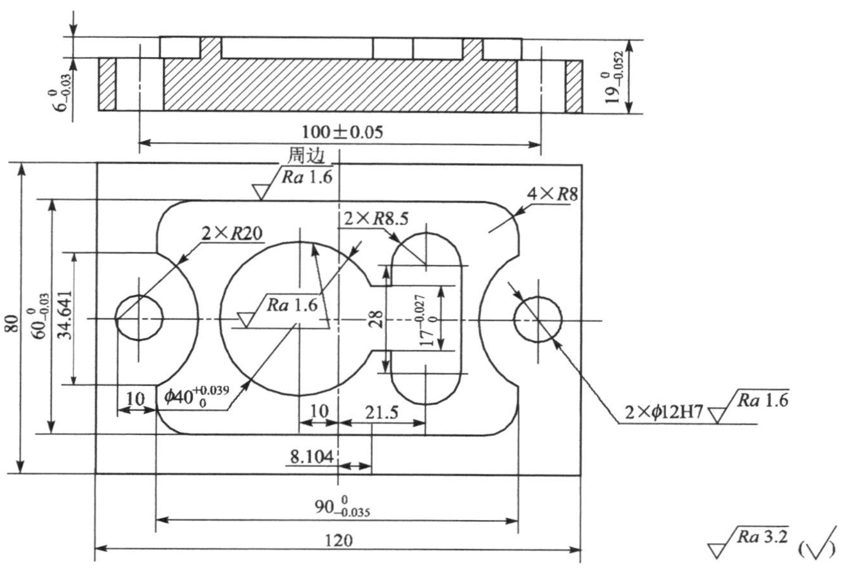

图 5－124　实体（五）

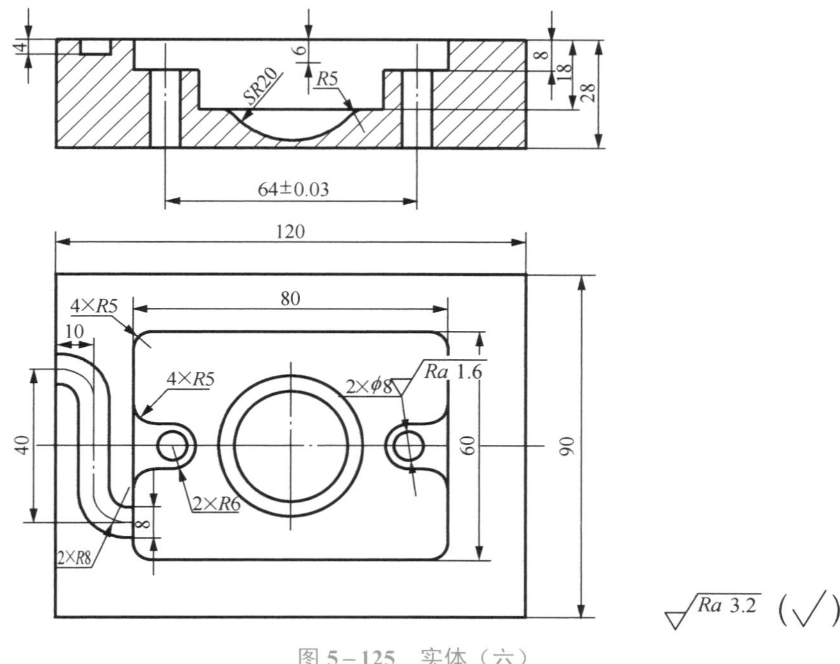

图 5－125　实体（六）

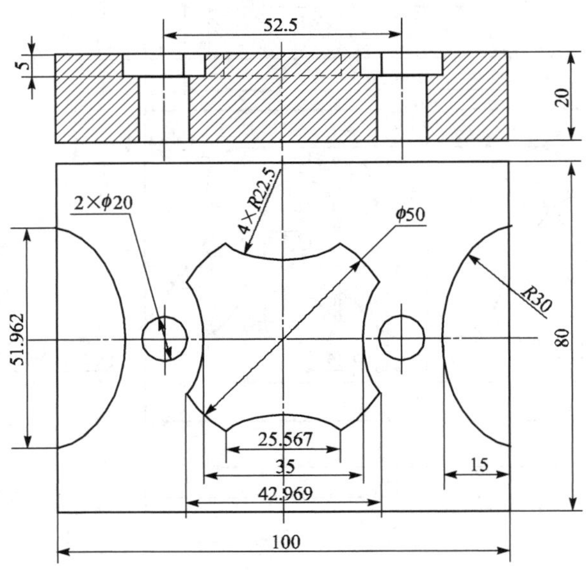

图 5-126　实体（七）

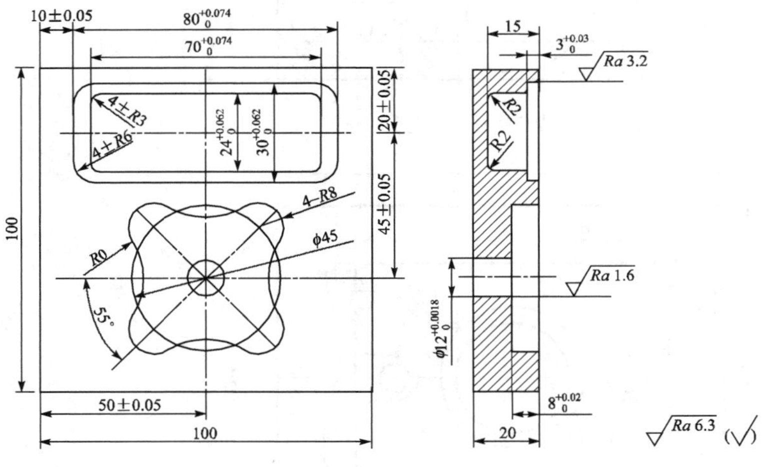

图 5-127　实体（八）

2. 提升训练

（1）绘制蜗轮箱盖实体造型零件图，如图 5－128 所示。

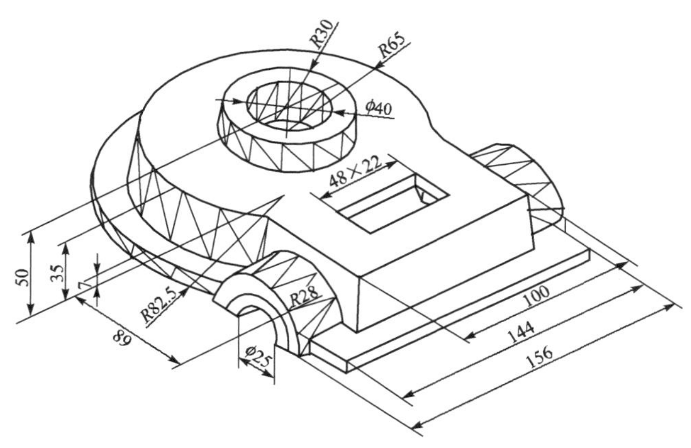

图 5－128　蜗轮箱盖实体

（2）绘制如图 5－129～图 5－135 所示实体。

（3）零件图如图 5－167 所示，完成零件实体造型。

技术要求：① 外侧脱模斜度为 2°，内侧脱模斜度为 6°；② 未注圆角为 $R1$。

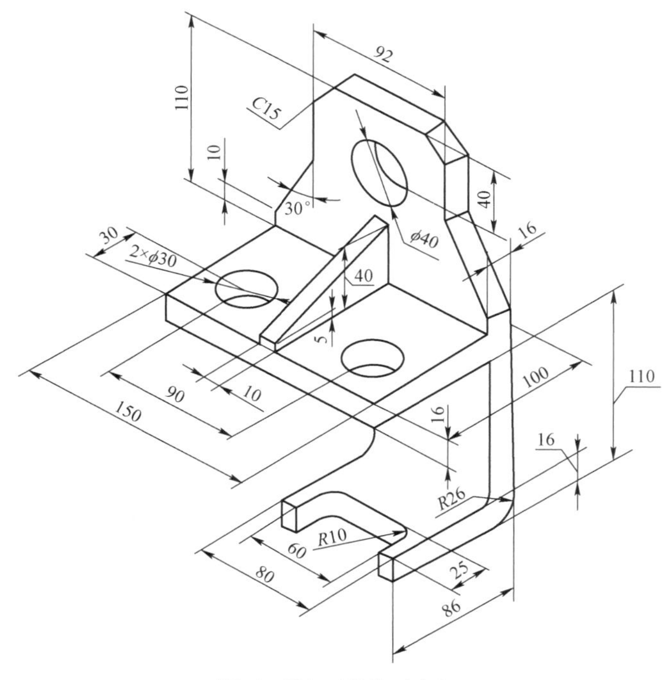

图 5－129　实体（九）

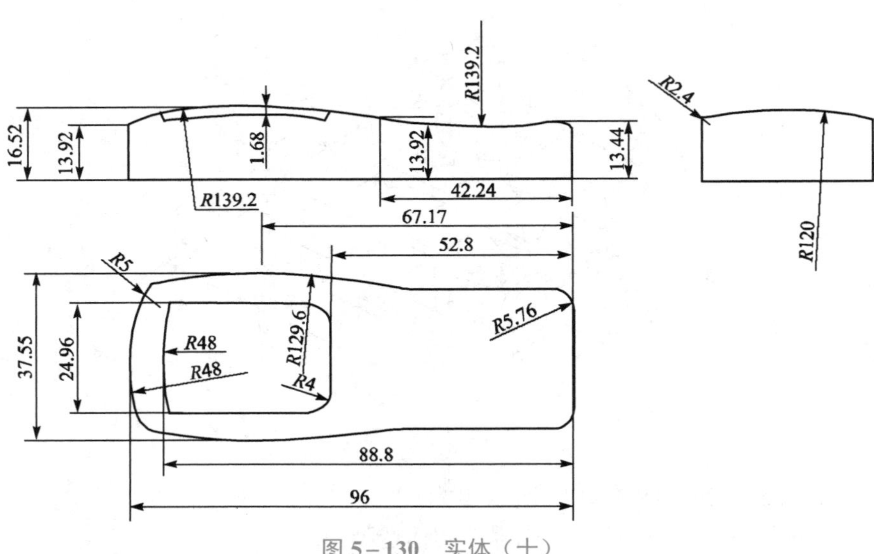

图 5-130　实体（十）

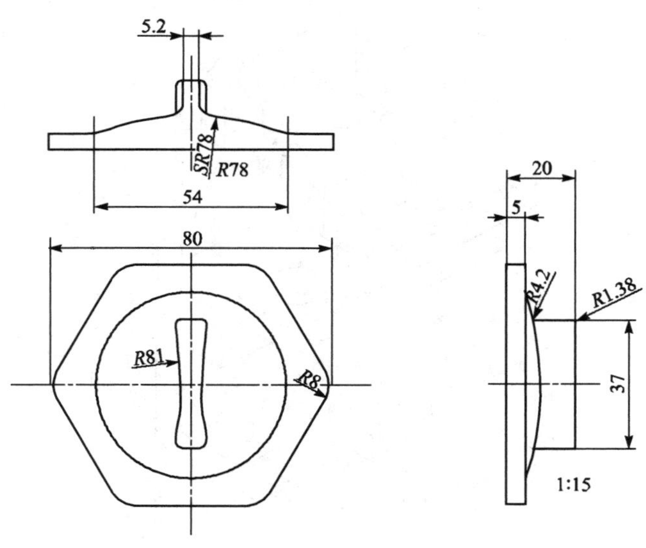

图 5-131　实体（十一）

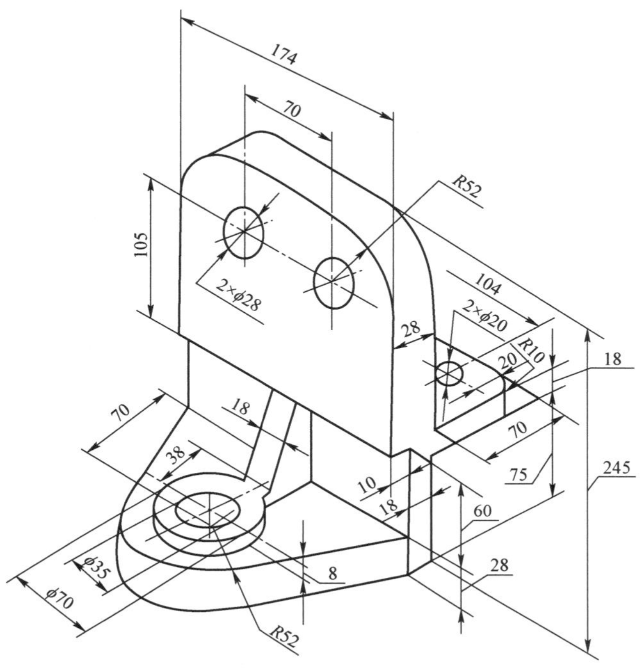

图 5-132　实体（十二）

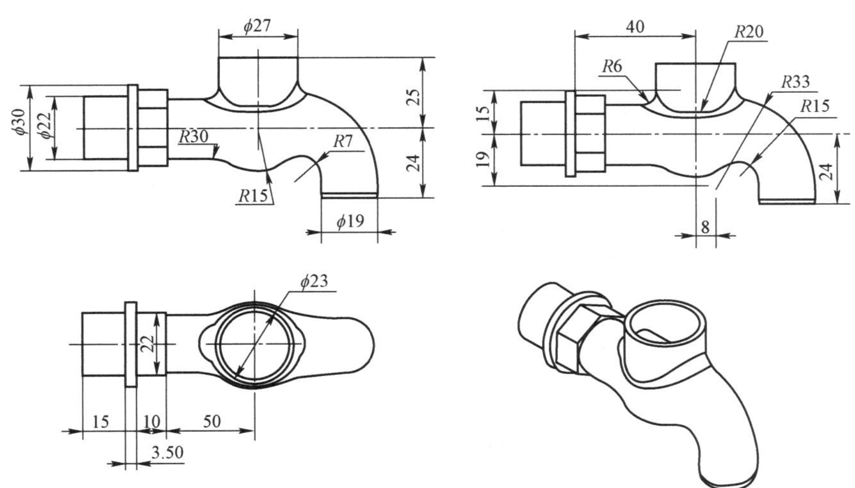

图 5-133　实体（十三）

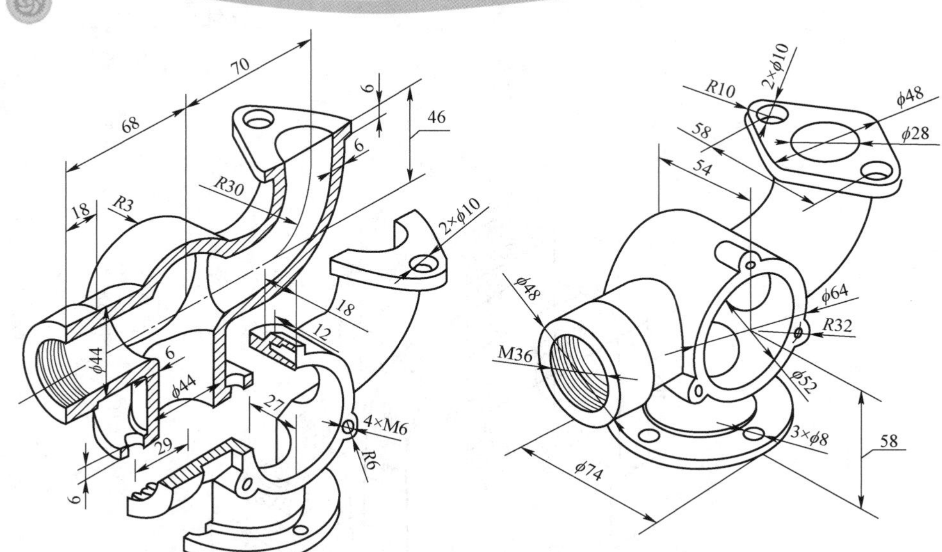

图 5-134　实体（十四）

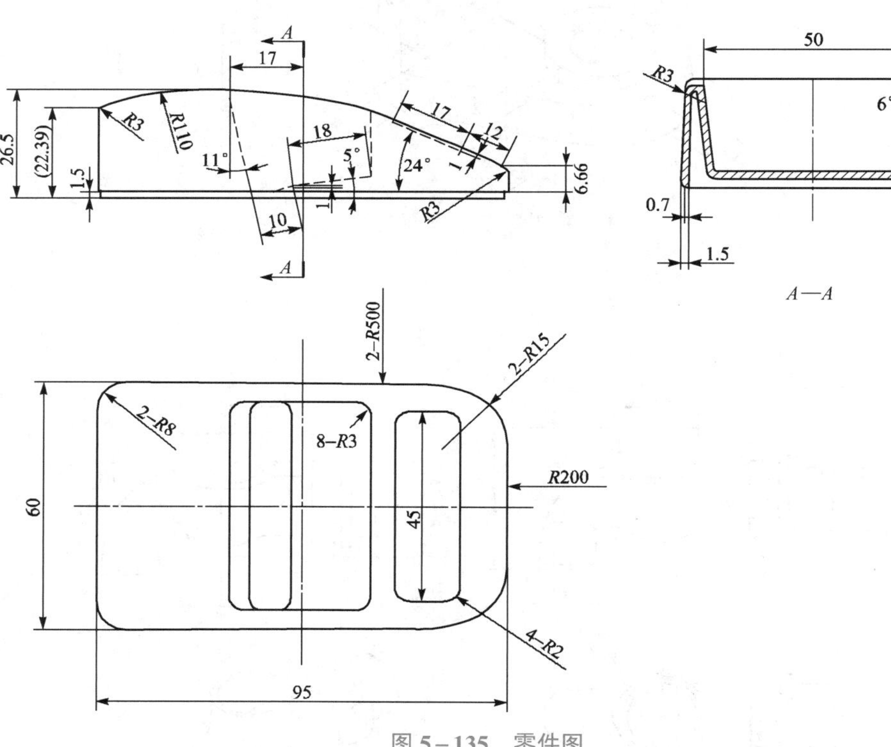

图 5-135　零件图

巩固练习（填空题、选择题）答案

项目 6 二维铣削加工

6.1 项目描述

本项目主要介绍 Mastercam 2022 加工的基础知识和基本设置，以及二维铣削加工几种方法的综合应用。通过本项目的学习，完成操作任务——对如图 6－1 所示的型腔体零件进行自动加工路径规划，以及后置处理生成数控加工程序。零件材料为 LY12（硬铝）。技术要求：（1）$\phi32_{0}^{+0.039}$、$\phi36_{0}^{+0.039}$ 两阶梯孔要求镗孔；（2）2－$\phi12_{0}^{+0.027}$、3－$\phi12_{0}^{+0.027}$ 要求镗孔；（3）其余表面粗糙度为 $Ra3.2\ \mu m$。

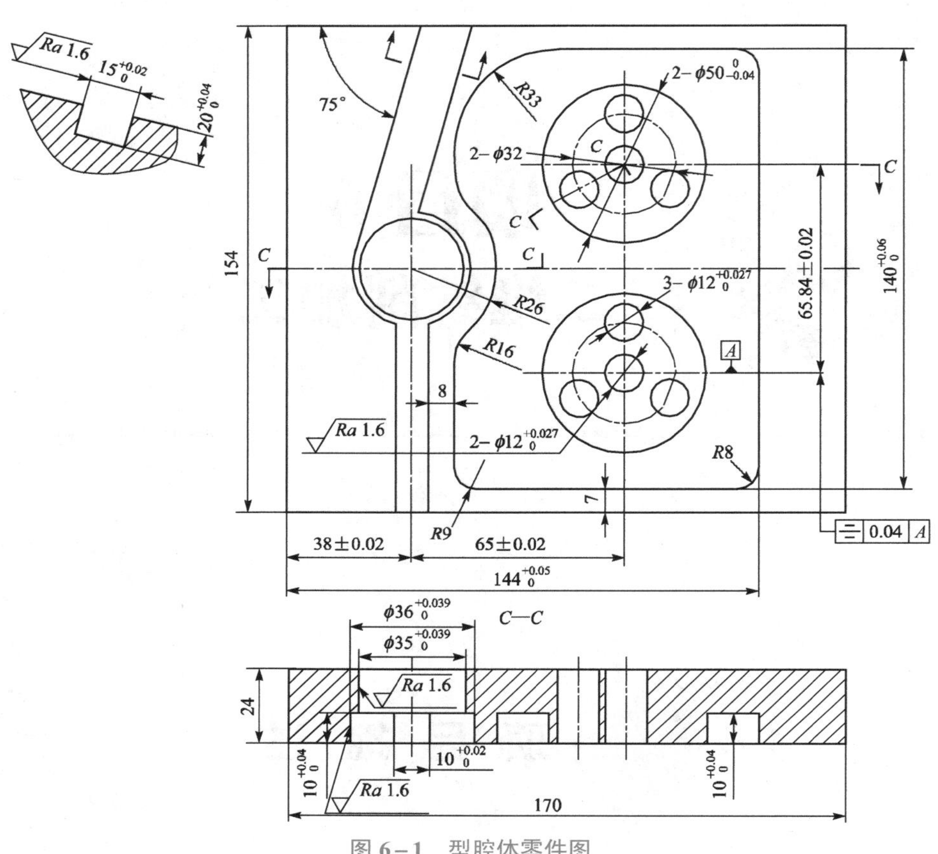

图 6-1　型腔体零件图

6.2 项 目 目 标

知识目标

（1） 熟悉 Mastercam 2022 加工的基础知识和基本设置，包括加工坐标系、工件设置、刀具管理、操作管理、串连管理和后处理设置等。

（2） 掌握外形铣削、挖槽、钻孔、面铣削、全圆铣削、雕刻等二维铣削加工命令的使用技术。

技能目标

（1） 对二维铣削加工模组能进行一些基本设置，例如加工坐标系、工件设置、刀具管理、

操作管理、串连管理、后处理等。

（2） 能使用 Mastercam 2022 二维刀具路径模组生成二维刀具路径。

（3） 能对 Mastercam 2022 的每种二维铣削加工进行刀具选择、刀具补偿、主轴转速、进给速度、切削量等特定加工参数的选择和设置。

（4） 完成“项目描述”中的操作任务。

素养目标

（1） 树立产品意识和质量意识。

（2） 遵守“7S”管理标准。

（3） 培养一丝不苟、精益求精的工作态度。

（4） 培养劳模精神、劳动精神和工匠精神。

6.3 项目实施

6.3.1 准备工作

参见项目 1。

6.3.2 操作步骤

根据项目描述要求，认真制定实施方案，遵守规范，安全操作，按时完成项目操作任务，并养成良好的学习与工作习惯，具体步骤参考如下。

1. 工艺分析

1） 零件的形状分析

由图 6－1 可知，该型腔体零件结构比较简单，由一个直槽、斜槽以及带岛屿的型腔构成，并有多个直孔和一个阶梯孔。型腔四周是由没有拔模斜度的垂直面及多个圆弧面构成的，型腔四周曲面与底面之间没有圆角过渡。零件中各槽宽及孔径、孔中心距尺寸均有公差要求，且部分表面的加工质量要求较高（*Ra*1.6 μm），因此在数控加工中必须安排预钻中心孔及精加工工序。另外，阶梯孔径尺寸较大（*ϕ*36 mm），因此必须安排多次钻削来完成。

2） 数控加工工艺设计

由图 6－1 可知，该零件所有的型腔结构都能在立式数控铣床上一次装夹加工完成。工件材料为 LY12（硬铝），属于较容易切削的材料。长方体毛坯的四周表面已经在普通机床设备上加工到尺寸，故只需考虑型腔部分的加工。在数控加工的工艺安排中，有如下考虑：阶梯孔孔径较大，采用先钻后镗的方式来实现，其余小孔钻削后进行铰削即可；直槽、斜槽均采用外形铣削方式粗、精加工；型腔采用挖槽加工方式粗、精加工。

（1） 加工工步设置。根据以上分析，制定工件的加工工艺路线为：钻阶梯孔的中心孔；

分别在阶梯孔位置钻 $\phi 11.8$ mm 和 $\phi 34$ mm 孔；镗削阶梯孔至尺寸要求 $\phi 35_{0}^{+0.039}$ mm、$\phi 36_{0}^{+0.039}$ mm；钻各个 $\phi 12$ mm 小孔的中心孔；钻 $\phi 11.8$ mm 孔后铰至尺寸要求 $\phi 12_{0}^{+0.027}$；粗铣直槽；粗铣斜槽；精加工直槽、斜槽；精加工型腔；最后钳工去除毛刺。

（2） 工件的装夹与定位。工件的外形是标准的长方体，且对工件的上表面进行加工，根据基准重合原则，以工件的下底面为基准，用压板在左右两端进行装夹固定。根据工件的零件图分析，工件坐标系 X、Y 原点设定在阶梯孔的中心位置，工件坐标系 Z 轴零点设定在工件的上表面。

（3） 刀具的选择。工件的材料为 LY12，刀具材料选用高速钢。

（4） 编制数控加工工序卡。综合以上分析，编制数控加工工序卡，如表 6-1 所示。

表 6-1 数控加工工序卡

工步号	工步内容	刀具号	刀具规格	主轴转速 /（r·min^{-1}）	进给速度 /（mm·min^{-1}）
1	钻中心孔	T1	中心钻 A3	1 000	100
2	钻 $\phi 11.8$ mm 孔	T2	钻头 $\phi 11.8$	800	100
3	钻 $\phi 34$ mm 孔	T3	钻头 $\phi 34$	500	50
4	镗阶梯 $\phi 35$ mm 孔	T4	镗刀 $\phi 35$～$\phi 40$	1 000	50
5	镗阶梯 $\phi 36$ mm 孔	T5	镗刀 $\phi 35$～$\phi 40$	1 000	50
6	钻中心孔	T1	中心钻 A3	1 000	100
7	钻 $\phi 11.8$ mm 孔	T2	钻头 $\phi 11.8$	800	100
8	铰孔	T6	铰刀 $\phi 12$H7	500	50
9	粗铣直槽	T7	键槽铣刀 $\phi 6$	600	80
10	粗加工斜槽	T8	键槽铣刀 $\phi 10$	800	80
11	精加工直槽、斜槽	T8	键槽铣刀 $\phi 10$	1 200	80
12	粗、精加工型腔	T9	圆柱立铣刀 $\phi 8$	1 200	100

2. 零件造型

由于该工件所采用的数控加工均是二维加工方式，所以只需根据加工要求绘制出直槽、斜槽及型腔部分的二维结构，如图 6-2 所示。

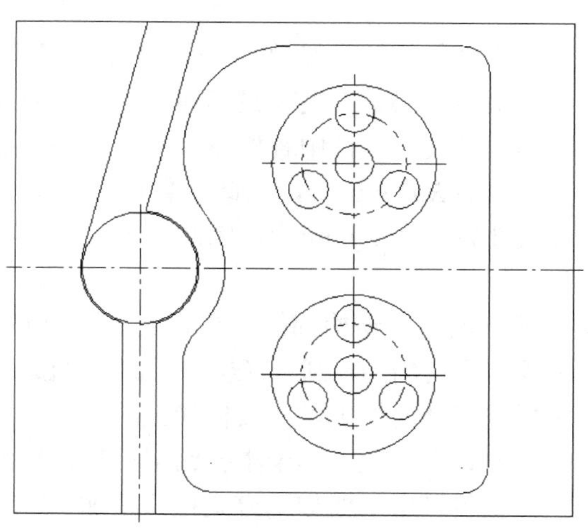

图 6-2 二维数控加工的 CAD 模型

用户可以自己绘制型腔体的二维数控加工CAD模型，也可以从本书源文件中调用模型文件。

3. 数控加工自动编程

1）定义刀具

（1）选择菜单“刀路”→“刀具管理”命令，弹出“刀具管理”对话框，在刀具列表框中单击鼠标右键弹出快捷菜单，如图 6 – 3 所示。

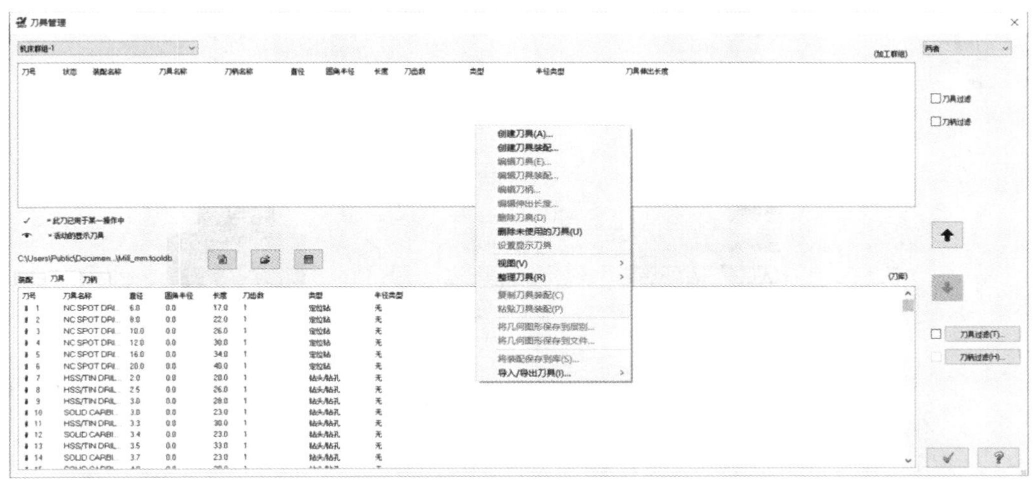

图 6 – 3 “刀具管理”对话框

（2）在系统刀具库中创建直径为ϕ5 mm 的定位钻。

（3）同样，右键单击列表框弹出快捷菜单并选取“创建刀具(A)...”命令，在显示的“定义刀具”对话框中选取“钻头”，然后定义刀具的直径为ϕ11.8 mm 及其他相关参数，如图 6 – 4 所示，之后单击“完成”按钮确定。

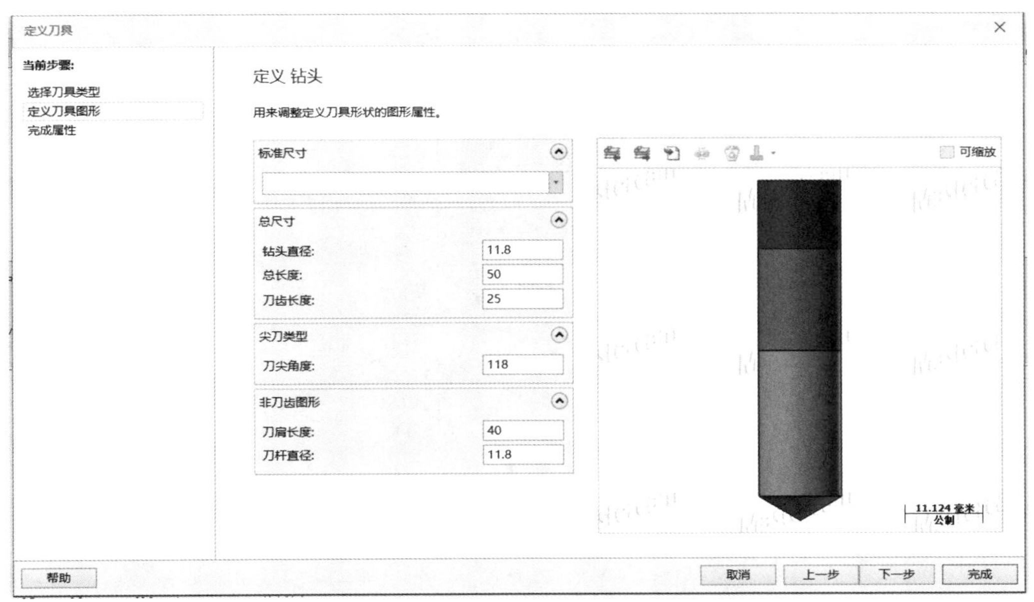

图 6 – 4　定义ϕ11.8 mm 钻头

（4）采用同样的方法，依次定义以下刀具：刀号 T3，ϕ34 mm 的钻头；刀号 T4，ϕ35 mm 的镗刀，如图 6－5 所示；刀号 T5，ϕ36 mm 的镗刀；刀号 T6，ϕ12H7 mm 的铰刀；刀号 T7，ϕ6 mm 的键槽铣刀，如图 6－6 所示；刀号 T8，ϕ10 mm 的键槽铣刀；刀号 T9，ϕ8 mm 的圆柱铣刀。此时“刀具管理”对话框中会全部列出所定义刀具，如图 6－7 所示。

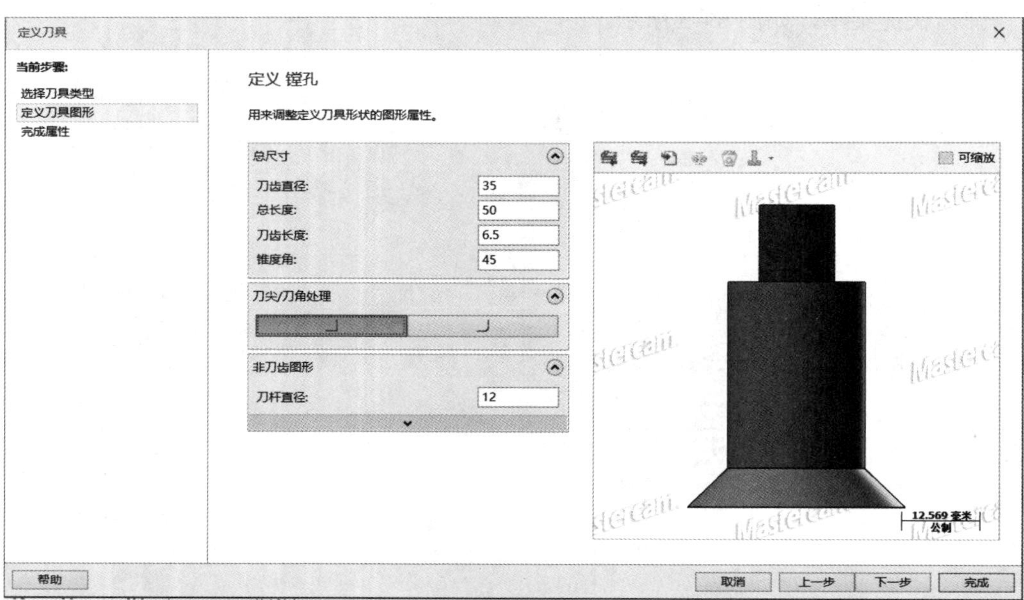

图 6－5　定义ϕ35 mm 镗刀

图 6－6　定义ϕ6 mm 键槽铣刀

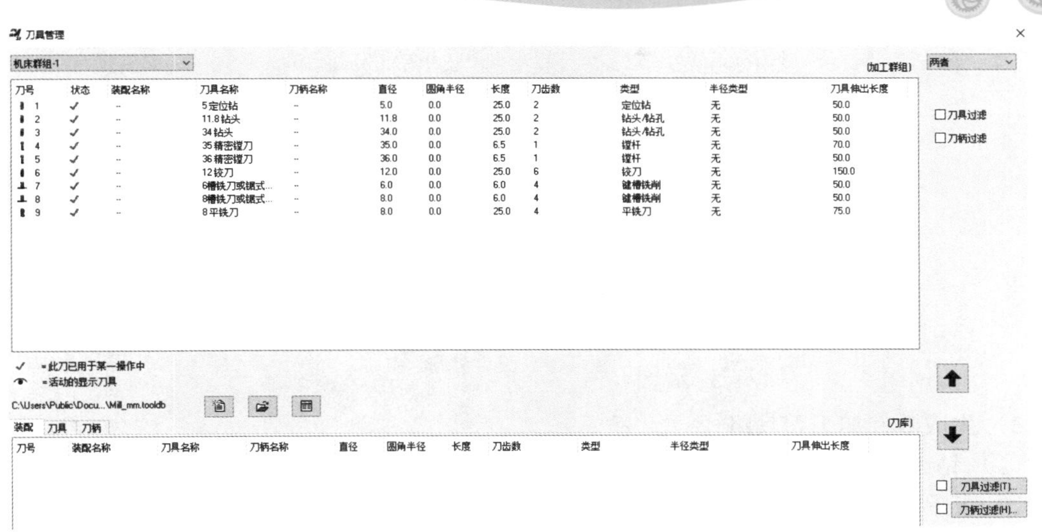

图 6－7　所定义刀具的列表

2）工件设定

（1）在操作管理器中，单击“ 毛坯设置 ”图标，弹出“机器群组属性”对话框，“毛坯设置”选项参数如图 6－8 所示，将工件原点定义在上表面的中心位置。

（2）单击“选择对角(E)...”按钮，返回绘图区捕捉工件外形的两个对角点，此时原点坐标值会自动设定，然后继续设定如图 6－8 所示的相关参数并单击“确定”按钮 。点选“☑显示”按钮，绘图区将显示工件的外形效果，如图 6－9 所示。

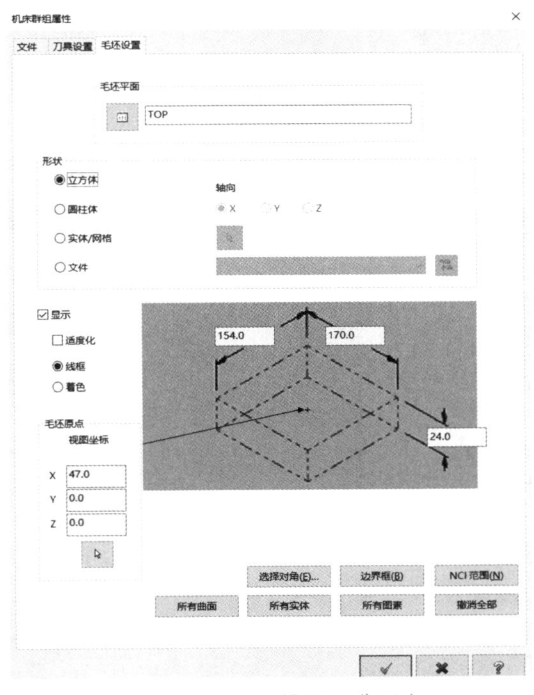

图 6－8　“毛坯设置”选项卡

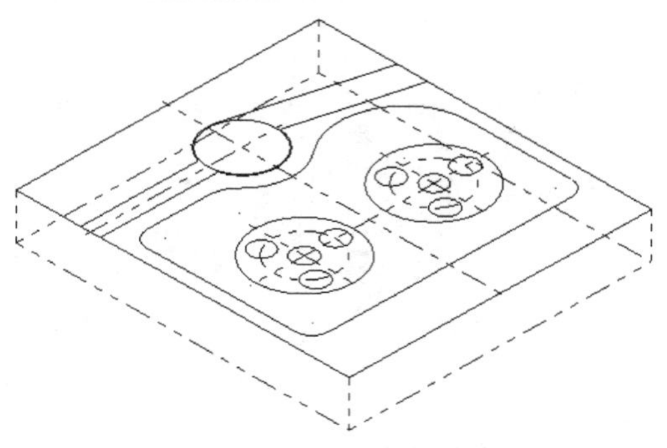

图 6－9　工件外形

3）生成数控加工刀具路径

（1）钻ϕ5 mm 中心孔。

① 选择菜单“刀路”→“钻孔”命令，弹出“刀路孔定义”对话框，如图 6－10 所示。根据提示，捕捉ϕ36 mm 圆孔的圆心作为钻孔的中心点，然后单击“确定”按钮结束。

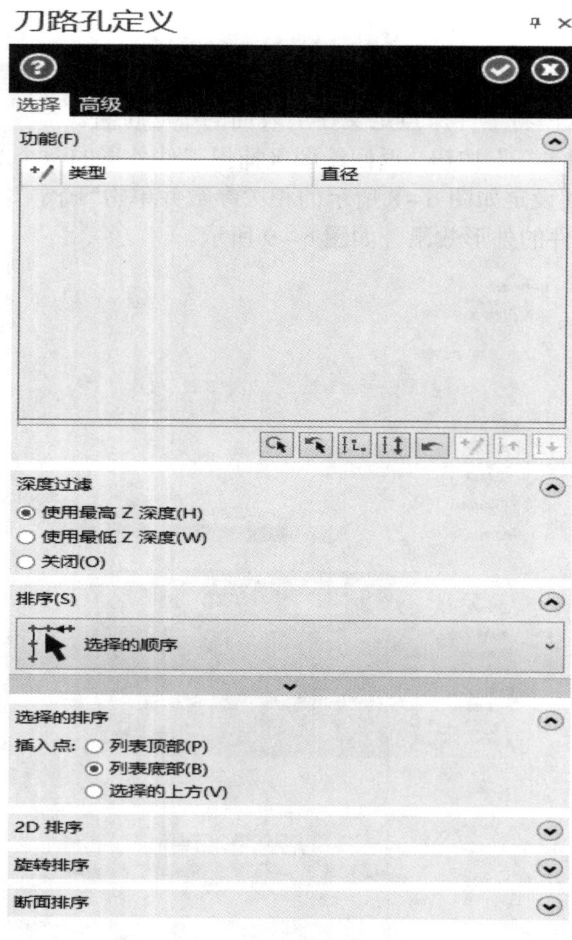

图 6－10　“刀路孔定义”对话框

② 单击“刀具”选项卡，选取$\phi 5$定位钻并按图 6-11 所示设定刀具参数。

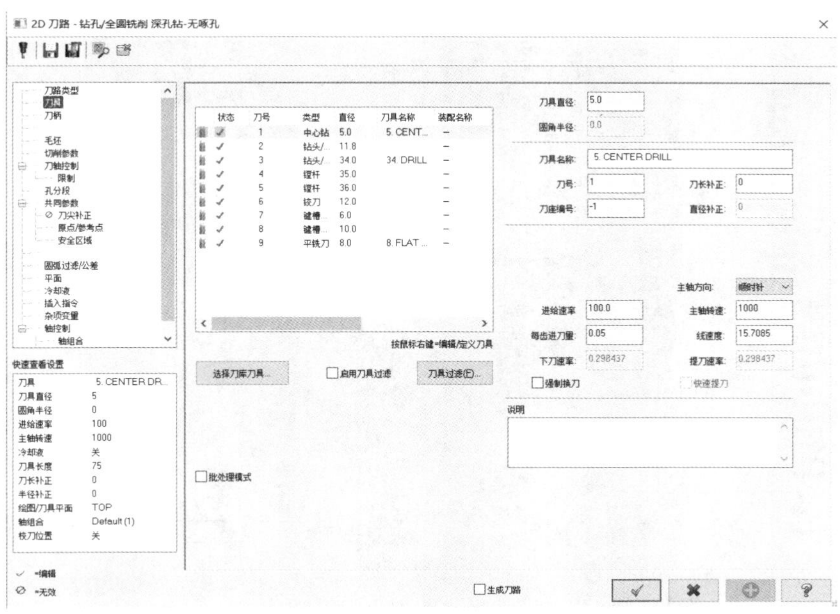

图 6-11 “刀具”参数设置

③ 单击“共同参数”及“切削参数”选项卡，设定钻孔的高度参数以及切削参数，如图 6-12 所示。

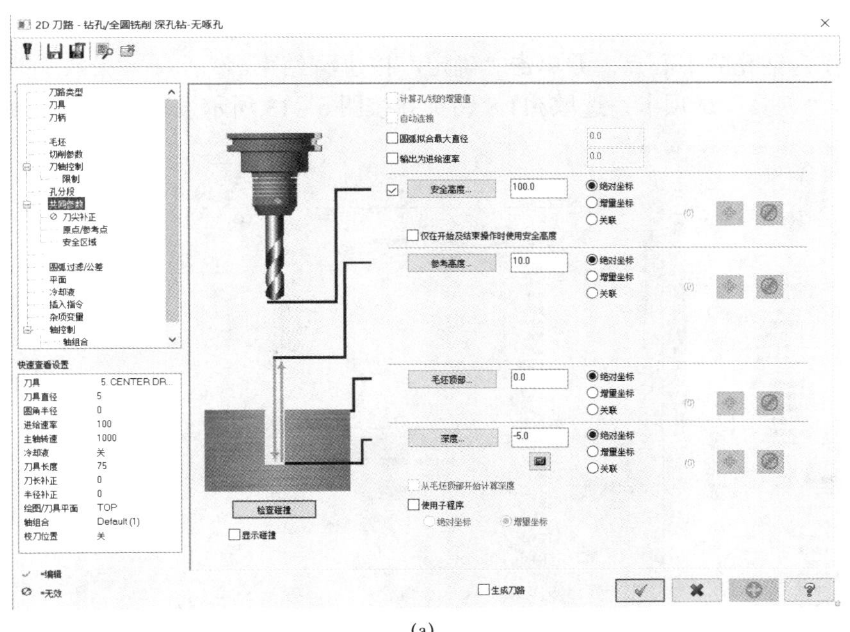

(a)

图 6-12 “共同参数”及“切削参数”设置

(a) 共同参数

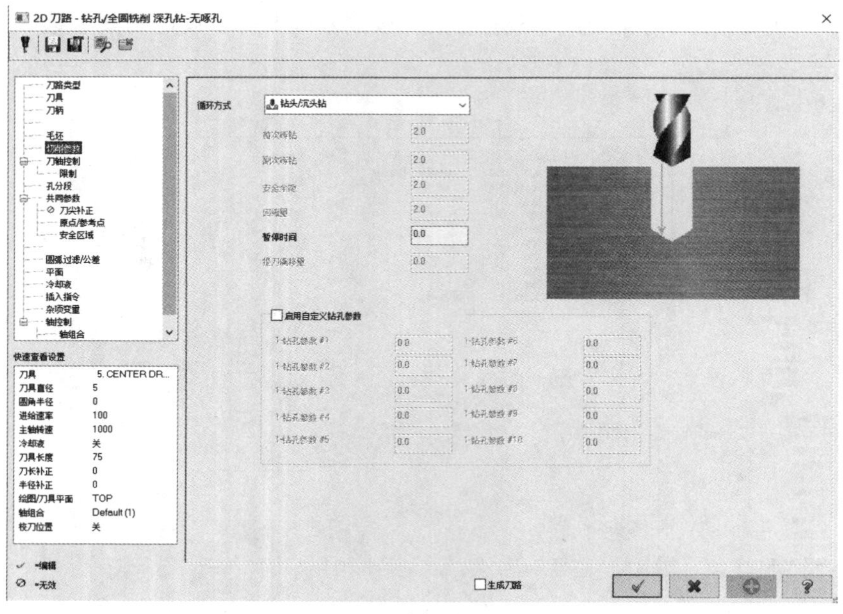

(b)

图 6－12 “共同参数”及“切削参数”设置（续）

（b）“切削参数”设置

④ 单击“确定”按钮，生成钻中心孔的刀具路径。

（2）钻ϕ11.8 mm 的通孔。

① 选择菜单“刀路”→“钻孔”命令，弹出“刀路孔定义”对话框，根据提示，捕捉ϕ36 mm 圆孔的圆心作为钻孔的中心点，并单击“确定”按钮结束。

② 单击“刀具”选项卡，选取ϕ11.8 钻头并按图 6－13 所示设定刀具的参数。

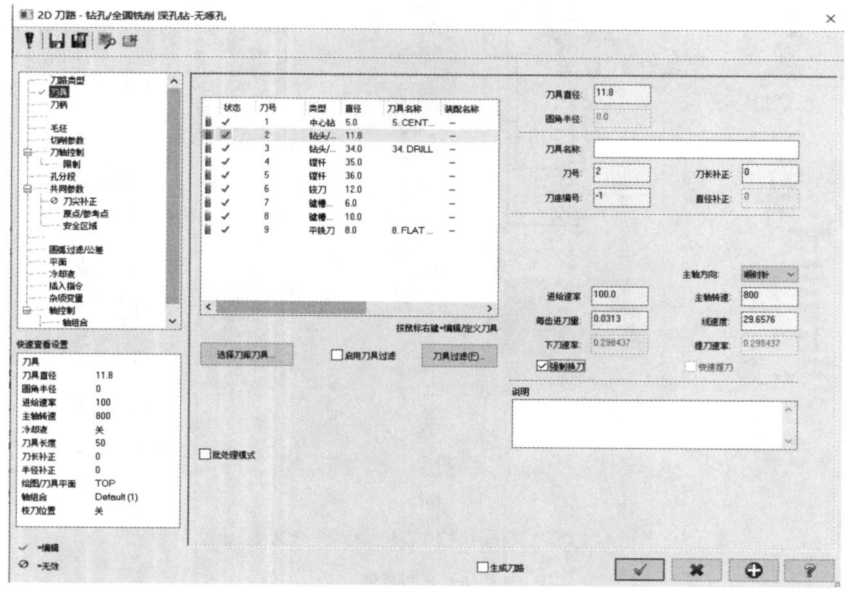

图 6－13 “刀具”参数设置

③ 分别单击“共同参数”“切削参数”“刀尖补正”选项卡，设定钻孔的高度参数、切削参数以及刀尖补正，如图 6－14 所示。

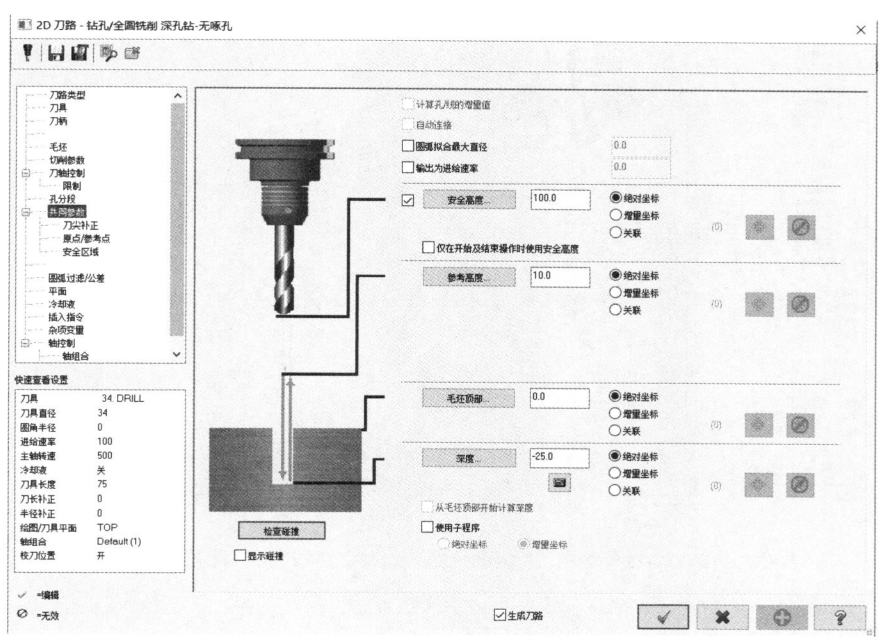

(a)

(b)

图 6－14　“共同参数”“切削参数”和“刀尖补正”设置

（a）“共同参数”设置；（b）“切削参数”设置

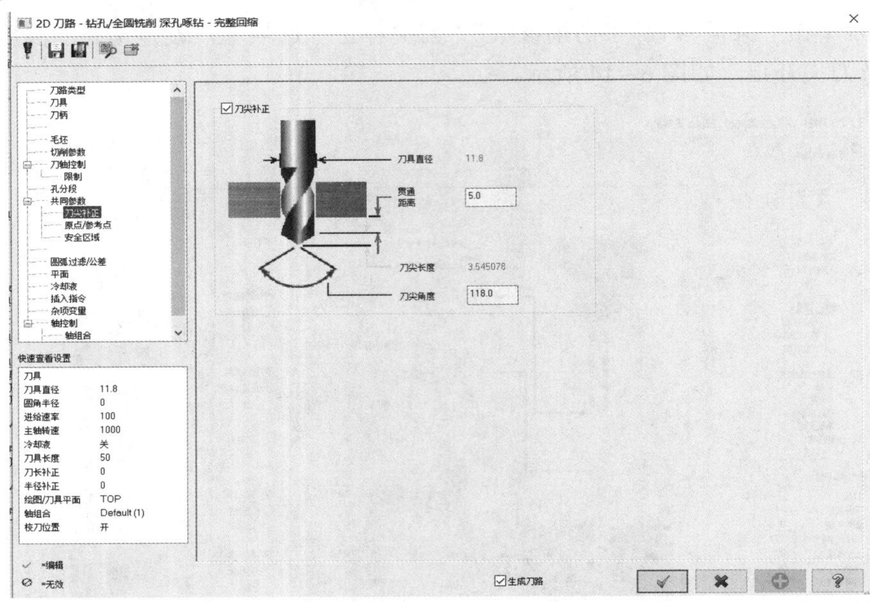

(c)

图 6－14 “共同参数”“切削参数”和“刀尖补正”设置（续）

（c）“刀尖补正”设置

④ 单击“确定”按钮，生成钻孔的刀具路径。

（3） 钻ϕ34 mm 的通孔。

按照上述方法，选取ϕ36 mm 圆孔中心为钻孔中心点，并选取ϕ34 mm 钻头进行“刀具”“共同参数”“切削参数”“刀尖补正”的设定，如图 6－15 和图 6－16 所示，之后单击“确定”按钮，生成刀具路径。

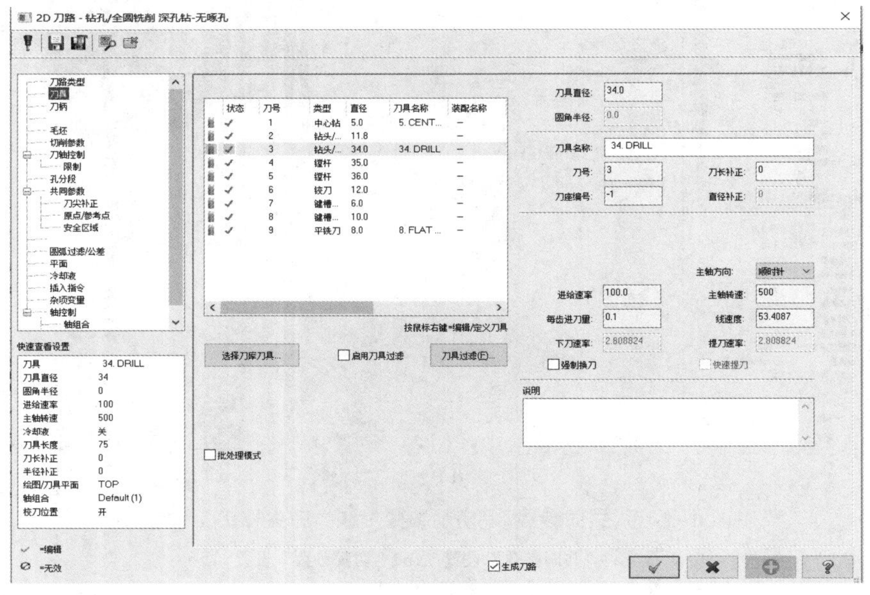

图 6－15 “刀具”参数设置

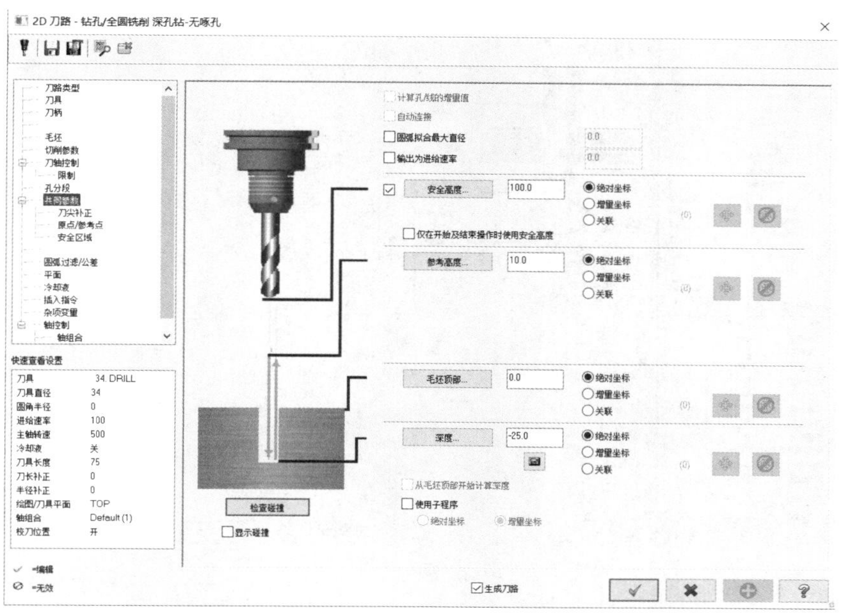

(a)

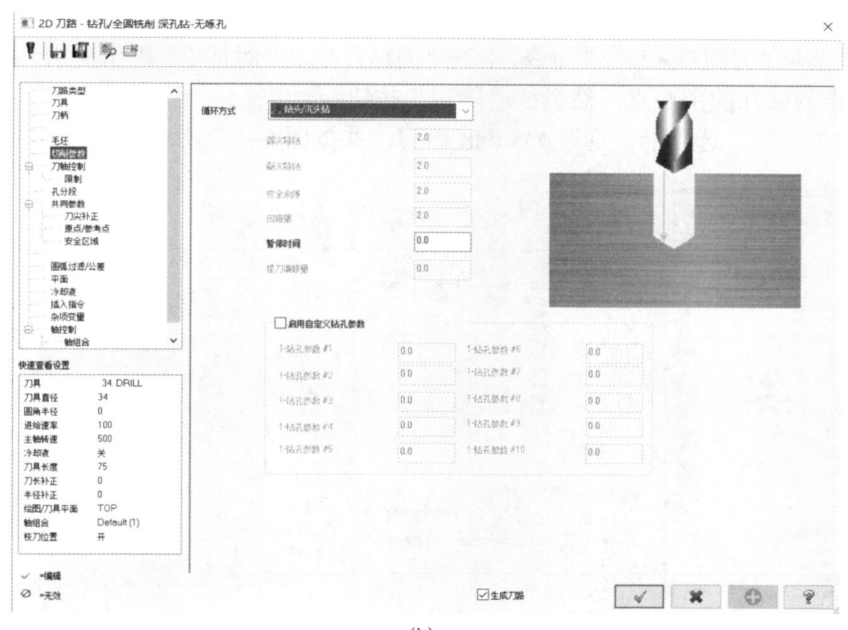

(b)

图 6-16　“共同参数”“切削参数”和“刀尖补正”设置

(a)“共同参数”设置；(b)“切削参数”设置

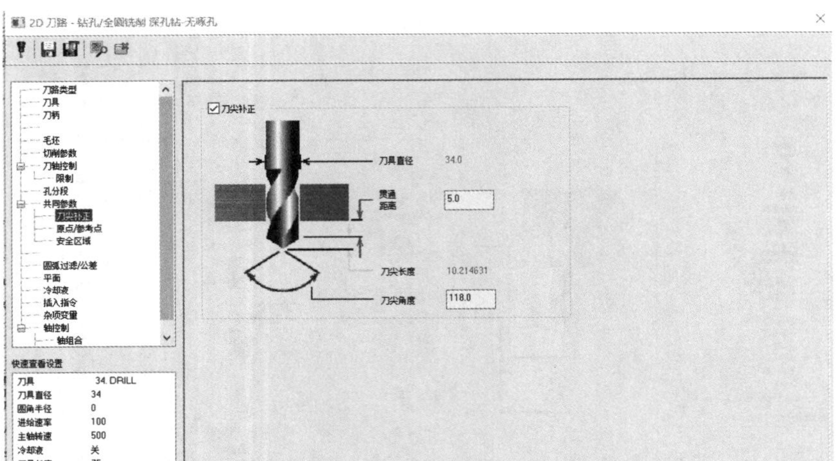

(c)

图 6-16 “共同参数”“切削参数”和“刀尖补正”设置（续）

(c)“刀尖补正”设置

（4） 镗ϕ35 mm 和ϕ36 mm 阶梯孔。

① 选择菜单“刀路”→“钻孔”命令，弹出“刀路孔定义”对话框，根据提示，捕捉ϕ36 mm 圆孔的圆心作为钻孔的中心点，然后按“确定”按钮✔结束。

② 单击“刀具”选项卡，选取ϕ35 mm 镗刀，并按图 6-17 所示设定刀具的参数。

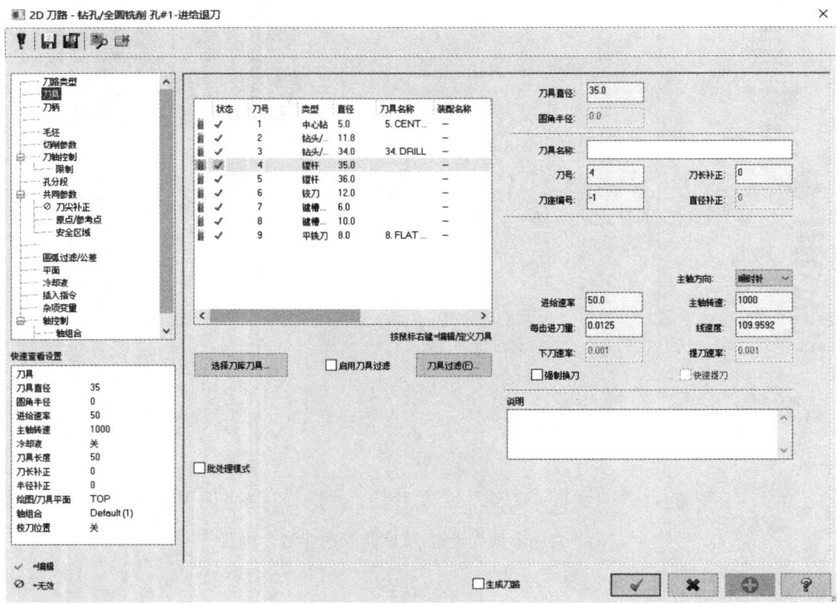

图 6-17 “刀具”参数设置

③ 单击“共同参数”及“切削参数”选项卡，设定镗刀的高度参数以及钻削循环方式，如图 6－18 所示。

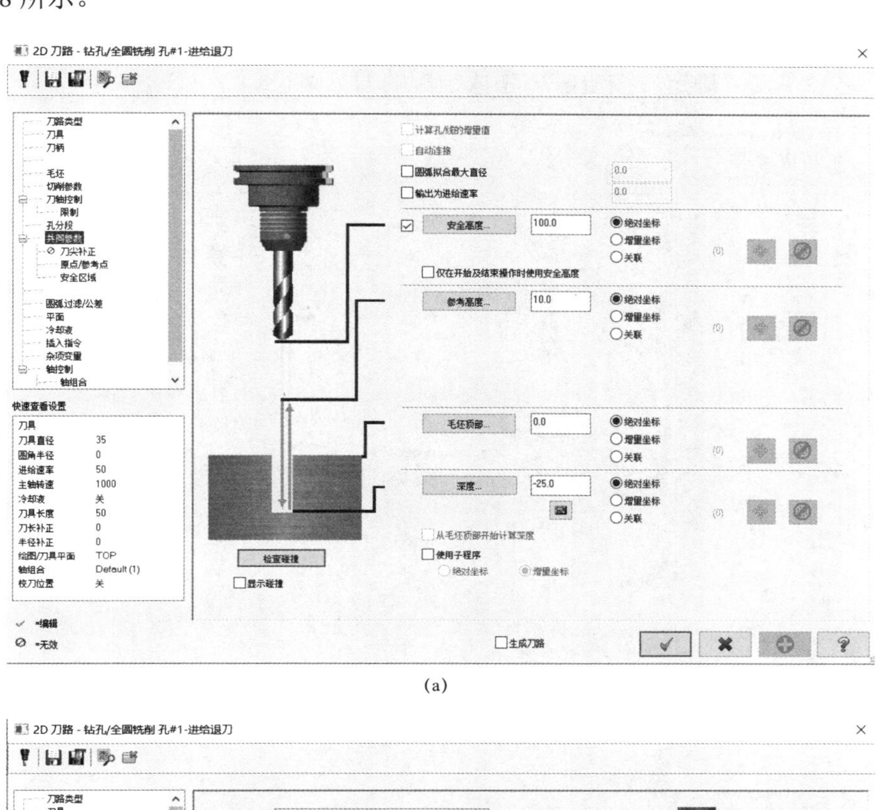

(a)

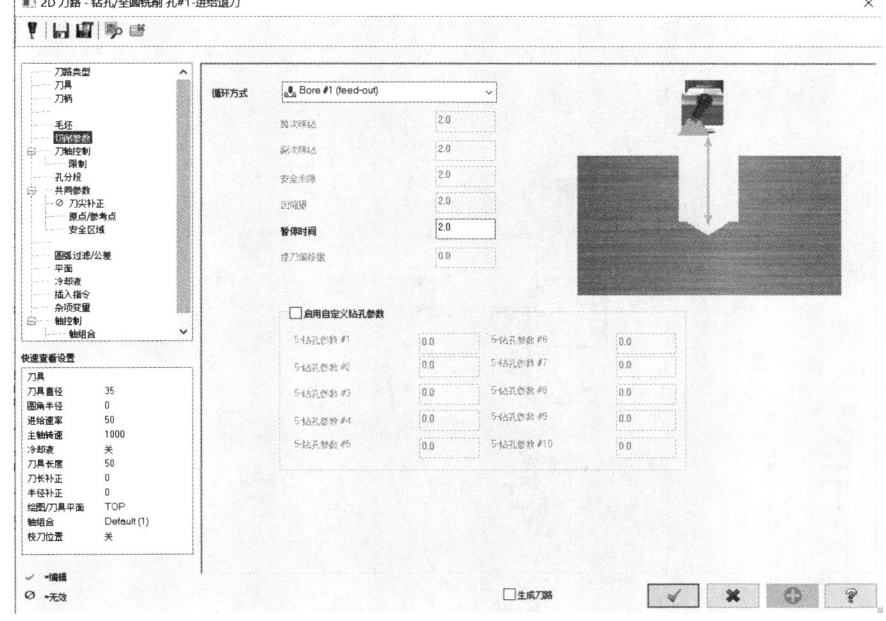

(b)

图 6－18 “共同参数”“切削参数”设置

(a)“共同参数”设置；(b)“刀具参数”设置

④ 选择菜单“刀路”→“钻孔”命令，弹出“刀路孔定义”对话框，根据提示，捕捉ϕ36 mm 圆孔的圆心作为钻孔的中心点，然后按“确定”按钮结束。

⑤ 单击“刀具”选项卡，选取ϕ36 镗刀，并按图 6－19 和图 6－20 所示设定刀具参数、镗削参数，之后单击“确定”按钮，生成镗削的刀具路径。

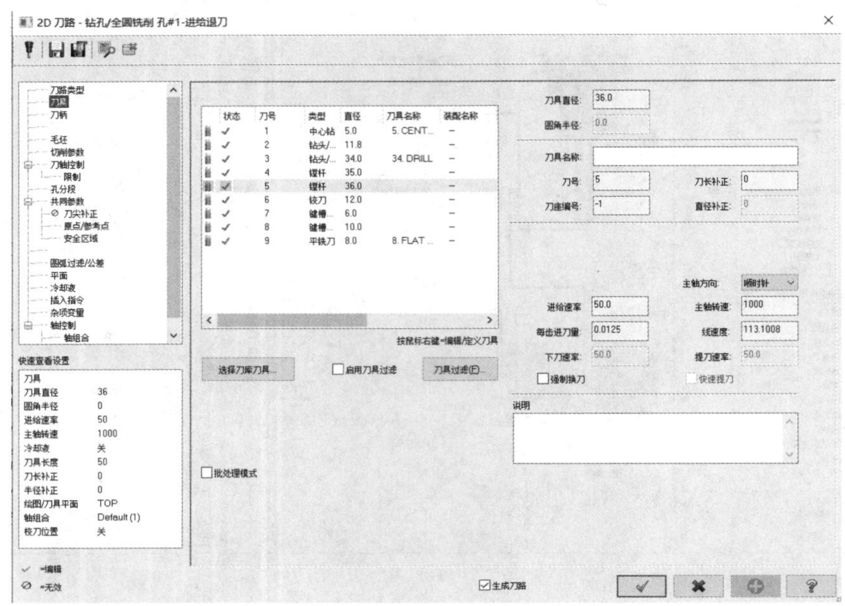

图 6－19 “刀具”参数设置

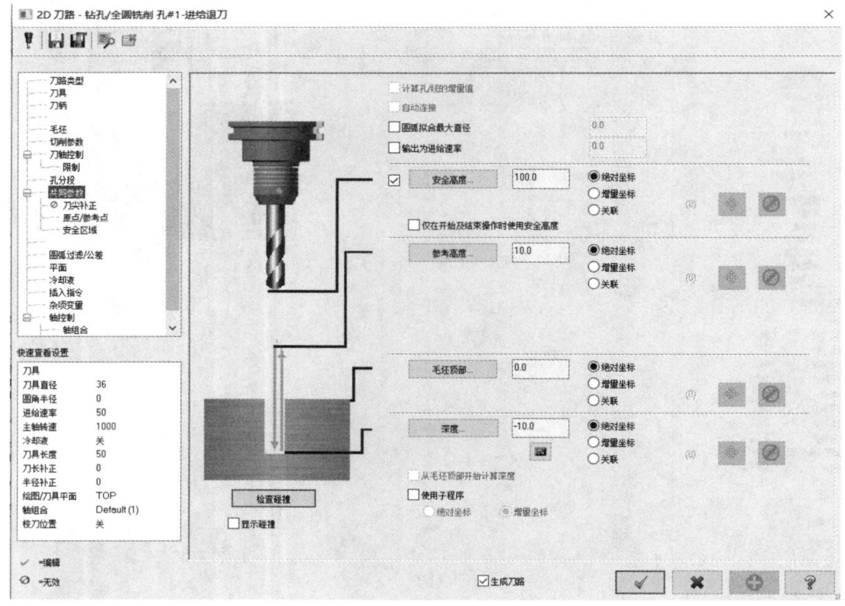

(a)

图 6－20 镗削参数设置

(a)“共同参数”设置

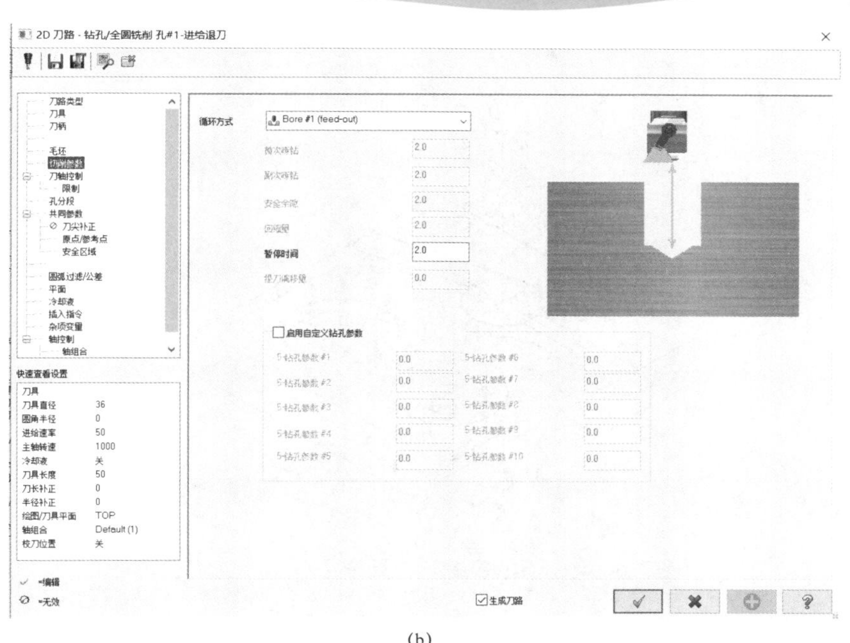

(b)

图 6－20　镗削参数设置（续）

（b）“切削参数”设置

（5） 加工ϕ12H7 mm 的 8 个圆孔。

① 钻中心孔：选择菜单“刀路”→“钻孔”命令，弹出“刀路孔定义”对话框，在“排序(S)”面板区域，单击“选择的顺序”按钮选择的顺序，选用钻孔走刀方式如图 6－21 所示。根据提示，依次捕捉 8 个ϕ12 mm 圆孔的圆心作为钻孔中心点，选取的点自动添加到“功能(F)”面板区域的特征列表中，单击“确定”按钮结束。然后按照步骤 1）的方法选用ϕ5 mm 定位钻，并生成钻削刀具路径。

② 预钻ϕ11.8 mm 通孔：选择菜单“刀路”→“钻孔”命令，弹出“刀路孔定义”对话框，选用ϕ11.8 mm 的钻头，然后按照步骤 2）的方法依次定义 8 个ϕ12 mm 圆孔的圆心为钻孔中心点，并设定刀具参数、钻削参数，生成所需的刀具路径，如图 6－22 所示。

③ 对 8 个预钻孔铰削至尺寸ϕ12H7：选择菜单“刀路”→“钻孔”命令，弹出“刀路孔定义”对话框，单击“复制之前的点”按钮，自动选择选取上一次操作的 8 个圆孔的圆心作为钻孔中心点，并单击“确定”按钮结束。在刀具参数对话框中，选取ϕ12H7 的铰刀，并按如图 6－23、图 6－24 所示设置刀具参数、钻削参数，之后单击“确定”按钮，生成铰削刀具路径。

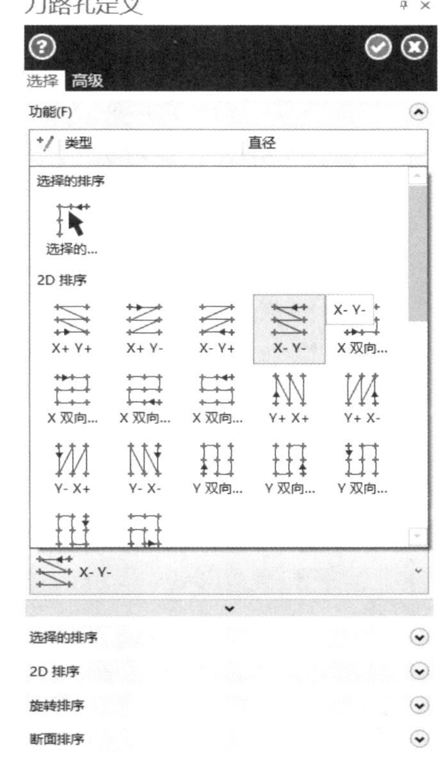

图 6－21　钻孔排序方式

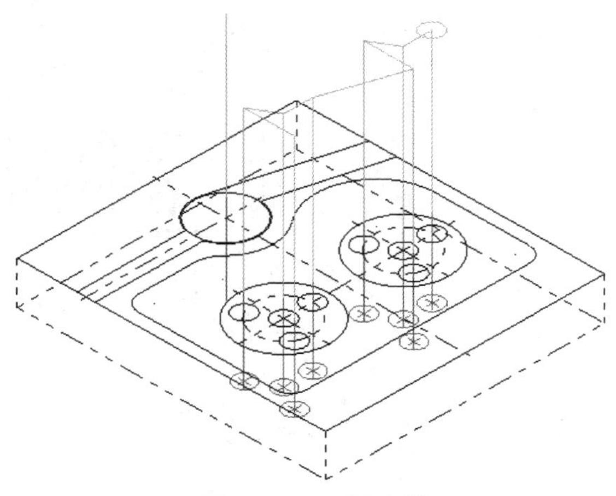

图 6－22　刀具路径

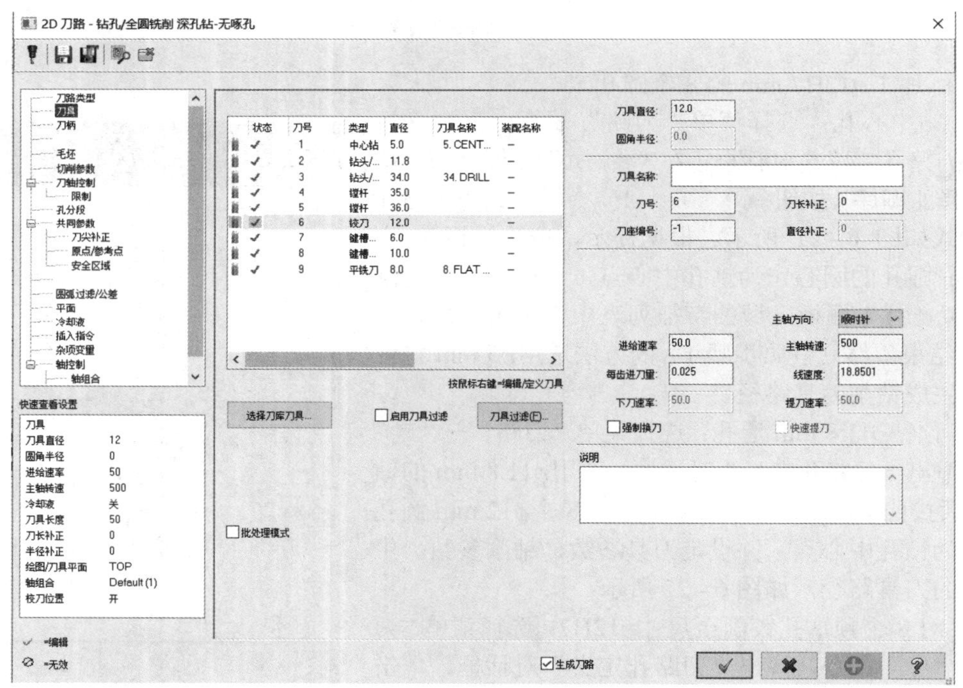

图 6－23　“刀具”参数设置

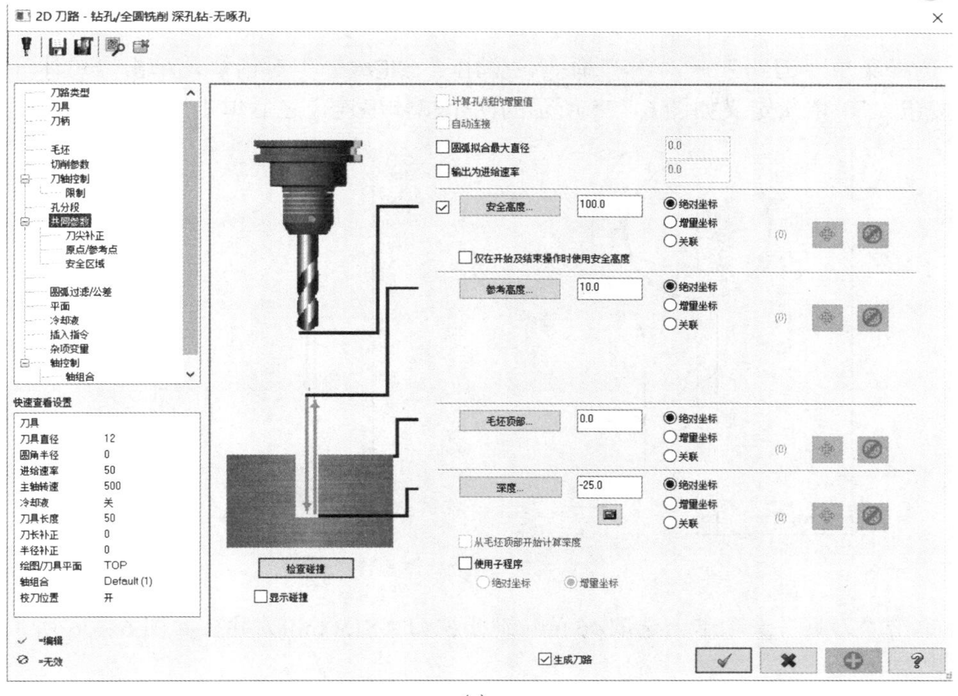

(a)

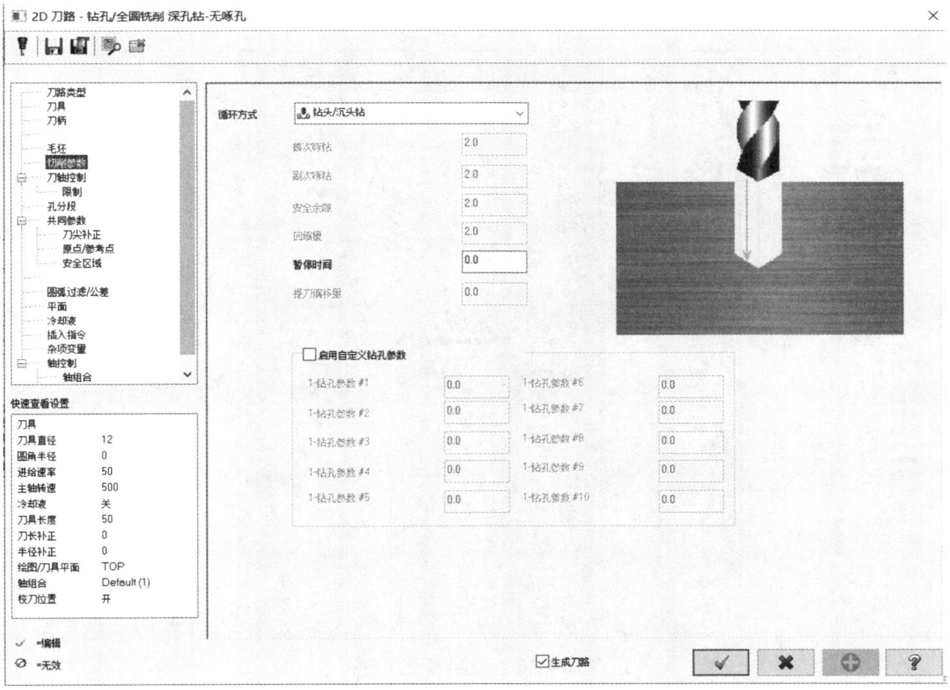

(b)

图 6－24　钻削参数设置

(a)“共同参数”设置；(b)“切削参数”设置

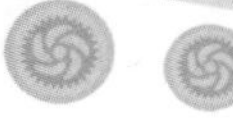

（6）粗铣直槽。

① 选择菜单“刀路”→“外形”命令，弹出“线框串连”对话框，单击“单体（S）”选择方式按钮，依次定义如图 6－25 所示的两个单体串连，之后单击“确定”按钮结束。

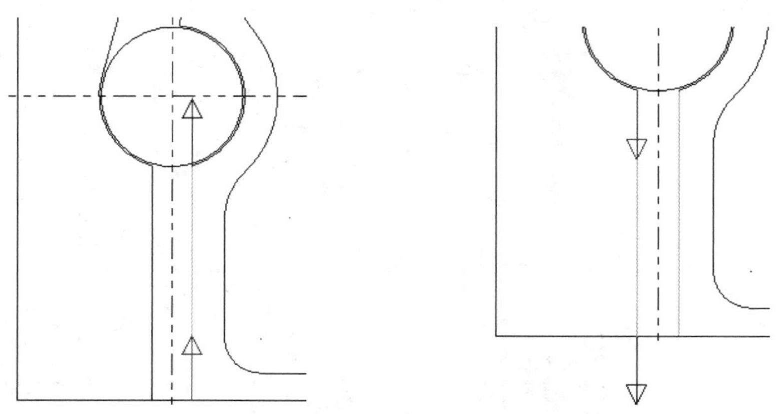

图 6－25　两个单体串连

② 单击“刀具”选项卡，选取ϕ6 mm 键槽铣刀（Slot mill）并按如图 6－26 所示设定刀具参数。

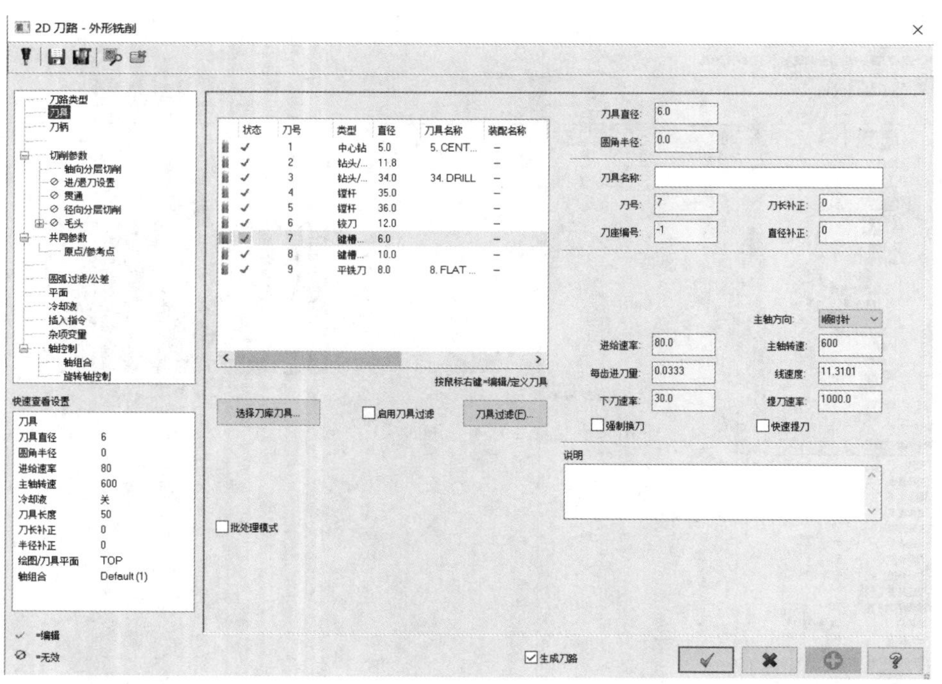

图 6－26　刀具参数设置

③ 单击外形铣削“共同参数”及“切削参数”选项卡，设定外形铣削的高度参数以及补正方式、预留量等，如图 6－27 所示。由于深度切削总量为 10 mm，这里采用分层铣深，单击“轴向分层铣削”选项卡，按如图 6－28 所示进行设定。

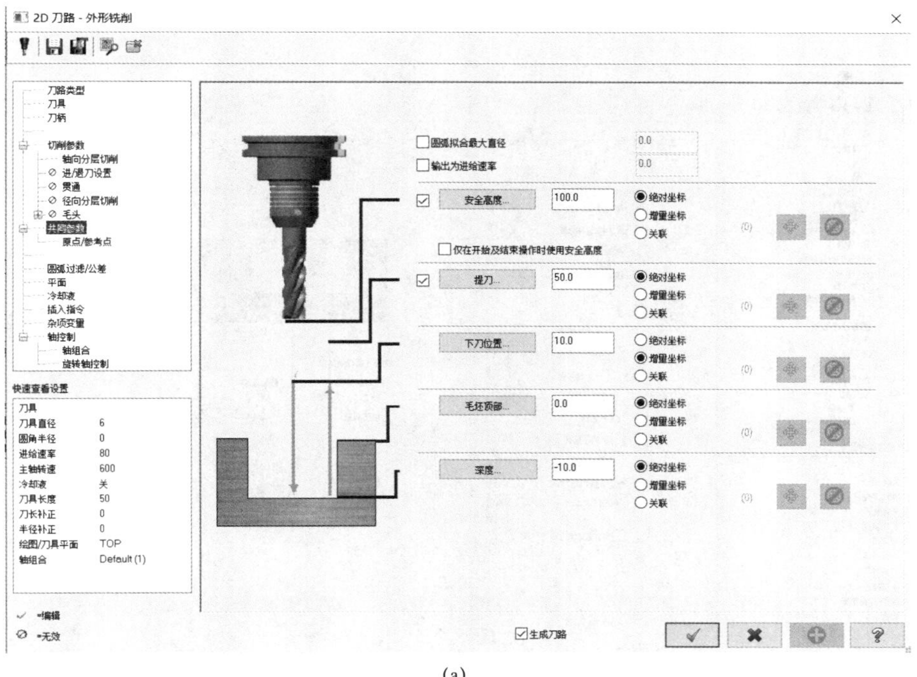

(a)

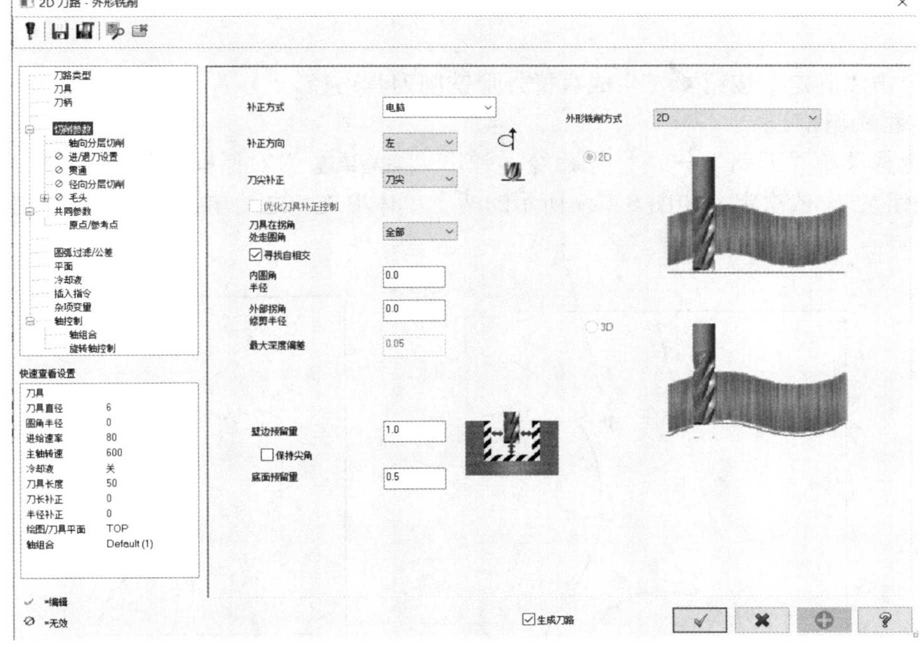

(b)

图 6－27　铣削参数设置

(a)“共同参数”设置；(b)“切削参数”设置

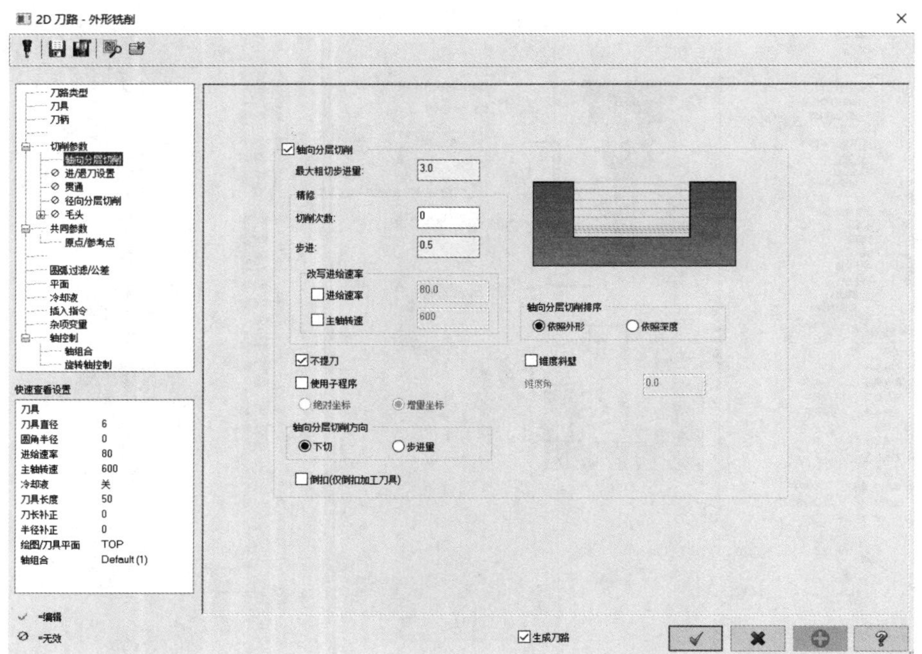

图 6-28 “轴向分层切削”参数设定

④ 单击“确定”按钮，生成直槽外形铣削刀具路径。

（7）粗铣斜槽。

① 选择菜单“刀路”→“外形”命令，弹出“线框串连”对话框，单击“单体（S）”选择方式按钮，依次定义如图 6-29 所示的两个单体串连，之后单击“确定”按钮结束。

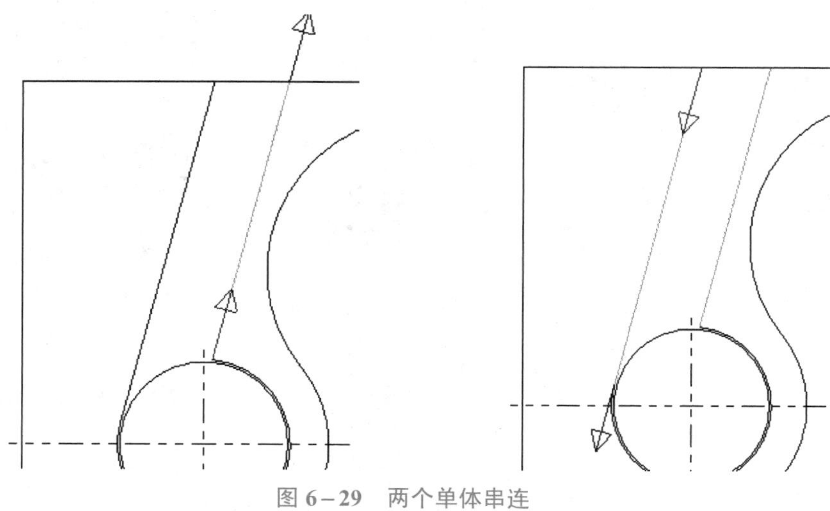

图 6-29 两个单体串连

② 单击“刀具”选项卡，选取ϕ10 mm 键槽铣刀并按如图 6-30 所示设定刀具参数。

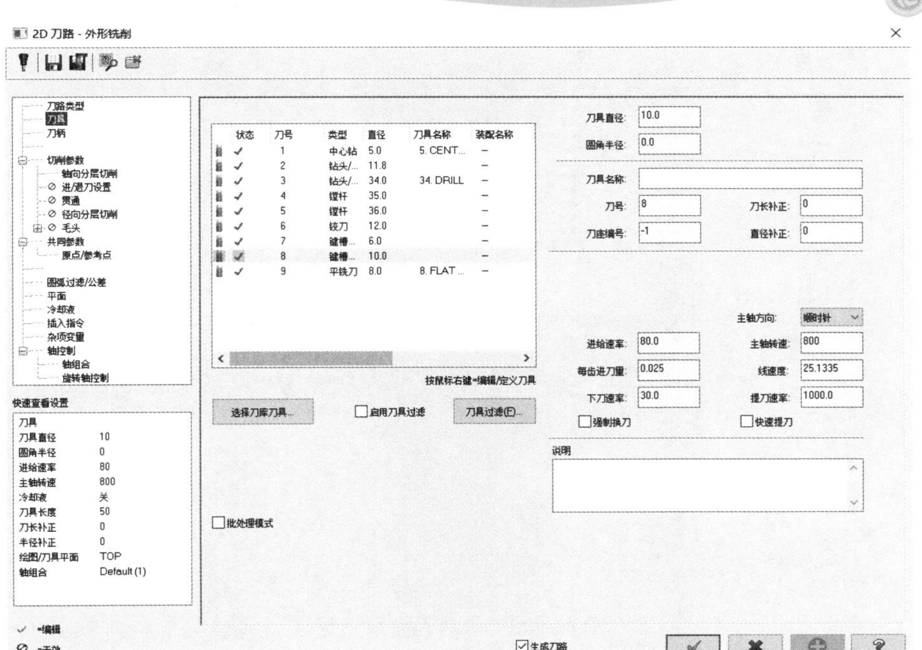

图 6－30　“刀具”参数设置

③ 单击外形铣削“共同参数”及“切削参数”选项卡，设定与直槽外形相同的外形铣削参数，并单击“轴向分层铣削”选项卡，设定分层铣削参数，如图 6－28 所示。

④ 单击“确定”按钮✓，生成斜槽外形铣削刀具路径，如图 6－31 所示。

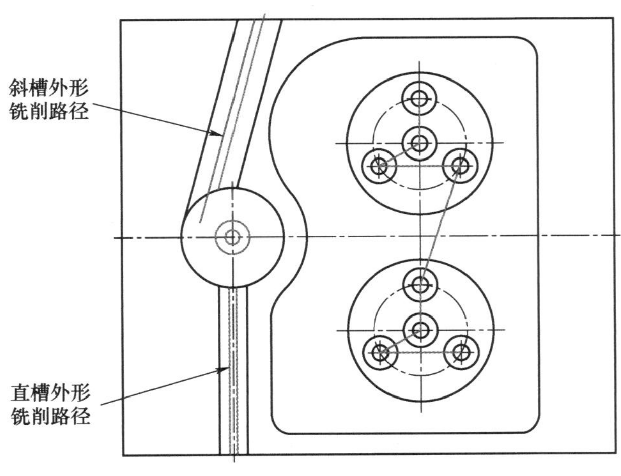

图 6－31　斜槽外形铣削刀具路径

（8） 精加工直槽与斜槽。

① 选择菜单“刀路”→“外形”命令，弹出“线框串连”对话框，单击“单体（S）”选择方式按钮，选取串连同粗加工直槽。之后单击“确定”按钮✓结束。

② 单击“刀具”选项卡，选取$\phi 8$圆柱铣刀并按图 6－32 所示设定刀具参数。

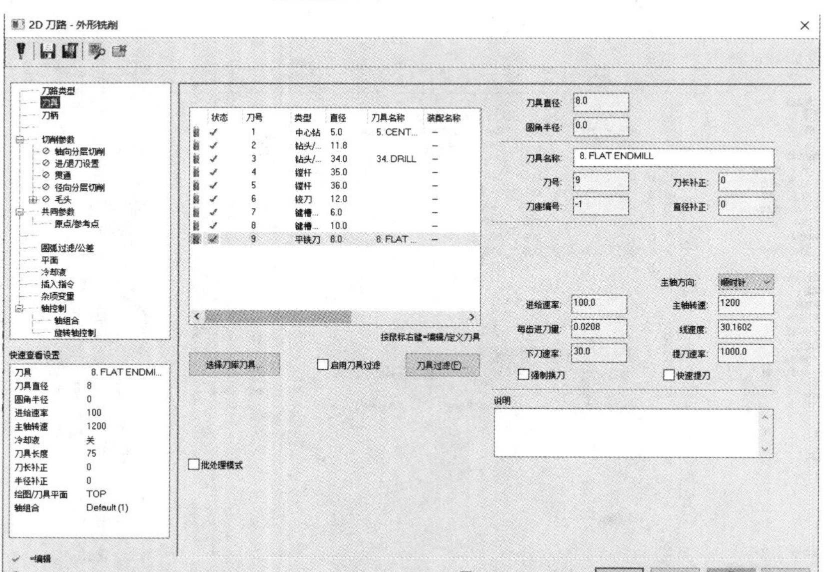

图 6-32 “刀具”参数设置

③ 单击外形铣削“共同参数”及“切削参数”选项卡，设定精加工直槽外形铣削参数，如图 6-33 所示。

④ 单击“确定”按钮，生成直槽外形铣削的精加工刀具路径。

⑤ 选择菜单“刀路”→“外形”命令，弹出“线框串连”对话框，单击“单体（S）”选择方式按钮，选取串连同粗加工斜槽。之后单击“确定”按钮结束。

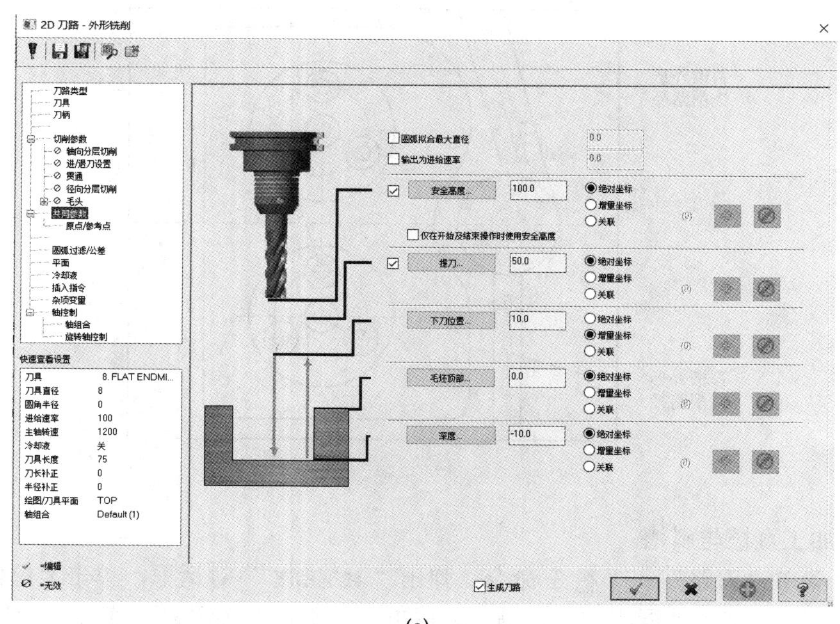

(a)

图 6-33 外形铣削参数设置

(a)“共同参数”设置

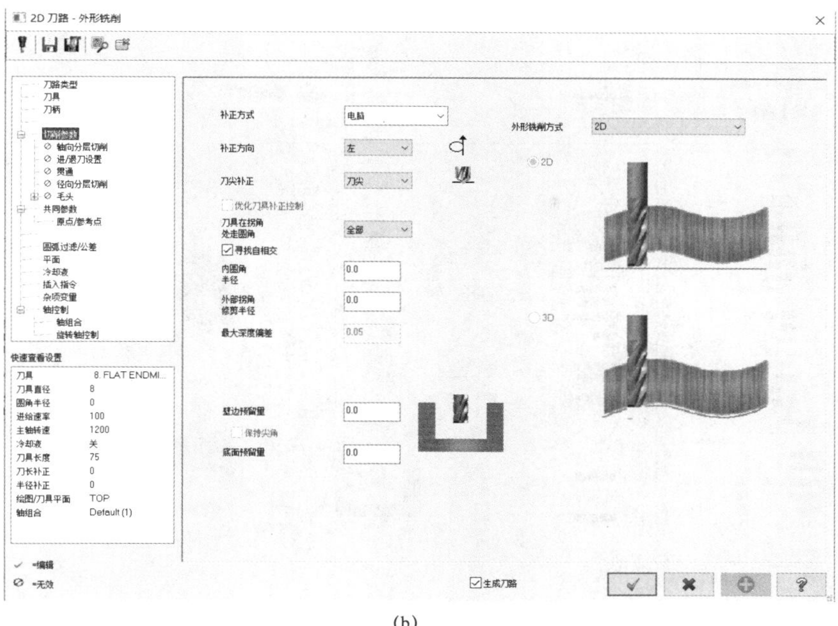

(b)

图 6－33 外形铣削参数设置（续）

（b）“切削参数”设置

⑥ 单击“刀具”选项卡，选取ϕ8 圆柱铣刀，并按图 6－32 所示设定刀具参数。

⑦ 单击外形铣削“共同参数”及“切削参数”选项卡，设定精加工斜槽的外形铣削参数，如图 6－34 所示。

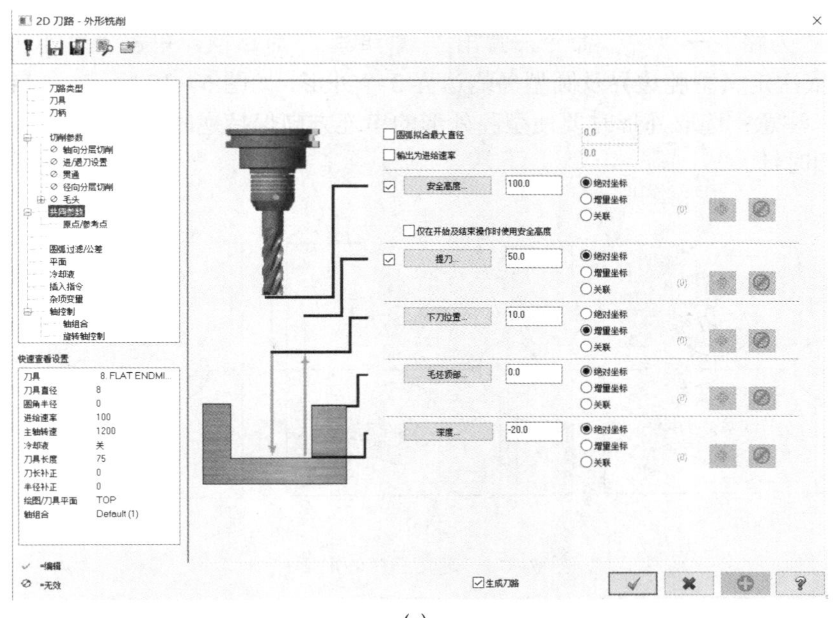

(a)

图 6－34 外形铣削参数设置

（a）“共同参数”设置

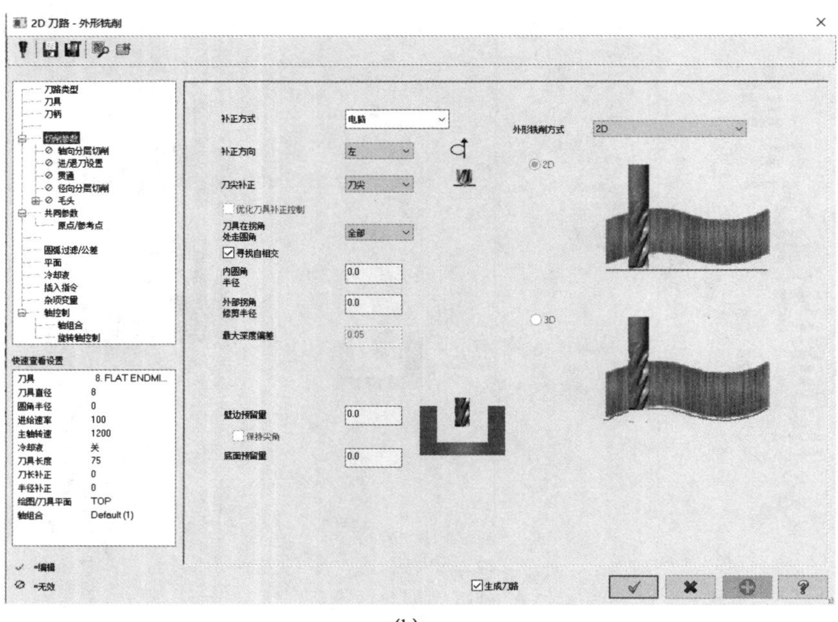

(b)

图 6－34　外形铣削参数设置（续）

（b）“切削参数”设置

⑧ 单击“确定”按钮，生成斜槽外形铣削的精加工刀具路径。

（9） 粗、精加工型腔。

① 选择“刀路”→“挖槽”命令，弹出“线框串连”对话框，单击“串连（C）”选择方式按钮，依次定义型腔边界及圆型岛屿边界 3 个外形，如图 6－35 所示，之后单击“确定”按钮结束。注意：选取外形时要使型腔外形的串连方向保持逆时针，两圆形岛屿外形的串连方向保持顺时针。

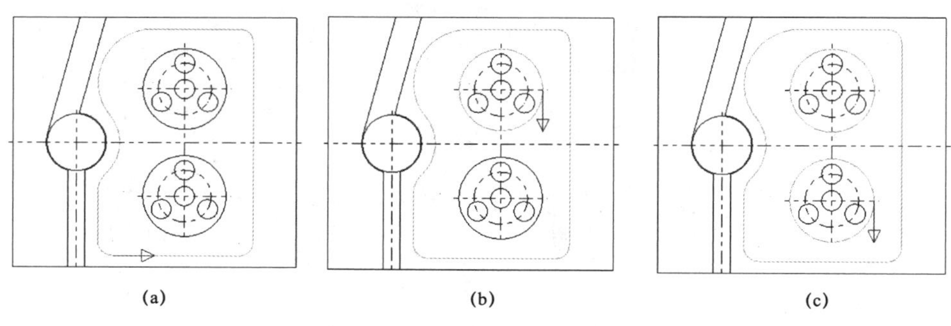

(a)　(b)　(c)

图 6－35　定义三个外形串连

（a）形腔外形边界选取；（b）圆型岛屿边界选取（上）；（c）圆型岛屿边界选取（下）

② 单击“2D 挖槽”的“刀具”选项卡，按图 6－36 所示设定刀具参数。

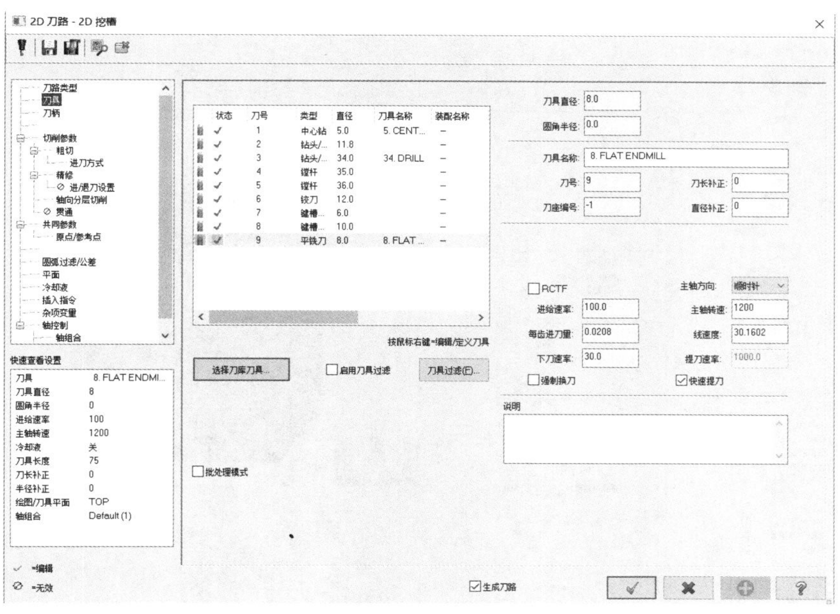

图 6-36　“刀具”参数设置

③ 单击“2D 挖槽”的“共同参数”“切削参数”选项卡，按图 6-37 所示设定挖槽参数。其中，需单击“轴向分层铣削”选项卡，设定分层铣深参数，如图 6-38 所示。

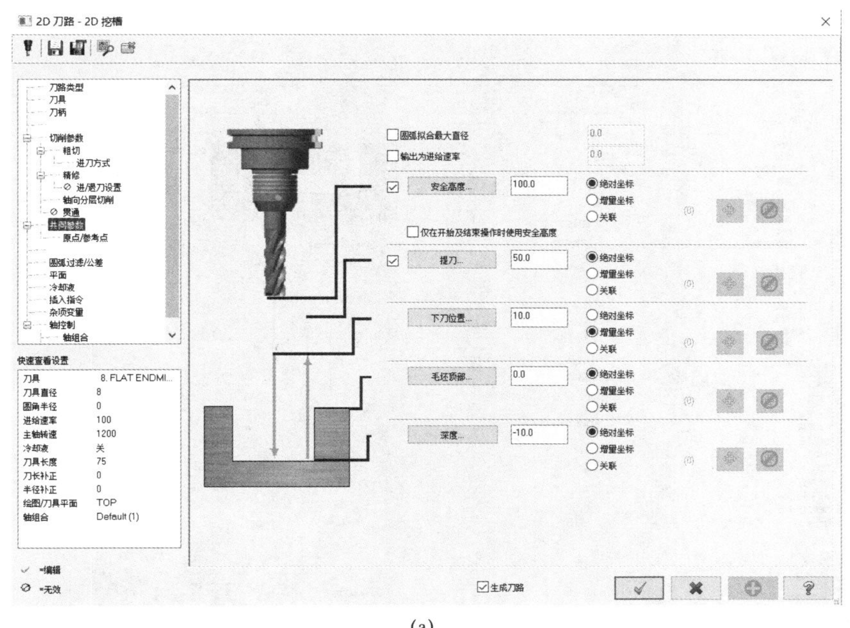

(a)

图 6-37　挖槽参数设定

(a)“共同参数”设置

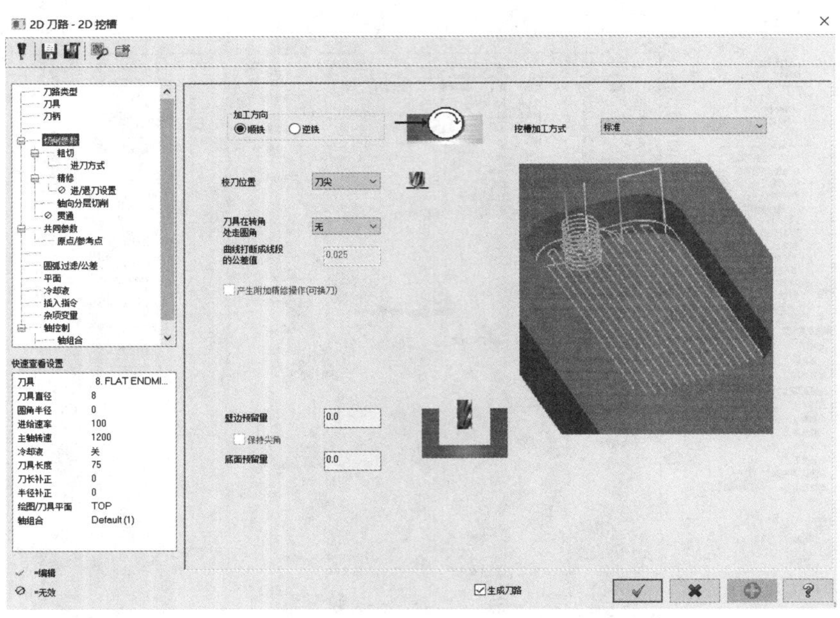

(b)

图 6－37　挖槽参数设定（续）

（b）“切削参数”设置

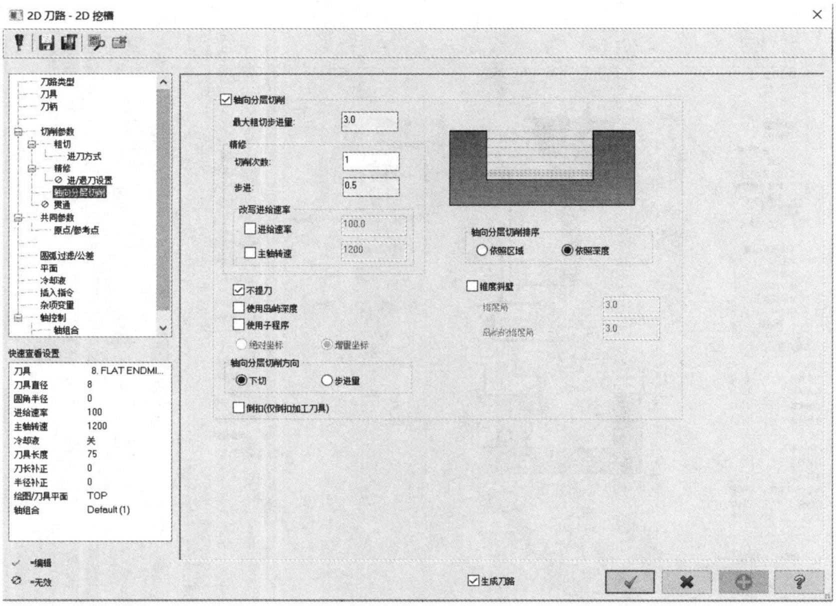

图 6－38　“轴向分层铣削”参数设定

④ 单击“粗切”“精修”选项卡，设定挖槽粗/精加工参数，如图 6－39 所示。其中，粗加工选用螺旋切削方式如图 6－40 所示。

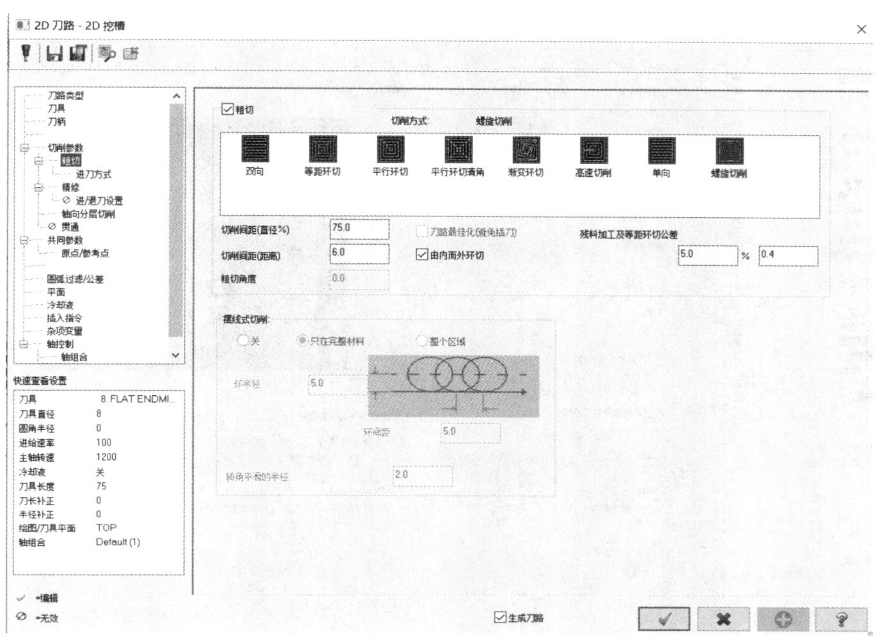

(a)

(b)

图 6－39　挖槽粗/精加工参数设定

（a）粗切；（b）精修

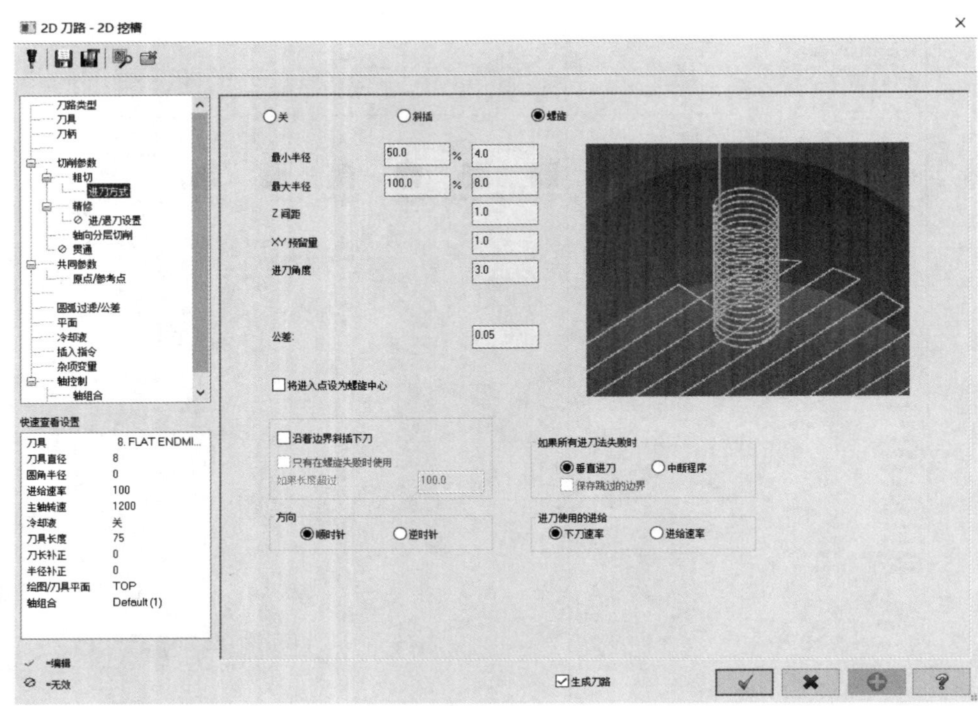

图 6－40 “进刀方式”（螺旋下刀）参数的设定

⑤ 单击“确定”按钮，生成型腔挖槽粗/精加工的刀具路径，如图 6－41 所示。

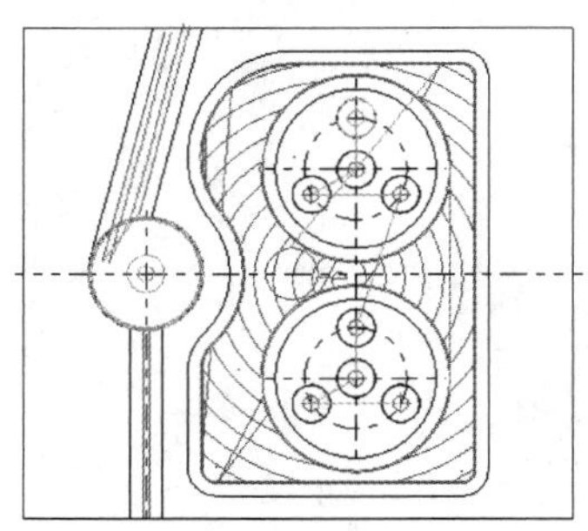

图 6－41 型腔挖槽粗/精加工的刀具路径

4）存盘，名为“XIANGMU6－1”

5）执行实体切削模拟并后置处理生成 NC 程序

（1）在操作管理器中，单击“选择全部操作”按钮，选取所有操作，如图 6－42 所示。

（2）单击“验证已选择的操作”按钮，进入实体切削模拟状态，显示工件及实体切削验证工具条，如图 6－43 所示。

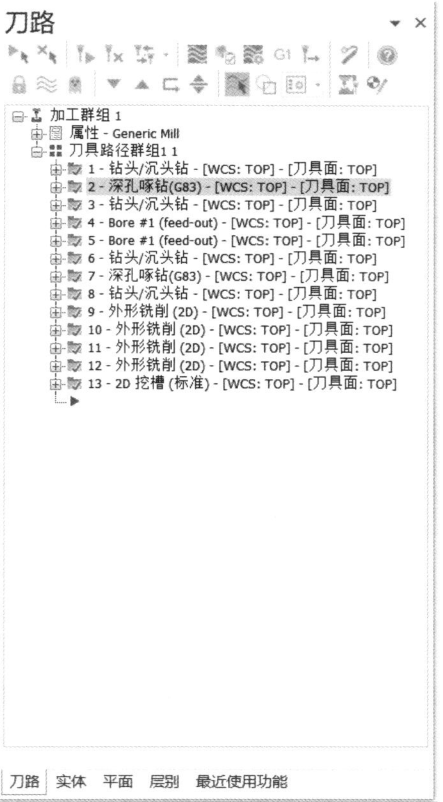

图 6－42　操作管理器

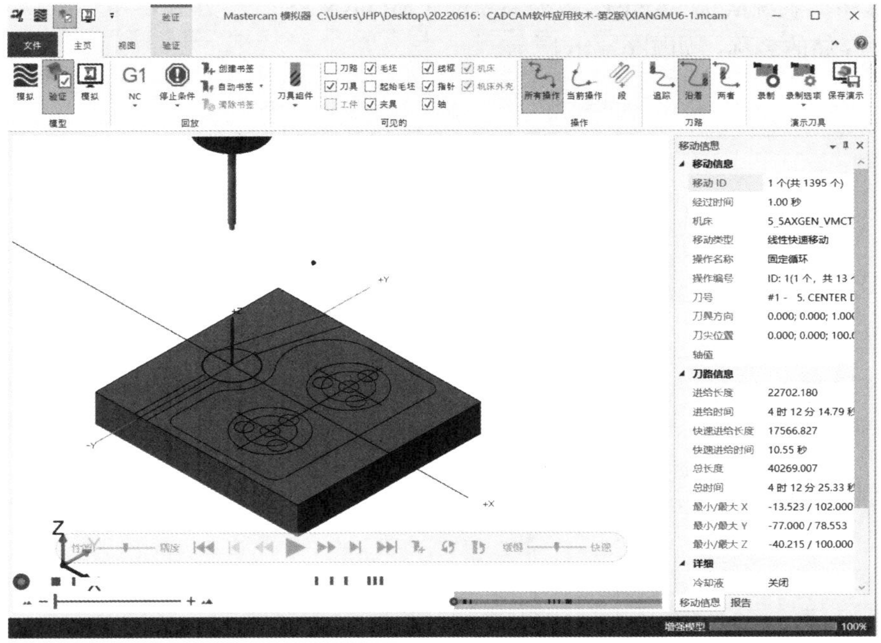

图 6－43　实体切削验证

（3）单击“播放（R）”按钮▶，执行切削模拟，模拟过程中可用鼠标移动滑块调整模拟切削的速度，模拟完成后结果如图 6-44 所示。

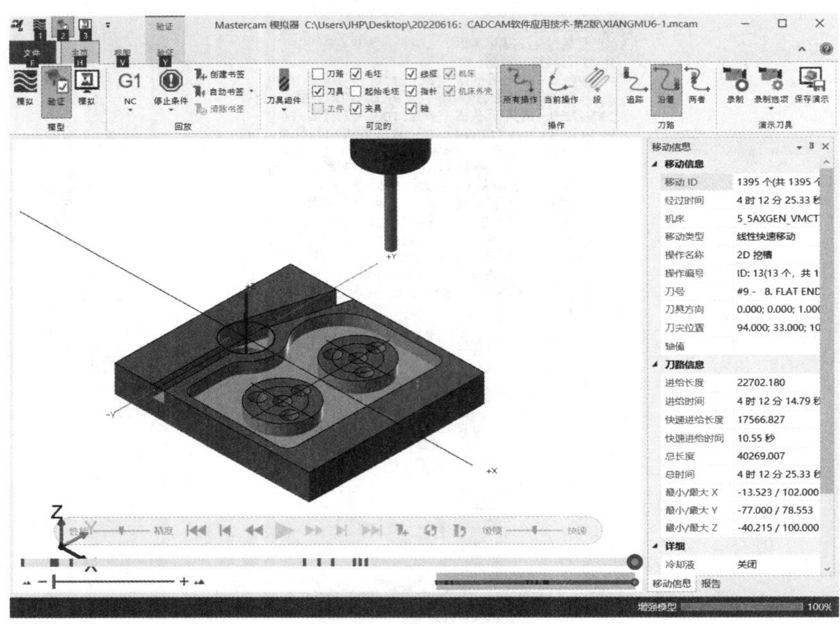

图 6-44　实体切削模拟的结果

（4）刀具切削路径经验证无误后，可返回“操作管理器”对话框，单击“执行选择的操作进行后处理”按钮G1，执行刀具路径的后置处理。此时，需指定与所用机床数控系统对应的后处理程序，系统默认 FANUC 数控系统的“MPFAN.PST”，如图 6-45 所示，并允许设定 NC 程序存储的名称，如图 6-46 所示。

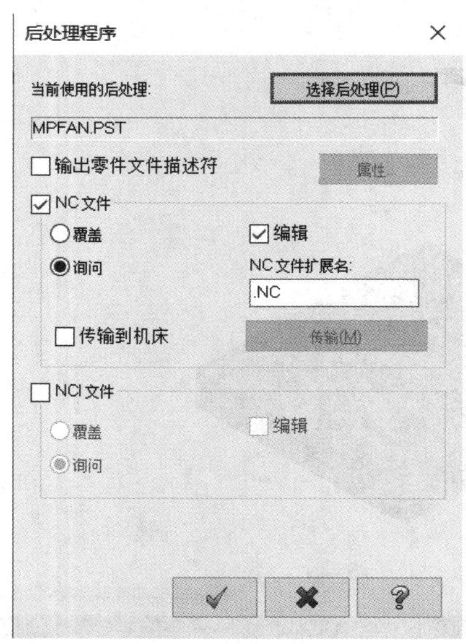

图 6-45　后处理对话框

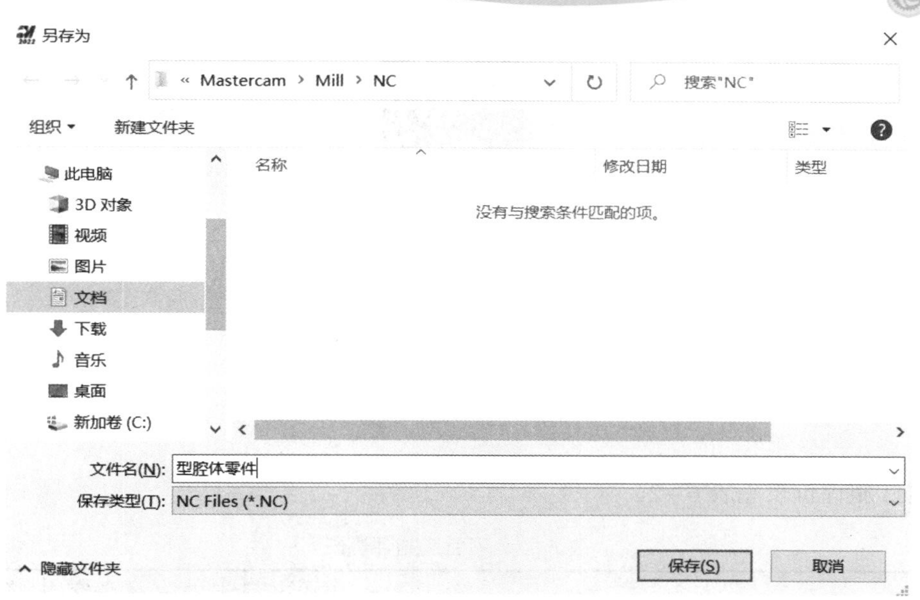

图 6－46　"另存为"对话框

对本例的刀具路径执行后置处理，将产生如图 6－47 所示的 NC 程序。NC 程序生成后，往往还要进行一些必要的编辑，然后通过 Mastercam 的通信端口传输至数控机床。

图 6－47　后置处理所得的 NC 程序

项目描述任务操作视频 XM6S

6.4 项 目 评 价

项目实施评价表见表 6-2。

表 6-2　项目实施评价表

序号	检测内容与要求	分值	学生自评（25%）	小组评价（25%）	教师评价（50%）
1	学习态度	5			
2	安全、规范、文明操作	5			
3	能对型腔体零件进行工艺分析，并编制数控加工工序卡	5			
4	能根据型腔体零件图进行造型设计	10			
5	能正确定义刀具和设定工件	5			
6	能规划钻ϕ5 mm 中心孔，ϕ11.8 mm、ϕ34 mm 通孔的刀具路径	10			
7	能规划ϕ35 mm 和ϕ36 mm 阶梯孔的刀具路径	5			
8	能规划ϕ12H7 的 8 个圆孔的刀具路径	5			
9	能规划粗铣直槽、粗铣斜槽的刀具路径	10			
10	能规划精铣直槽、精铣斜槽的刀具路径	5			
11	能规划粗、精加工型腔的刀具路径	10			
12	能对型腔体零件的刀具路径进行仿真分析，并后置处理生成 NC 程序	5			
13	项目任务实施方案的可行性及完成的速度	5			
14	小组合作与分工	5			
15	学习成果展示与问题回答	10			
总分		100			
			合计：　（等第：）		
问题记录和解决方法	记录项目实施中出现的问题和采取的解决方法				
签字：			时间：		

6.5 项目总结

Mastercam 2022 是一个 CAD/CAM 集成软件，包括了设计（CAD）和加工（CAM）两大部分。使用 CAM 软件的最终目的就是要产生加工路径和生成数控加工程序，所以 CAD 部分是为 CAM 部分服务的。加工部分主要由铣床（MILL）、车床（LATHE）、线切割（Generic Wire EDM）、木雕（ROUTER）四大部分组成，各个模块本身包含完整的设计系统，其中铣床模块可以用来生成铣削加工刀具路径，还可以进行外形铣削、型腔加工、钻孔加工、平面加工、曲面加工以及多轴加工等的模拟。铣削加工是 Mastercam 2022 的主要功能。

数控铣床是一种三维的机床，但除了曲面，其他零件大多数都可以用二维图形表示，一般把这类零件加工称为二维铣削加工。

Mastercam 2022 二维铣削加工用来生成二维刀具加工路径，包括 2D 普通铣削加工（如外形、挖槽、面铣、木雕等）、2D 高速铣削（动态铣削）加工（如动态外形、动态铣削、区域、熔接、剥铣等），以及孔加工（钻孔、全圆铣削、螺旋镗孔、螺纹铣削等）。2D 普通铣削加工是传统的加工策略，适用于普通三轴数控铣削加工，应用广泛；而 2D 高速铣削（动态铣削）加工是为了适应现代高速数控铣削加工技术而开发的加工策略，近年来，各类 CAD/CAM 编程软件均推出了这类高速铣削加工，必要时读者可以尝试使用。螺纹铣削加工难度稍大，但随着数控加工技术的发展，这种工艺会逐渐被广泛应用。各种加工模组生成的刀具路径一般由加工刀具、加工零件的几何图形以及各模组的特有参数来确定，不同模组加工的几何模型和参数各不相同。

通过本项目的学习，可以非常熟练地掌握以下内容：

（1） Mastercam 2022 加工的基础知识和基本设置，例如加工坐标系、工件设置、刀具管理、操作管理、串连管理、后处理等设置。

（2） Mastercam 2022 的二维铣削加工，包括外形铣削、挖槽、钻孔、面铣削、全圆铣削、木雕等的刀具选择、刀具补偿、主轴转速、进给速度和切削用量等特定加工参数的选择和设置。

6.6 项目拓展

典型挖槽零件加工

1. 图形分析

这是一个二维轮毂零件简图，如图 6-48 所示。

2. 操作步骤

（1）绘制二维轮毂零件简图，如图 6－48 所示。

（2）选择“缺省铣床”命令。

（3）选择菜单“刀路”→“ ”命令。

（4）打开“线框串连”对话框，根据系统提示选择串连外形，如图 6－49 所示，用鼠标捕获轮廓线（P_1 处）。在凹槽加工中选择串连时可以不考虑串连的方向。单击“串连选择”对话框中的“确定”按钮，结束挖槽串连外形选择。

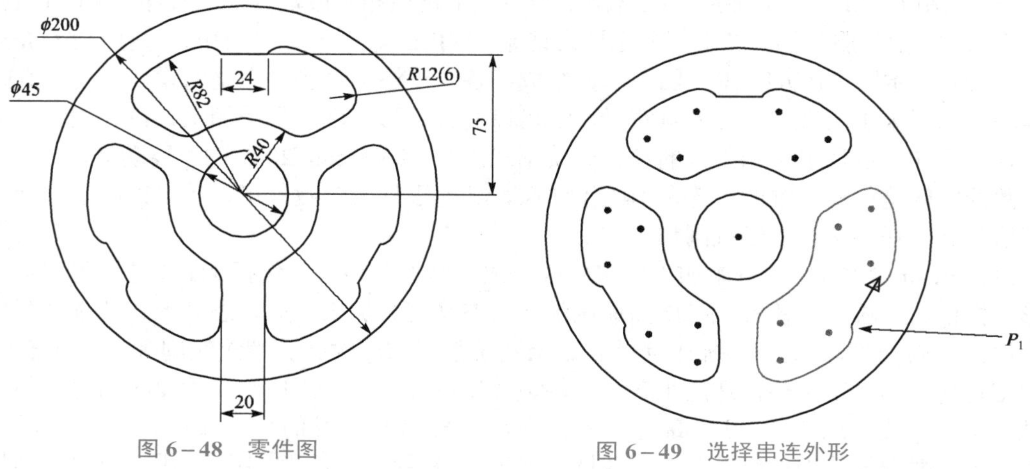

图 6－48　零件图　　　　图 6－49　选择串连外形

（5）系统弹出“2D 刀路－2D 挖槽”对话框，选择ϕ10 平铣刀，设置刀具参数，如图 6－50 所示。

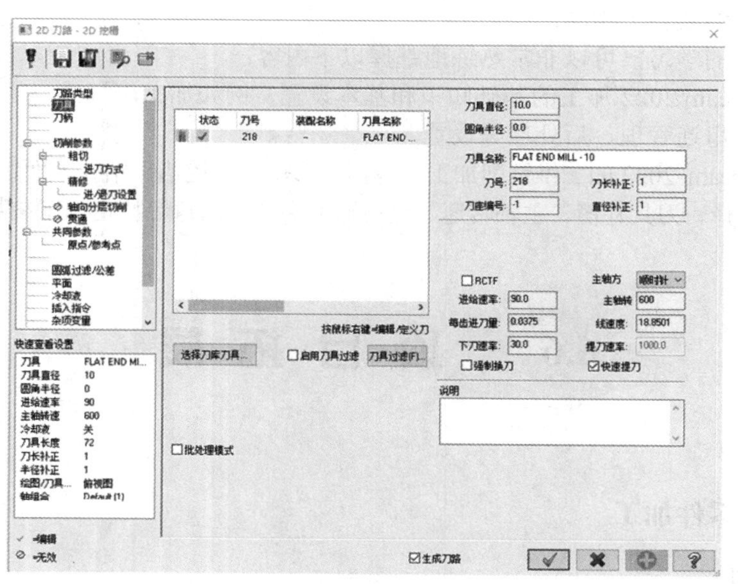

图 6－50　2D 挖槽的“刀具”选项

（6）选择“共同参数”选项，设置 2D 挖槽的“共同参数”，如图 6－51 所示。

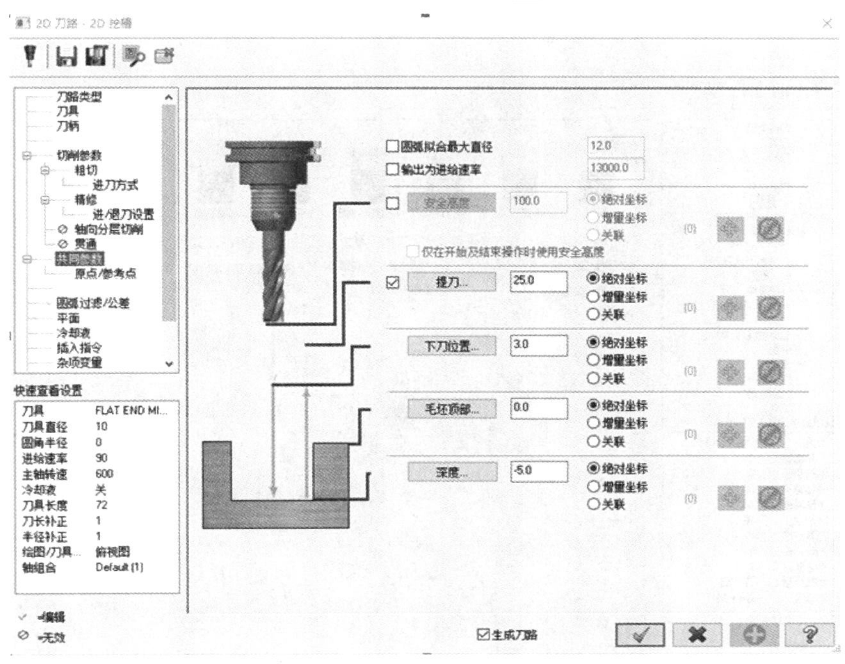

图 6－51 2D 挖槽的“共同参数”选项

（7） 单击“轴向分层切削”选项，设置轴向分层参数，如图 6－52 所示。

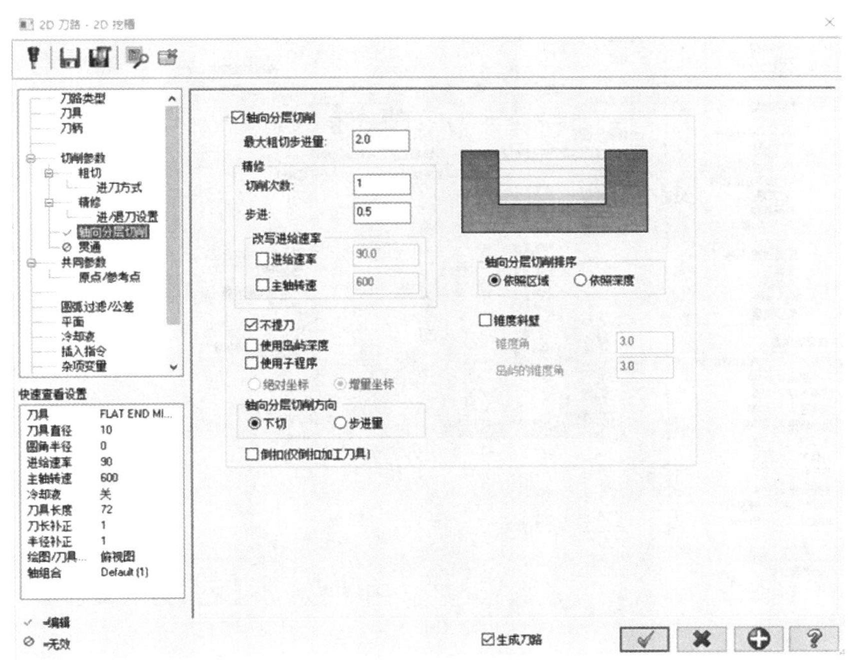

图 6－52 “轴向分层切削”选项

（8） 单击“粗切”“精修”选项，设置相关参数，如图 6－53 所示。

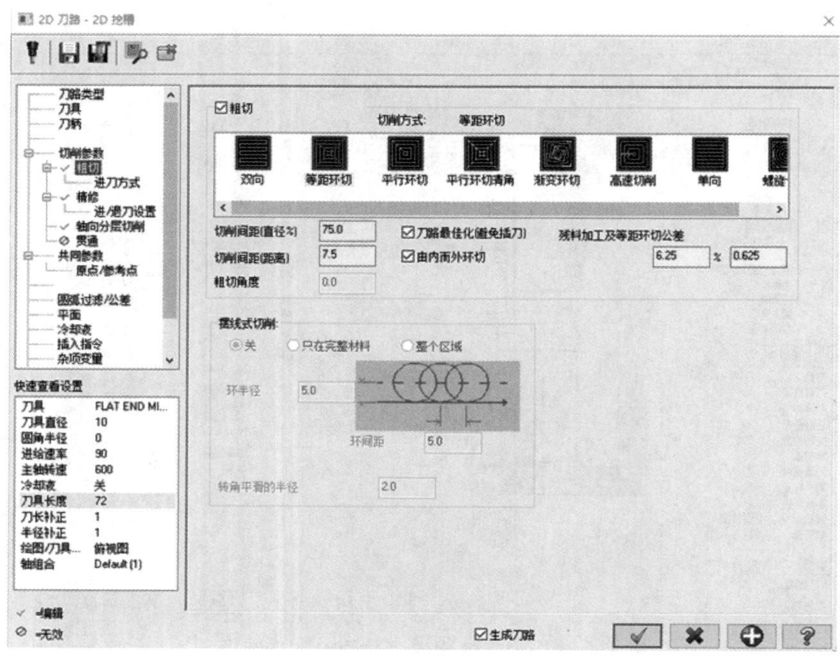

(a)

(b)

图 6－53 “粗切”“精修”选项设置

（a）粗切；（b）精修

（9）单击“进刀方式”选项，选择“螺旋”下刀方式，设置如图 6－54 所示参数。

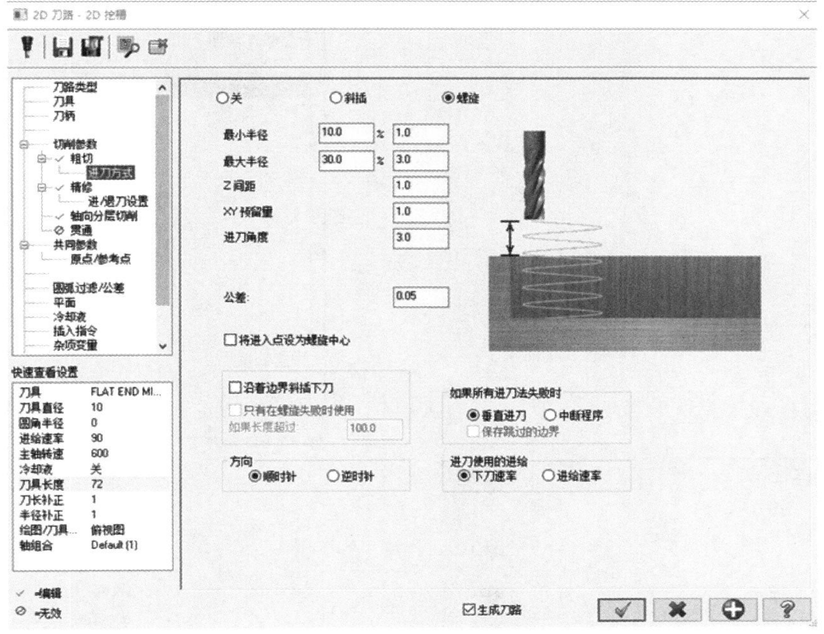

图 6－54　“进刀方式”（螺旋）选项

（10）单击“2D 刀路－2D 挖槽”参数设置对话框中的“确定”按钮，结束挖槽参数设置，产生一个槽的刀具路径，如图 6－55 所示。

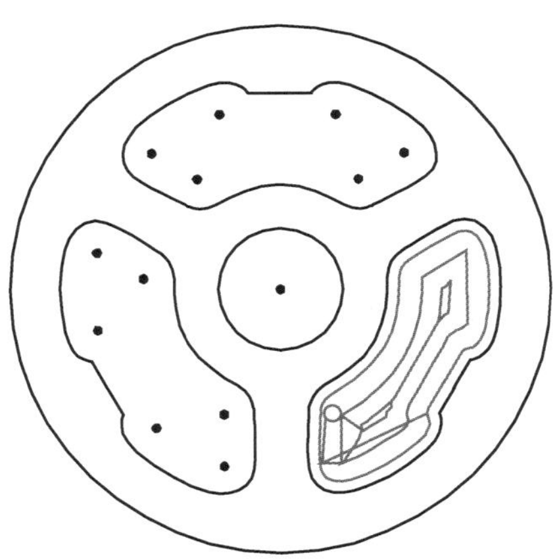

图 6－55　产生槽的刀具路径

（11）增加串连，生成另两个槽的刀具路径。在“刀路”操作管理器中，单击“几何图形 - (1) 个串连”，弹出“串连管理”对话框，如图 6－56（a）所示。在空白区右击鼠标，选择“添加(A)”选项，如图 6－56（b）所示。选取另外两个槽的加工位置 P_2、P_3（见图 6－57）。考虑到刀具偏置等因素，选取的加工位置和方向应该和原来第一个槽的起始位置和方向一致，执行后，串连管理器显示如图 6－58 所示。单击“重新生成全部已选择的操作”按钮，修改后的操作管理器中有三个串连图形，如图 6－59 所示。

(a)

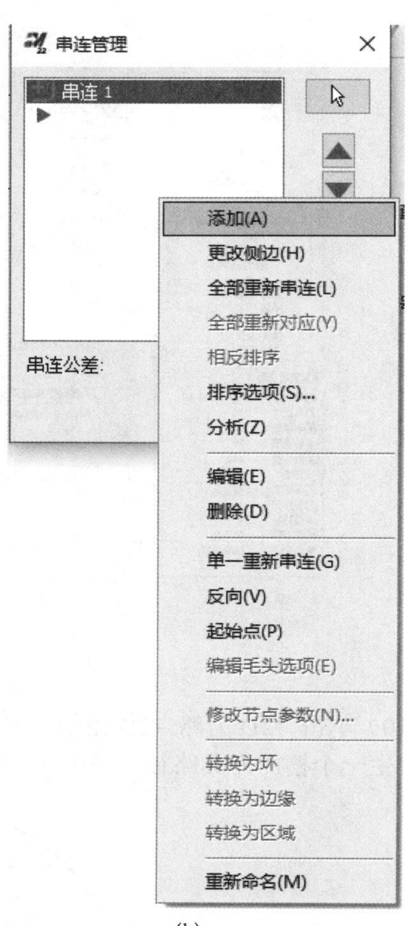

(b)

图 6－56 “串连管理”对话框

（a）“串联管理”对话框；（b）空白区右键菜单

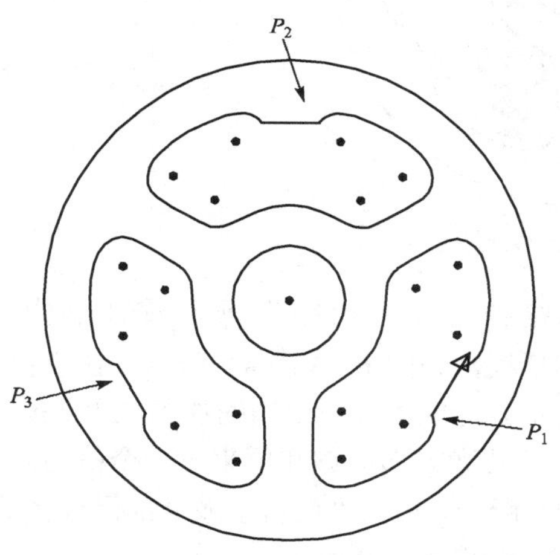

图 6－57 选择槽的加工位置

图 6－58 “串连管理”显示结果

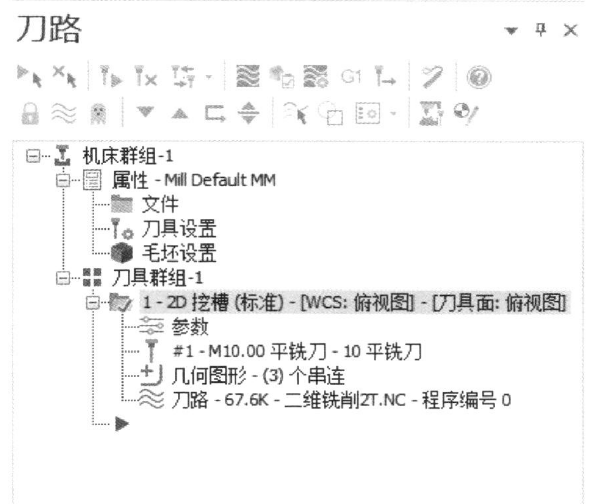

图 6－59　串连图形

（12）刀具路径模拟如图 6－60（a）所示，实体加工模拟如图 6－60（b）所示，确定，存盘，名为“轮毂_加工.MCX”。这种通过增加串连来生成刀具路径的方法，并不局限于具有相同形状的图形，也可用于任何其他图形。因此这种方法适用于具有相同加工方法和工艺参数的图形加工。

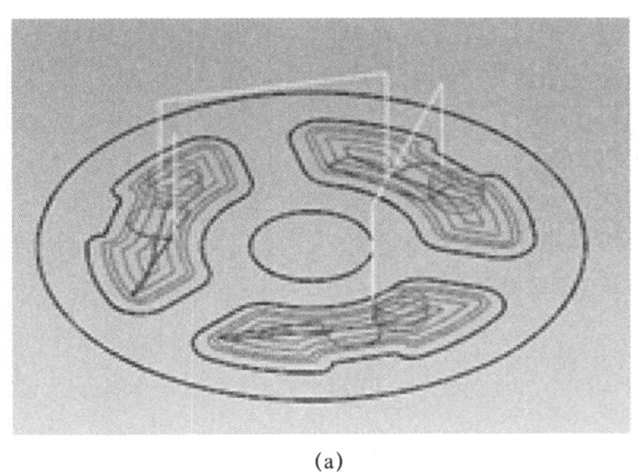

(a)

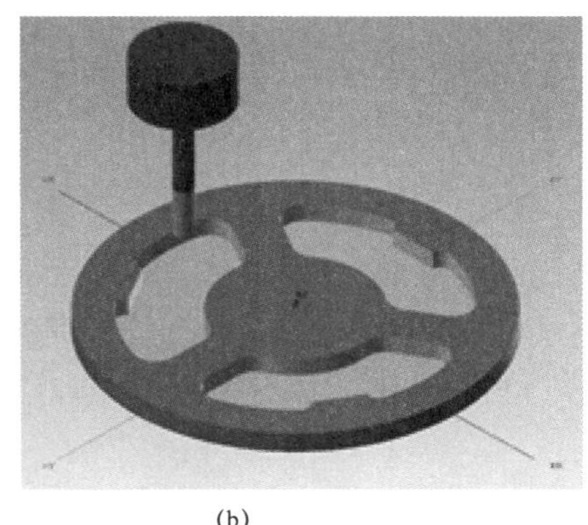

(b)

图 6－60　模拟图

（a）刀具路径模拟；（b）实体加工模拟

项目拓展任务操作视频 XM6T

项目拓展任务－典型外型铣削零件

学有所思，举一反三。通过项目拓展，你有什么新的发现和收获？请写出来。

____

____。

根据项目编组，加强小组分工、协作训练，请充分发挥个人的聪明才智，分别自行设计、编制拓展项目实施评价表，格式不限。

6.7 相关知识

6.7.1 项目基础知识

项目基础知识

6.7.2 辅助项目知识

辅助项目知识（思政类）

6.8 巩固练习

6.8.1 填空题

1. 一般的数控铣床至少有________、________、________3 个控制轴。
2. Mastercam 2022 的机床设备种类主要有________、________、________、________。
3. Mastercam 2022 的二维铣削加工分为________、________和________三类。

4. 普通 2D 铣削加工主要有________、________、________、________和________。
5. 动态 2D 铣削加工主要有________、________、________、________和________。
6. 孔加工主要有________、________、________和________。
7. 外形铣削模组的加工类型分为________、________、________、________4 种。
8. Mastercam 2022 的二维铣削加工需设置的高度参数包括________、________、________、________、________。

6.8.2　选择题

1. 在 Mastercam 2022 的几大模块中，最主要的功能模块是（　　）。
   A. Mill　　B. Design　　C. Lathe　　D. Router
2. 在数控系统的附加轴中，一般用于标识旋转轴的是（　　）。
   A. U 轴　　B. W 轴　　C. B 轴　　D. V 轴
3. Mastercam 2022 生成的加工程序，一般称为（　　）。
   A. NCI 文件　　B. NC 文件
   C. 刀具路径文件　　D. .MCX 文件
4. 下列哪个选项不属于 Mastercam 2022 的刀具参数（　　）。
   A. 主轴转速　　B. 轴向进给率
   C. 退刀速度　　D. 退刀高度
5. 对不封闭的轮廓进行挖槽加工时只能选择的挖槽方法是（　　）。
   A. Open　　B. Standard　　C. Facing　　D. Island facing

6.8.3　简答题

1. Mastercam 2022 铣床设备类型有哪几种？车床设备类型又有哪几种？
2. 在 Mastercam 2022 中如何定义一把新刀？
3. 工件设置的作用是什么？工件设置包括哪些内容？如何设置工件？
4. Mastercam 2022 提供了哪几种设置工件尺寸的方法？
5. 什么叫操作器管理？操作管理器可进行哪些选项操作？
6. 串连管理列表区的快捷菜单中有哪些内容？
7. 有哪些方式可以验证加工零件的正确性？
8. 绘制一个直径为ϕ60 mm 的圆，原点在圆心，设置毛坯尺寸为直径ϕ70 mm、高 100 mm 的圆柱体，Z_0 为圆柱顶面，工件原点设在圆柱体顶面圆心。
9. 在 Mastercam 2022 中选择一个已有的示例文件进行串连管理、刀具路径模拟、仿真加工和后处理练习。
10. 后处理的作用是什么？
11. 铣削加工顺序应怎样安排？
12. 在立式加工中心上，顺铣与逆铣对切削会产生怎样的影响？
13. 数控加工工艺文件的内容有哪些？
14. 在 Mastercam 2022 中，二维零件的加工方法有哪些？
15. Mastercam 2022 的二维铣削加工需设置的高度参数包括哪些？

16. 对不封闭的轮廓进行挖槽加工时只能选择的挖槽方法是什么？
17. 二维外形铣削为什么要设定进/退刀矢量参数？
18. 数控加工在什么时候需要设定螺旋式下刀？其参数一般需要修改哪几项？
19. 刀具补偿的含义是什么？刀具补偿的类型分为哪几种？刀具补偿位置分为哪几种？
20. 钻深度大于 3 倍刀具直径的深孔一般用哪种钻孔循环方式？

6.8.4 操作题

1. 基础练习

（1）完成零件的铣削加工（厚度为 20 mm），如图 6－61 所示。

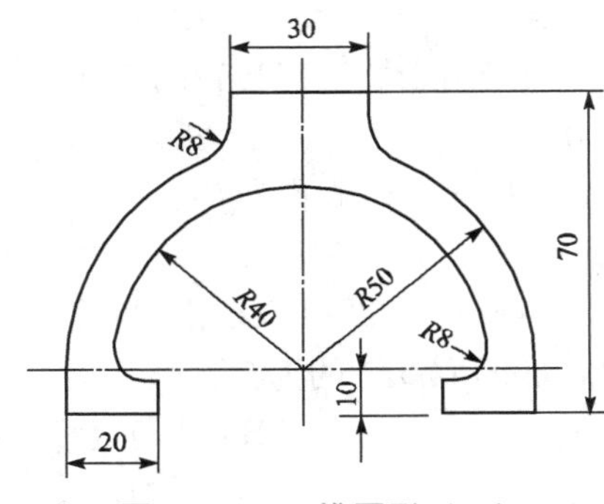

图 6－61 二维图形（一）

（2）绘制如图 6－62 所示的二维图形（140 mm×100 mm），要求规划出外形铣削、面铣、挖槽等刀具加工路径。

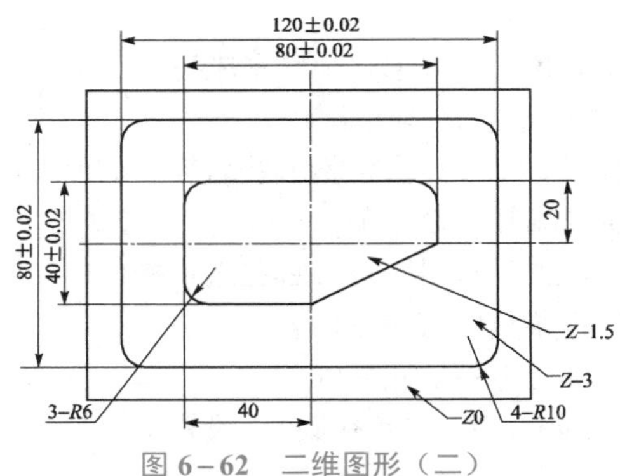

图 6－62 二维图形（二）

（3）如图 6－63 所示，试编制零件的外形铣削、挖槽加工和钻孔加工的刀具路径，并进行刀具路径模拟和实体切削模拟。

（4）如图 6－64 所示，试编制零件平面铣削、外形铣削、挖槽加工和钻孔加工（孔为通孔）的刀具路径，并进行刀具路径模拟和实体切削模拟，以及后处理生成数控加工 NC 程序。

（5）如图 6－65 所示，试编制零件的挖槽加工和钻孔加工的刀具路径，并进行刀具路径模拟和实体切削模拟，以及后处理生成数控加工 NC 程序。

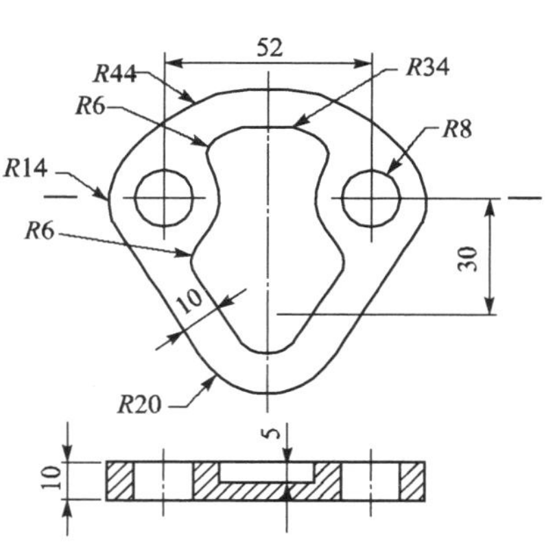

图 6－63 二维图形（三）

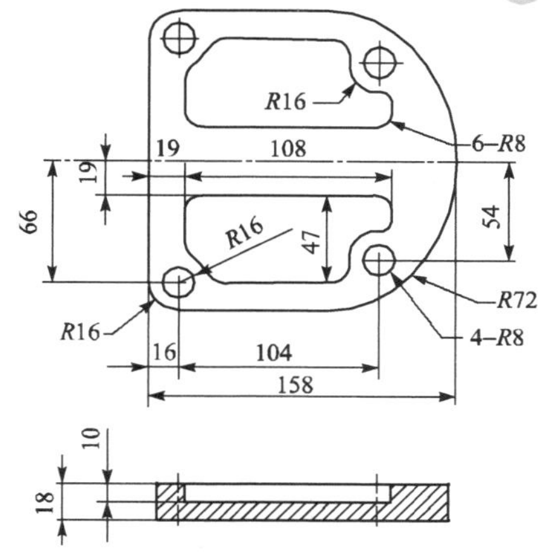

图 6－64 二维图形（四）

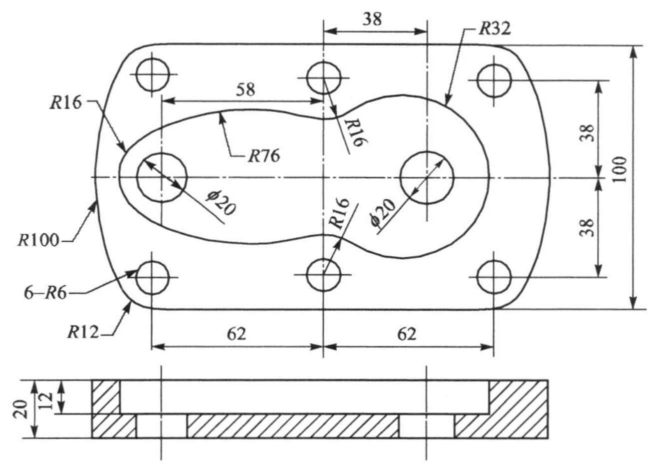

图 6－65 二维图形（五）

2. 提升训练

（1）分析如图 6－66 所示的型腔线框，试编制其挖槽加工、钻孔加工的刀具路径。

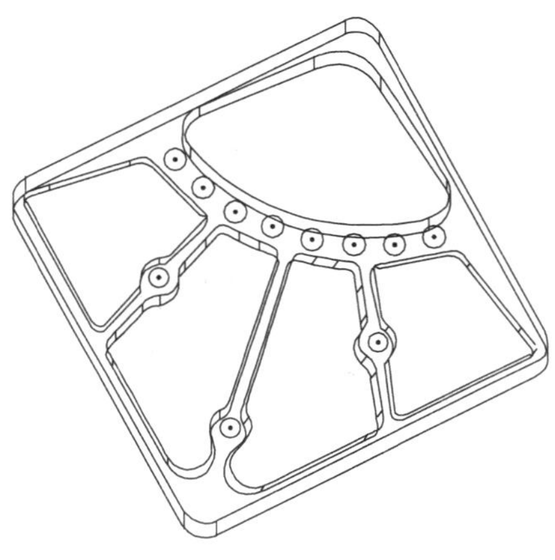

图 6－66 二维图形（六）

（2）加工一个链轮零件，其三维模型如图 6－67 所示，链轮材料为钢件。假设链轮精车工序已完成，当前任务是一道工序完成两个操作：粗、精加工齿轮。

提示：

① 链轮被广泛应用于化工、纺织机械、食品加工、仪表仪器、石油等行业的机械传动，对于这样的加工形状，可以使用外形铣削分层加工。

② 链轮的加工工艺参考见表 6－3。

表 6－3　链轮的加工工艺

工序	加工内容	加工方式	机床	刀具	夹具
10	粗铣齿	外形铣削	三轴立式加工中心	$\phi 12R0.8$ 机夹刀	自定心卡盘
	精铣齿	外形铣削	三轴立式加工中心	$\phi 12$ 立铣刀	自定心卡盘

③ 链轮的装夹位置如图 6－68 所示。

④ 加工模型的准备。有三种方法：一是使用 Mastercam 2022 的 CAD 命令，根据链轮参数计算公式绘制，具体公式可以在网上查阅；二是使用 Mastercam 2022 插件“chooks”里面的“Sprocket.dll”命令设定链轮相关参数，如图 6－69 所示，然后通过图样具体要求再作修饰；三是将其他 CAD 软件的图形文件转换到 Mastercam 2022 中，提取加工部分的线框，如图 6－70 所示。导入的模型可以通过单击菜单栏“转换”→“移动到原点”，将链轮的中心设为加工坐标系，链轮上表面为 Z 轴原点。

图 6－67　链轮模型

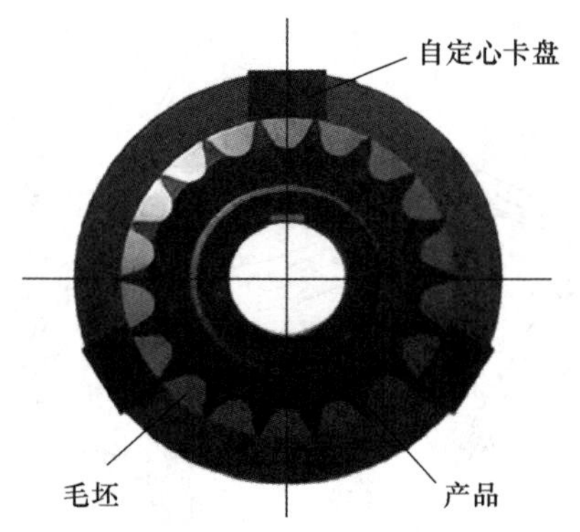

图 6－68　链轮装夹位置示意图

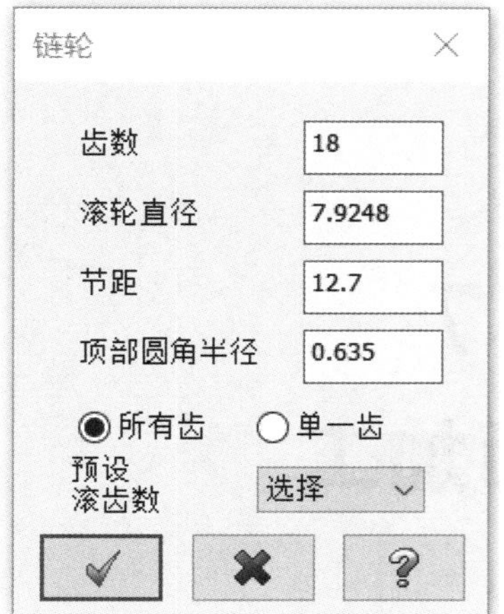

图 6－69　链轮参数对话框

图 6－70　链轮加工模型

项目巩固练习（填空题、选择题）答案

项目 7 三维曲面加工

7.1 项目描述

本项目主要介绍 Mastercam 2022 三维曲面加工的类型和各加工模组的功能。通过本项目的学习，完成操作任务——根据香皂盒面壳图纸[见图 7－1（a)]，以及模型效果图[见图 7－2（b)]，进行造型以及凸、凹模加工设计。

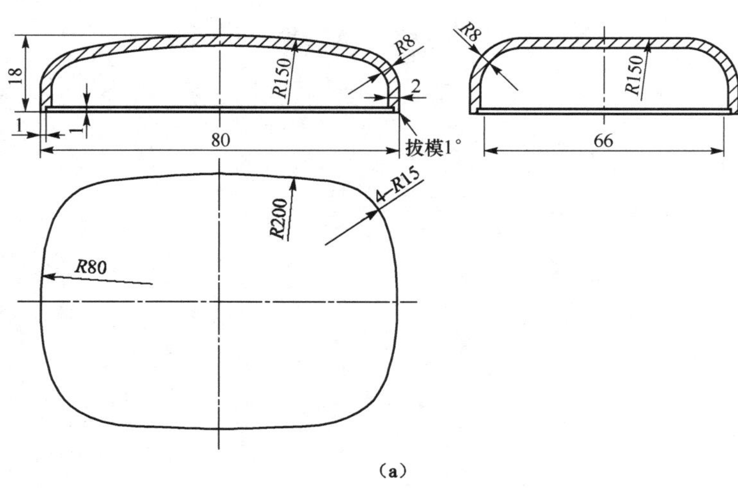

图 7－1 香皂盒面壳零件图与模型效果图

（a）香皂盒面壳零件图

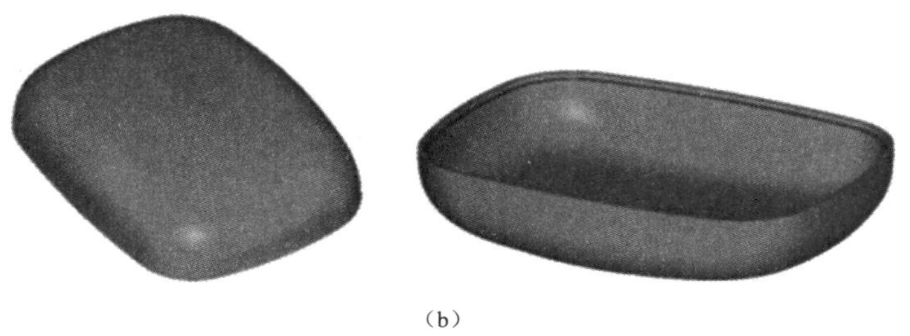

（b）

图 7－1　香皂盒面壳零件图与模型效果图（续）
（b）香皂盒面壳模型效果图

7.2 项 目 目 标

知识目标

（1）熟悉 Mastercam 2022 三维曲面粗、精加工的类型及各功能模组的功能。
（2）掌握 Mastercam 2022 的 7 种粗加工、13 种精加工命令的使用技术。

技能目标

（1）能综合运用 Mastercam 2022 的 7 种粗加工、13 种精加工命令，规划零件的加工路径，并进行仿真分析和后置处理生成 NC 加工程序。
（2）完成“项目描述”中的操作任务。

素养目标

（1）树立产品意识、质量意识。
（2）遵守“7S”管理标准。
（3）培养创新创业精神。
（4）培养劳模精神、劳动精神、工匠精神。

7.3 项目实施

项目相关知识

7.3.1 准备工作

参见项目 1。

7.3.2 操作步骤

根据项目描述要求，认真制定实施方案，遵守规范，安全操作，按时完成项目操作任务，并养成良好的学习与工作习惯，具体步骤参考如下。

1. 香皂盒面壳凸模零件工艺分析

1）零件的形状分析

由图 7－1 可知，该零件结构比较简单，上表面四周由 *R*80 mm、*R*200 mm 及 *R*15 mm 圆弧过渡组成。侧面由带 1° 拔模斜度的拉伸面组成，下表面由一截线形状为 *R*150 mm 的扫描面构成。止口四周形状由上表面四周作等距线生成。

2）数控加工工艺设计

由图 7－1 可知，凸模零件所有的结构都能在立式加工中心上一次装夹加工完成。零件毛坯已经在普通机床上加工到尺寸 120 mm × 100 mm × 40 mm，故只需考虑型芯、分型面和止口部分的加工。数控加工工序中，按照粗加工—半精加工—精加工的步骤进行，为了保证加工质量和刀具正常切削，其中，在半精加工中，根据走刀方式的不同做了一些特殊处理。

（1）加工步骤设置。

根据以上分析，制定工件的加工工艺路线为：采用 ϕ20 直柄波纹立铣刀一次切除大部分余量；采用 ϕ16 球刀粗加工型芯面；采用 ϕ16 立铣刀对分型面、止口部位进行精加工；采用 ϕ10 球刀对型芯曲面进行半精加工与精加工。

（2）工件的装夹与定位。

工件的外形是长方体，采用平口钳定位与装夹。平口钳采用百分表找正，基准钳口与机床 *X* 轴一致并固定于工作台，预加工毛坯装在平口钳上，上顶面露出钳口至少 22 mm。采用寻边器找出毛坯 *X*、*Y* 方向中心点在机床坐标系中的坐标值，作为工件坐标系原点，*Z* 轴坐标原点设定于毛坯上表面下 2 mm，工件坐标系设定于 G54。

（3）刀具的选择。

工件材料为 40Cr，刀具材料选用高速钢。

（4）编制数控加工工序卡。

综合以上分析，编制数控加工工序卡如表 7－1 所示。

表 7-1　数控加工工序卡

工步号	工步内容	刀具号	刀具规格	主轴转速/(r·min⁻¹)	进给速度/(mm·min⁻¹)
1	平面挖槽粗加工分型面	T1	ϕ20 波纹铣刀	360	50
2	平行式铣削粗加工型芯曲面	T2	ϕ16 球头铣刀	360	50
3	平面挖槽精加工分型面	T3	ϕ16 普通铣刀	500	100
4	外形铣削精加工止口顶面	T3	ϕ16 普通铣刀	800	80
5	平行式铣削半精加工型芯曲面	T4	ϕ10 球头铣刀	800	80
6	平行式铣削精加工型芯曲面	T4	ϕ10 球头铣刀	1000	150

2. 香皂盒面壳凸模零件造型

1）绘制骨架线

（1）设置工作环境。

“Z”（工作深度）为 0，层别为“1”，WCS 为“俯视图”，刀具平面为“俯视图”，绘图平面为“俯视图”，视图（Gview）为“俯视图”。

（2）绘制底边骨架线。

① 选择“线框”→“矩形”下拉列表中的“□ 矩形”命令，在操作栏的“尺寸”区域中设定宽度为“80”、高度为“60”，之后单击“☑ 矩形中心点(A)”，并以坐标原点作为矩形的中心。

② 选择“线框”→“切弧”命令，在操作栏“图素”区域中选择“方式(M): 单一物体切弧”，单击矩形左边的线，并以中点方式捕捉左边线的中点作为相切点，屏幕上出现多条切线，选择需要的一条，然后在“尺寸”区域输入半径“80”，如图 7-2（a）所示；用同样的方法绘制出与矩形上边线相切的圆弧 $R200$，如图 7-2（b）所示。

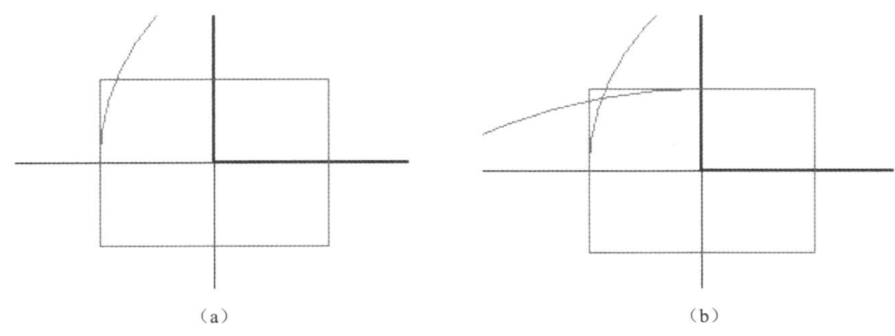

图 7-2　绘制相切圆弧

③ 选择“线框”→“图素倒圆角”下拉列表中的“图素倒圆角”命令，在操作栏的“半径（U）”区域中设定半径为“15”，在“图素”区域中“方式”选择“圆角（O）”，在“设置”区域中点选“修剪图素（T）”，之后选取 $R80$ 与 $R200$ 的圆弧绘制出如图 7-3（a）所示的圆角。

④ 在工具栏中单击“删除”按钮“删除图素”，删除多余的矩形边线，结果如图 7-3（b）所示。

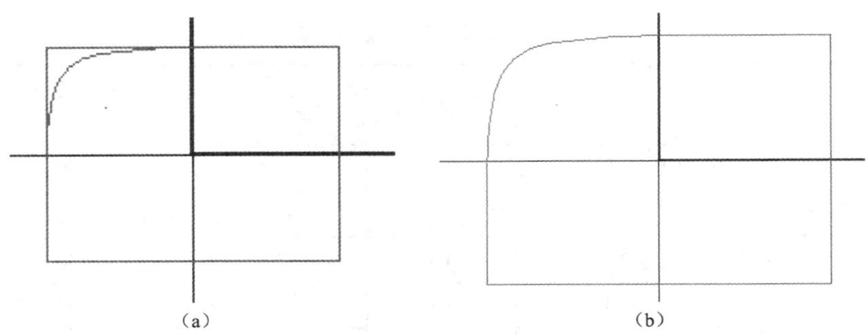
(a) (b)

图 7-3 绘制圆角

⑤ 选择"转换"→"镜像"命令，窗选四分之一底边线，单击"结束选择"按钮，在操作栏的"镜像"对话框中定义 X 轴为镜像轴，在"镜像"对话框中设定为"复制（C）"方式，可得到二分之一的边线形状，如图 7-4（a）。然后，窗选二分之一的边线并定义 Y 轴为镜像轴，同样以复制方式镜像出整个底边线，如图 7-4（b）所示。

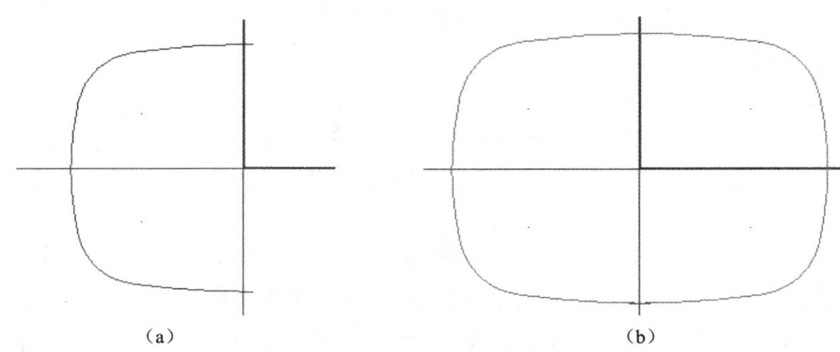
(a) (b)

图 7-4 镜像底边线

（3）绘制前面的骨架线。

① 设置绘图平面为前视图，工作深度"Z"为"0"。

② 选择"线框"→"已知点画圆"命令，在操作栏的"尺寸"区域中输入半径为"150"，直接输入圆心坐标为"0，-132"，按 Enter 键确认，预览无误后单击"确定"按钮。

③ 选择"线框"→"线端点"命令，依次输入各端点坐标为（-40，0）、（-40，20）和（40，0）、（40，20），并分别按 Enter 键确认，在预览无误后单击"确定"按钮，绘制出两竖直线，如图 7-5（a）所示。

（4）绘制侧面的骨架线。

① 设置绘图平面为右视图，工作深度"Z"为"0"。

② 选择"线框"→"已知点画圆"命令，在操作栏的"尺寸"区域中输入半径为"150"，直接输入圆心坐标为"0，-132"，按 Enter 键确认，预览无误后单击"确定"按钮。

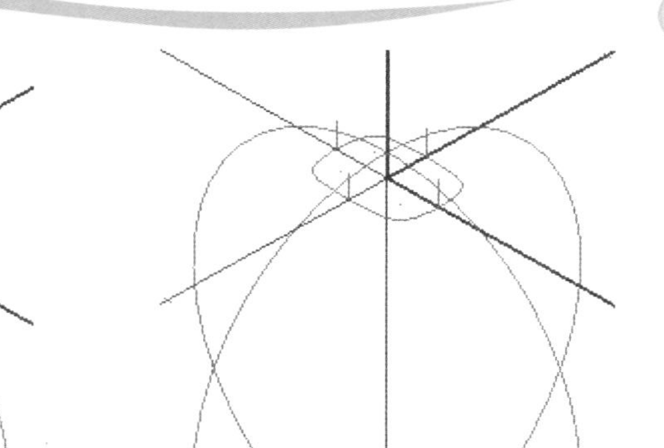

（a）　（b）

图 7－5　绘制前面、侧面骨架线

③ 选择“线框”→“线端点”命令，依次输入各端点坐标为（30，0）、（30，20）和（－30，0）、（－30，20），并分别按 Enter 键确认，预览无误后单击“确定”按钮，绘制出两竖直线，如图 7－5（b）所示。

④ 选择“线框”→“修剪到图素”下拉列表中的“修剪到图素”命令，在操作栏“类型”面板区域中选择“修剪（T）”，“方式”面板区域中选择“修剪三物体（3）”，依次单击两相交直线和 $R150$ 圆，修剪直线和 $R150$ 圆弧，结果如图 7－6 所示。

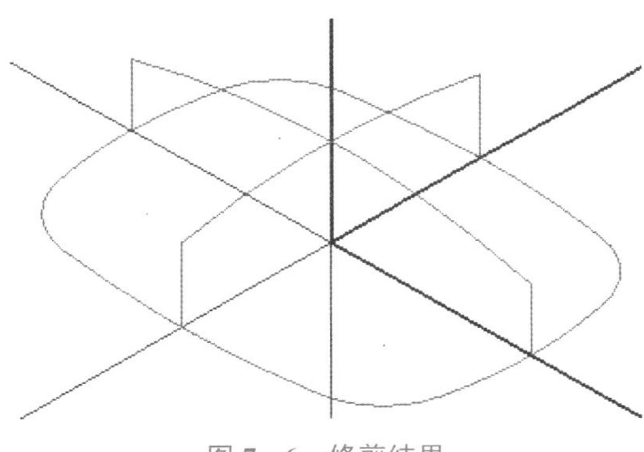

图 7－6　修剪结果

2）绘制基体

（1）绘制扫描曲面。

① 删除 4 条直线。

② 选择“转换”→“平移”命令，从标记为 P_1 的点到标记为 P_2 的点处，平移复制 $R150$ 圆弧，如图 7－7 所示。

③ 层别设置为 2。选择“曲面”→“扫描”命令，根据提示“扫描曲面：定义 截面方向外形”，选取标记为 P_3 的圆弧；根据提示“扫描曲面：定义 引导方向外形”，选取标记为 P_4 的圆弧，预览

无误后，在“扫描曲面”操作栏单击“确定”按钮。结果如图 7-8 所示。

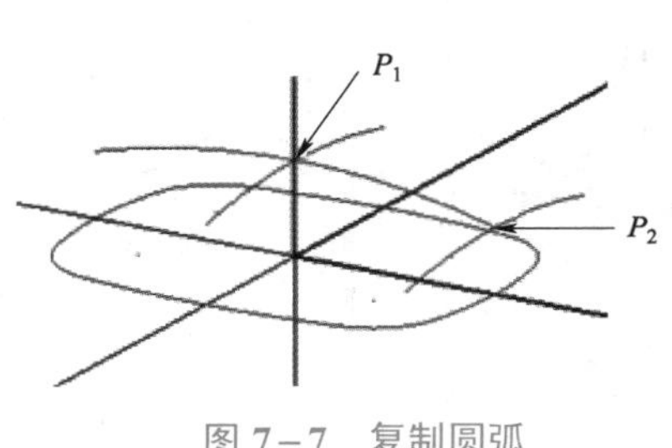

图 7-7 复制圆弧

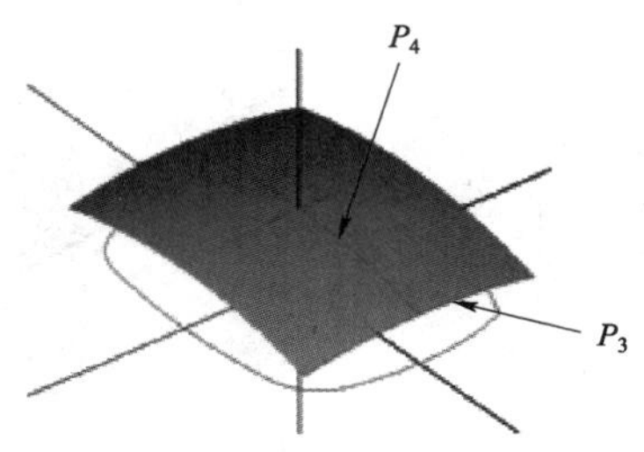

图 7-8 扫描曲面

（2）绘制基体。

① 层别设置为 3。选择“实体”→“拉伸”命令，选取第一步所绘的底边线，在弹出的“线框串连”对话框中单击“确定”按钮，在“实体拉伸”操作栏，拉伸平面方向为“0，0，1”，按图 7-9 所示设置拉伸实体参数。

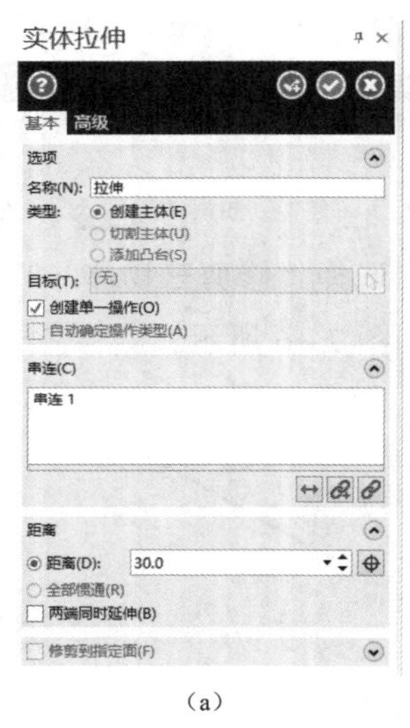

（a）

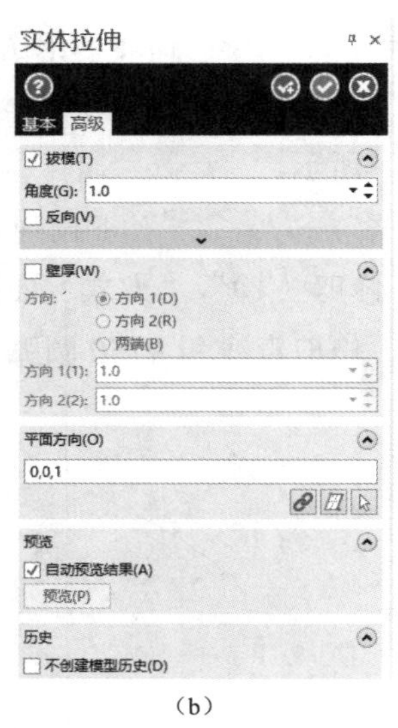

（b）

图 7-9 拉伸实体参数设置

（a）实体拉伸“基本”选项；（b）实体拉伸“高级”选项

② 选择“实体”→“修剪到曲面/薄片”命令，根据提示“选择要修剪的主体，然后按 [Enter]。”，选择要修剪的主体并按 Enter 键，根据提示“选择要修剪到的曲面或薄片。”，选择上步生成的扫描曲面，单击“全部反向”按钮，预览设置实体保留部分，如图 7-10 所示。单击“确定”按钮，结果如图 7-11 所示。注：若修剪不成功，则可对曲面进行延伸处理后再操作。

③ 隐藏曲面。

选择“主页”→“消隐”下拉列表中的“消隐”命令，选取扫描曲面、$R150$ 顶部边界线进行隐藏。

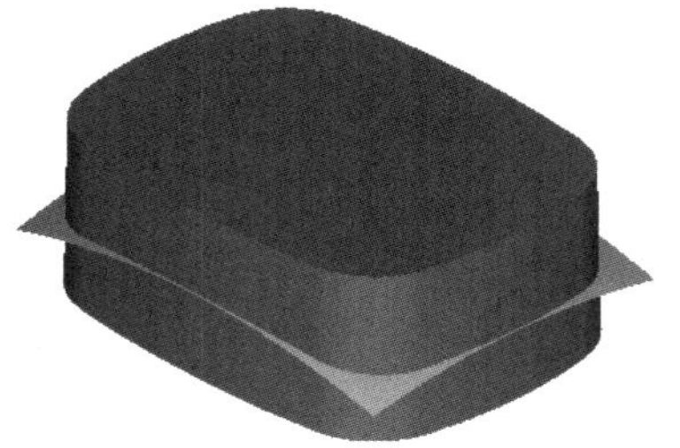

图 7-10　实体保留方向

图 7-11　实体修剪结果

④ 选择“实体”→“固定半倒圆角”下拉列表中的“固定半倒圆角”命令，选取实体顶部四周边界，单击“结束选择”按钮结束选择，按照图 7-12 所示设置参数，倒圆角结果如图 7-13 所示。

图 7-12　倒圆角参数设置

图 7-13　实体倒角结果

3）实体抽壳

选择“实体”→“抽壳”命令，选取底平面为开口面，按照图 7-14 所示设置抽壳参数，之后单击“确定”按钮，抽壳结果如图 7-15 所示。

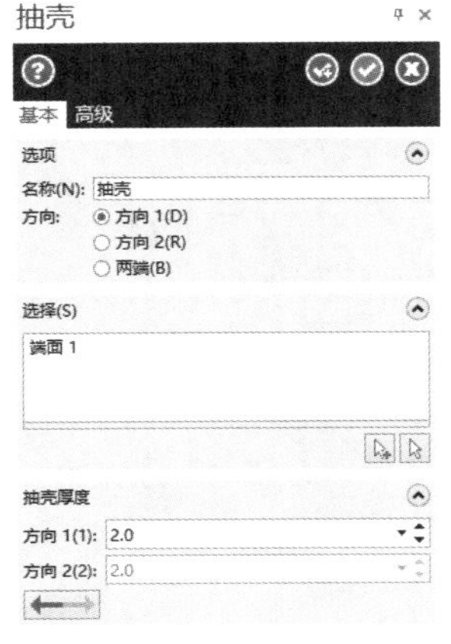

图 7-14　抽壳参数设置

图 7-15　抽壳结果

4）存档

选择"文件"→" 保存（Ctrl+S） "命令，弹出"另存为"对话框，在"文件名"文本框中输入香皂盒上盖的文件名为"XIANGMU7-1-1"，单击"保存"按钮 保存(S)。

5）绘制止口

项目描述任务操作视频 XM7S-1

① 隐藏实体，选择"线框"→" 偏移图素 "下拉列表中的" 偏移串连 "命令，选择底面轮廓骨架线，选择补正方向为轮廓内部，按照图 7-16 所示设置参数，单击"确定"按钮。

② 取消实体隐藏。选择" 消隐 "下拉列表中的" 恢复消隐 "命令，选择实体，单击"结束选择"按钮 结束选择。

③ 选择"实体"→" 拉伸 "命令，串连选取上步所作等距线为拉伸截面，设置拉伸平面方向为"0，0，1"，按照图 7-17 所示设置拉伸参数，并单击"确定" 按钮，结果如图 7-18 所示。

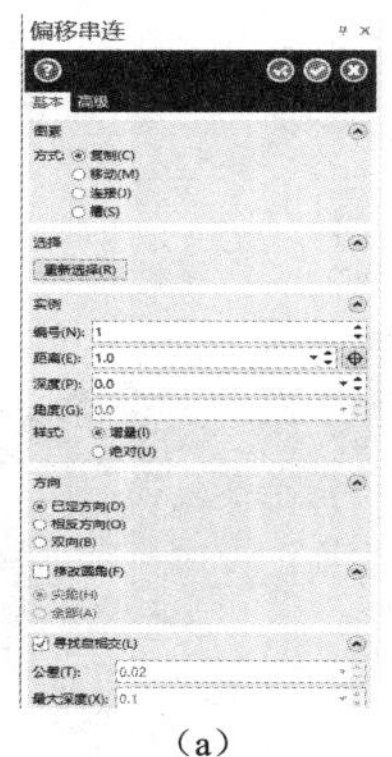

（a）

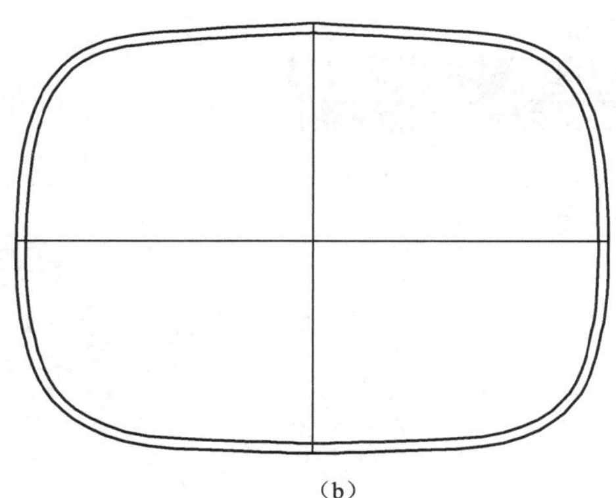

（b）

图 7-16 等距线绘制

（a）"偏移串连"对话框；（b）底面轮廓骨架线的向内 1 mm 等距线

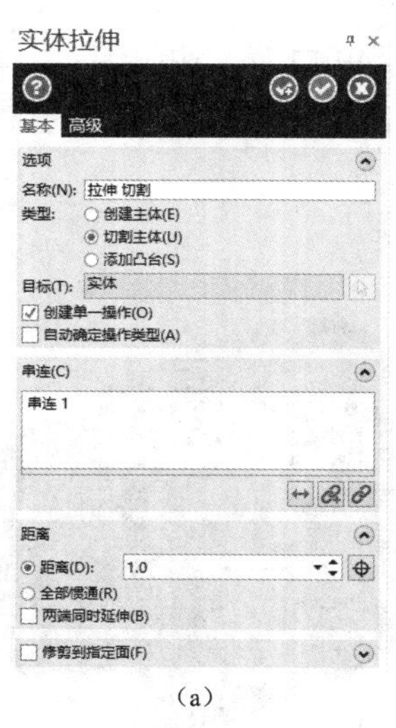

（a）

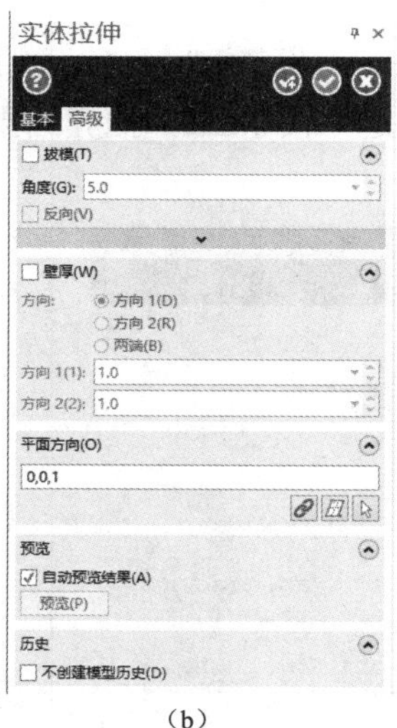

（b）

图 7-17 拉伸参数设置

（a）"实体拉伸"中"基本"选项；（b）"实体拉伸"中"高级"选项

图 7－18　止口生成结果

3. 凸模零件模具加工曲面、曲线生成

1）生成凸模所用的曲面

层别设置为 3。根据上步所做的零件实体模型，生成凸模所用曲面。选择“曲面”→“由实体生成曲面”命令，选取肥皂盒面壳实体即可。之后隐藏实体并删除外侧曲面，结果如图 7－19 所示。

2）按照塑料件收缩率放大凸模曲面

选择“转换”→“比例”命令，窗口方式选取所有绘图区对象，单击“结束选择”按钮后，在操作栏显示“比例”设置对话框，然后单击对话框“参考点”区域中的“重新选择（T）”选项，选择原点为缩放参考点，按照图 7－20 所示设置收缩率参数，并单击“确定”按钮。

图 7－19　凸模曲面

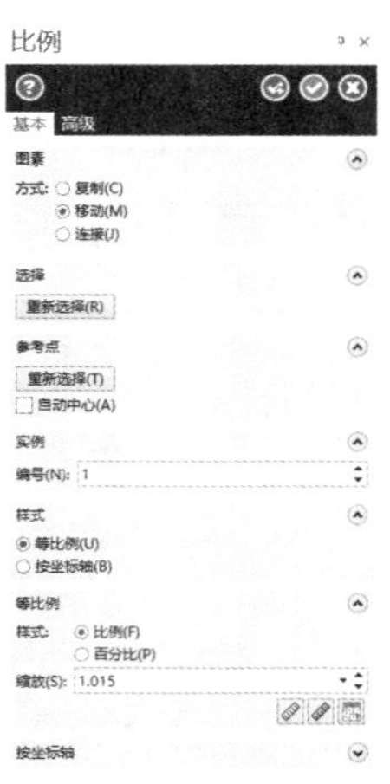

图 7－20　收缩率参数设置

提示： 塑料根据材料、形状和注塑工艺参数的不同，收缩率有所不同，具体参照相关资料。

3）绘制分型面

设置绘图平面为俯视图（TOP），Z 轴深度为“0”，绘制 120 mm × 100 mm 矩形，在“矩形”对话框的“设置”区域点选“矩形中心点（A）”，选择矩形中心在坐标原点，如图 7－21 所示，在“矩形”对话框的“设置”区域点选“创建曲面（S）”，单击“确定”按钮，生

成分型平面，结果如图 7－22 所示。

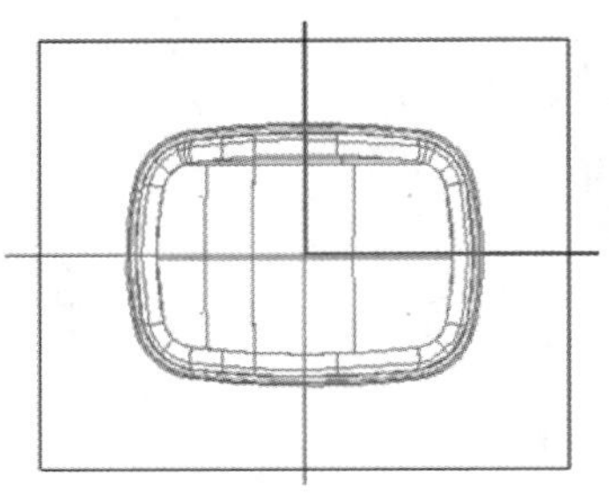

图 7－21　分型面边界矩形绘制

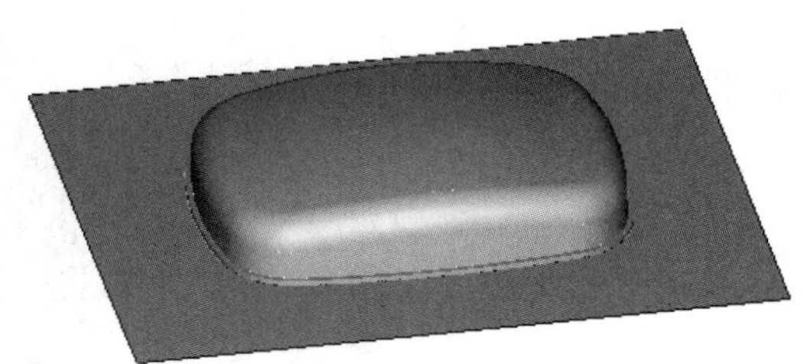

图 7－22　分型面绘制结果

4）生成止口与曲面相交处边界线

选择“线框”→“按平面曲线切片”下拉列表中的“曲面交线”命令，选择止口顶面，单击“结束选择”按钮结束选择，选择与止口交界的其余凸台曲面，单击“结束选择”按钮结束选择，单击“确定”按钮，生成曲面交线。

4. 凸模加工刀具路径生成

1）机床选择

选择“机床”→“铣床”下拉列表中的“默认（D）”命令。

2）工件设定

在“刀路”操作管理器中单击“毛坯设置”，按照图 7－23 所示设定工件参数。点选“显示”选项后，工作区零件图形如图 7－24 所示。

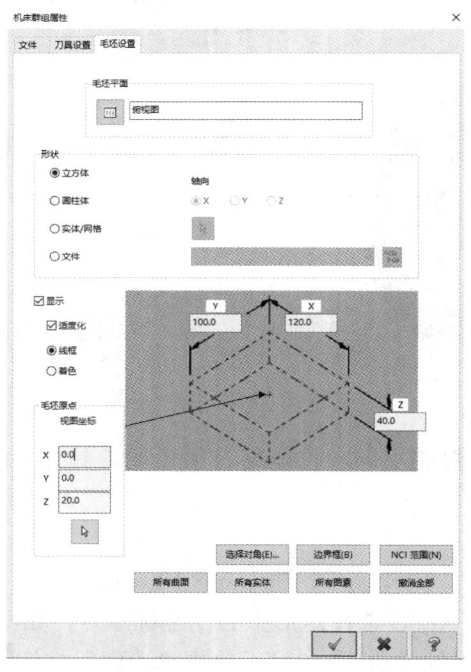

图 7－23　工件参数设定

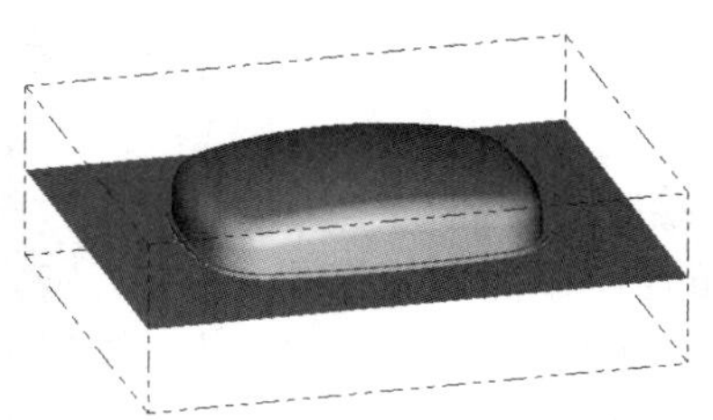

图 7－24　加边界盒后的零件图形

2）粗加工刀具路径生成

（1）粗加工分型面。

采用ϕ20 mm 直柄波纹立铣刀粗加工去除大部分余量，预留 1.5 mm 半精和精加工余量。

① 在“刀路”操作管理器空白处右键单击，在弹出的快捷菜单中选择“铣床刀路”→“挖槽”命令，串连选择分型面边界（注意串连两个边界线时都在左端中点作为串连起始点，串连方向一致），单击“确定”按钮✔。

② 单击“刀具”选项卡，并按照图 7－25 所示设置刀具参数。

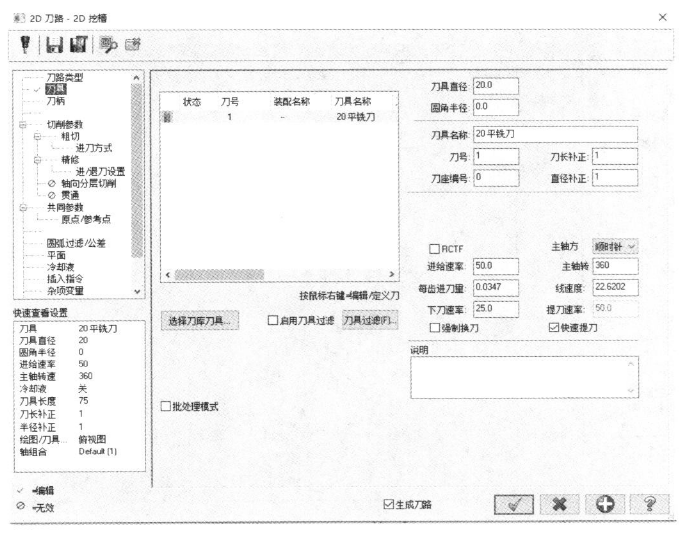

图 7－25　“刀具”参数设置

③ 单击“切削参数”选项卡，在“挖槽加工形式”下拉列表中选择“平面铣”选项，按照图 7－26 所示设置挖槽参数。

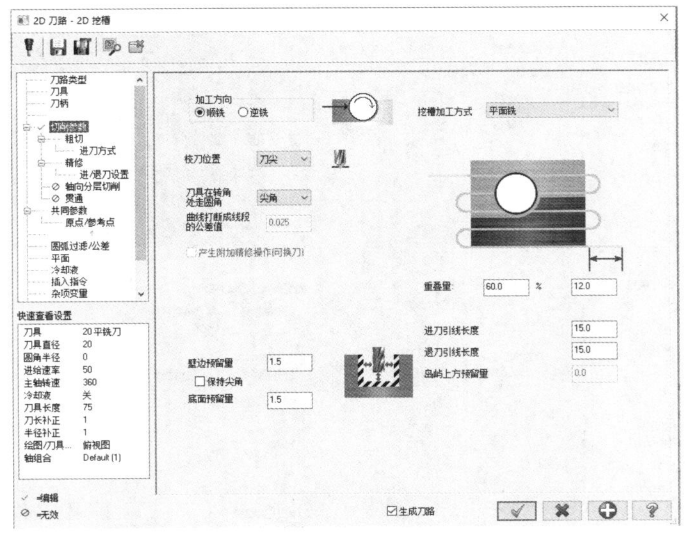

图 7－26　挖槽参数设置

④ 单击“粗切”选项卡，按照图 7－27 所示设置粗加工参数。

⑤ 单击“粗切”中的“进刀方式”选项卡，按照图 7－28 所示设置“螺旋”进刀方式参数。

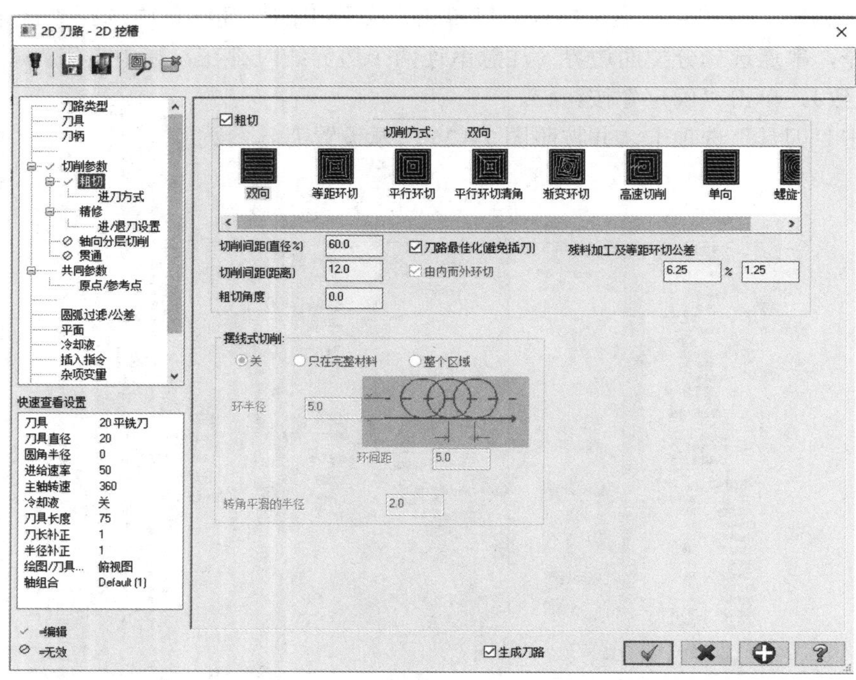

图 7－27 “粗切”参数设置

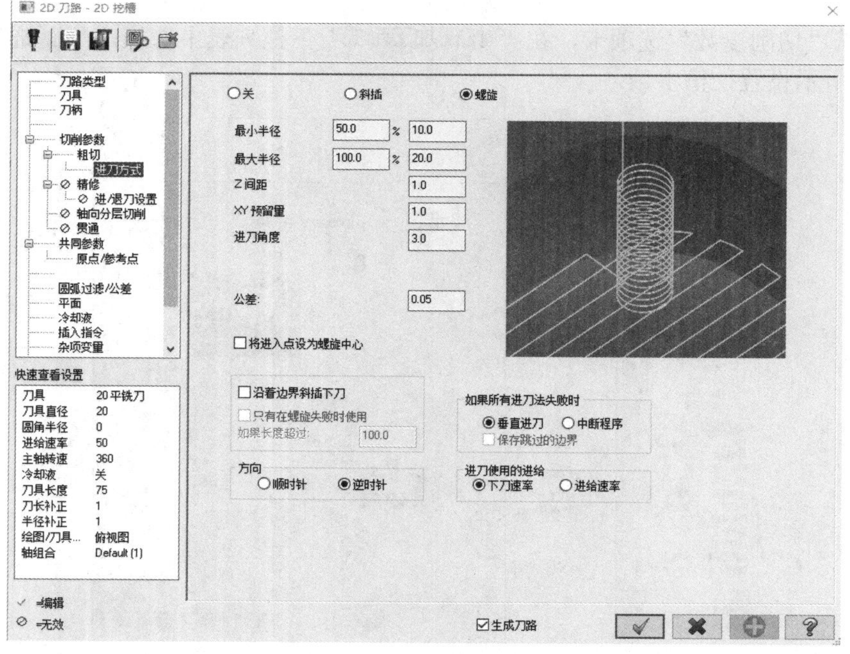

图 7－28 “螺旋”进刀方式设置

⑥ 单击“精修”选项卡，不勾选“☐精修”选项。

⑦ 单击“轴向分层切削”选项卡，按照图 7－29 所示设置加工参数

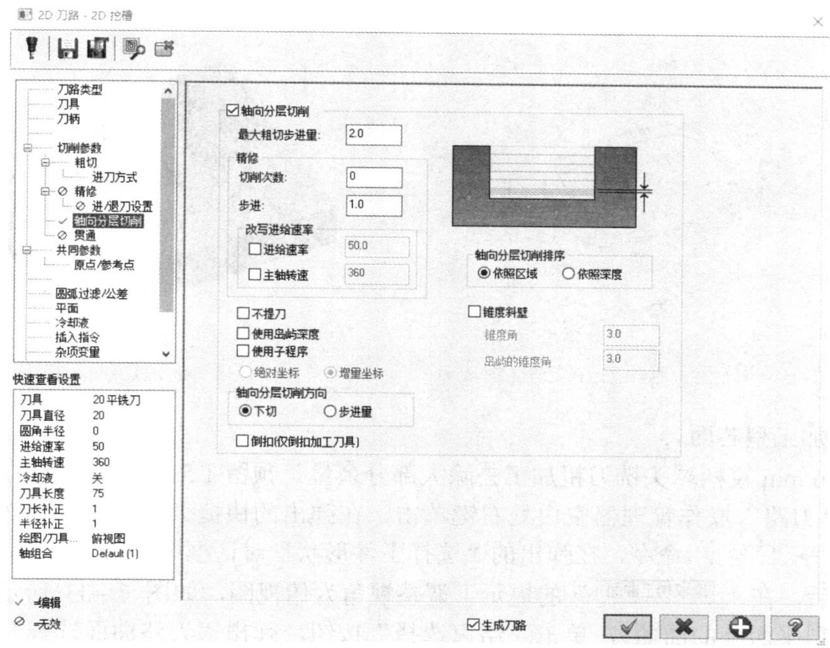

图 7－29 “轴向分层切削”参数设置

⑧ 单击“共同参数”选项卡，按照图 7－30 所示设置加工参数。

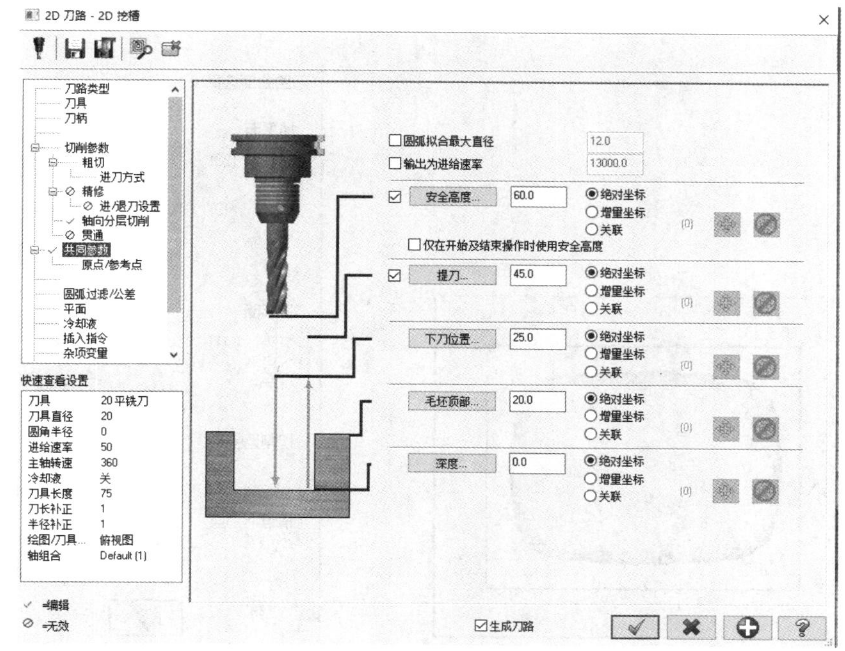

图 7－30 “共同参数”设置

所有参数设置完毕后单击“确定”按钮✔，生成分型面粗加工刀具路径如图 7-31 所示，模拟切削结果如图 7-32 所示。

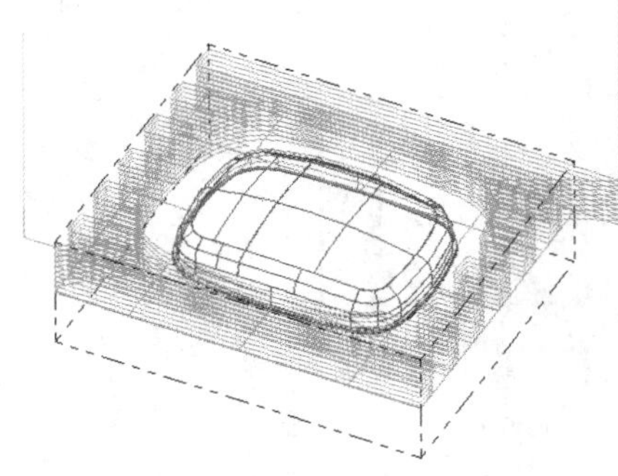

图 7-31　分型面粗加工刀具路径生成

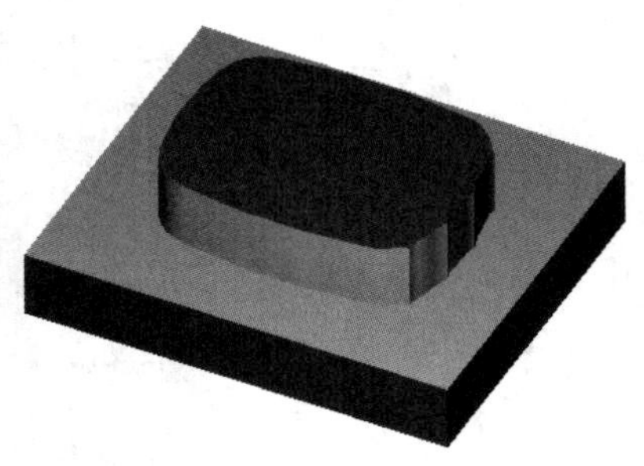

图 7-32　模拟切削结果

（2）粗加工型芯面。

采用ϕ16 mm 直柄球头铣刀粗加工去除大部分余量，预留 1.5 mm 半精和精加工余量。

① 在“刀路”操作管理器空白处右键单击，在弹出的快捷菜单中选择“铣床刀路”→“曲面粗切”→“平行”命令，在弹出的“选择工件形状”对话框中点选“◉ 凸”，单击“确定”按钮✔后，在“选取加工曲面”的提示下调整视角为俯视图，如图 7-33 所示窗选型芯曲面（即除分型平面外的曲面），单击“结束选择”按钮，弹出“刀路曲面选择”对话框。如图 7-34 所示，在“干涉曲面”栏单击“↖”按钮，选择分型面作为干涉检查面，设定干涉面预留量为 1.5 mm，单击“结束选择”按钮，单击“确定”按钮✔。

② 在“曲面粗切平行”对话框中单击“刀具参数”选项卡，并按照图 7-35 所示设置刀具参数。

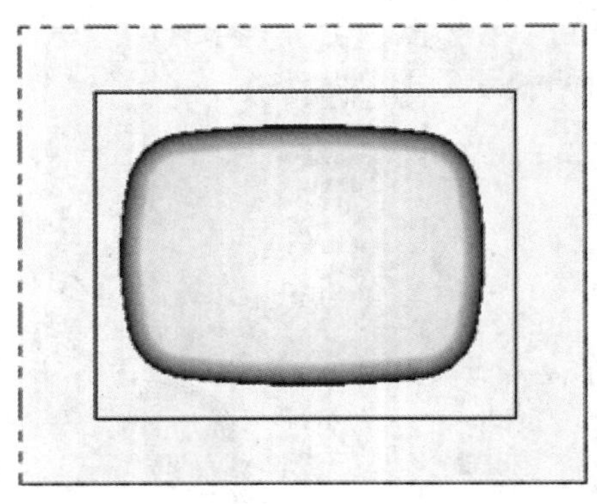

图 7-33　窗选型芯曲面

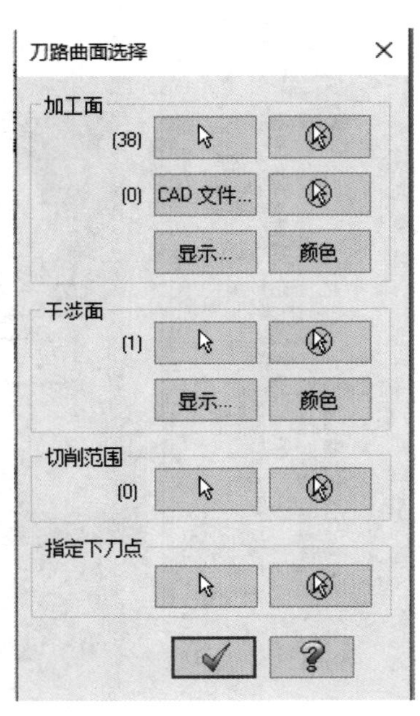

图 7-34　“刀路曲面选择”对话框

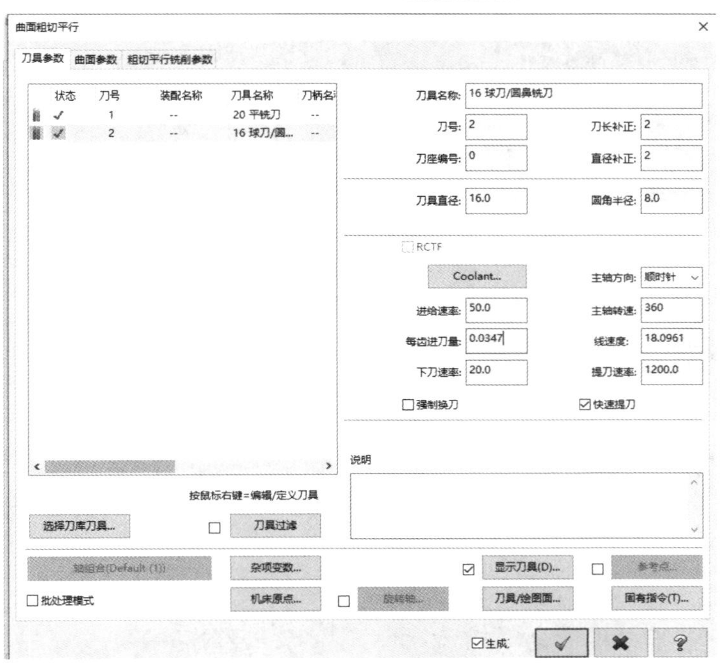

图 7－35　“刀具”参数设置

③ 单击“曲面参数”选项卡，按照图 7－36 所示设置曲面参数。

④ 单击“粗切平行铣削参数”选项卡，按照图 7－37 所示设置曲面平行铣削粗加工参数。

⑤ 参数设置完毕后单击“确定”按钮，加工模拟效果如图 7－38 所示。

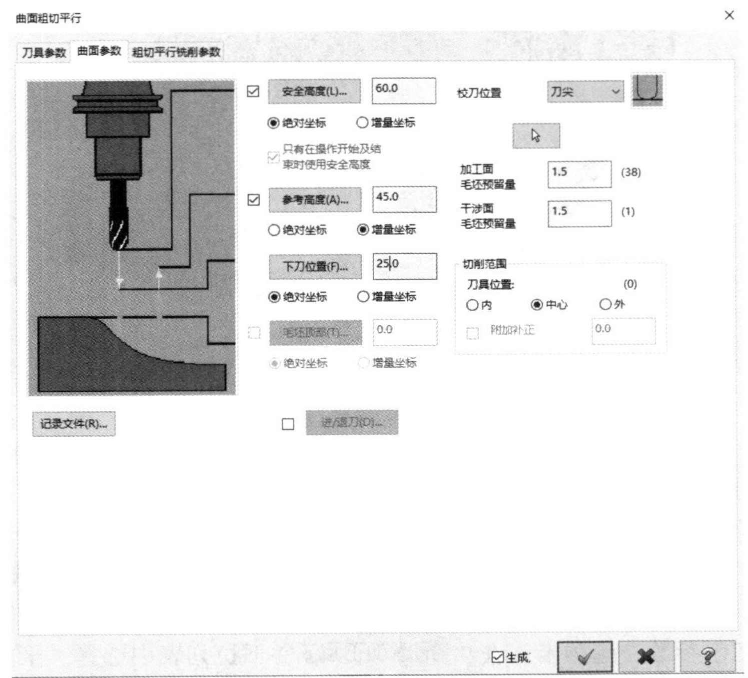

图 7－36　“曲面参数”设置

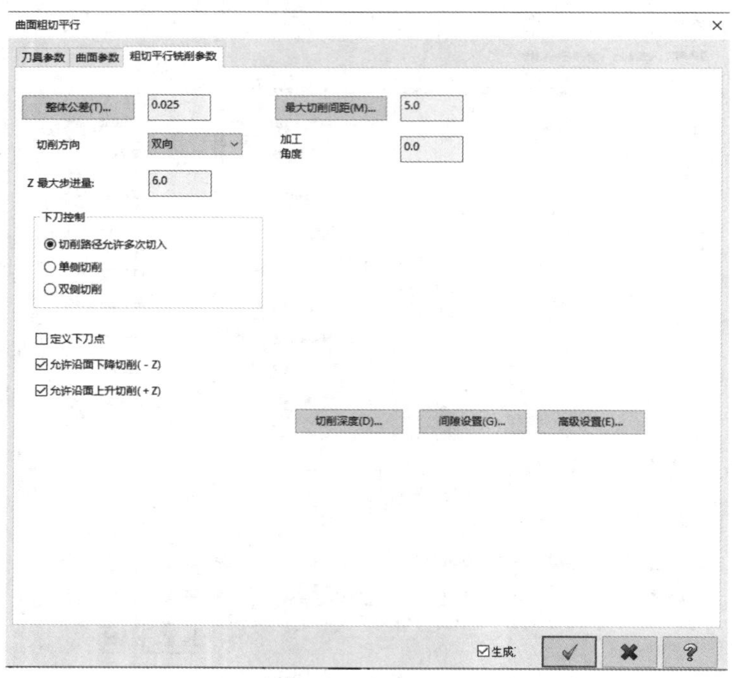

图 7－37 “粗切平行铣削参数”设置

图 7－38 加工模拟效果

3）精加工刀具路径生成

（1）采用ϕ16 mm 直柄立铣刀对分型面、止口侧面部位进行精加工。

① 在“刀路”操作管理器空白处右键单击，在弹出的快捷菜单中选择“铣床刀路”→“挖槽”命令，串连选择分型面边界（注意串连两个边界线时都在左端中点作为串连起始点，串连方向一致），单击“确定”按钮✔。

② 单击“切削参数”选项卡，在“挖槽加工形式”下拉列表中选择“平面铣”选项，按照图 7－39 所示设置挖槽“切削参数”。

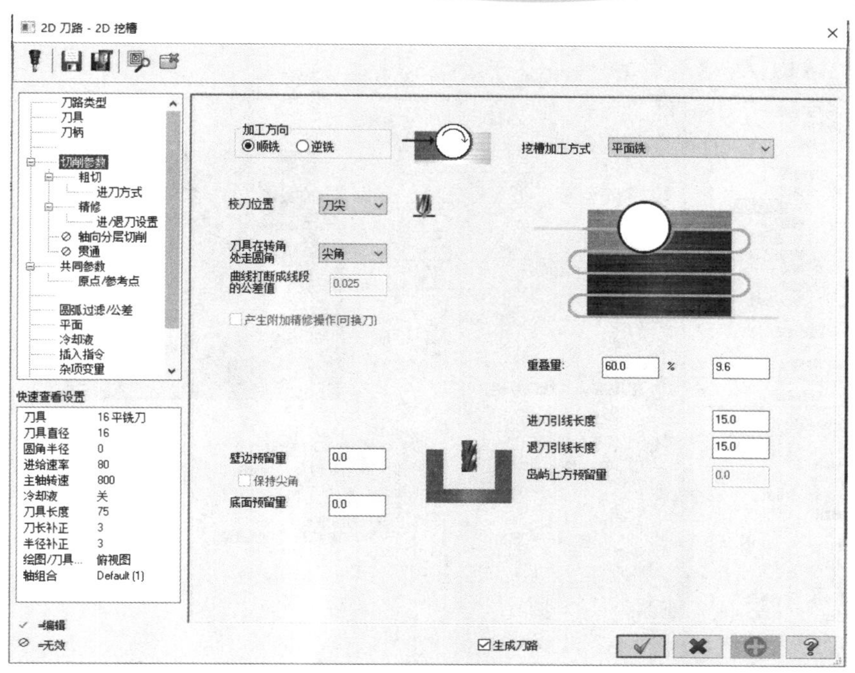

图 7-39　挖槽“切削参数”设置

③ 单击“粗切”选项卡，按照图 7-40 所示设置“粗切”参数。

④ 单击“粗切”中的“进刀方式”选项卡，按照图 7-41 所示设置“螺旋”进刀方式参数。

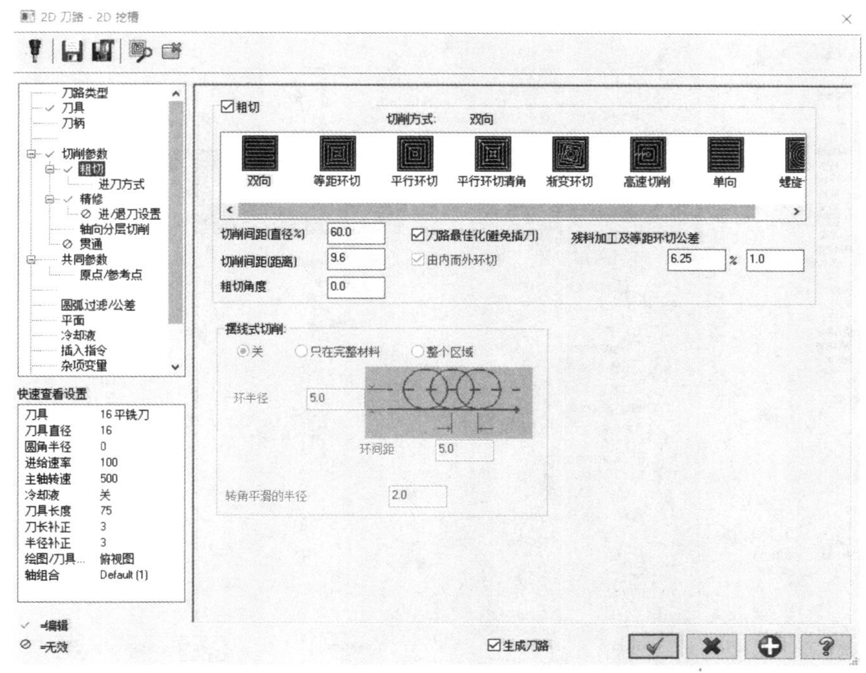

图 7-40　“粗切”参数设置

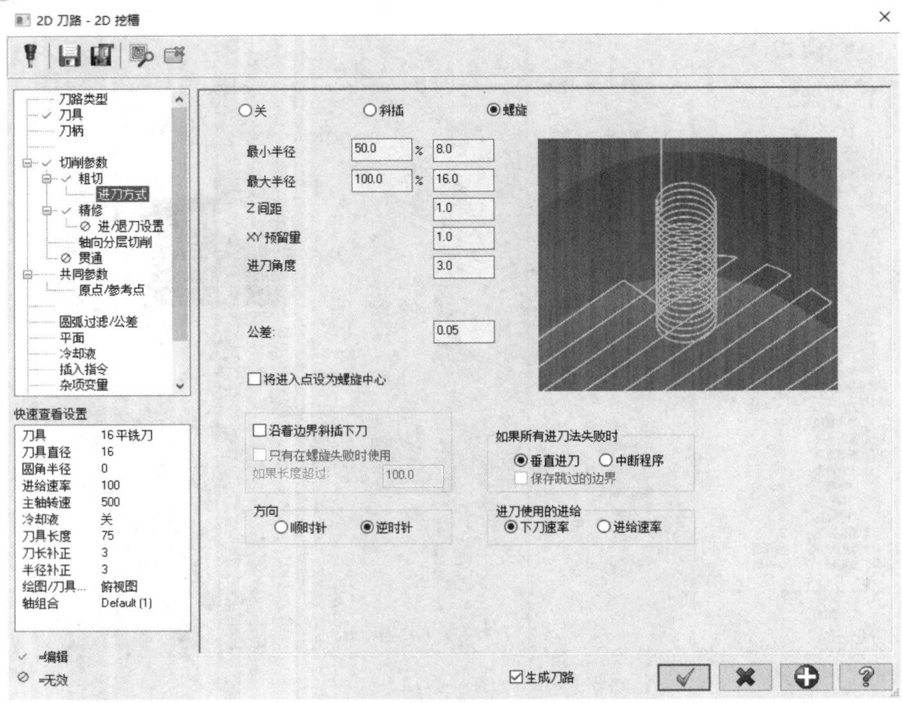

图 7－41 “螺旋”进刀方式设置

⑤ 单击“精修”选项卡，勾选“☑精修”选项，相应参数设置为“次 1 间距 0.25 精修次数 0 刀具补正方式 电脑”。

⑥ 单击“轴向分层切削”选项卡，按照图 7－42 所示设置加工参数。

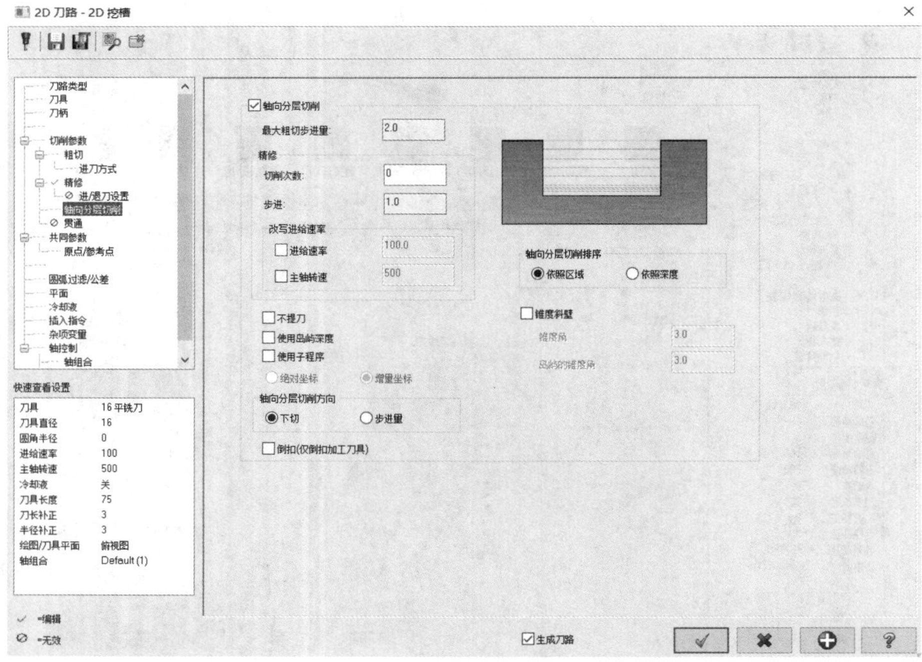

图 7－42 “轴向分层切削”参数设置

⑦ 单击“共同参数”选项卡，按照图 7-43 所示设置加工参数。

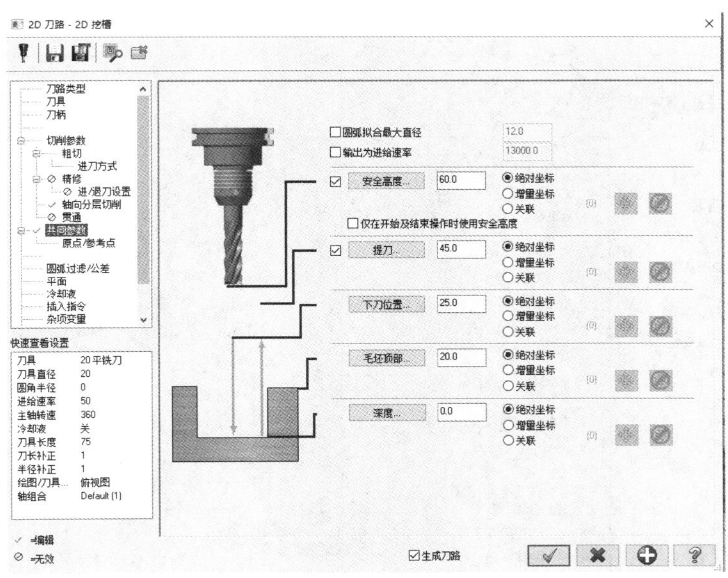

图 7-43 “共同参数”设置

（2）精加工止口顶面。

采用ϕ16 mm 直柄立铣刀轮廓铣削方式加工。

① 在“刀路”操作管理器空白处右键单击，在弹出的快捷菜单中选择“铣床刀路”→“外形铣削”命令，串连止口与曲面相交处边界线，单击“确定”按钮✔，弹出“2D 刀路-外形铣削”对话框。

② 单击“刀具”选项卡，并按照图 7-44 所示设置刀具参数。

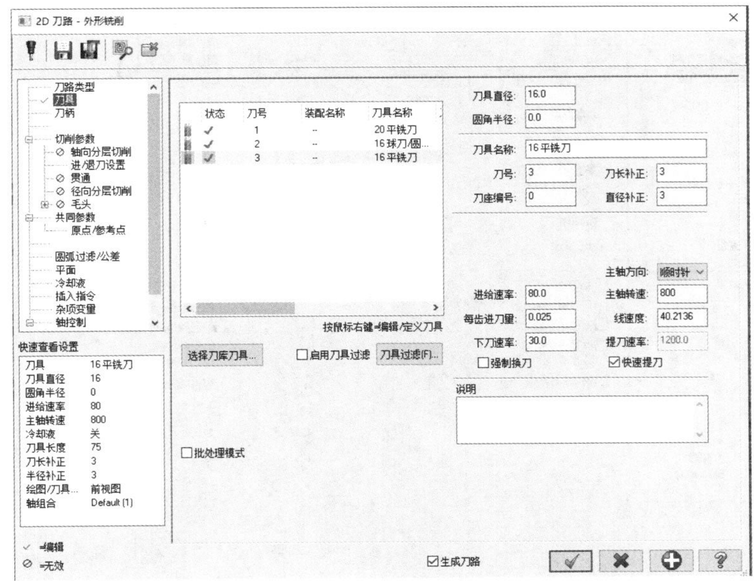

图 7-44 “刀具”参数设置

③ 单击“切削参数”选项卡，并按照图 7－45 所示设置参数。

④ 单击“进/退刀设置”选项卡，并按照图 7－46 所示设置参数。

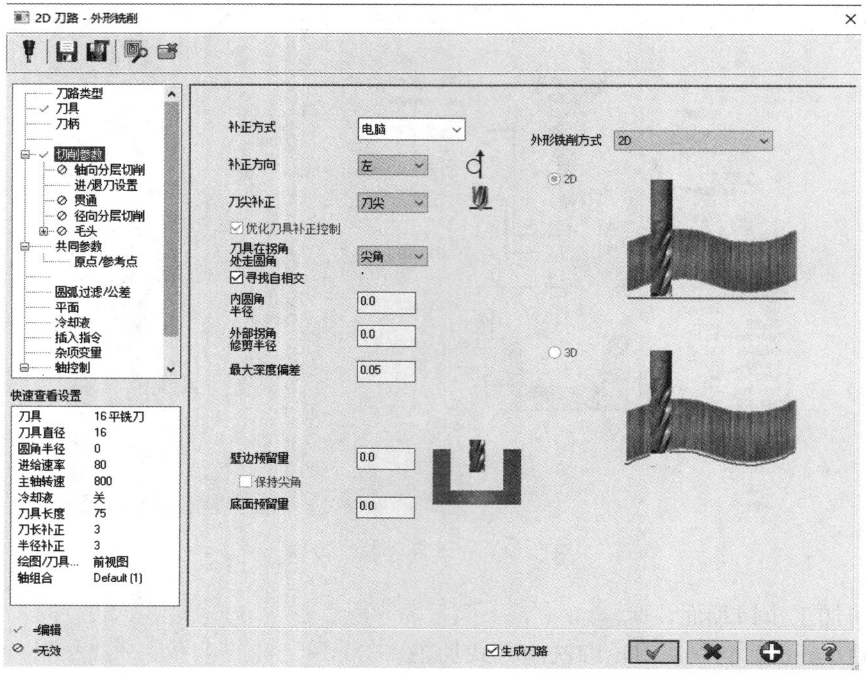

图 7－45　外形铣削“切削参数”设置

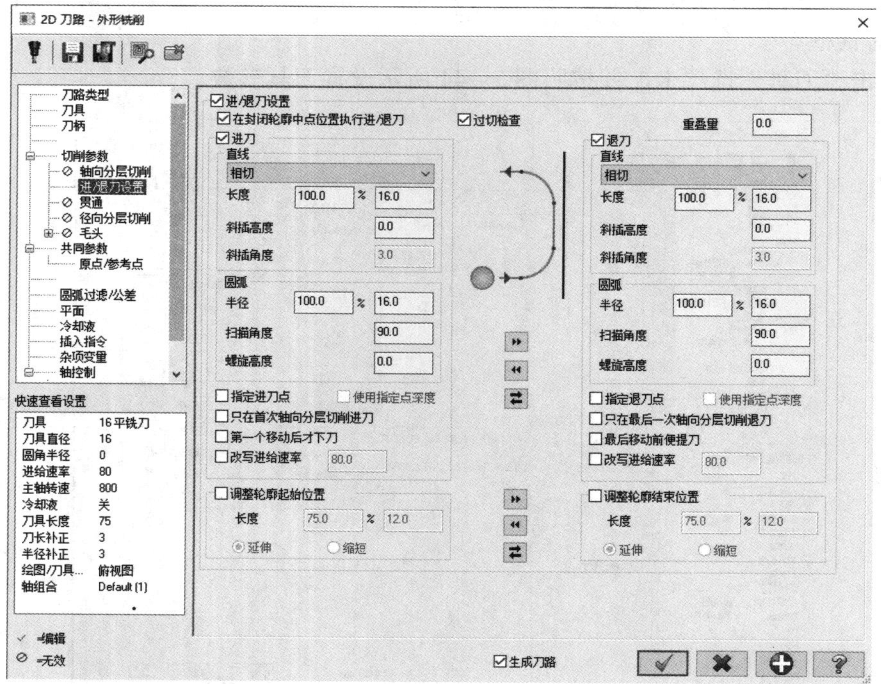

图 7－46　外形铣削“进/退刀设置”

⑤ 单击“共同参数”选项卡，并按照图 7－47 所示设置参数。

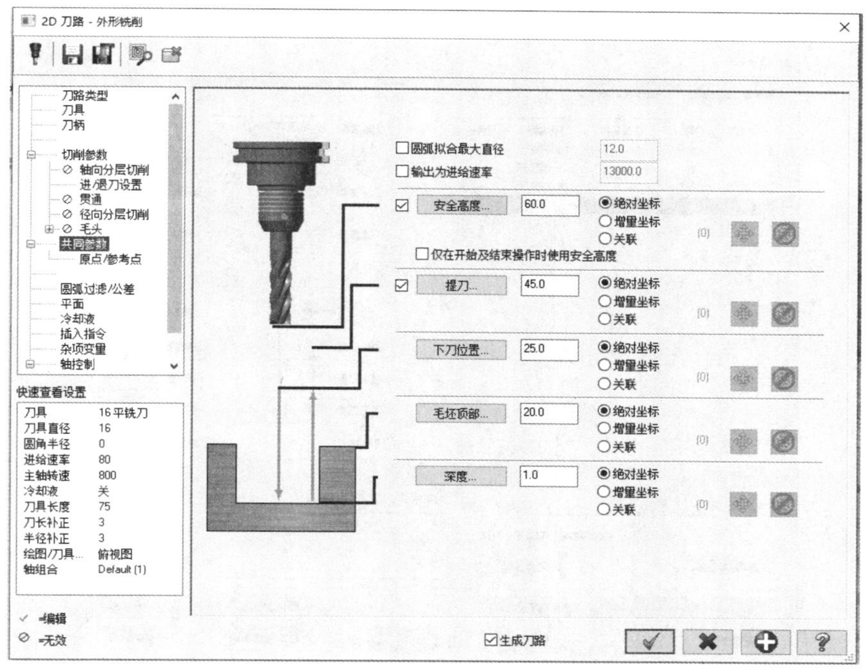

图 7－47　外形铣削“共同参数”设置

⑥ 参数设置完毕后单击“确定”按钮✔，切削模拟效果如图 7－48 所示。

图 7－48　切削模拟效果

（3）半精加工型芯曲面。

采用ϕ10 mm 直柄球头铣刀半精加工，预留 0.2 mm 精加工余量。

① 在“刀路”操作管理器空白处右键单击，在弹出的快捷菜单中选择“铣床刀路”→“曲面精修”→“平行”命令，在“选取加工曲面”的提示下，调整视角为俯视图，如图 7－33 所示窗选型芯曲面（即除分型平面外的曲面），回车，弹出“刀路曲面选择”对话框。在“干涉曲面”栏单击“↖”按钮，选择分型面作为干涉检查面，设定干涉面预留量为 0.5 mm。

② 在“曲面精修平行”对话框中单击“刀具参数”选项卡，并按照图 7－49 所示设置刀具参数。

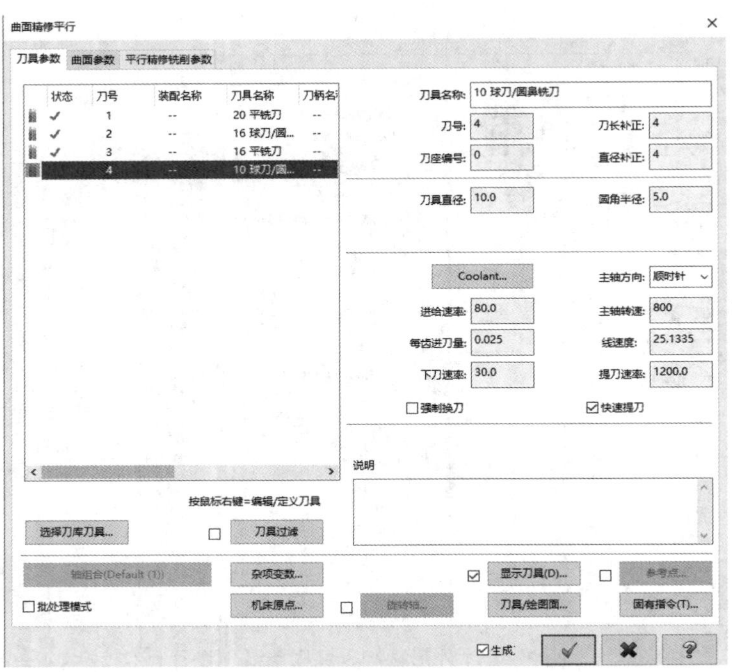

图 7－49 “刀具参数”设置

③ 单击“曲面参数”选项卡，按照图 7－50 所示设置曲面参数。

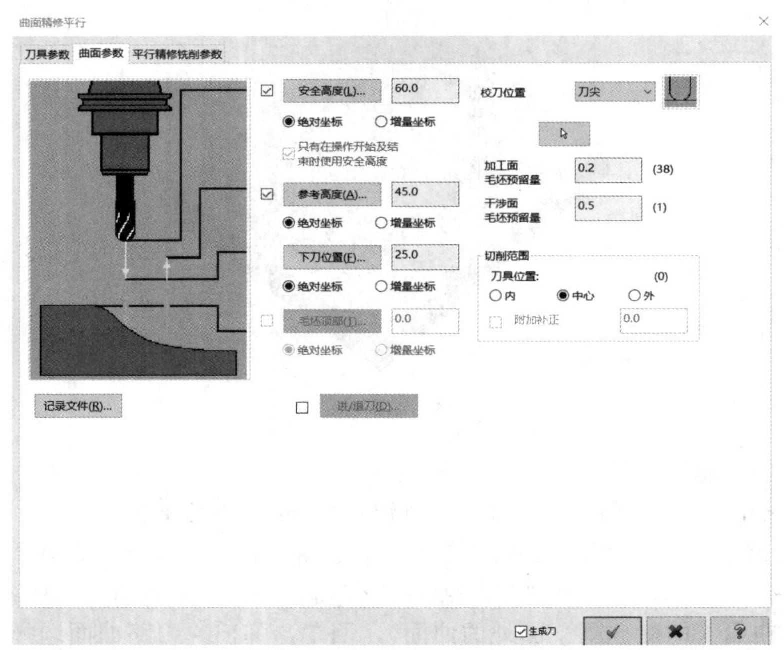

图 7－50 “曲面参数”设置

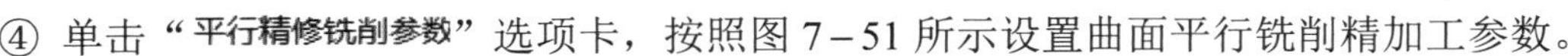

④ 单击“**平行精修铣削参数**”选项卡，按照图 7－51 所示设置曲面平行铣削精加工参数。

图 7－51　“平行精修铣削参数”设置

⑤ 参数设置完毕后，单击“确定”按钮，加工模拟效果如图 7－52 所示。

图 7－52　加工模拟效果

（4）精加工型芯曲面。

采用ϕ10 mm 直柄球头铣刀精加工。

① 在“刀路”操作管理器空白处右键单击，在弹出的快捷菜单中选择“铣床刀路”→“曲面精修”→“平行”命令，在“选取加工曲面”的提示下，调整视角为俯视图，如图 7－33 所示窗选型芯曲面（即除分型平面外的曲面），回车，弹出“刀具曲面选择”对话框。在“**干涉曲面**”栏单击“”按钮，选择分型面作为干涉检查面，设定干涉面预留量为 0.5 mm。

② 在“曲面精修平行”对话框中单击“**刀具参数**”选项卡，并按照图 7－53 所示设置刀具参数。

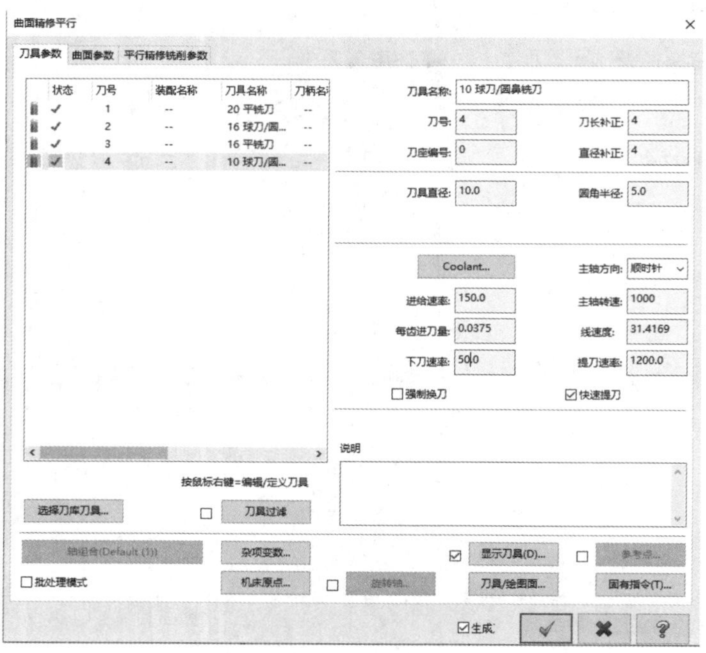

图 7－53 “刀具参数”设置

③ 单击“**曲面参数**”选项卡，按照图 7－54 所示设置曲面参数。

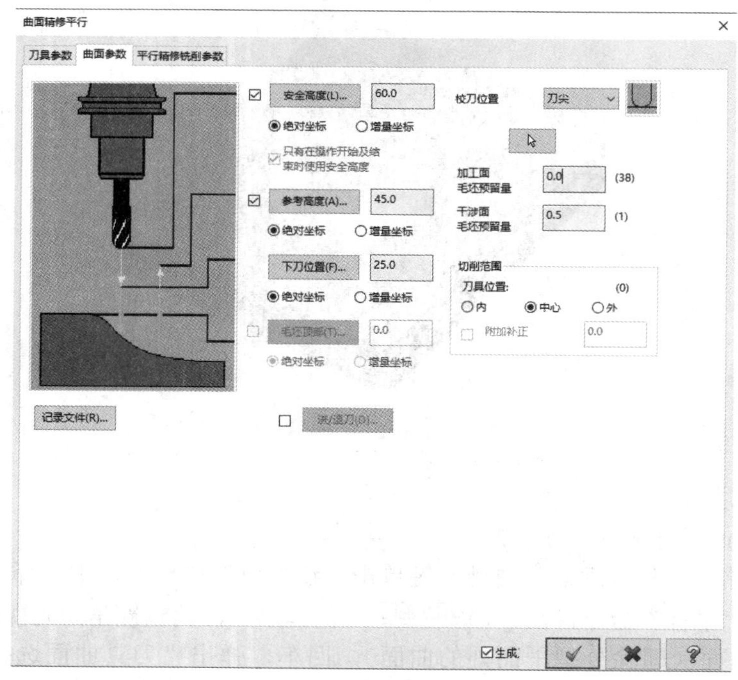

图 7－54 “曲面参数”设置

④ 单击“**平行精修铣削参数**”选项卡，按照图 7－55 所示设置曲面平行铣削精加工参数。

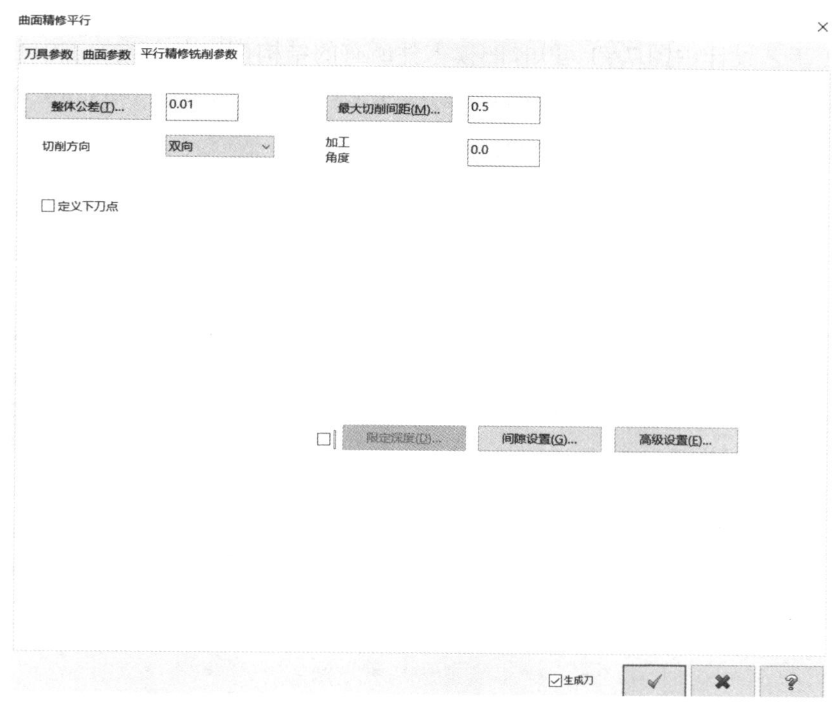

图 7－55　“平行精修铣削参数”设置

⑤ 参数设置完毕后，单击“确定”按钮✔，加工模拟效果如图 7－56 所示。

图 7－56　加工模拟效果

4）后处理

刀具切削路径经验证无误后，在操作管理器中单击“执行选择的操作进行后处理”按钮**G1**，执行刀具路径的后置处理，具体操作要求见项目 6。

项目描述任务操作视频 XM7S－2

5）加工操作

利用机床数控系统网络传输功能把 NC 程序传入数控装置存储器中，或者使用 DNC 方式进行加工。操作前把所有刀具按照编号装入刀库，并把对

刀参数存入相应位置，经过空运行等方式验证后即可加工。

5. 香皂盒面壳模型凹模加工工艺分析

数控加工工艺设计由图 7–1 可知，凹模零件所有的结构都能在立式加工中心上一次装夹加工完成。零件毛坯已经在普通机床上加工到尺寸 120 mm × 100 mm × 40 mm，故只需考虑型腔部分的加工。数控加工工序中，按照粗加工—半精加工—精加工的步骤进行。

1） 加工步骤设置

根据以上分析，制定工件的加工工艺路线为：采用ϕ16 mm 直柄键槽立铣刀一次切除大部分余量；采用ϕ16 mm 球刀进行半精加工；最后采用ϕ10 mm 球刀进行光刀加工。

2） 工件的装夹与定位

工件的外形是长方体，采用平口钳定位与装夹。平口钳采用百分表找正，基准钳口与机床 X 轴一致并固定于工作台，预加工毛坯装在平口钳上。采用寻边器找出毛坯 X、Y 方向中心点在机床坐标系中的坐标值，作为工件坐标系原点，Z 轴坐标原点设定于毛坯上表面下 2 mm，工件坐标系设定于 G55。

3） 刀具的选择

工件材料为 40Cr，刀具材料选用高速钢。

4） 编制数控加工工序卡

综合以上分析，编制数控加工工序卡，见表 7–2。

表 7–2　数控加工工序卡

工步号	工步内容	刀具号	刀具规格	主轴转速/（r · min^{-1}）	进给速度/（mm · min^{-1}）
1	平行式铣削粗加工型腔曲面	T1	ϕ16 键槽铣刀	360	50
2	平行式铣削半精加工型腔曲面	T2	ϕ16 球头铣刀	500	80
3	平行式铣削精加工型腔曲面	T3	ϕ10 球头铣刀	1 000	120

6. 香皂盒面壳模型凹模零件造型

1） 原型零件的生成

打开前面生成的香皂盒面壳实体模型。

2） 模具加工曲面生成

（1） 生成凹模零件所用曲面。

根据前面所做零件实体模型，生成凹模零件所用曲面。

层别 1、2、3 设置及所绘图形同前，在此层别设置为 4。选择“曲面”→“由实体生成曲面”命令，选取肥皂盒面壳实体即可。之后隐藏实体并删除内侧曲面，结果如图 7–57 所示。

（2） 按照塑料件收缩率放大凹模曲面。

选择“转换”→“比例”命令，窗口方式选取所有绘图区对象，单击“结束选择”按钮后弹出“比例”对话框，然后单击“参考点”区域中的“重新选择（T）”选项，选择原点为缩放参考点，按照图 7–58 所示设置收缩率参数，并单击“确定”按钮。

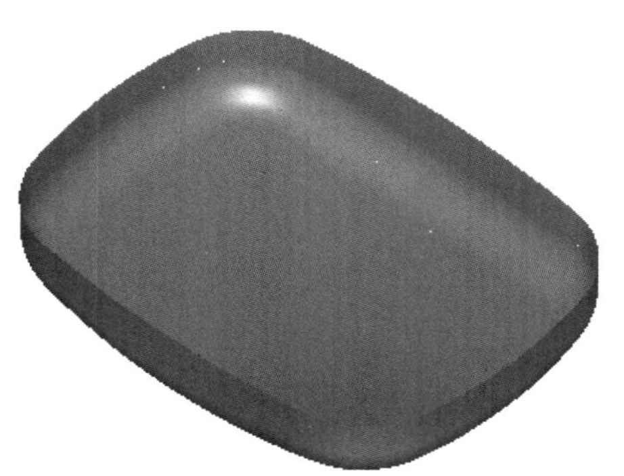

图 7－57　凹模曲面

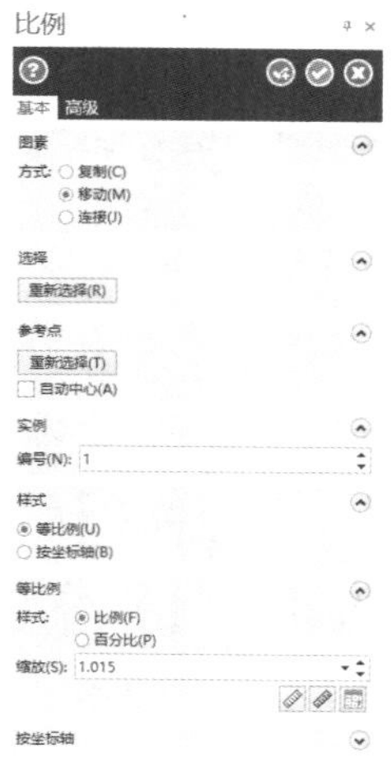

图 7－58　收缩率参数设置

（3） 改变原点位置。

调整绘图平面为前视图，选择“镜像”命令，窗口方式选取所有绘图区对象，选择后单击“确定”按钮，然后点选 *X* 轴作为镜像轴，按照图 7－59 所示设置镜像参数，镜像结果如图 7－60 所示。

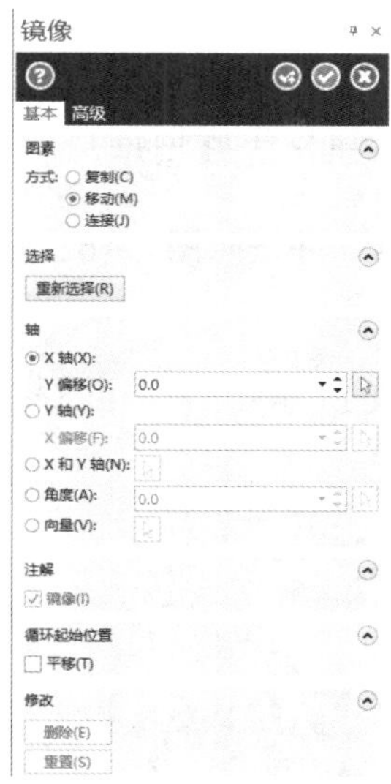

图 7－59　镜像参数设置

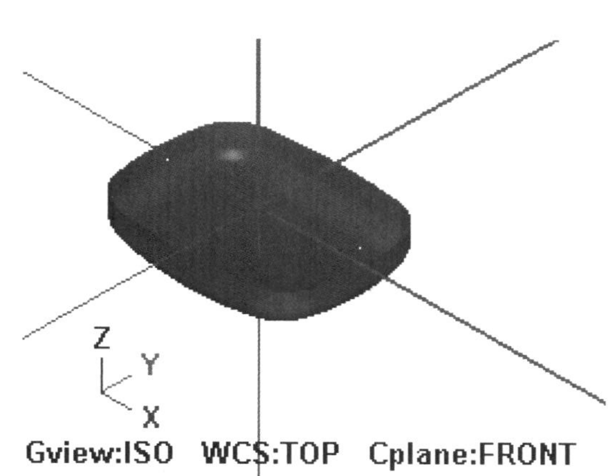

图 7－60　镜像结果

7. 凹模加工刀具路径生成

1） 工件设定

在操作管理器中单击“毛坯设置”，按照图 7－61 所示设定工件参数。

项目描述任务操作视频 XM7S－3

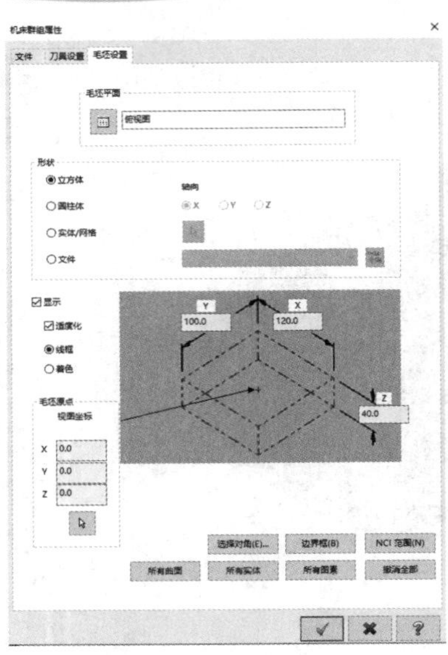

图 7－61　设定工件参数

2）粗加工刀具路径生成

采用 ϕ16 mm 直柄键槽铣刀粗加工去除大部分余量，预留 1.5 mm 半精和精加工余量。

（1）在“刀路”操作管理器空白处右键单击，在弹出的快捷菜单中选择“铣床刀路”→“曲面粗切”→“平行”命令，在弹出的“选取工件的形状”对话框中点选“凹”，单击“确定”按钮后，在“选取加工曲面”的提示下调整视角为俯视图，窗选型腔曲面，回车，弹出“刀具路径的曲面选取”对话框，单击“确定”按钮。

（2）在“曲面粗切平行”对话框中单击“刀具参数”选项卡，并按照图 7－62 所示设置刀具参数。

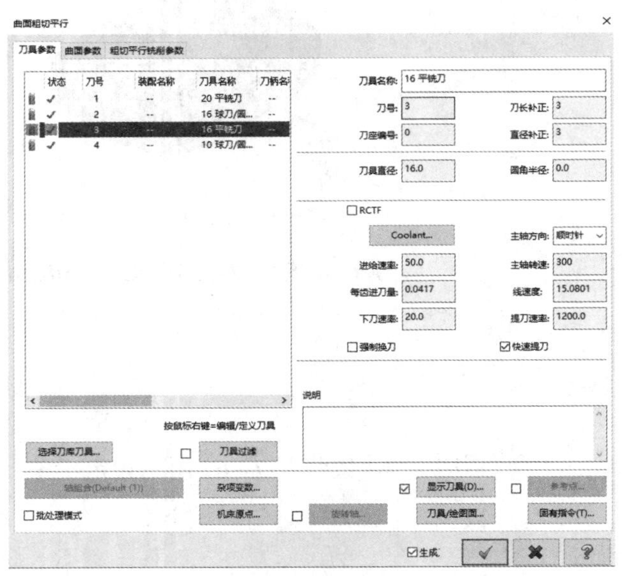

图 7－62　“刀具参数”设置

（3）单击“曲面参数”选项卡，按照图 7－63 所示设置曲面参数，其中“进/退刀向量”设置如图 7－64 所示。

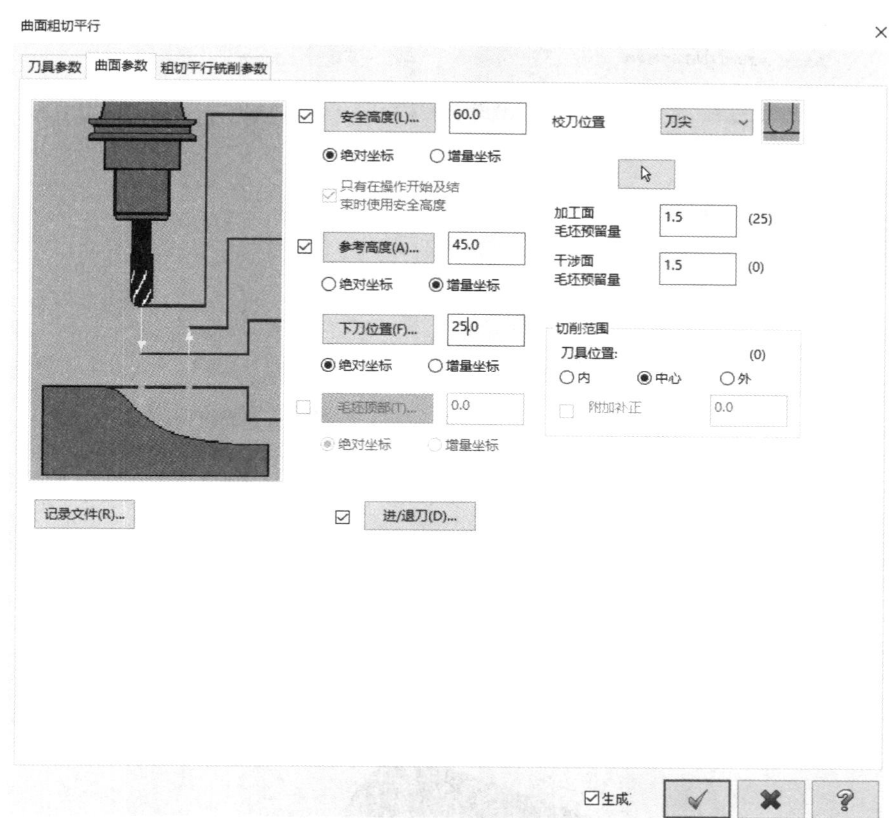

图 7－63　“曲面参数”设置

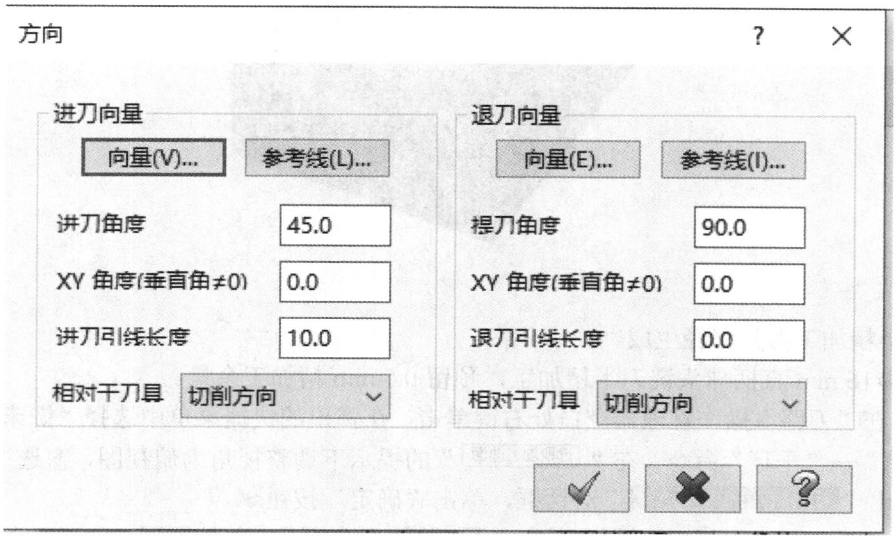

图 7－64　进/退刀向量参数设置

（4）单击“粗切平行铣削参数”选项卡，按照图 7－65 所示设置曲面平行铣削粗加工参数。

（5）参数设置完毕后单击“确定”按钮✔，加工模拟效果如图 7－66 所示。

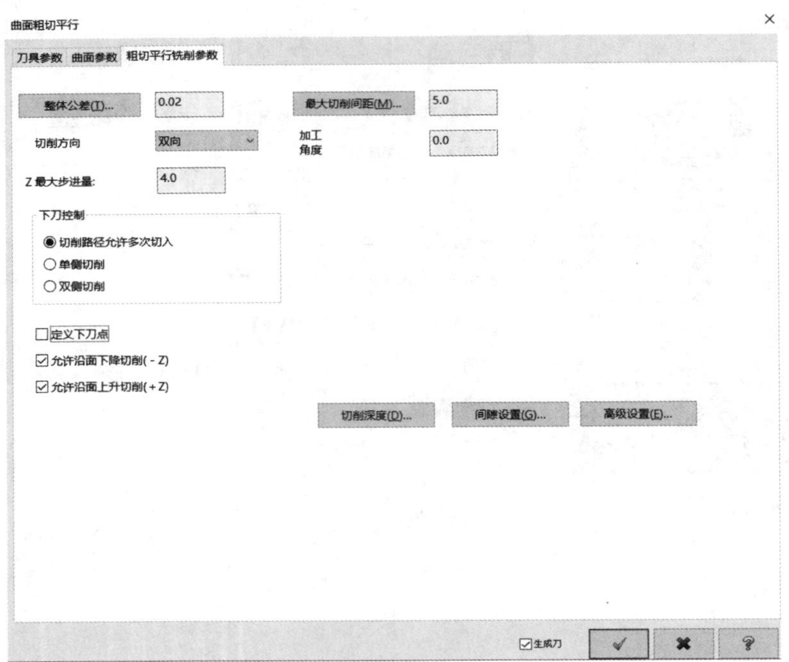

图 7－65 “粗切平行铣削参数”设置

图 7－66 加工模拟效果

3）半精加工刀具路径生成

采用ϕ16 mm 直柄球头铣刀半精加工，预留 0.5 mm 精加工余量。

（1）在“刀路”操作管理器空白处右键单击，在弹出的快捷菜单中选择“铣床刀路”→“曲面精修”→“平行”命令，在“选取加工曲面”的提示下调整视角为俯视图，窗选型腔曲面，回车，弹出“刀具路径的曲面选取”对话框，单击“确定”按钮✔。

（2）在“曲面精修平行”对话框中单击“刀具参数”选项卡，并按照图 7－67 所示设置刀具参数。

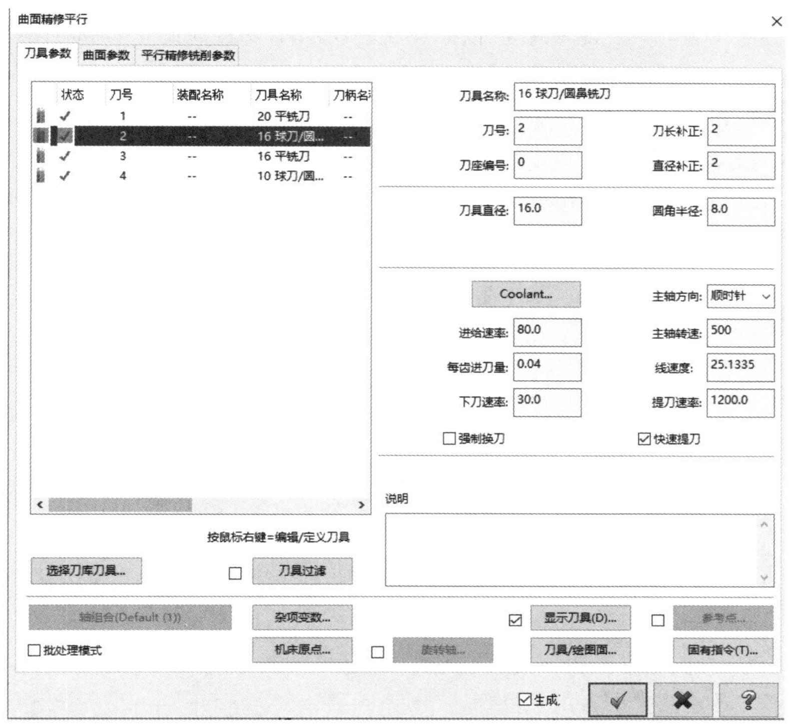

图 7-67　“刀具参数”设置

（3） 单击“曲面参数”选项卡，按照图 7-68 所示设置曲面参数。

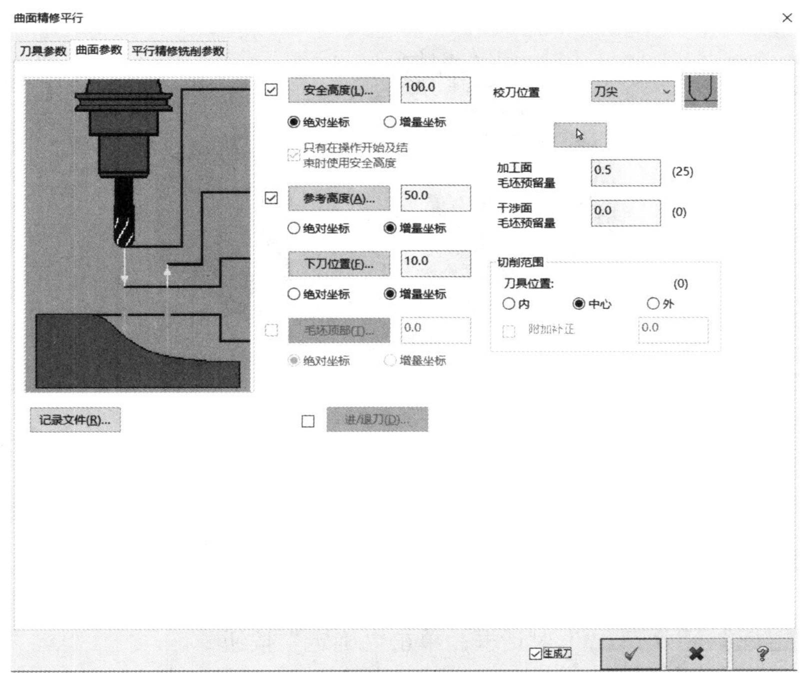

图 7-68　“曲面参数”设置

（4）单击“曲面精修平行”选项卡，按照图 7－69 所示设置曲面平行铣削精加工参数。

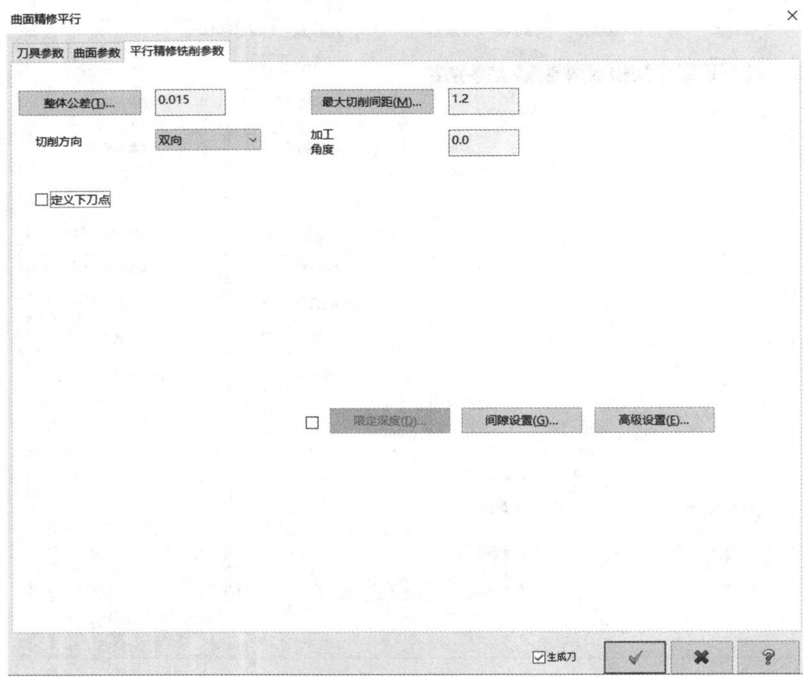

图 7－69 “平行精修铣削参数”设置

（5）参数设置完毕后单击“确定”按钮，加工模拟效果如图 7－70 所示。

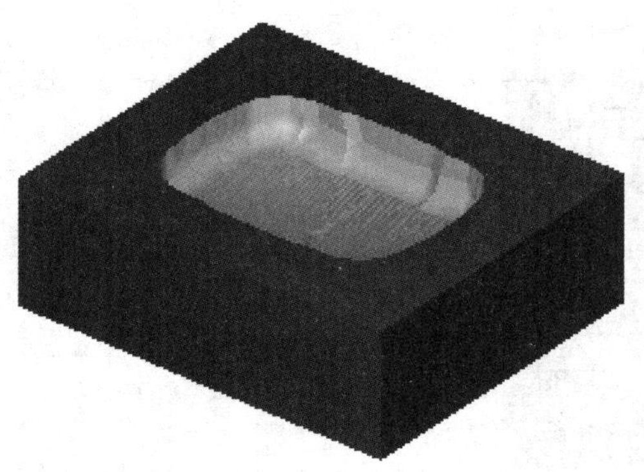

图 7－70 加工模拟效果

4）精加工型腔曲面

采用ϕ10 mm 直柄球头铣刀精加工。

（1）在“刀路”操作管理器空白处右键单击，在弹出的快捷菜单中选择“铣床刀路”→“曲面精修”→“平行”命令，在“选取加工曲面”的提示下调整视角为俯视图，窗选型腔曲面，回车，弹出“刀具路径的曲面选取”对话框，单击“确定”按钮。

（2）在“曲面精修平行”对话框中单击“刀具参数”选项卡，并按照图 7－71 所示设置刀具参数。

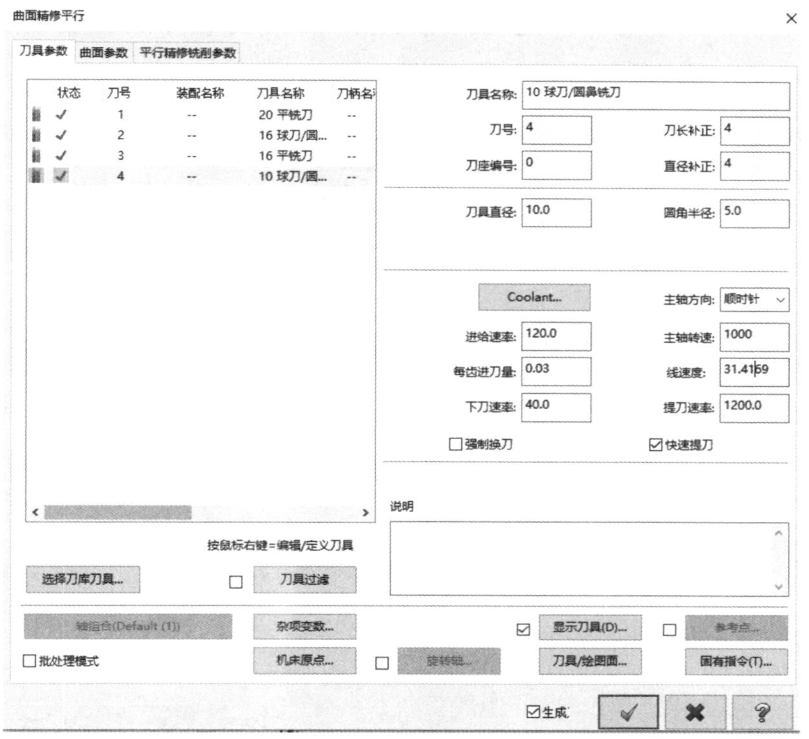

图 7－71　“刀具参数”设置

（3）单击“曲面参数”选项卡，按照图 7－72 所示设置曲面参数。

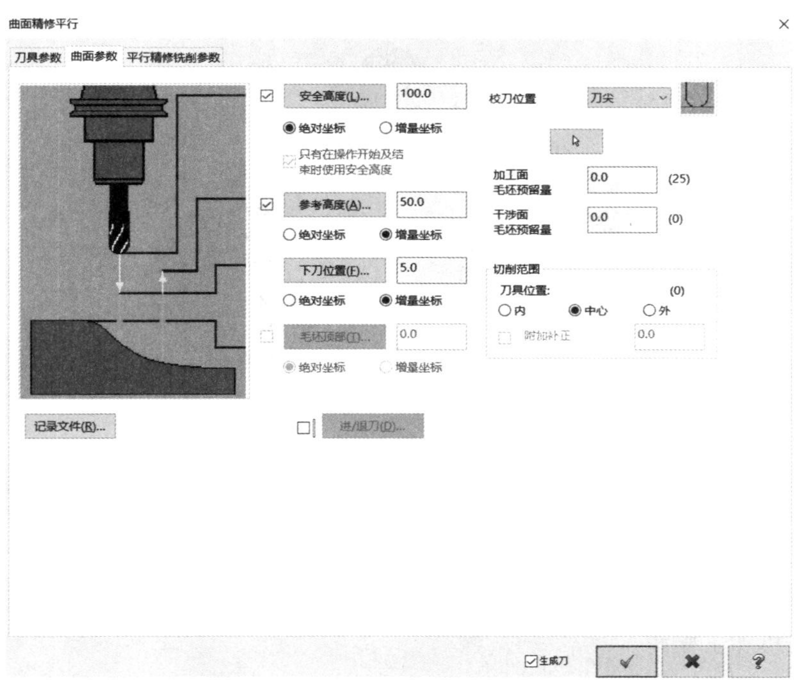

图 7－72　“曲面参数”设置

（4）单击“平行精修铣削参数”选项卡，按照图 7－73 所示设置曲面平行铣削精加工参数。

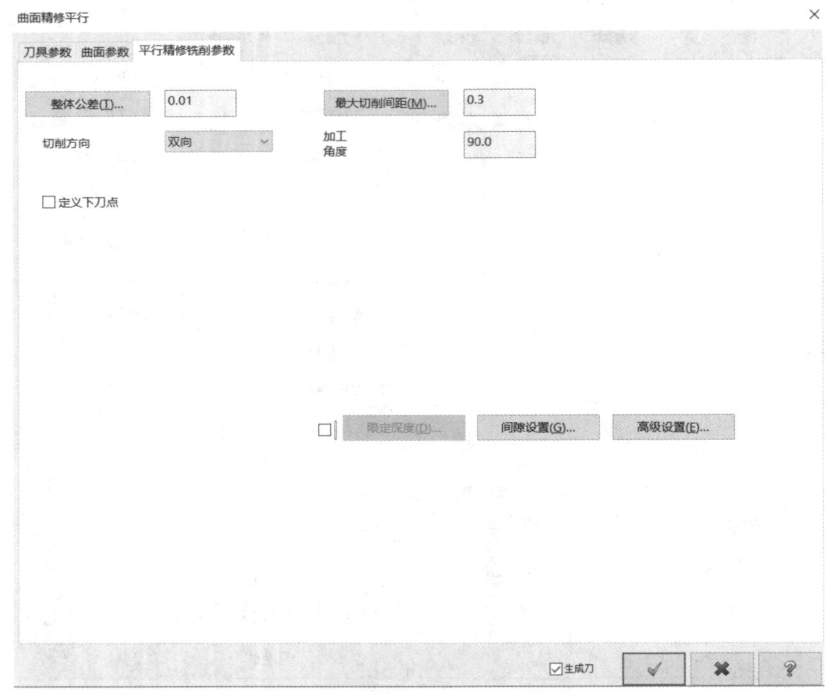

图 7－73 “平行精修铣削参数”设置

（5）参数设置完毕后，单击“确定”按钮✔，加工模拟效果如图 7－74 所示。

图 7－74 加工模拟效果

5）加工操作

执行后处理操作，把生成的 NC 程序传入数控机床，经过验证加工无误后即可进入实机加工操作。

项目描述任务操作
视频 XM7S－4

7.4 项 目 评 价

项目实施评价表见表 7－3。

表 7－3 项目实施评价表

<table>
<tr><th>序号</th><th>检测内容与要求</th><th>分值</th><th>学生自评
（25%）</th><th>小组评价
（25%）</th><th>教师评价
（50%）</th></tr>
<tr><td>1</td><td>学习态度</td><td>5</td><td></td><td></td><td></td></tr>
<tr><td>2</td><td>安全、规范、文明操作</td><td>5</td><td></td><td></td><td></td></tr>
<tr><td>3</td><td>能对香皂盒面壳凸模零件进行加工工艺分析，并编制数控加工工艺卡片</td><td>10</td><td></td><td></td><td></td></tr>
<tr><td>4</td><td>能对香皂盒面壳凸模零件进行造型</td><td>10</td><td></td><td></td><td></td></tr>
<tr><td>5</td><td>能生成凸模加工所需要的曲面、曲线</td><td>5</td><td></td><td></td><td></td></tr>
<tr><td>6</td><td>能规划凸模粗、精加工刀具路径，并进行仿真模拟</td><td>10</td><td></td><td></td><td></td></tr>
<tr><td>7</td><td>能对香皂盒面壳凹模零件进行加工工艺分析，并编制数控加工工艺卡片</td><td>10</td><td></td><td></td><td></td></tr>
<tr><td>8</td><td>能对香皂盒面壳凹模零件进行造型</td><td>10</td><td></td><td></td><td></td></tr>
<tr><td>9</td><td>能生成凹模加工所需要的曲面</td><td>5</td><td></td><td></td><td></td></tr>
<tr><td>10</td><td>能规划凹模粗、精加工刀具路径，并进行仿真模拟</td><td>10</td><td></td><td></td><td></td></tr>
<tr><td>11</td><td>能对香皂盒面壳凸、凹模零件后置处理生成数控加工 NC 程序</td><td>5</td><td></td><td></td><td></td></tr>
<tr><td>12</td><td>项目任务实施方案的可行性及完成的速度</td><td>5</td><td></td><td></td><td></td></tr>
<tr><td>13</td><td>小组合作与分工</td><td>5</td><td></td><td></td><td></td></tr>
<tr><td>14</td><td>学习成果展示与问题回答</td><td>5</td><td></td><td></td><td></td></tr>
<tr><td colspan="2" rowspan="2">总分</td><td rowspan="2">100</td><td></td><td></td><td></td></tr>
<tr><td colspan="3">合计：（等第：）</td></tr>
<tr><td>问题记录和解决方法</td><td colspan="5">记录项目实施中出现的问题和采取的解决方法</td></tr>
<tr><td colspan="3">签字：</td><td colspan="3">时间：</td></tr>
</table>

7.5 项目总结

机械加工中经常会加工一些模具和模型，模具和模型中包含大量的曲面加工。数控机床加工的特点之一是能够准确加工具有三维曲面形状的零件，使用 Mastercam 2022 中的三维曲面加工系统可以生成三维刀具加工路径，以产生数控机床的控制指令。

通过本项目的学习，可以非常熟练地掌握以下内容：

（1）曲面加工模组有其通用的曲面加工参数，也有各曲面粗加工模组、曲面精加工模组的专用加工参数。大多数曲面加工都需要通过粗加工与精加工来完成。

（2）在铣削过程中要考虑工件形状、刚性、材料、切削用量、铣削方式等相关因素之间的关系，选择最恰当的铣削方案进行加工。

（3）粗铣一般深度是分层加工的，而精铣多为沿曲面轮廓偏置的单层加工刀路。粗铣加工可激活毛坯选项，进行剩余材料设置，实现半精铣和残料的精修加工。

（4）Mastercam 2022 三维曲面加工的加工类型很多，系统提供了 8 种普通曲面粗加工类型（平行、放射、投影、流线、等高、残料、挖槽和钻削）、11 种普通曲面精加工类型（平行、平行陡斜面、放射、投影、流线、等高、浅滩、清角、残料、环绕和熔接）和 13 种 3D 高速加工刀路（优化动态粗切、区域粗切、等高、环绕、水平区域、平行、清角、螺旋、放射、混合、投影、熔接和等距环绕，其中粗加工方式 2 种、精加工方式 11 种），读者应能综合应用这些功能指令。三维曲面加工最常用的加工刀路有曲面挖槽、区域粗切、等高、平行、熔接、投影和流线等。

7.6 项目拓展

7.6.1 典型凸模零件 CAM 加工（模型文件见图 7–75）

图 7－75　凸模零件

1. 分析图形

（1）选择“视图”→“等视图”命令，查看 Mastercam 2022 状态栏中的视图状态为“绘图平面: 俯视图 刀具平面: 俯视图 WCS: 俯视图”。

（2）选择“主页”→“距离分析”命令，分析曲面的长度范围，选择底部平面区域边线 L_1、L_3，弹出“距离分析”对话框，得出底部平面长度为“150”，如图 7－76 所示。用同样的方法选择 L_2、L_4，获得底部平面区域宽度为“115”。分析凹槽尺寸，可作为选择刀具尺寸的依据。

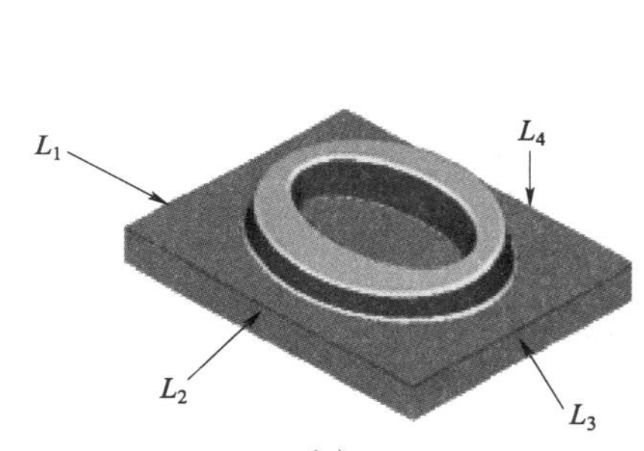

（a）

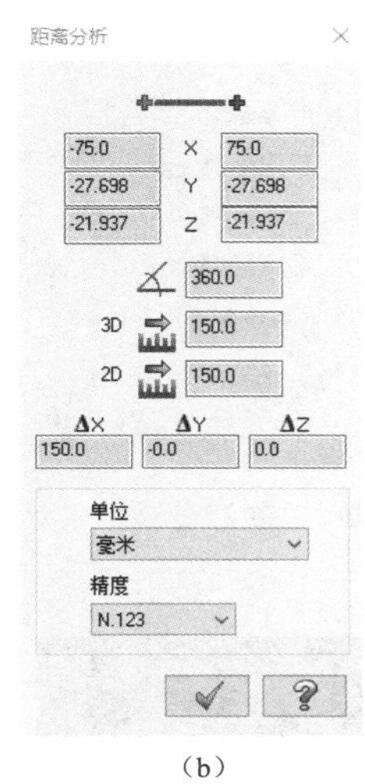

（b）

图 7－76 分析距离

（a）底部平面区域的四条边线；（b）“距离分析”对话框

（3）选择“主页”→“动态分析”命令，移动鼠标单击模型底部圆角，从而得出圆角半径，如图 7－77 所示。

（4）单击凹槽底部，为平面区域，弹出如图 7－78 所示的对话框，分析完毕后单击“确定”按钮✔。

分析零件模型是规划刀具路径的基础。为了对模型结构有一个比较全面的认识，读者还可以对模型的其他数据进行测量。

2. 确定毛坯和对刀点

（1）选择“机床”→“铣床”下拉列表中的“默认”命令，选择默认铣床。

（2）在操作管理器中的“属性 - Mill Default MM”选项下单击“毛坯设置”（工件设置）（Stock Setup）图标，弹出“机床群组属性”对话框，单击“边界框(B)”按钮。

（3）在弹出的“边界框”对话框中选择全部图素，设置参数如图 7－79 所示，对照无误后单击“确定”按钮✔。

（4）回到“毛坯设置”选项卡，修改 Z 向尺寸为“38”，工件原点位置在毛坯顶面的中心，取消工件显示命令，如图 7－80 所示，对照无误后单击“确定”按钮✔。

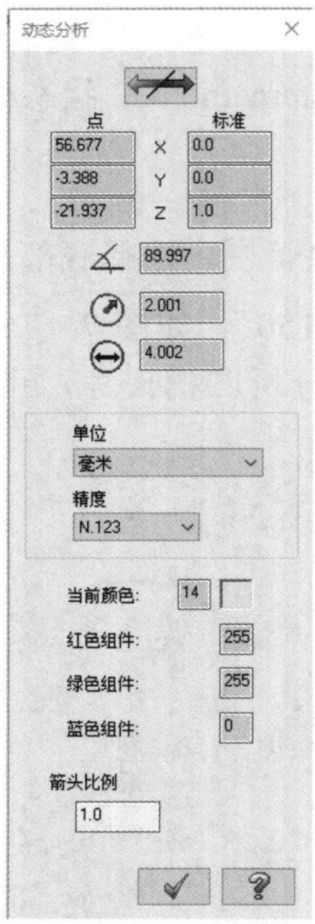

图 7－77 “动态分析”对话框（一）

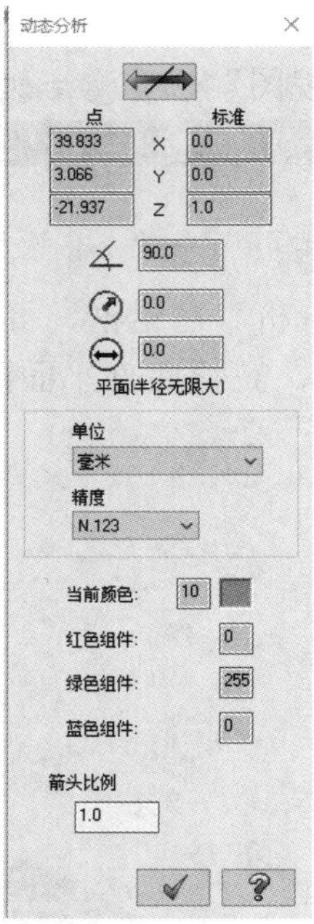

图 7－78 “动态分析”对话框（二）

图 7－79 “边界框”对话框

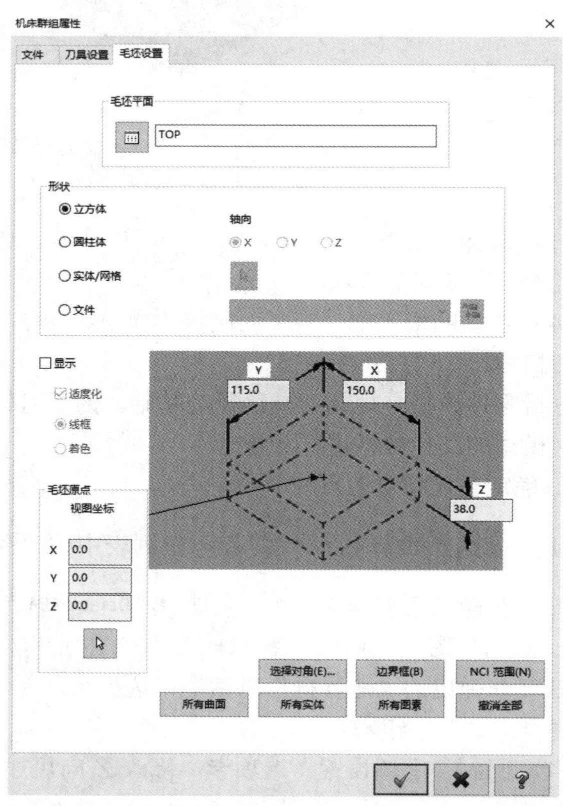

图 7－80 “毛坯设置”选项对话框

3. 规划刀具路径

根据模型文件及分析结果，凸模加工刀具路径划分为 5 个，分别为 2D 挖槽（平面加工）、曲面粗切挖槽、曲面精修等高、曲面精修熔接和外形铣削。有关典型凸模零件的数控加工工序卡，请读者根据小组分工，参照前面的数控加工工序卡，查阅资料，自行设计编制。

（1）2D 挖槽（平面加工）。

① 在“刀路”操作管理器空白处右键单击，在弹出的快捷菜单中选择“铣床刀路”→“挖槽”命令，弹出“串连”对话框，用串连方式选择图 7－81 中的挖槽边界 C_1 和 C_2，选择完毕后单击“确定”按钮✔。

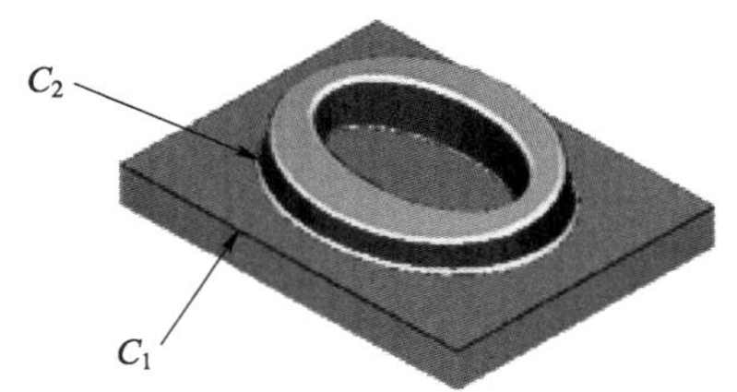

图 7－81　挖槽加工边界

② 在弹出的“2D 刀路 - 2D 挖槽”对话框的“刀具”选项卡中单击“选择刀库刀具...”按钮，弹出“选择刀具”对话框，在此对话框中单击“刀具过滤(F)...”按钮，弹出“刀具过滤列表设置”对话框，设置刀具过滤类型为平底铣刀，如图 7－82 所示，设置完毕后单击“确定”按钮✔。

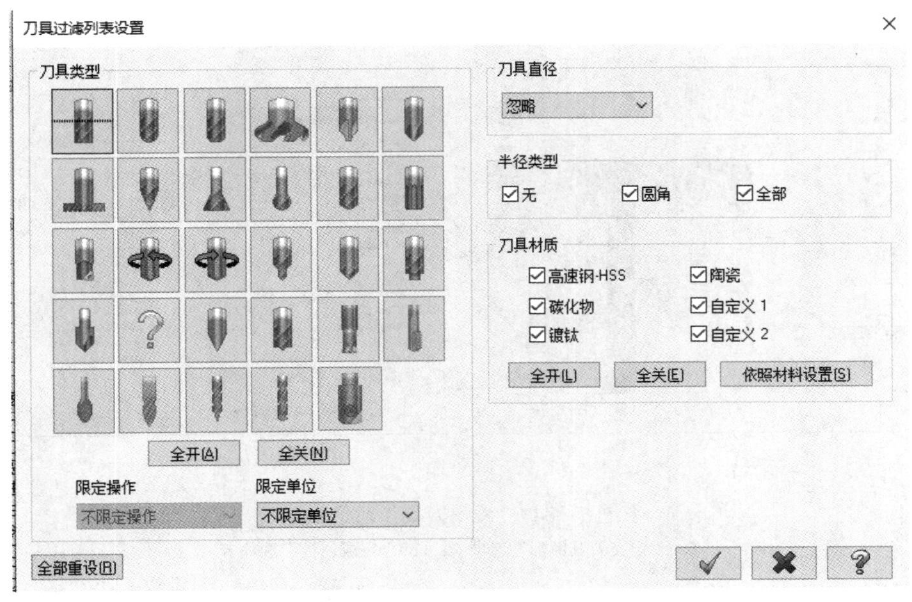

图 7－82　“刀具过滤列表设置”对话框

③ 在“选择刀具”对话框中移动鼠标选择ϕ12 mm 的平底铣刀，如图 7－83 所示，选择完毕后单击“确定”按钮✔。

选择刀具 - C:\Users\Public\Documents\Shared Mastercam 2022\Mill\Tools\Mill_mm.tooldb

C:\Users\Public\Docu...\Mill_mm.tooldb

刀号	装配名称	刀具名称	刀柄名称	直径	转角半径	长度
213	--	FLAT END ...	--	3.0	0.0	5.0
214	--	FLAT END ...	--	4.0	0.0	7.0
215	--	FLAT END ...	--	5.0	0.0	8.0
216	--	FLAT END ...	--	6.0	0.0	10.0
217	--	FLAT END ...	--	8.0	0.0	13.0
218	--	FLAT END ...	--	10.0	0.0	16.0
219	--	FLAT END ...	--	12.0	0.0	19.0
220	--	FLAT END ...	--	14.0	0.0	22.0
221	--	FLAT END ...	--	16.0	0.0	26.0
222	--	FLAT END ...	--	18.0	0.0	29.0
223	--	FLAT END ...	--	20.0	0.0	32.0
224	--	SHOULDE...	--	25.0	0.0	15.0
225	--	SHOULDE...	--	32.0	0.0	15.0
226	--	SHOULDE...	--	40.0	0.0	15.0
227	--	SHOULDE...	--	50.0	0.0	15.0
228	--	SHOULDE...	--	63.0	0.0	15.0
229	--	SHOULDE...	--	80.0	0.0	15.0
230	--	SHOULDE...	--	100.0	0.0	15.0
231	--	SHOULDE...	--	125.0	0.0	15.0
232	--	SHOULDE...	--	160.0	0.0	15.0

刀具过滤(F)...
☑启用刀具过滤
显示 20 把刀具(共 280 把)

显示模式
○刀具
○装配
◉两者

图 7－83 “选择刀具”对话框

④ 在刀具状态栏内双击ϕ12 mm 的平底铣刀，弹出“编辑刀具”对话框，在“定义刀具图形”选项卡中修改各参数，单击“下一步”，修改刀号为 1，在“完成属性”选项卡中修改各参数，如图 7－84 所示，单击“完成”按钮。

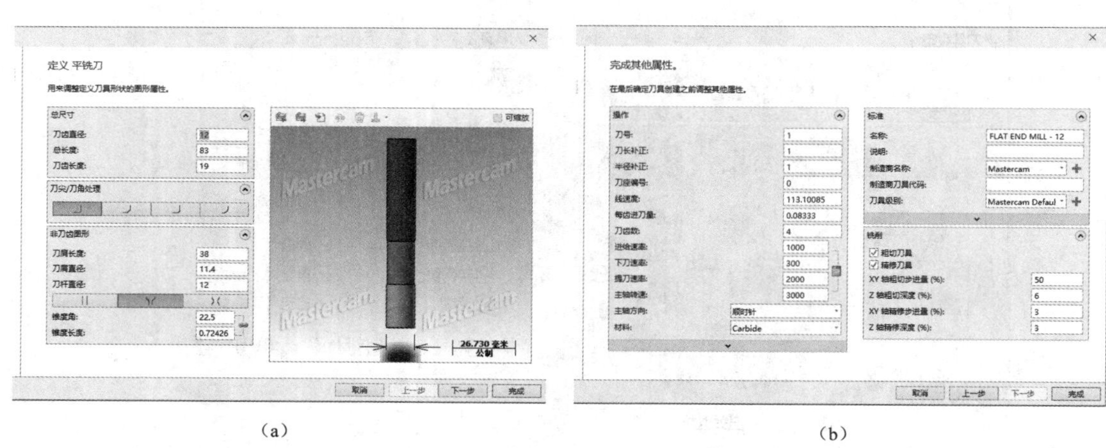

图 7－84 “编辑刀具”对话框

（a）“定义刀具图形”选项卡；（b）“完成属性”选项卡

⑤ 在“刀具”选项卡中的刀具栏内单击ϕ12 mm 的平底铣刀，将设置的刀具参数传递到刀具参数栏内，结果如图 7－85 所示。

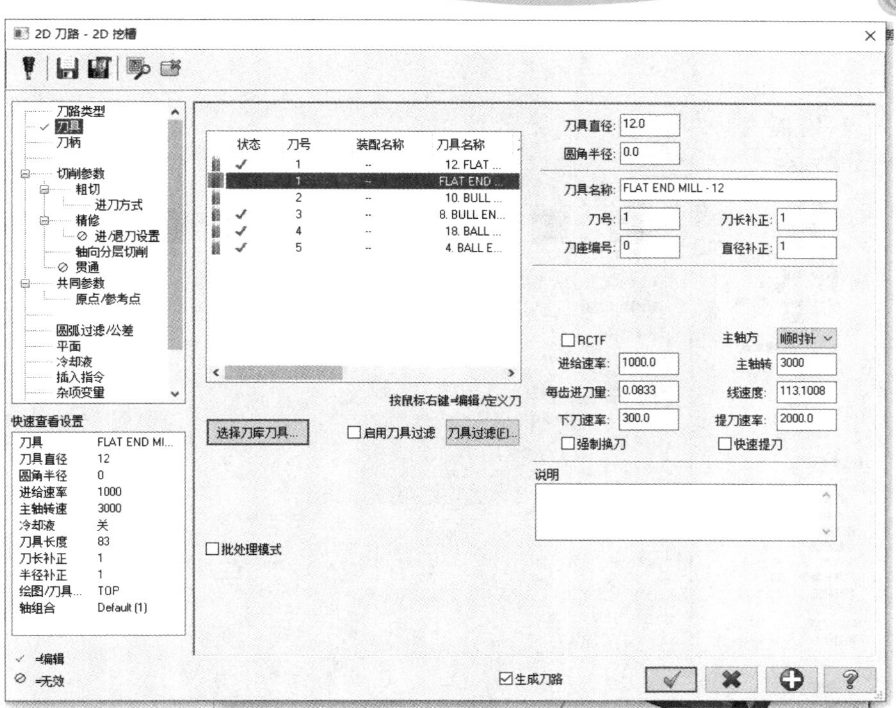

图 7－85　“刀具参数”设置

⑥ 选择“切削参数”选项卡，设置挖槽参数，如图 7－86 所示。

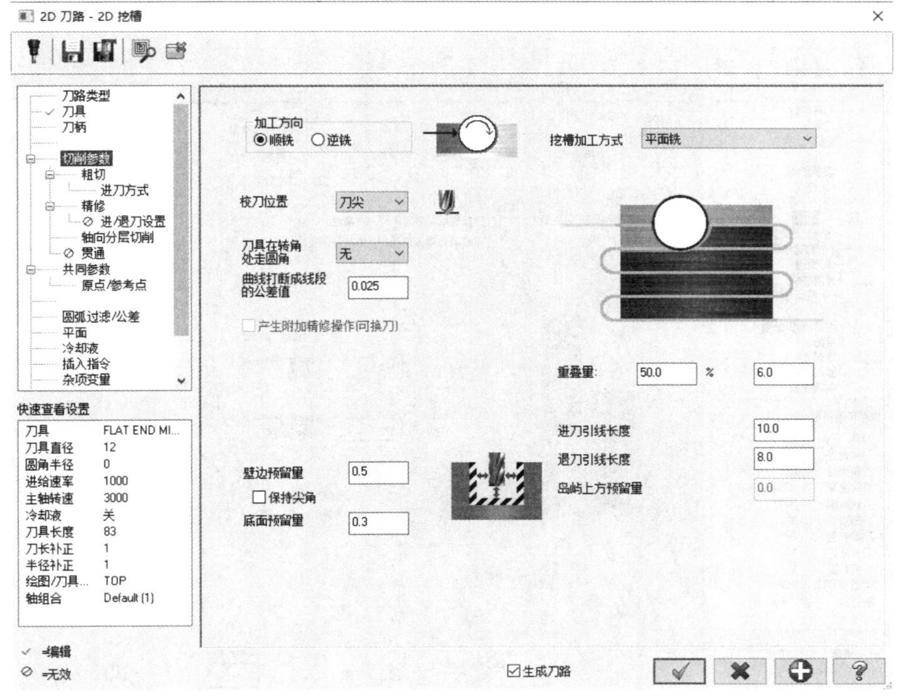

图 7－86　2D 挖槽“切削参数”设置

⑦ 选择“粗切”选项卡，设置各参数，如图 7－87 所示。

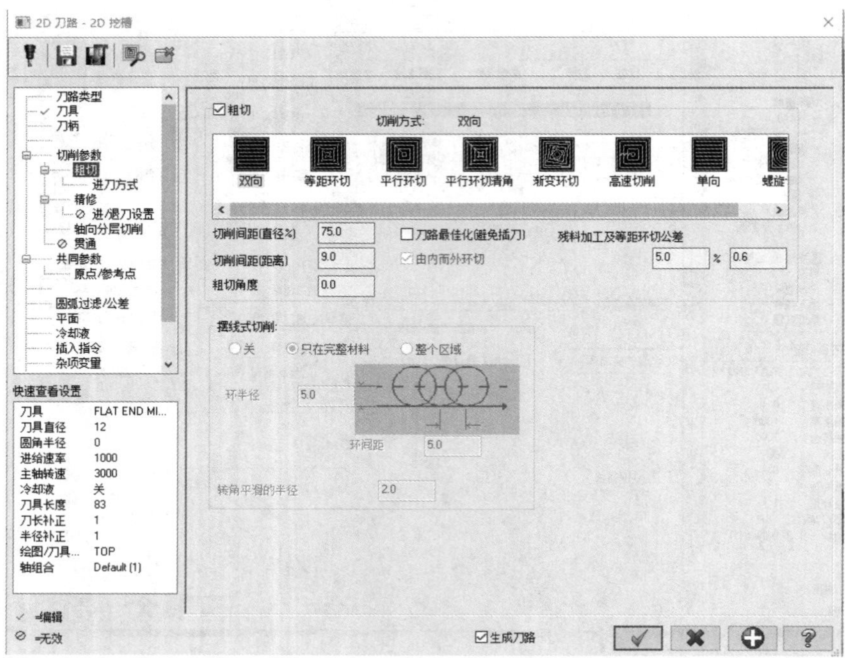

图 7－87 “粗切”参数设置

⑧ 选择“精修”选项卡，设置各参数，如图 7－88 所示。

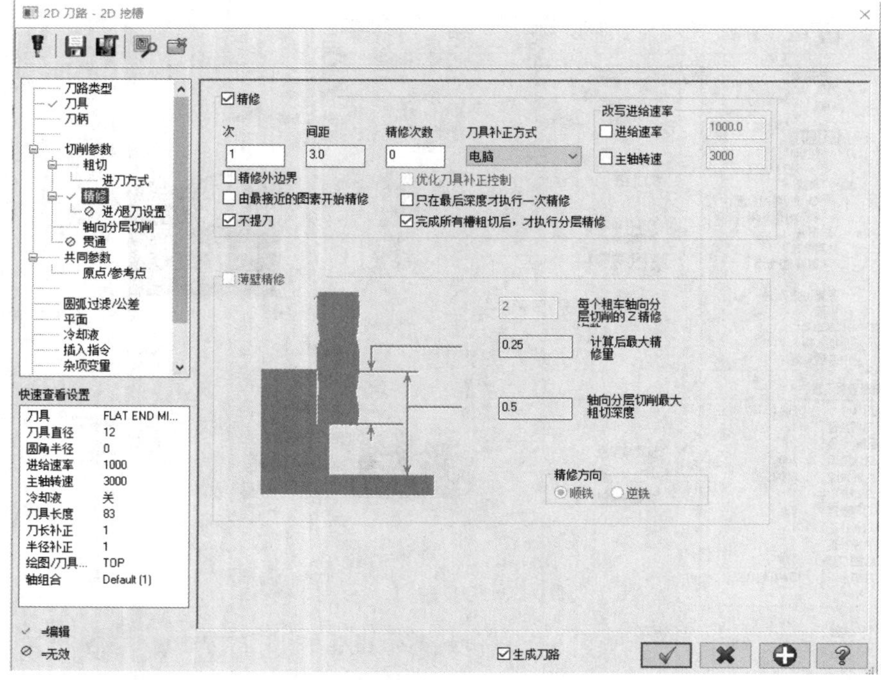

图 7－88 “精修”参数设置

⑨ 单击“轴向分层切削”选项卡，设置深度切削参数，如图 7－89 所示。

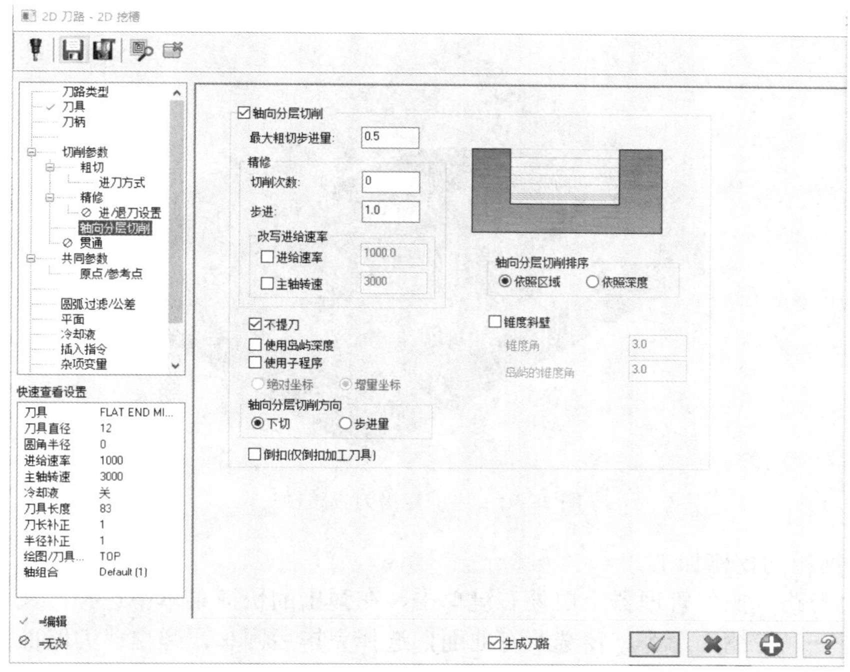

图 7－89　“轴向分层切削”参数设置

⑩ 选择“共同参数”选项卡，设置各参数，如图 7－90 所示。

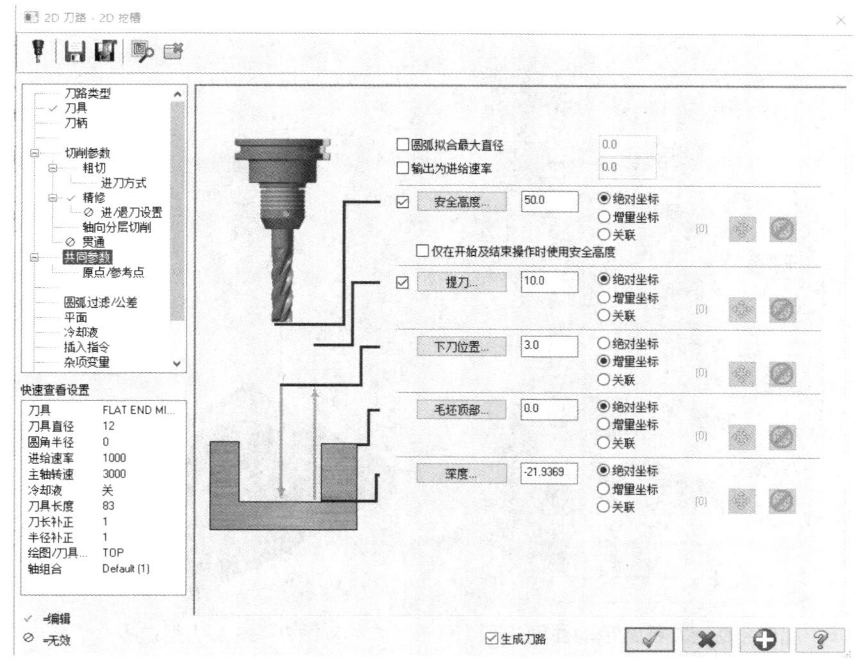

图 7－90　“共同参数”设置

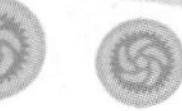

⑪ 单击“确定”按钮，生成刀具路径，如图 7-91 所示。

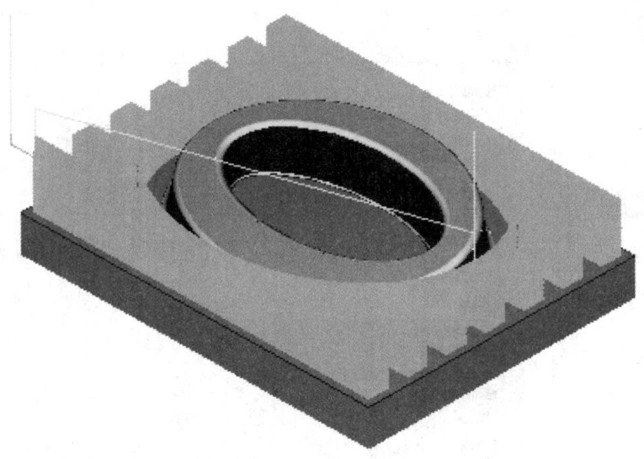

图 7-91　平面挖槽刀具路径

（2）曲面粗切挖槽加工。

① 在“刀路”操作管理器空白处右键单击，在弹出的快捷菜单中选择“铣床刀路”→“曲面粗切”→“挖槽”命令，窗选所有曲面，选择完毕后回车，弹出“刀路曲面选择”对话框，如图 7-92 所示。

② 在“切削范围”栏中单击“”按钮，弹出“串连选择”对话框，用串连方式选择如图 7-93 所示的切削边界 C_3，选择完毕后单击“确定”按钮。

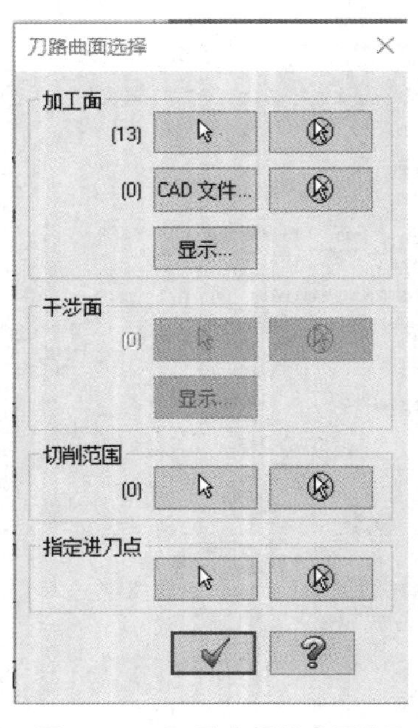

图 7-92　刀具路径的曲面选取

图 7-93　切削边界

③ 在“刀路曲面选择”对话框中单击“确定”按钮，弹出“**曲面粗切挖槽**”对话框，

选择一把ϕ10 mm 的圆鼻刀，圆角半径为“2”，刀具相关参数设置方法同前，结果如图 7－94 所示。

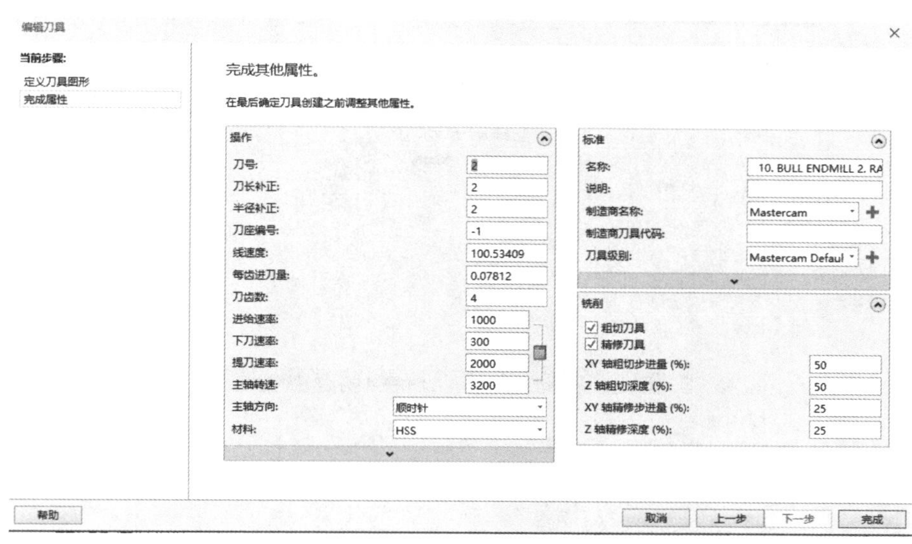

图 7－94 “编辑刀具”对话框

④ 选择“**曲面参数**”选项卡，设置曲线参数，如图 7－95 所示。

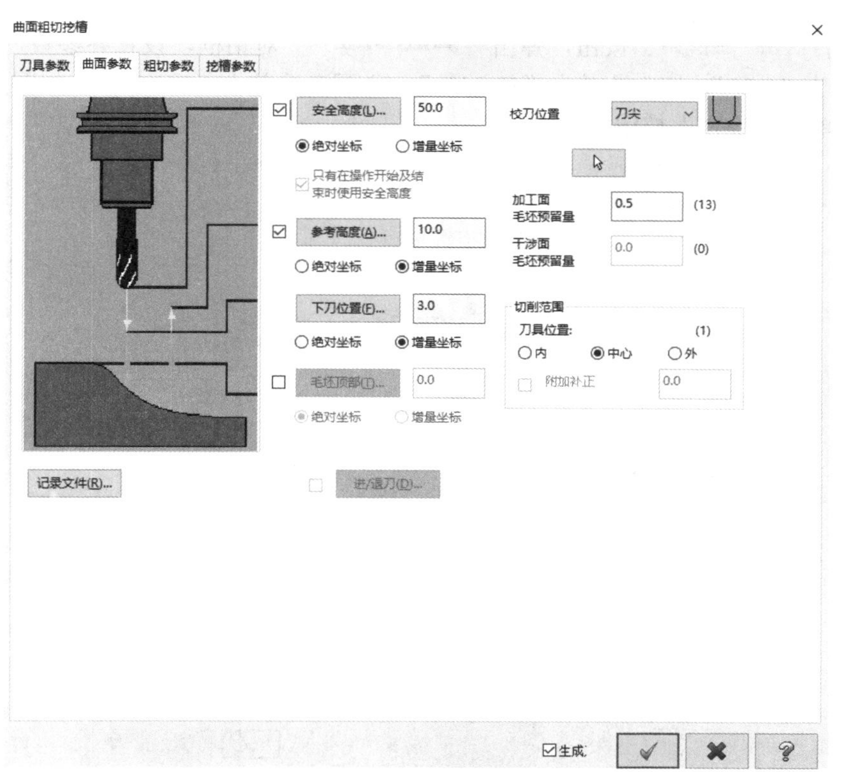

图 7－95 “曲面参数”设置

⑥ 选择“**粗切参数**”选项卡，设置粗加工参数，如图 7－96 所示。

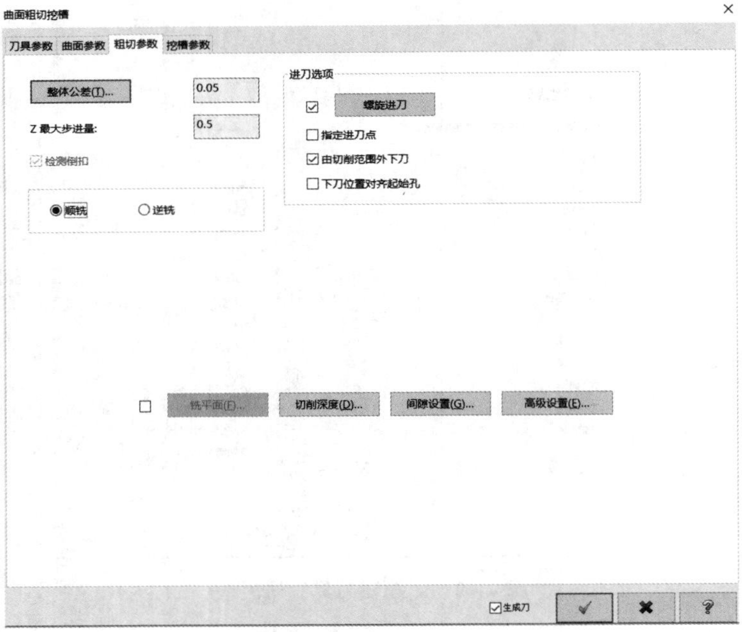

图 7－96 “粗切参数”设置

⑦ 单击“整体公差(T)...”按钮，弹出“圆弧过滤公差”对话框，设置各参数过滤的比率为 2:1，总公差为“0.05”，切削公差占“33.33%”、线/圆弧公差占“66.67%”，如图 7－97 所示，设置完毕后单击“确定”按钮✔。

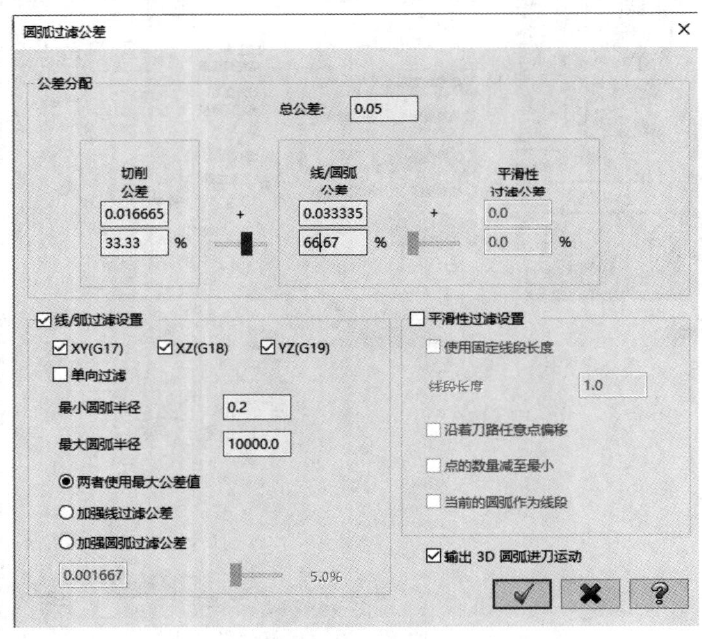

图 7－97 “圆弧过滤公差”设置对话框

⑧ 选中“☑ 螺旋进刀”复选框，单击此按钮，弹出“螺旋/斜插下刀设置”对话框，在“螺旋进刀”选项卡中设置螺旋下刀参数，如图 7－98 所示，设置完毕后单击“确定”按钮✔。

图 7－98　“螺旋/斜插下刀设置”对话框

⑨ 单击“切削深度(D)...”按钮，弹出“切削深度设置”对话框，设置深度加工参数，并单击“侦查平面(A)”按钮，如图 7－99 所示，设置完成后单击“确定”按钮✔。

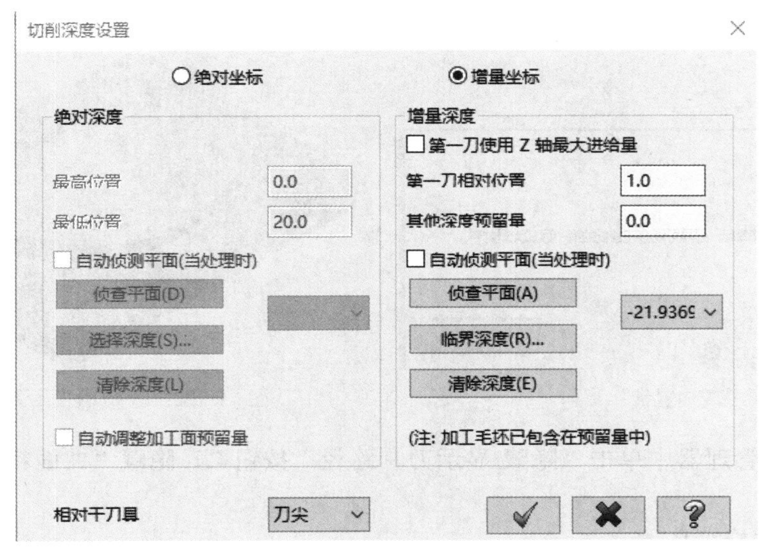

图 7－99　“切削深度设置”对话框

⑩ 选择“挖槽参数”选项卡，设置挖槽参数，如图 7－100 所示。

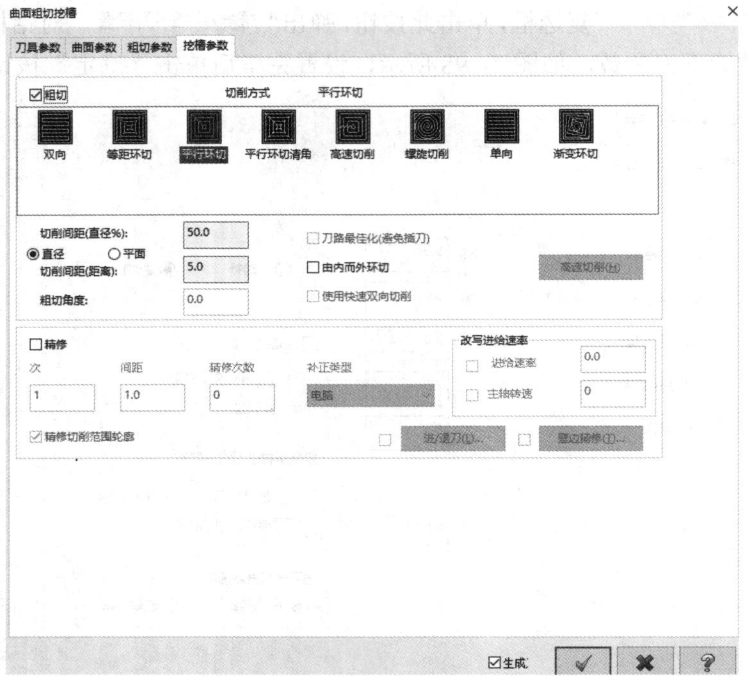

图 7－100 “挖槽参数”设置

⑪ 在“**曲面粗切挖槽**”对话框中单击“确定”按钮，弹出如图 7－101 所示的“警告”窗口。

⑫ 单击“确定”按钮，生成刀具路径，如图 7－102 所示。

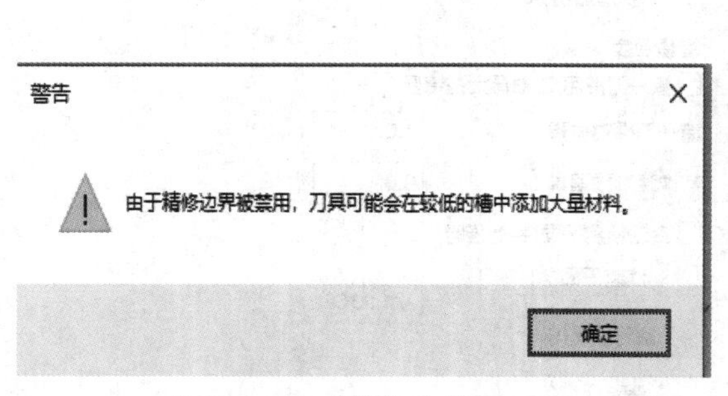

图 7－101 “警告”窗口

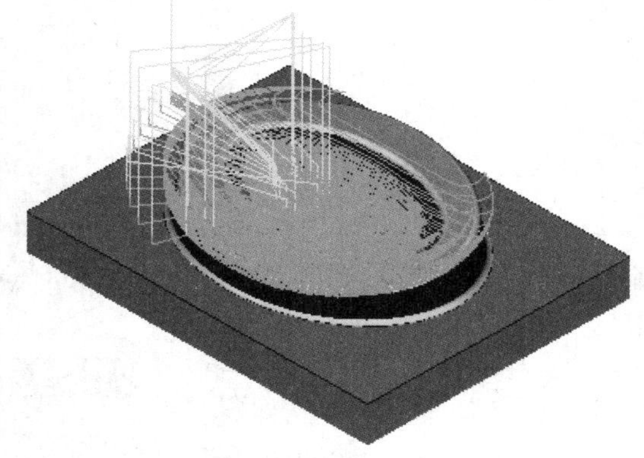

图 7－102 挖槽粗加工刀具路径

⑬ 在操作管理器中单击“隐藏/显示刀具路径”按钮，隐藏“曲面粗切挖槽”加工路径。

（3）曲面精修等高。

① 在“刀路”操作管理器空白处右键单击，在弹出的快捷菜单中选择“铣床刀路”→“曲面精修”→“等高”命令，窗选所有曲面，选择完毕后单击回车键，或单击“结束选择”按钮，弹出“**刀路曲面选择**”对话框，如图 7－103 所示。

② 在“切削范围”栏中单击“ ”按钮，弹出“串连选择”对话框，用串连方式选择如图 7－104 所示的切削边界 C_4，选择完毕后单击“确定”按钮 。

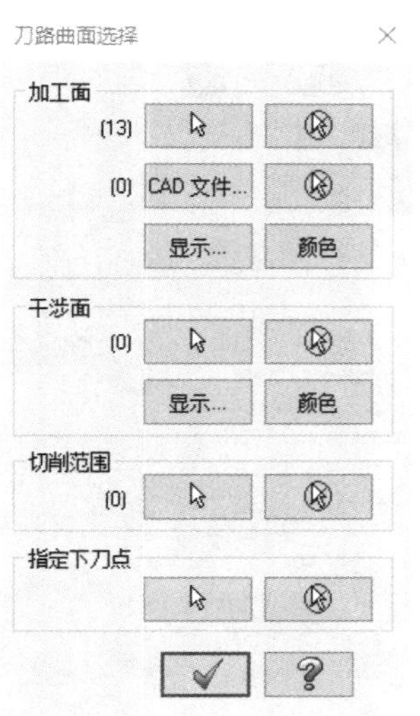

图 7－103　刀具路径的曲面选取

图 7－104　挖槽切削边界

③ 在“**刀路曲面选择** ”对话框中单击“确定”按钮 ，弹出“ **曲面精修等高** ”对话框，选择ϕ8 mm 的圆鼻刀，圆角半径为“2”，相关参数设置如图 7－105 所示。

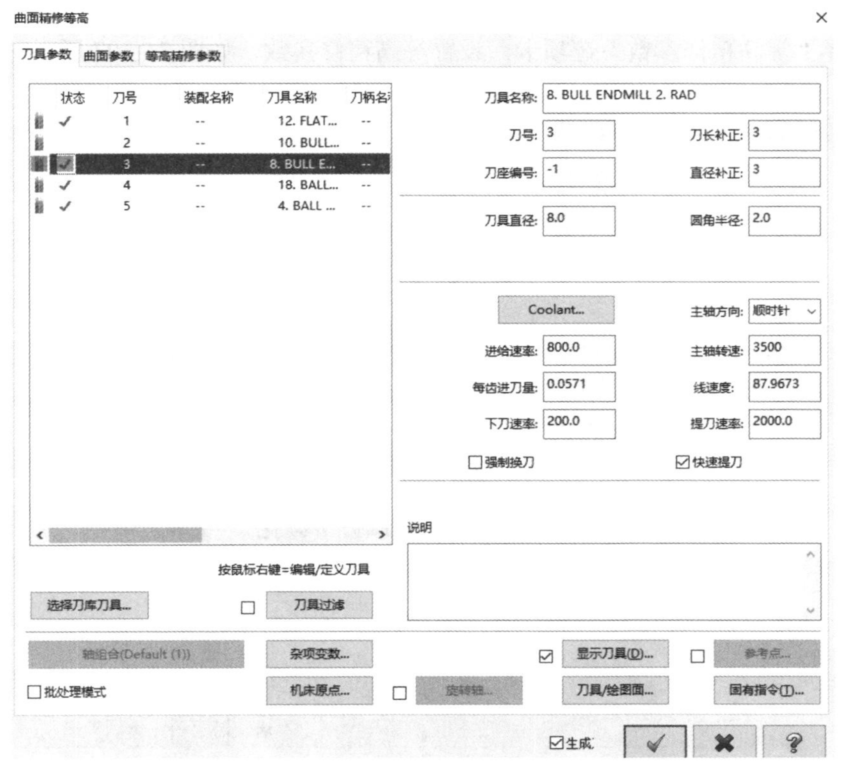

图 7－105　“刀具参数”设置

④ 选择“曲面参数”选项卡，设置曲面参数，如图 7－106 所示。

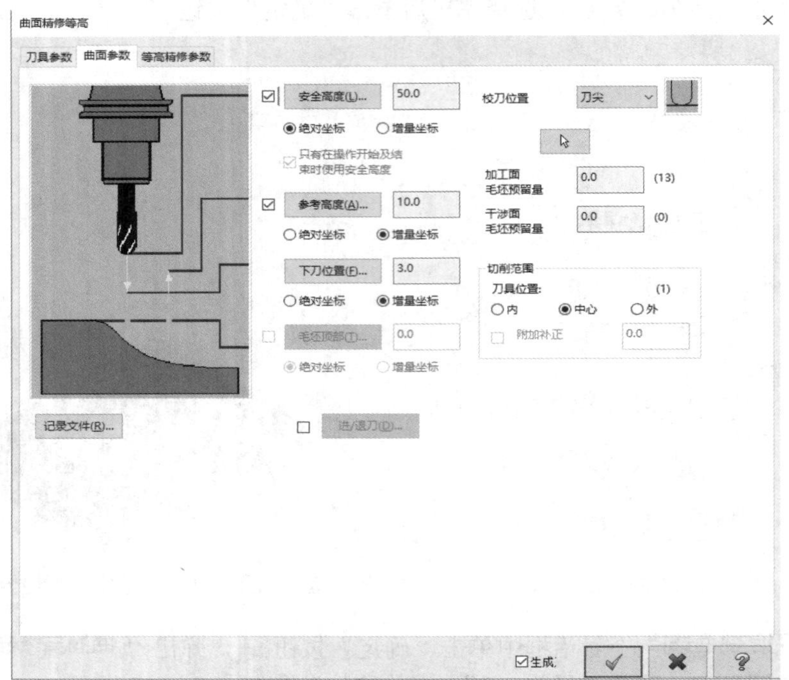

图 7－106 “曲面参数”设置

⑤ 选择“等高精修参数”选项卡，设置等高精修参数，如图 7－107 所示。

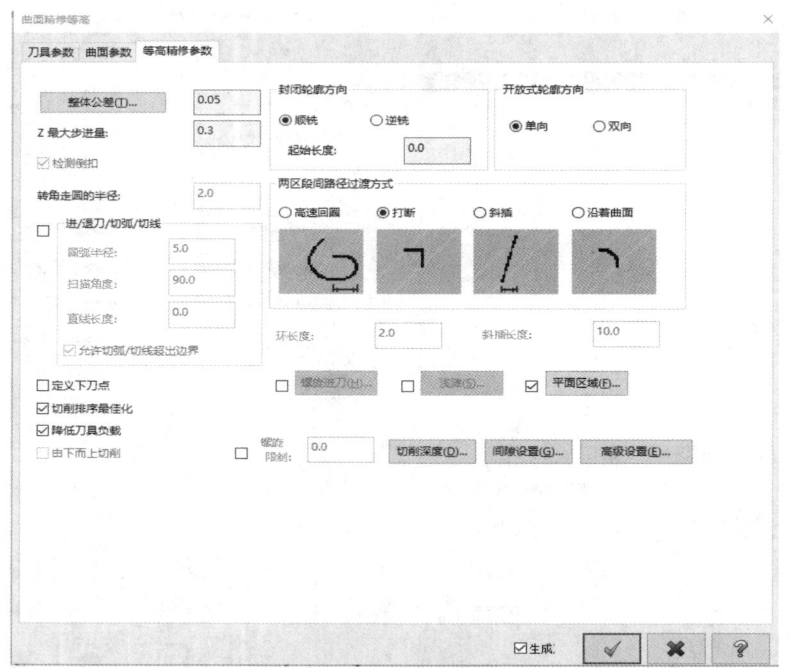

图 7－107 “等高精修参数”设置

⑥ 单击“ 整体公差(T)... ”按钮，弹出“整体误差设置”对话框，设置各参数过滤的比率为 2:1，总公差为 0.05，切削公差占 33.34%、线/圆弧公差占 66.66%，如图 7－108 所示，设置完毕后单击“确定”按钮✔。

⑦ 单击“☑ 平面区域(F)... ”按钮，弹出“平面区域加工设置”对话框，设置平面区域加工参数如图 7－109 所示，设置完毕后单击“确定”按钮✔。

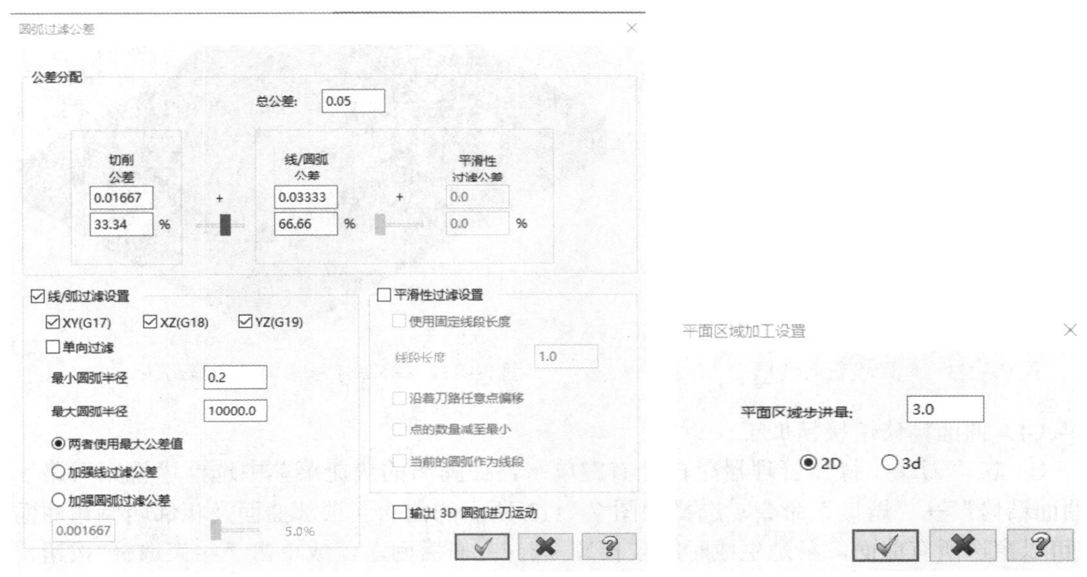

图 7－108　整体误差设置　　图 7－109　平面区域加工设置

⑧ 单击“ 切削深度(D)... ”按钮，弹出“ 切削深度设置 ”对话框，设置深度加工参数，并单击“ A侦测平面 ”按钮，如图 7－110 所示，设置完毕后单击“确定”按钮✔。

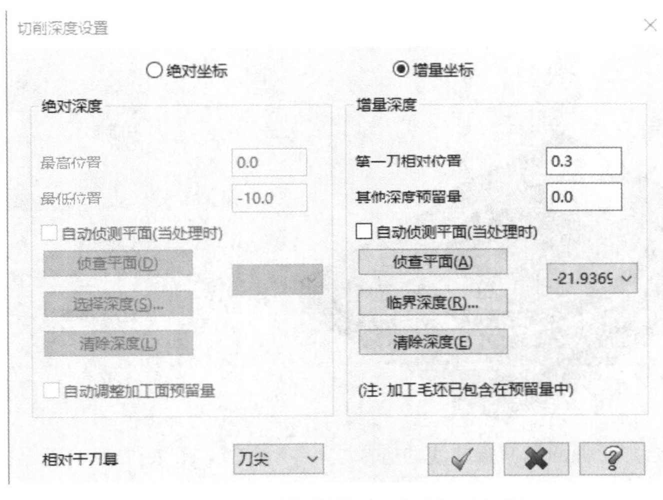

图 7－110　“切削深度设置”对话框

⑨ 单击“ 间隙设置(G)... ”按钮，弹出“ 刀路间隙设置 ”对话框，设置间隙尺寸为刀具的 100%，如图 7－111 所示，设置完毕后单击“确定”按钮✔。

⑩ 在“曲面精修等高”对话框中单击“确定”按钮✔，生成刀具路径，如图 7－112 所示。

⑪ 在操作管理器中单击“隐藏/显示刀具路径”按钮≋，隐藏“曲面精修等高”加工刀具路径。

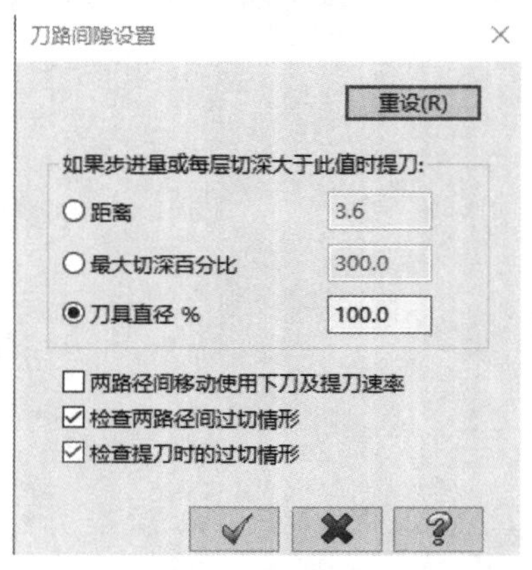

图 7－111　间隙设置对话框

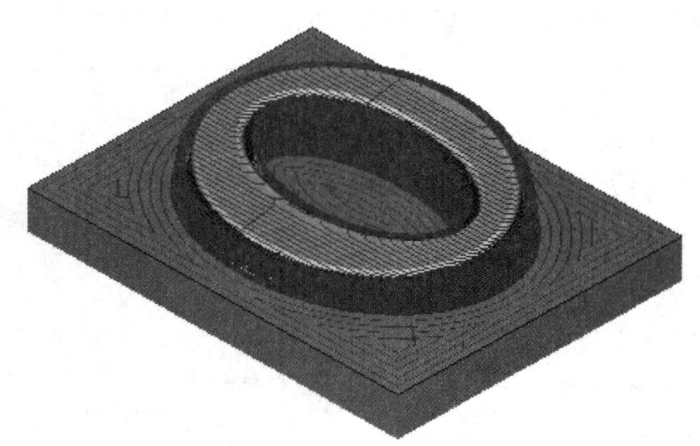

图 7－112　等高外形精加工刀具路径

（4）曲面精修熔接精加工。

① 在“刀路”操作管理器空白处右键单击，在弹出的快捷菜单中选择“铣床刀路”→“曲面精修”→“熔接”命令，选择如图 7－113 所示的曲面（顶部曲面及相邻两倒角曲面；也可以窗选所有曲面，只是生成时间较长），选择完毕后回车，或单击“结束选择”按钮，弹出“刀路曲面选择”对话框，如图 7－114 所示。

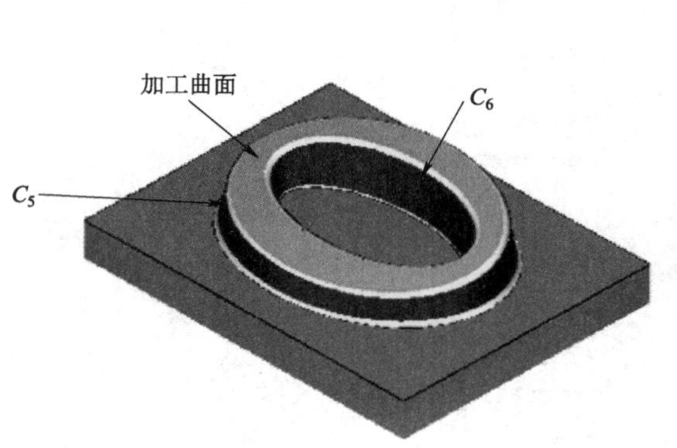

图 7－113　熔合加工曲面和熔接曲线的选择

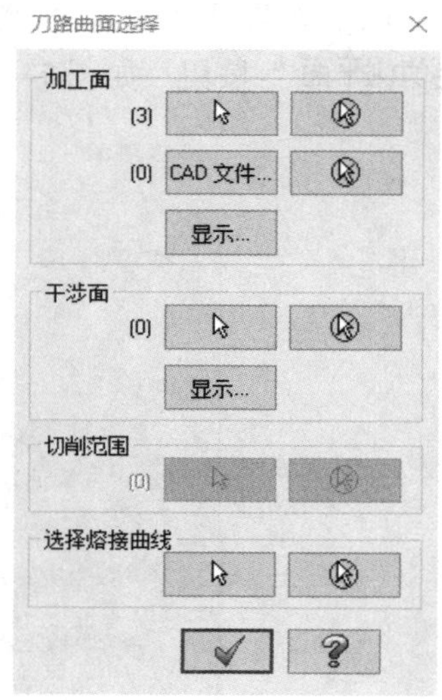

图 7－114　“刀路曲面选择”对话框

② 在“选择熔接曲线”栏中单击“选择曲线”按钮，弹出“串连”对话框，用串连方式选择图 7－113 中的曲线 C_5 和 C_6（注意两熔合曲线方向和起始点位置要一致），选择完毕后单击“确定”按钮✔。

③ 在“ 刀路曲面选择 ”对话框中单击“确定”按钮，弹出“ 曲面精修熔接 ”对话框，选择一把ϕ1 mm8 的球头刀，选择“刀具参数”选项卡，设置刀具参数，如图 7－115 所示。

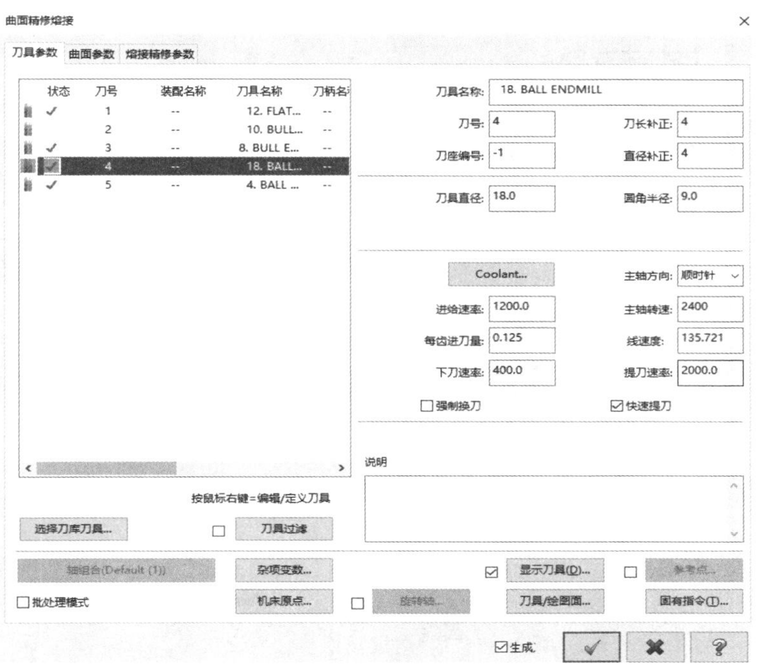

图 7－115 “刀具参数”设置

④ 选择“曲面参数”选项卡，设置曲面参数，如图 7－116 所示。

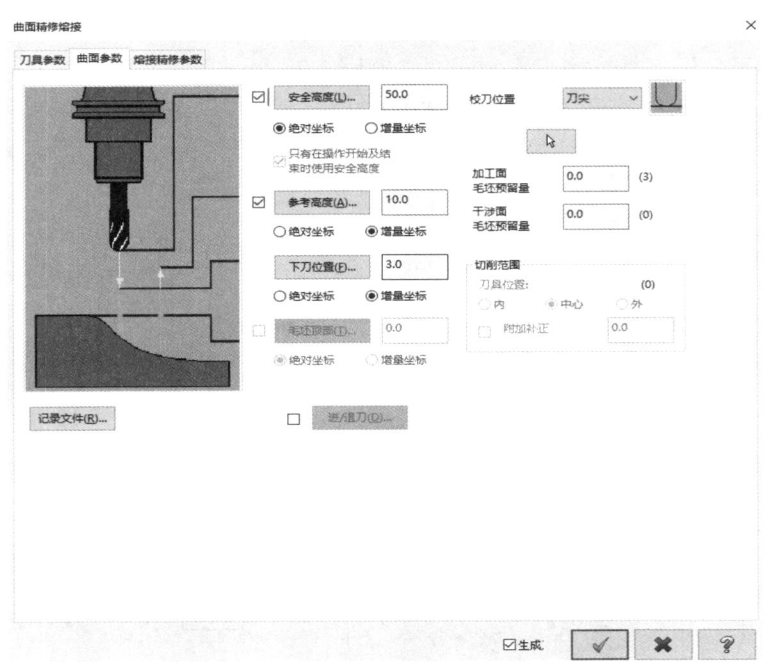

图 7－116 “曲面参数”设置

⑤ 选择“熔接精修参数”选项卡，设置精修参数，如图 7－117 所示。

图 7－117 “熔接精修参数”设置

⑥ 单击“整体公差(T)...”按钮，弹出“圆弧过滤公差”对话框，设置切削公差占 33.34%、线/圆弧公差占 66.66%，总公差为 0.05，如图 7－118 所示，设置完毕后单击“确定”按钮✔。

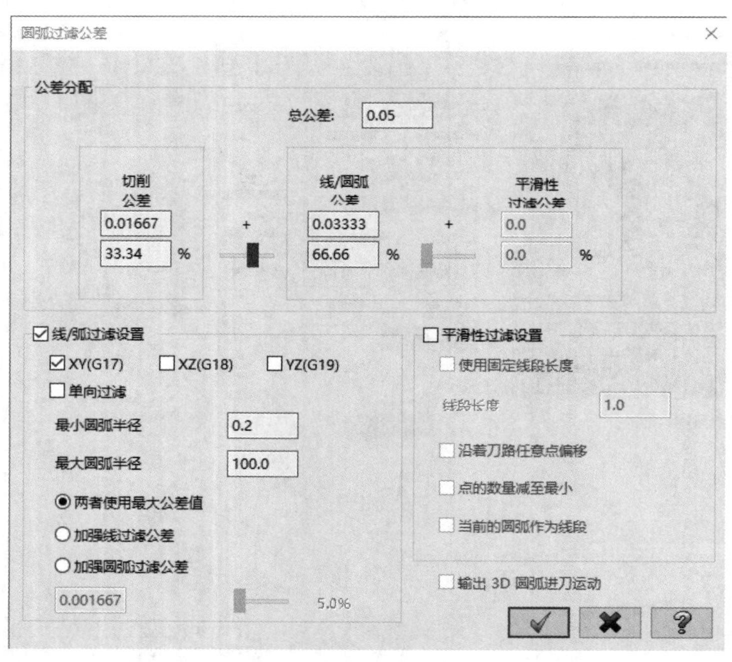

图 7－118 “圆弧过滤公差”对话框

⑦ 在“曲面精修熔接”对话框中单击“确定”按钮✔，生成刀具路径，如图 7－119 所示。

⑧ 在操作管理器中单击“隐藏/显示刀具路径”按钮≋，隐藏“曲面精修熔接”加工刀具路径。

（5）外形铣削加工。

① 在“刀路”操作管理器空白处右键单击，在弹出的快捷菜单中选择“铣床刀路”→“外形铣削”命令，弹出“串连”对话框，用串连方式选取外形轮廓 C_7，串连方向（保证顺铣加工）如图 7－120 所示，设置完毕后单击“确定”按钮✔。

图 7－119　熔合精加工刀具路径

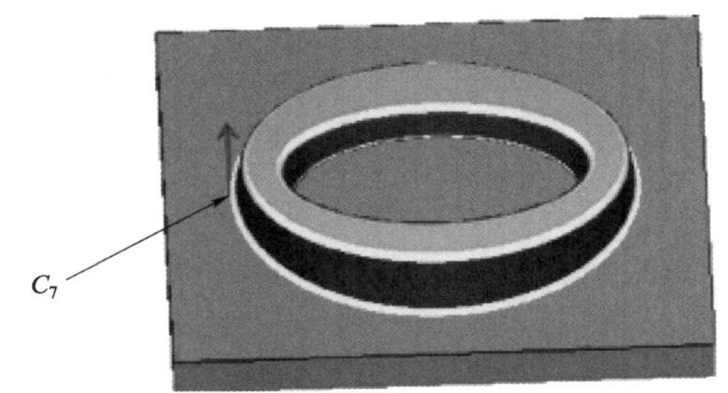

图 7－120　串连方向图形

② 弹出“2D 刀路 - 外形铣削”对话框，选择一把ϕ4 mm 的球头刀，相关刀具参数设置如图 7－121 所示。

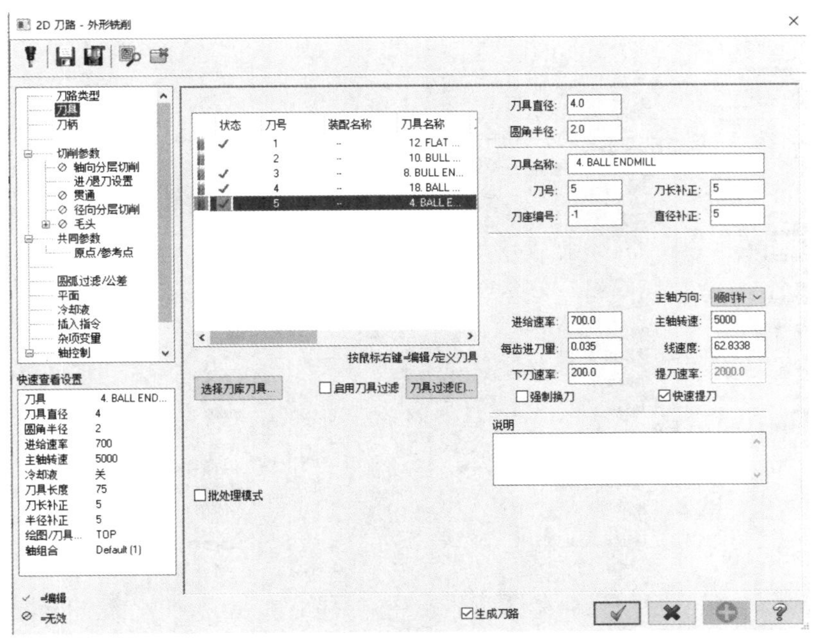

图 7－121　“刀具参数”选项卡

③ 外形铣削参数设置如图 7－122 所示。

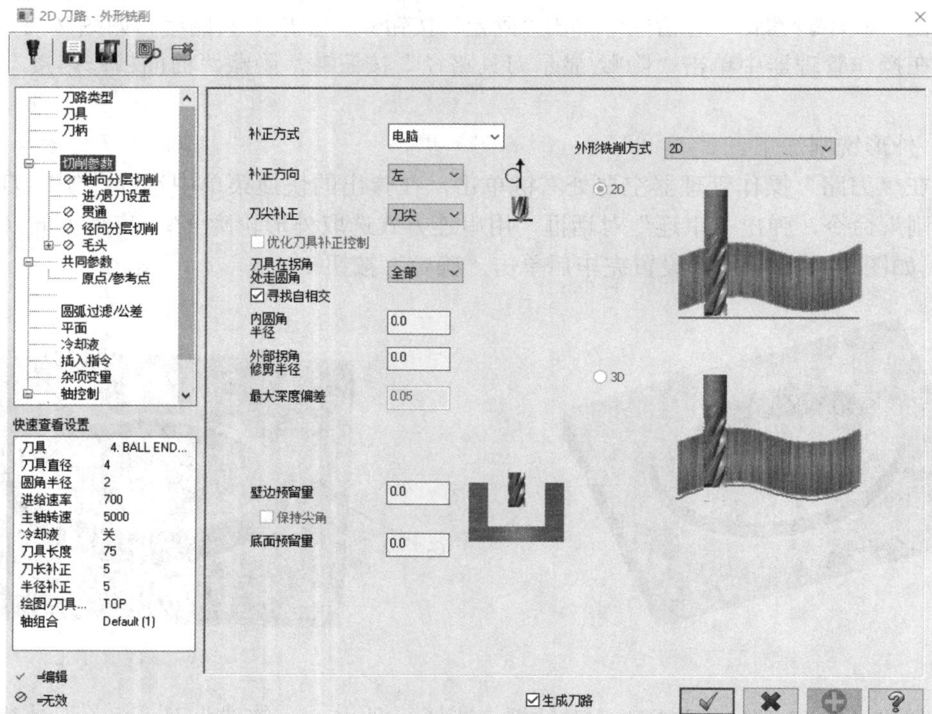

图 7－122 “切削参数”选项卡

④ 选择“进/退刀设置”选项卡，设置“进/退刀”参数，如图 7－123 所示，

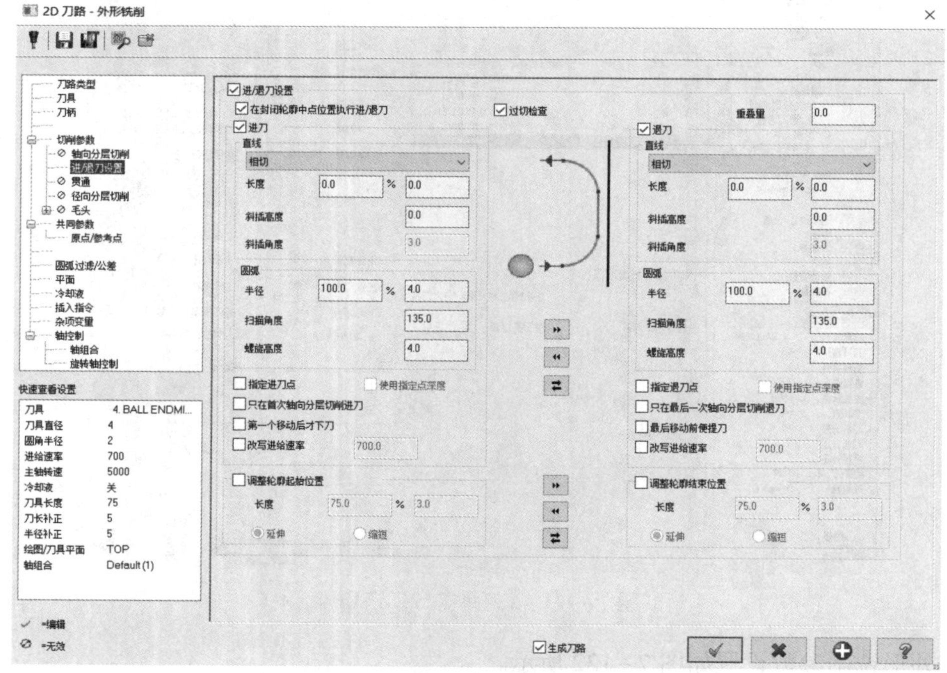

图 7－123 “进/退刀设置”对话框

⑤ 单击"共同参数"命令，设置共同参数，如图 7－124 所示。

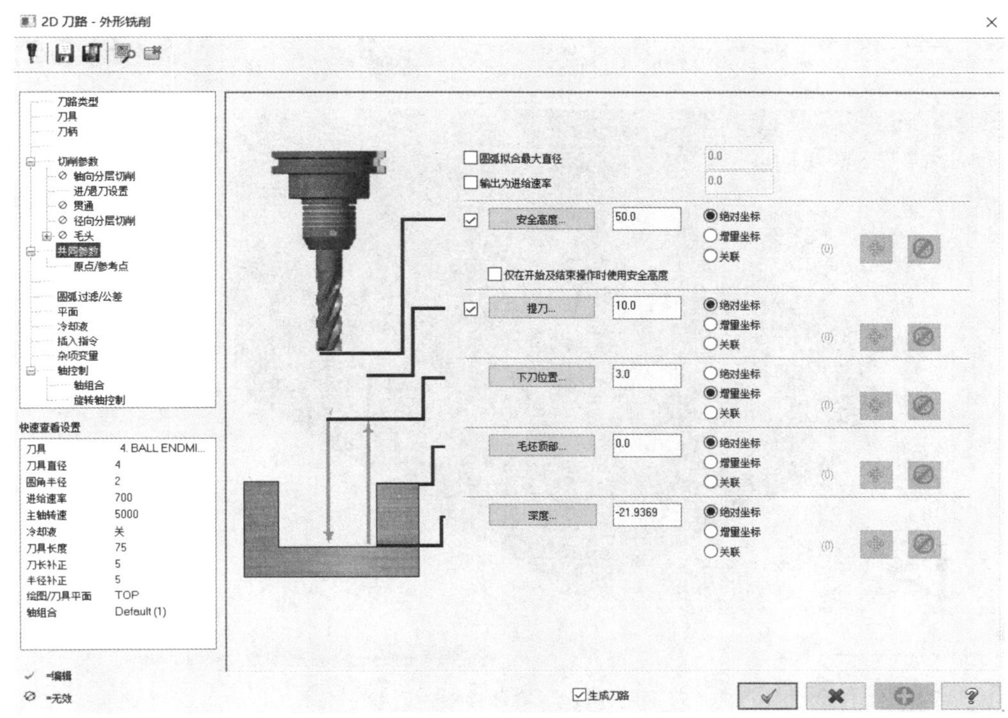

图 7－124　"共同参数"设置对话框

⑥ 外形铣削参数设置完毕后单击"确定"按钮✔，生成刀具路径，如图 7－125 所示。

图 7－125　外形铣削刀具路径

4. 实体加工模拟

刀具路径生成后，为了检查刀具路径正确与否，可以通过刀具路径实体模拟或快速模拟检验刀具。

（1）在操作管理器中单击"选择全部操作"按钮，再单击"验证已选择的操作"按钮，弹出"Mastercam 模拟器"对话框，如图 7－126 所示。

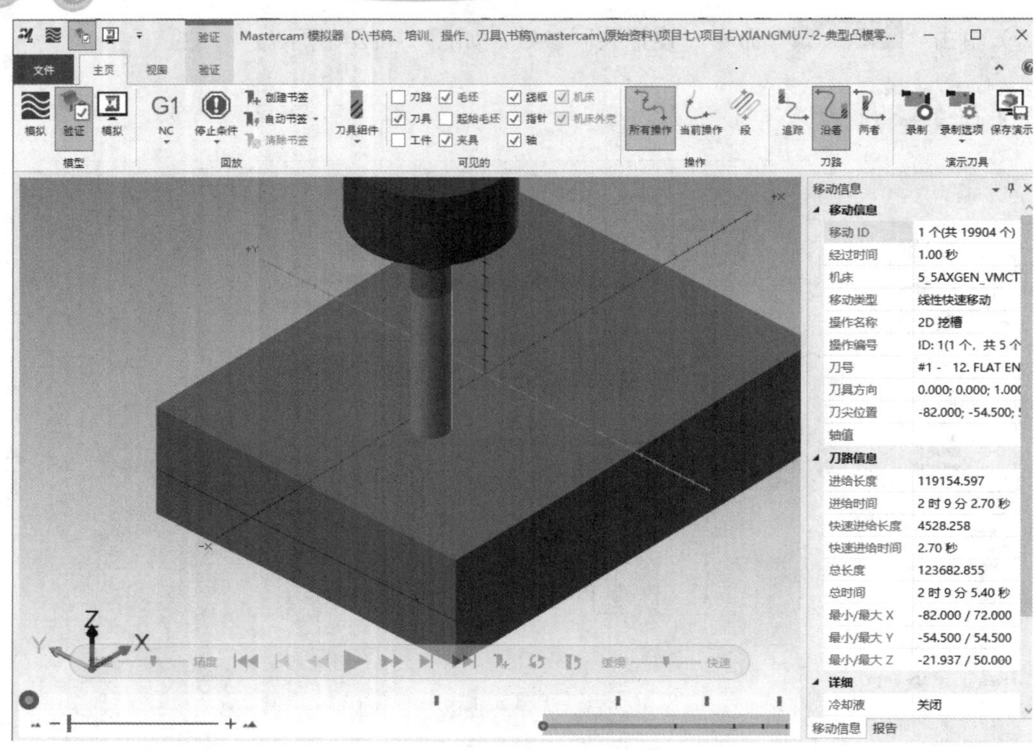

图 7－126　实体模拟对话框

（2）默认模拟方式为“验证”（最终结果），单击“播放”按钮，实体加工模拟结果如图 7－127 所示。检查无误后单击“确定”按钮。

图 7－127　实体切削模拟结果

在实际编程过程中，为提高程序的正确性，可以在每个操作生成后就进行校验，以发现程序中的问题，及时修改。

5. 生成加工报表

在刀具路径管理器的空白处单击鼠标右键，在弹出的快捷菜单中选择“加工报表...”命令，生成加工报表，单击“确定”按钮，如图 7－128 所示。

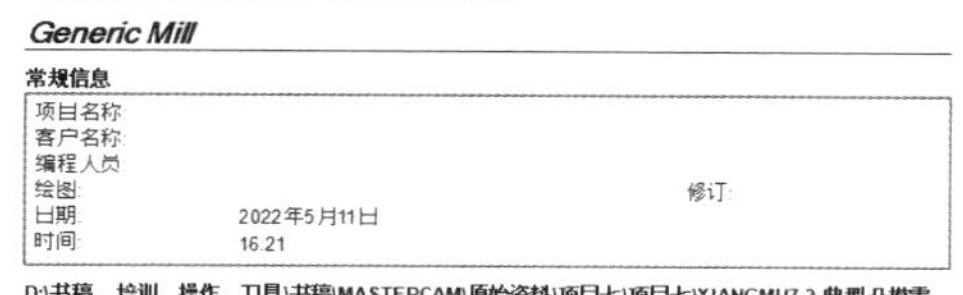

常规信息

项目名称:			
客户名称:			
编程人员:			
绘图:		修订:	
日期:	2022年5月11日		
时间:	16.21		

D:\书稿、培训、操作、刀具\书稿\MASTERCAM\原始资料\项目七\项目七\XIANGMU7-2-典型凸模零件_结果文件.MCAM

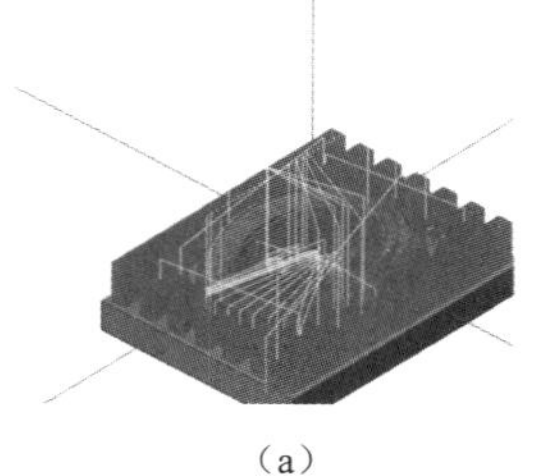

（a）

毛坯:	是
形状:	立方体
大小:	150.0, 115.0, 38.0
半径:	NA
长度:	
轴:	NA
文件:	
IDN:	NA

（b）

C:\USERS\USER\DOCUMENTS\MY MASTERCAM

循环时间:	2 小时 8 分钟 52 秒

操作列表

操作信息 ***1-2D 挖槽 (平面加工)***

循环时间:	0 小时 58 分钟 12 秒
说明:	

程序编号:	0
主轴转速:	3000 RPM
进给速率:	1000.0 毫米/分钟
安全平面:	50.0
提刀平面:	10.0
下刀位置:	3.0
深度:	-21.937
毛坯预留量:	0.3 0.5
刀尖补正:	是
工作坐标:	0

刀具信息 ***12. FLAT ENDMILL***

类型:	平铣刀
编号:	1
直径:	12.0
圆角半径:	0.0
刀长补正:	1
直径补正:	1
材料:	高速钢-HSS
刀齿数:	4
每齿 0.083	材料 113.101
MFG 代码:	
装配:	
刀柄:	默认刀柄
时间:	00:58:12

50.000
25.000
100.000
75.000

（c）

图 7－128 加工报表报告

（a）常规信息；（b）毛坯；（c）操作列表

6. 生成后处理程序

刀具路径生成，经刀具路径检验无误后，即可进行后处理操作。

（1）在操作管理器中单击“选择全部操作”按钮，然后单击“执行选择的操作进行后处理”按钮G1，弹出“后处理程序”对话框，如图 7－129 所示，单击“确定”按钮。

（2）弹出“另存为”对话框，如图 7－130 所示，选择文件保存路径，在这里直接单击“保存（S）”按钮保存(S)，保存文件到默认文件夹内。

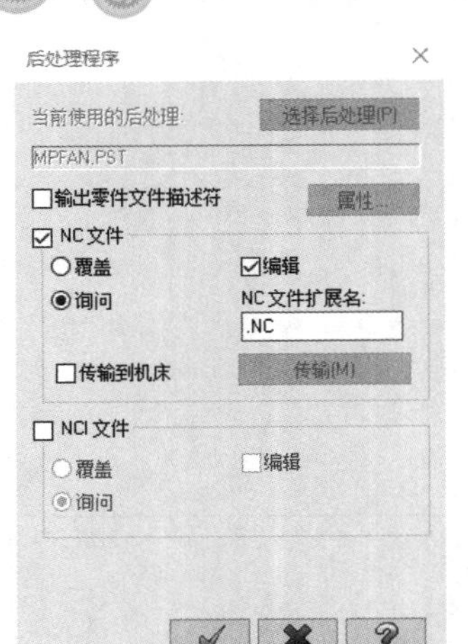

图 7－129 “后处理程序”对话框

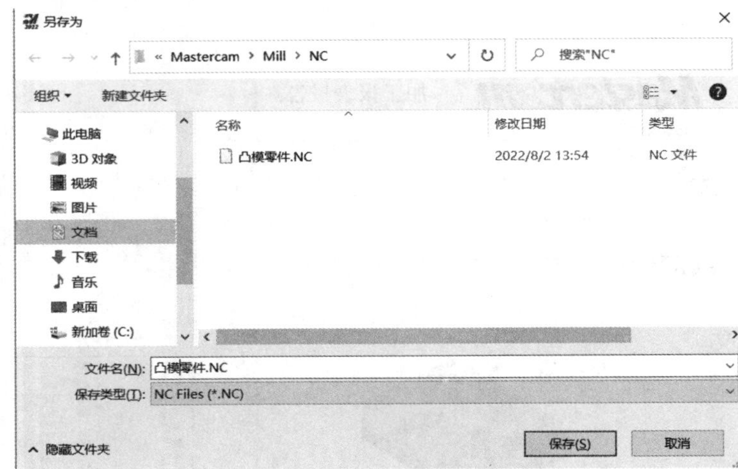

图 7－130 “另存为”对话框

（3）生成的 G 代码程序如图 7－131 所示。

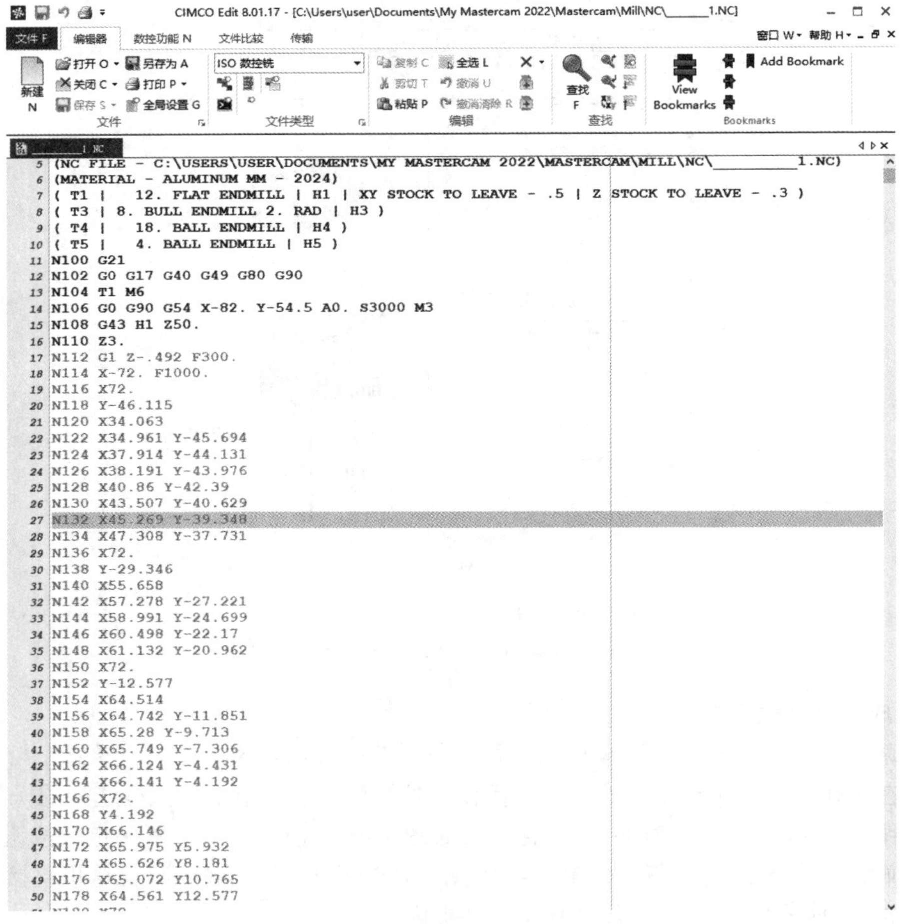

图 7－131 NC 加工程序

7. 存盘

存盘，名为“XIANGMU7－2_JIAGONG.MCX”。

学有所思，举一反三。通过项目拓展，你有什么新的发现和收获？请写出来。

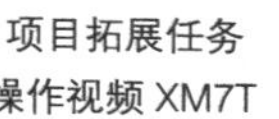

项目拓展任务操作视频 XM7T

项目拓展任务曲面综合加工

____

____

____。

根据项目编组，加强小组分工、协作训练，请充分发挥个人的聪明才智，分别自行设计、编制拓展项目实施评价表，格式不限。

7.7 相关知识

7.7.1　项目基础知识

项目基础知识

7.7.2　辅助项目知识

辅助项目知识（思政类）

7.8 巩固练习

7.8.1　填空题

1. 普通三维曲面加工的粗加工类型分为________、________、________、________、________、________、________、________8 种。

2. 普通三维曲面加工的精加工类型分为________、________、________、________、________、________、________、________、________、________、________11 种。

3. 3D 高速刀路中，粗加工方式有________、________2 种，精加工方式有________、________、________、________、________、________、________、________、________、________、________11 种。

4. 全圆铣削刀路有________、________、________、________、________、________6 种。

5. 采用________加工方法，可以很好地解决一些形状特别或复杂曲面的加工。

6. 多轴加工是指加工轴为三轴以上的加工，主要包括________加工、________加工。

7. 多轴铣削方法的基本模型包括________、________、________、________、________、________、________、________、________、________10 种。

8. 线框加工方式有________、________、________、________、________、________6 种。

7.8.2 选择题

1. 下面选项中，不属于三维曲面加工方法的是（　　）。

A. 5 轴曲面加工　　B. 平行式精加工

C. 插削粗加工　　D. 外形铣削

2. 对三维曲面的粗加工一般使用哪种刀具（　　）。

A. 圆鼻刀　　B. 平头刀　　C. 球头刀　　D. 钻刀

3. 下面哪种曲面不属于线框模型刀具路径（　　）。

A. 直纹曲面　　B. 旋转曲面　　C. 圆锥曲面　　D. 昆氏曲面

7.8.3 简答题

1. 曲面粗、精加工各有哪些加工方法？各方法的功能和特点是什么？

2. 对曲面进行粗加工或精加工的步骤大致是怎样的？

3. 比较粗/精加工的切削效果有什么不同，简述在加工后期应怎样选择精加工方式来清除残料。

4. 刀具参数为何叫共同参数？

5. 曲面粗/精加工平行式铣削的加工角度是以 X 轴还是 Y 轴、顺时针还是逆时针计算的？

6. 对三维曲面的粗加工一般使用哪种刀具？

7.8.4 操作题

1. 基础练习

（1）分析如图 7-132 所示的流线型轿车模型曲面，试编制其数控加工刀具路径。

（2）分析如图 7-133 所示的加筋壳内腔和外形曲面，试编制其数控加工刀具路径。

（3）分析如图 7-134 所示的凹模零件，试编制其型腔和外形的数控加工刀具路径。

（4）分析如图 7-135 所示的凸模零件，试编制其平面、曲面和外形的数控加工刀具路径。

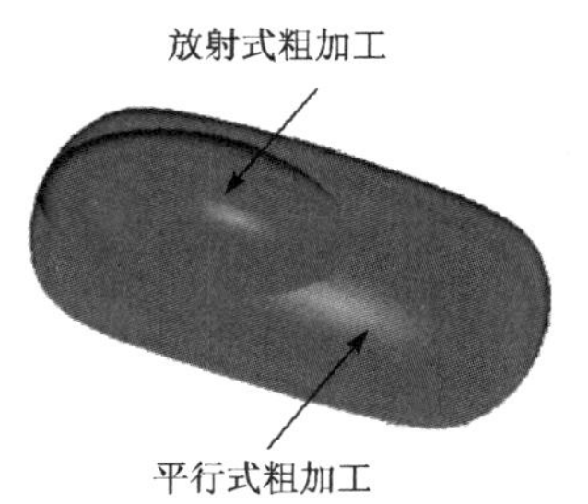

图 7-132　流线型轿车模型曲面

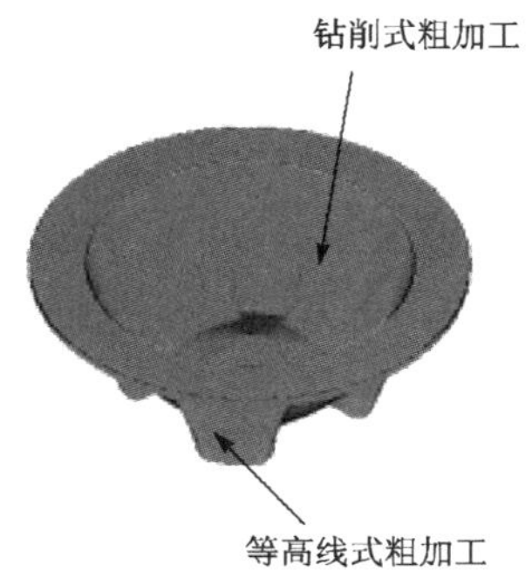

图 7-133　加筋壳内腔和外形曲面

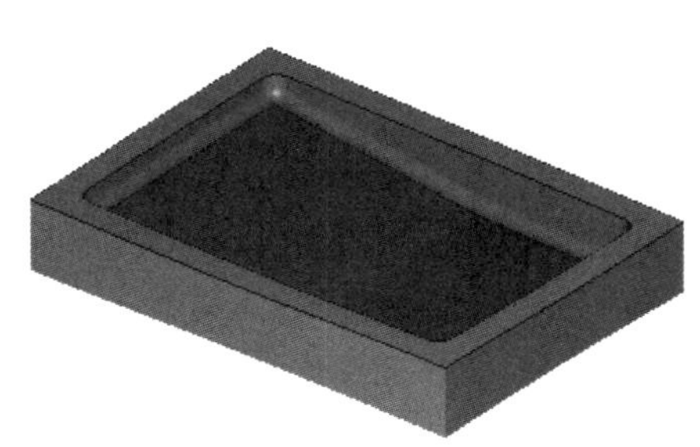

图 7-134　凹模零件

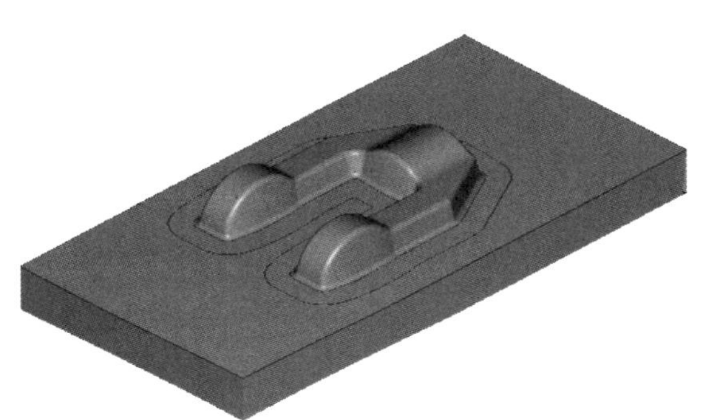

图 7-135　凸模零件

2. 提升训练

（1）沟槽凸轮零件如图 7-136 所示。沟槽凸轮内外轮廓及ϕ25 mm 和ϕ12 mm 孔的表面粗糙度要求为 Ra3.2 μm，其余为 Ra6.3 μm，全部倒角为 1 mm×1 mm，材料为 40 Cr。

假定ϕ25 mm 及ϕ12 mm 孔、上下表面已加工到位，只剩下凸轮外形与凹槽的加工。试对沟槽凸轮进行建模设计和数控加工。

（2）连杆的建模设计与数控加工，零件图如图 7-137 所示。

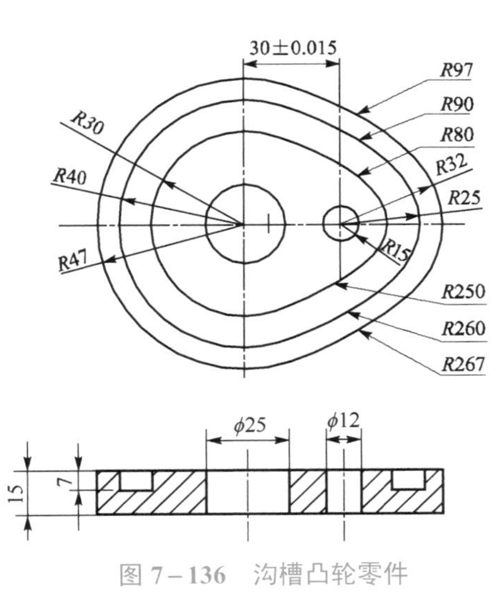

图 7-136　沟槽凸轮零件

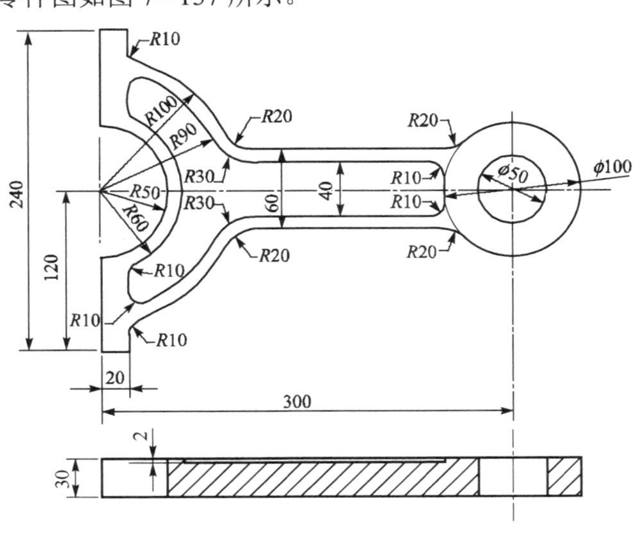

图 7-137　连杆零件

（3）灯罩凹模的建模设计与数控加工，零件图如图 7－138 所示。

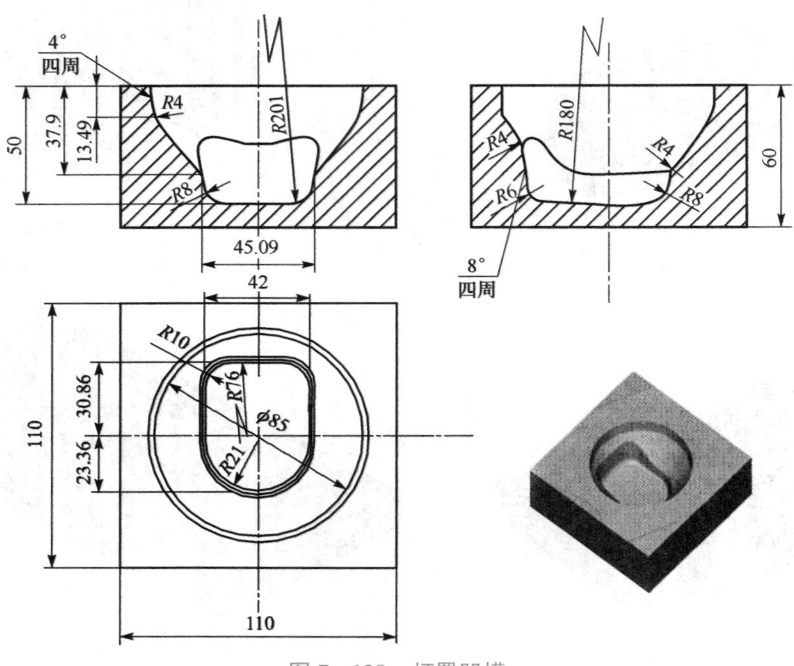

图 7－138　灯罩凹模

（4）烟灰缸的建模设计与数控加工，零件图如图 7－139 所示。

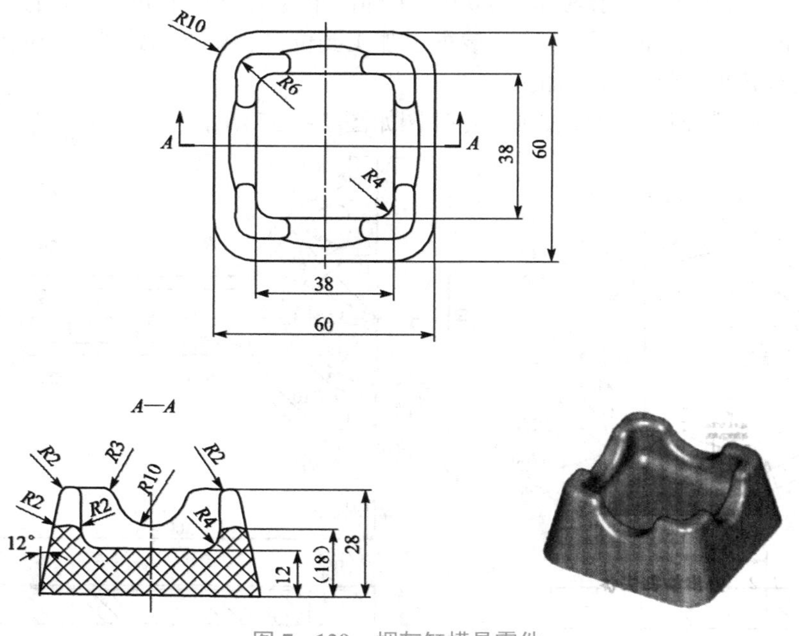

图 7－139　烟灰缸模具零件

（5）发夹的建模设计与数控加工，零件图如图 7－140 所示。

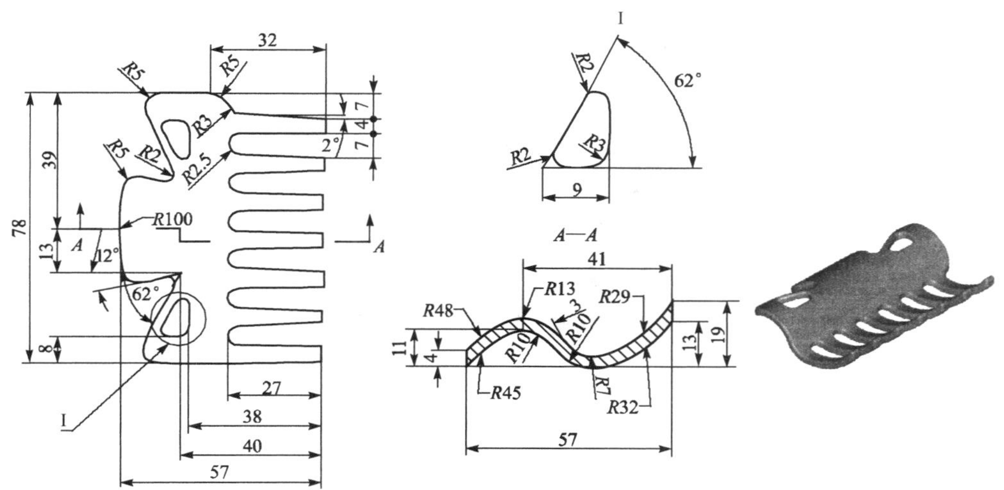

图 7－140　发夹模具

（6）粗加一个阀体外形零件，其三维模型如图 7－141 所示，阀体材料为 4230 钢件。假设阀体粗车工序已完成，当前任务是一道工序完成两个操作：粗加工阀体外形和清角。

图 7－141　阀体模型

提示：

① 阀体是阀门中的一个主要零部件，根据压力等级有不同的机械制造方法，例如铸造、锻造等。对这样的加工形状，可以使用 3D 等高分层加工。

② 阀体外形粗加工工艺参考见表 7－4。

表 7－4　阀体的加工工艺

工序	加工内容	加工方式	机床	刀具	夹具
10	粗铣外形	等高外形	三轴立式加工中心	$\phi 63R6$ 圆鼻刀	图 7-143
	清角	等高外形	三轴立式加工中心	$\phi 20R0.8$ 机夹刀	图 7-143

③ 阀体外形粗加工的装夹位置如图 7－142 所示。

④ 阀体外形的准备。使用 Mastercam 2022 的 CAD 来建模，绘图思路是：首先把阀体旋转的二维线框绘制出来，再利用实体旋转命令把主体做出，然后通过布尔运算求和，最后倒角，如图 7－141 所示；将阀体的中心设为加工坐标系，顶面为 Z 轴零点，如图 7－142 所示。

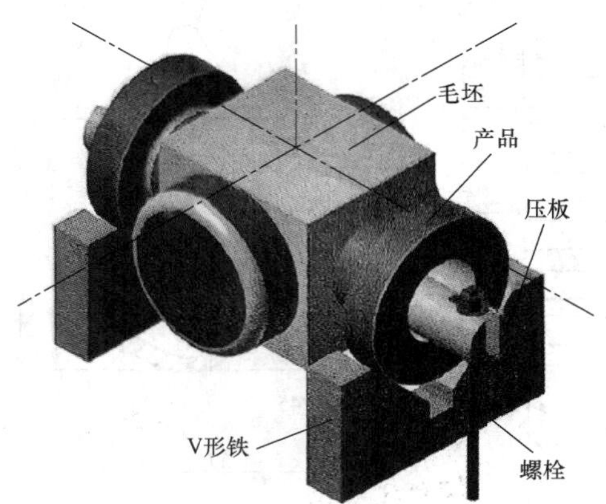

图 7－142　阀体外形粗加工装夹示意

巩固练习（填空题、选择题）答案

项目 8 车床加工

8.1 项目描述

本项目主要介绍 Mastercam 2022 车削加工模块中数控车床坐标系的设定、工作界面和菜单的使用、工件和刀具的设置等基础知识，以及车床加工类型及其参数设置等。通过本项目的学习，完成如图 8－1 所示零件的车削加工造型，生成刀具加工路径，并根据 FANUC 0i 系统的要求进行后置处理，生成 CAM 编程 NC 代码。该零件毛坯为ϕ45 mm × 130 mm 圆棒料，材料为 45 调质钢。

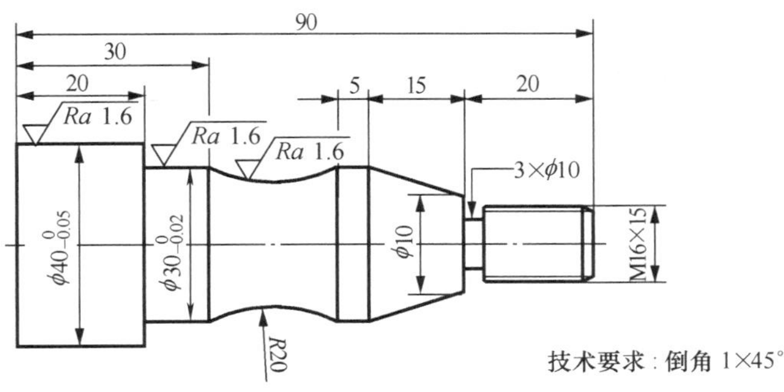

图 8－1 阶梯轴

8.2 项目目标

知识目标

（1）熟悉 Mastercam 2022 车削加工模块中数控车床坐标系的设定、工作界面和菜单的使用、工件和刀具的设置等基础知识。

（2）掌握粗车、精车、端面车削、挖槽、钻孔、螺纹车削等车床加工命令的基本使用。

技能目标

（1）在 Mastercam 2022 车削加工模块中，能设定数控车床坐标系。

（2）能进行刀具管理和对刀具参数设置，能对工件进行设置。

（3）能正确使用粗车、精车、端面车削、挖槽、钻孔、螺纹车削等车削加工方法，并能合理设置各种加工方法中的参数。

（4）完成“项目描述”中的操作任务。

素养目标

（1）树立产品意识和质量意识。

（2）遵守“7S”管理标准。

（3）培养创新创业精神。

（4）培养劳模精神、劳动精神和工匠精神。

8.3 项目实施

8.3.1 准备工作

参见项目 1。

8.3.2 操作步骤

根据项目描述要求，认真制定实施方案，遵守规范，安全操作，按时完成项目操作任务，

并养成良好的学习与工作习惯，具体步骤参考如下。

1. 几何建模

1）车床坐标系设置

单击状态栏中的“绘图平面”，在打开的快捷菜单选择“名称”中的“✓ +D+Z”选项，完成车床坐标系的设定。

2）绘制零件轮廓线

（1）选择“图层 1”，颜色为“10”。单击“线端点”按钮绘制外轮廓线，在操作栏点选“连续线”按钮◉连续线(U)，起点选择原点，输入直径 *D* 坐标值为“0”后，按下 Enter 键，输入长度 *Z* 坐标值为“0”，按下 Enter 键，*Y* 坐标值为“0”。然后依次输入各端点坐标值（*D*15.85，*Z*0）、（*D*15.85，*Z*−20）（*D*20，*Z*−20）、（*D*30，*Z*−35）、（*D*30，*Z*−70）、（*D*40，*Z*−70）和（*D*40，*Z*−95），然后单击“确定”按钮✓，*Y* 坐标值都为“0”。

（2）选择菜单栏中的“线框”→“圆弧”功能区的“端点画弧”命令，圆弧两端点坐标为（*D*30，*Z*−40）和（*D*30，*Z*−60），半径为“20”，即“半径(U): 20.0”，然后单击“确定”按钮✓，绘制出的零件轮廓图如图 8－2 所示。

（3）选择菜单栏中的“线框”→“修剪”功能区的“分割”命令，使用“分割”按钮分割对图 8－2 进行修剪，剪去圆弧部分的直线，然后单击“确定”按钮✓，结果如图 8－3 所示。

选择菜单栏中的“线框”→“修剪”功能区的“倒角”命令，应用倒角命令进行 *C*1 倒角，然后单击“确定”按钮✓，结果如图 8－3 所示。

图 8－2　绘制零件轮廓　　　　图 8－3　修剪后零件轮廓

（4）选择“图层 5”，颜色为“15”。单击“线端点”按钮线端点，在操作栏点选“连续线”按钮◉连续线(U)，绘制 $3\times\phi10$ 的槽，依次输入坐标（*D*15.85，*Z*−20）、（*D*10，*Z*−20）、（*D*10，*Z*−17）和（*D*15.85，*Z*−17），然后选择“图层 1”，颜色为“10”，绘制另外两条封闭轮廓线。为了方便生成刀具加工路径时选取外圆加工轮廓线，这里暂不裁剪外轮廓线，而是将键槽处的外圆线打断。使用“修剪到图素”命令修剪到图素，点选“修剪”按钮◉修剪(T)，在绘图区选取要打断的外轮廓线，然后选择分割位置，结果如图 8－4 所示。

3）建立零件的几何模型

选择“图层 10”，应用“实体”中的“旋转”命令，弹出“线框串联”对话框，选择“串联”方式，选取图 8－4 中的零件轮廓，旋转轴线选择中心水平线，单击“确定”按钮✓，绘制出零件的几何模型，如图 8－5 所示。

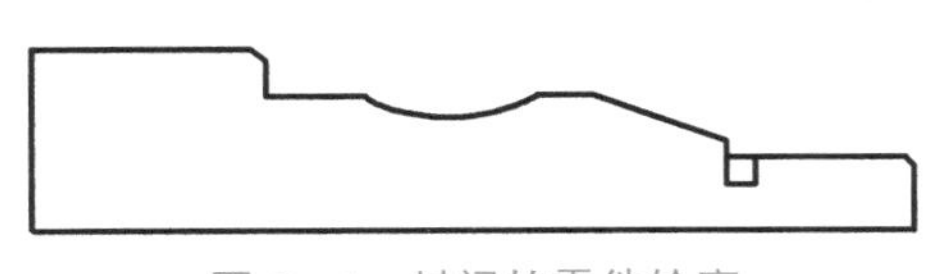

图 8－4　封闭的零件轮廓

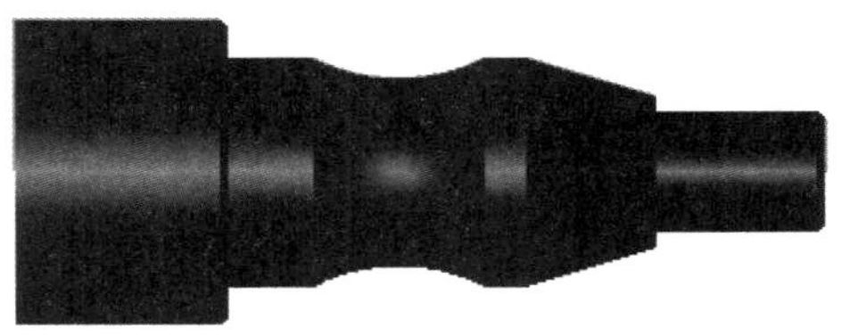

图 8－5　零件的几何模型

2. 加工工艺方案制订

项目描述任务
操作视频 XM8S－1

根据图纸要求和毛坯情况，按先主后次的加工原则确定工艺方案和加工路线。对于该阶梯轴，其轴心线为工艺基准，用三爪自定心卡盘夹持料棒一端使工件伸出卡盘 100 mm，一次装夹完成轮廓的粗/精加工、切槽和螺纹加工。确定工艺路线如下。

（1）车端面。

（2）粗车外轮廓：先从右至左切削外轮廓，其加工路线为倒角→切螺纹的大径 ϕ15.8 × 20→切削台肩→切削锥度部分→车削 ϕ30 外圆→车削 *R*20 凹圆弧部分→车削 ϕ30 外圆→切削台肩→车削 ϕ40 × 95 外圆；

（3）精车外轮廓；

（4）切 3 × ϕ10 的退刀槽；

（5）车 M16 × 1.5 的外螺纹。

由于零件精度没有特殊要求，所以选用 3 把刀具：1 号刀为外圆车刀，2 号刀为车槽刀，3 号刀为外螺纹车刀，确定换刀点要避免刀具与工件及夹具发生碰撞，换刀点可以设置在（*D*200，*Z*300）。填写数控加工工序卡，见表 8－1。

表 8－1　数控加工工序卡

数控加工工序卡		工序号		工序内容		
		01		车		
×××学校		零件名称		材料	夹具名称	使用设备
		阶梯轴		45	三爪卡盘	数控车床
工步号	工步内容	刀具号	主轴转速/（r · min^{-1}）	进给量/（mm · r^{-1}）	背吃刀量/mm	备注
1	车端面	T0101	150 m/min	0.1	0.2	
2	粗车外轮廓	T0101	600	0.2	2.0	
3	精车外轮廓	T0101	1 000	0.1	0.25	
4	切槽 3 × ϕ10	T0202	650	0.08		
5	车外螺纹 M16 × 1.5	T0303	800	1.5		
编制		审核		第　页	共　页	

3. 刀具路径规划

读者可以通过 Mastercam 2022 工作界面选择“机床”菜单命令，进行车床模块的切换。选择菜单栏中的“机床”→“车床”→“默认”命令即可。

1）刀具设置

在菜单区选择“车削”→“工具”中的“车刀管理”命令，弹出“刀具管理”对话框，

在加工群组列表中右击，选择“创建新刀具”命令，弹出“定义刀具：阶梯轴”对话框，刀具设置如下：

（1）1 号外圆车刀。

车刀类型选择“标准车削”，刀片型式选用“D（55 度钻石形）”型，刀杆选用“J（-3 度侧边）”型。在“参数”选项卡中设置刀具名称为“车刀 1”，其余刀具参数根据表 8-1 中的数值设置。注意“刀杆”选项卡中参数值的设置，以免刀具加工凹圆弧时引起干涉。

在“定义刀具：阶梯轴”对话框中单击“设置刀具”按钮［设置刀具...］，打开“车刀设置”对话框，如图 8-6 所示。根据数控机床的实际情况，可以进行“架刀位置”“刀塔”“刀具角度”“主轴旋转方向”以及“刀具原点”位置等方面的设置。

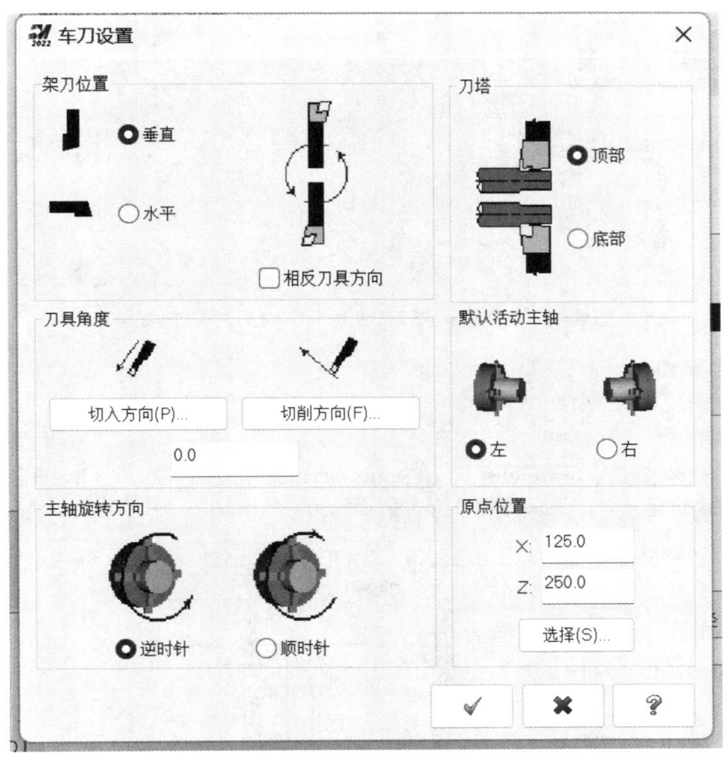

图 8-6　“车刀设置”对话框

（2）2 号车槽刀。

车刀类型选择“沟槽车削/切断”，“刀片”选项卡设置如图 8-7 所示。在“参数”选项卡中设置刀具名称为“车刀 2”。

（3）3 号外螺纹车刀。

设置螺纹车刀“刀片”选项卡，如图 8-8 所示，一般选用“公制 60 度”，螺纹的导程为 1.5 mm。在“参数”选项卡中设置刀具名称为“车刀 3”。

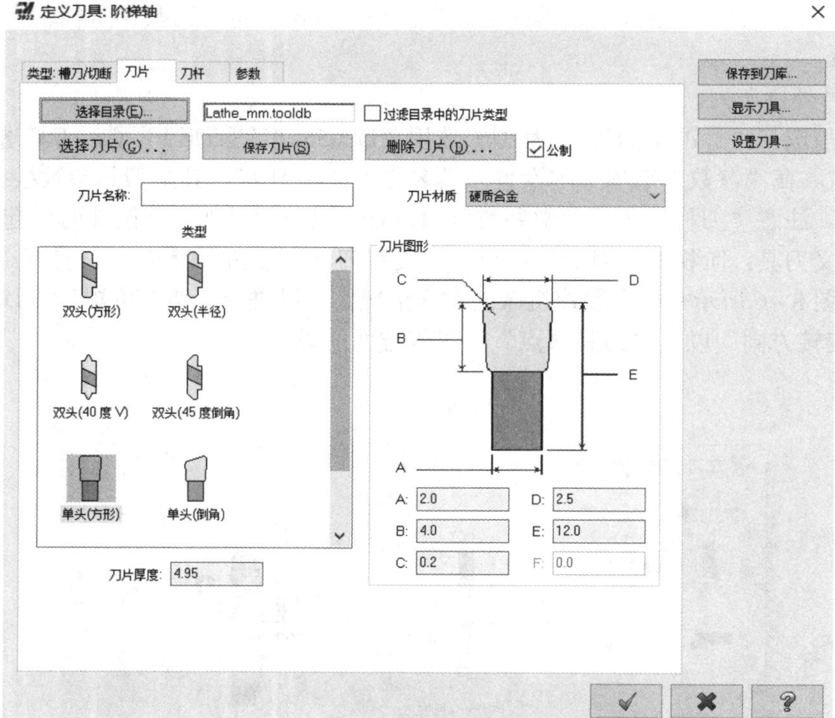

图 8－7 “类型：槽刀/切断”中“刀片”选项卡

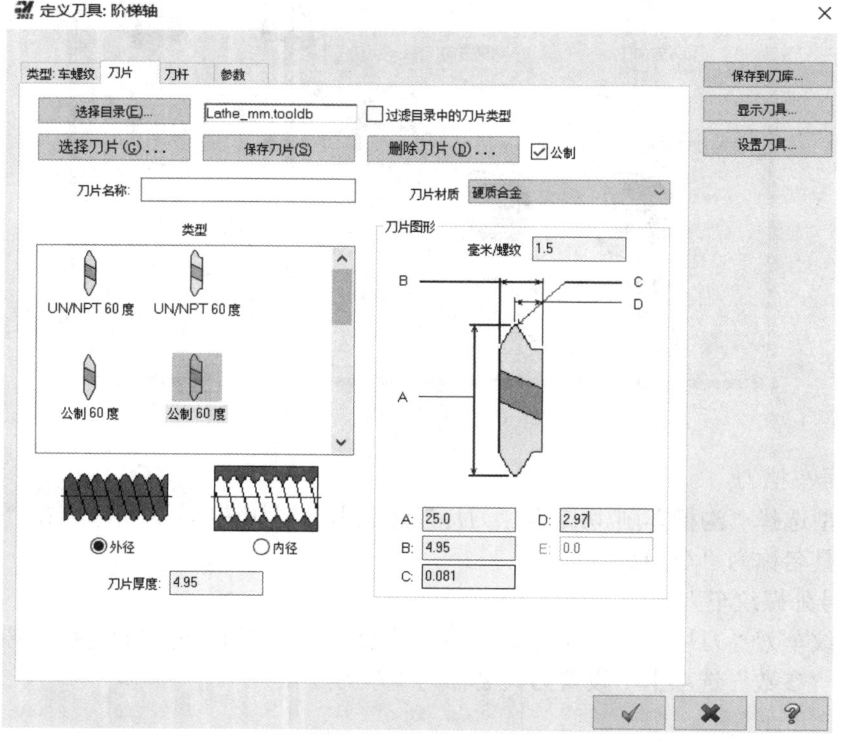

图 8－8 “类型：车螺纹”中“刀片”选项卡

在"定义刀具"对话框中单击"显示刀具"按钮 显示刀具...，在绘图区可以预览相应的刀具，如图 8－9 所示。

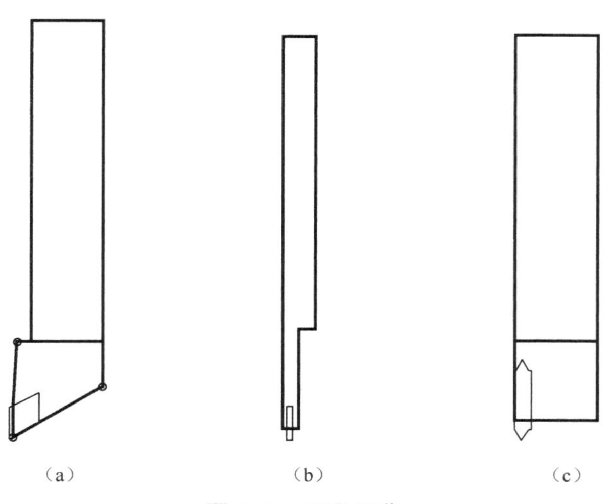

图 8－9　刀具预览

(a) 1 号外圆刀；(b) 2 号外槽刀；(c) 3 号螺纹刀

设定好的 3 把刀具在加工群组列表中的显示如图 8－10 所示。

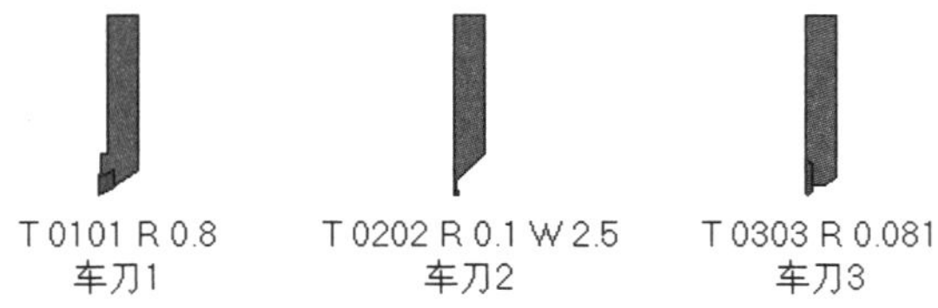

图 8－10　设定车削加工刀具

2）工件设置

关闭"图层 5"，隐藏中心水平线。在图 8－11 所示的"刀路"操作管理器中单击"毛坯设置"选项卡，弹出如图 8－12 所示的对话框。

图 8－11　"刀路"操作管理器

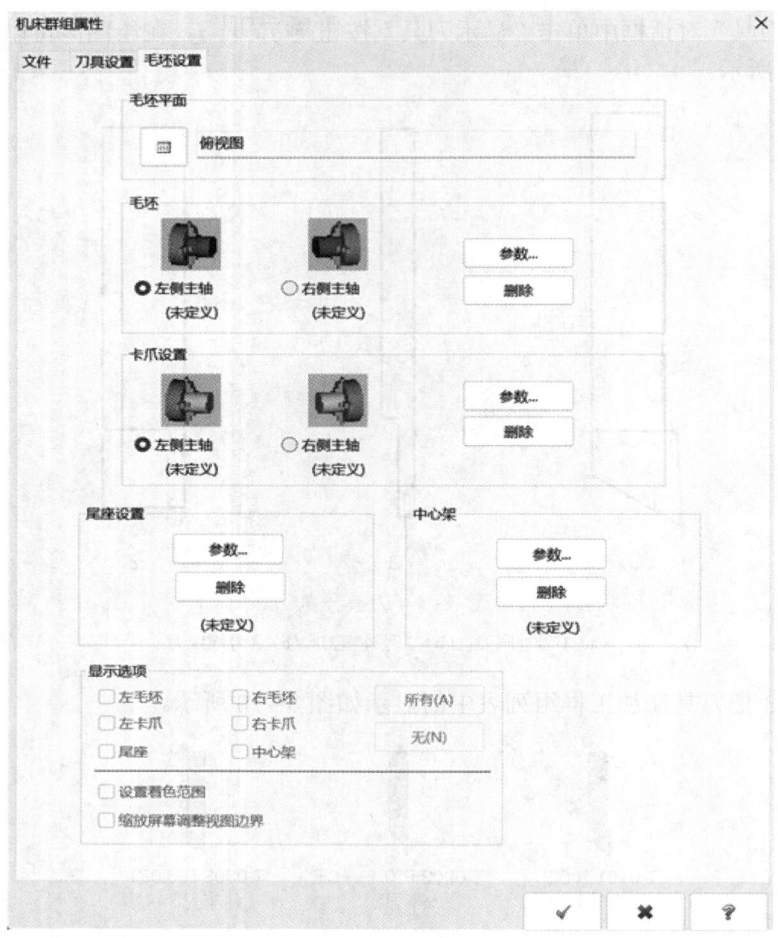

图 8－12 “毛坯设置”选项卡

（1）定义毛坯边界。

① 用“串连”方法定义毛坯外形。

在“Stock（毛坯）”选项区单击“串连”按钮，系统弹出 “串连选项”对话框，在绘图区选择串连曲线即可。使用此方法必须事先在绘图区构造出毛坯的轮廓线，然后在绘图区串连选择该轮廓线。

② 用参数方法定义毛坯外形。

在“毛坯设置”选项卡的“毛坯”面板区域单击“参数”按钮参数...，系统弹出如图 8－13 所示的“机床组件管理：毛坯”对话框，该对话框中部分选项的含义如下。

外径：毛坯外径，在该文本框中输入棒料的直径 45 mm。

长度：毛坯长度，在该文本框中输入棒料的长度 130 mm。

轴向位置：将毛坯右端面中心向左 2 mm 处（端面加工余量为 2 mm）设定为工作坐标系原点 *Z*0，在该文本框中输入毛坯右端面的 *Z* 向坐标值 2 mm。

由两点产生：单击“由两点产生”按钮由两点产生(2)...，在绘图区选择两点作为毛坯的两个顶点，可以用这两个顶点来定义毛坯外形。

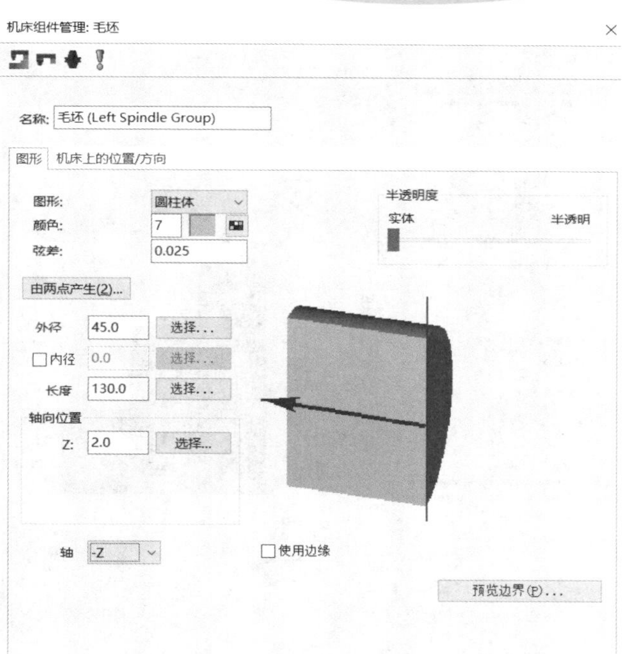

图 8－13　“机床组件管理：毛坯”对话框

单击“预览边界”按钮预览边界(P)...，预览定义的毛坯，如图 8－14 所示，零件用实体效果显示时的毛坯外形如图 8－15 所示。

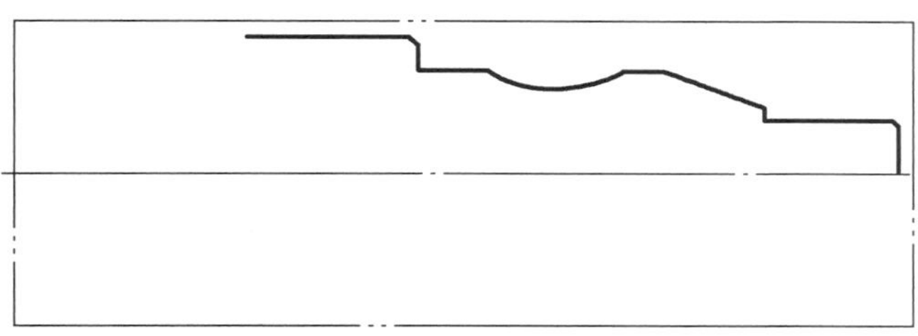

图 8－14　预览毛坯外形

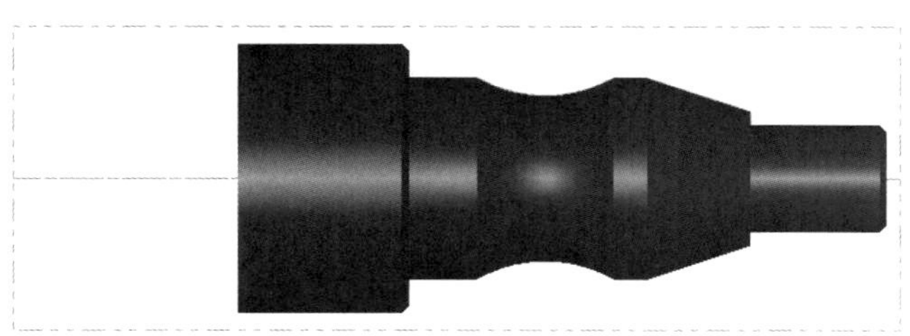

图 8－15　用实体效果显示的毛坯外形

（2）卡盘边界。

在“卡爪设置”面板区域单击“参数”按钮，系统弹出“机床组件管理：卡盘”对话框，设置如图 8－16 所示，设定效果如图 8－17 所示。

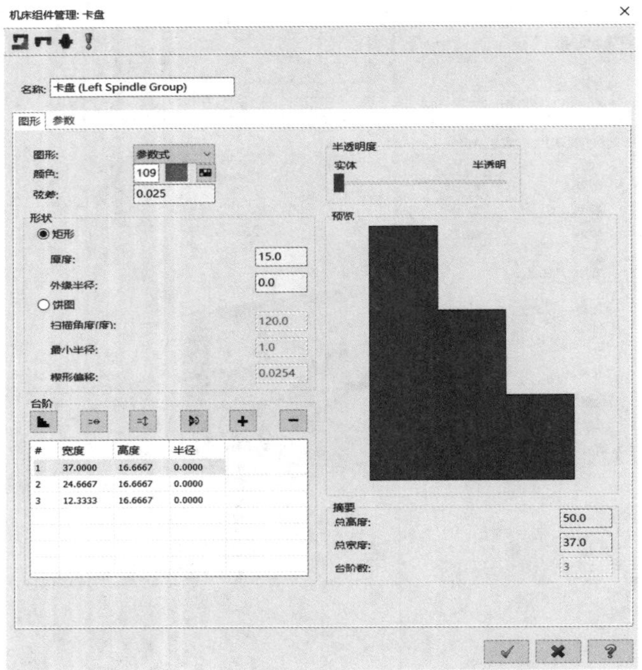

#	宽度	高度	半径
1	37.0000	16.6667	0.0000
2	24.6667	16.6667	0.0000
3	12.3333	16.6667	0.0000

（a）

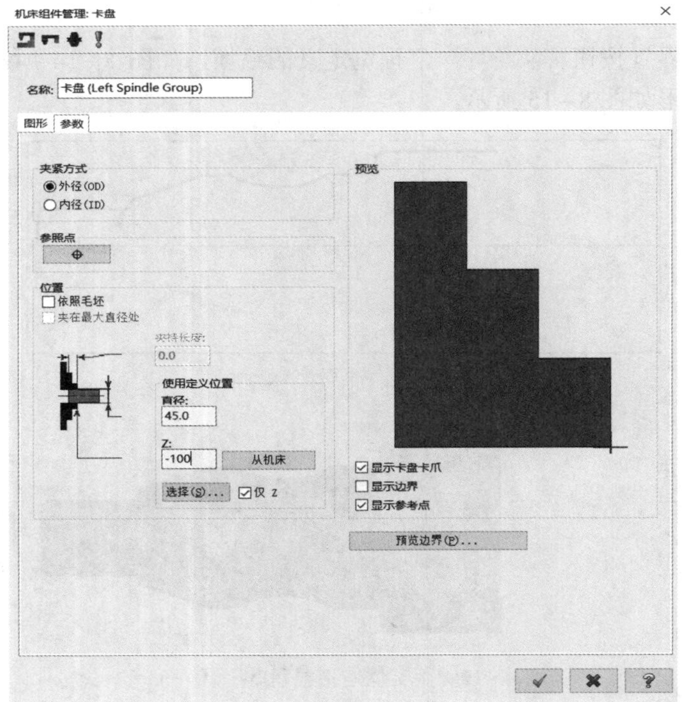

（b）

图 8－16 “机床组件管理：卡盘”对话框

（a）“图形”选项卡；（b）“参数”选项卡

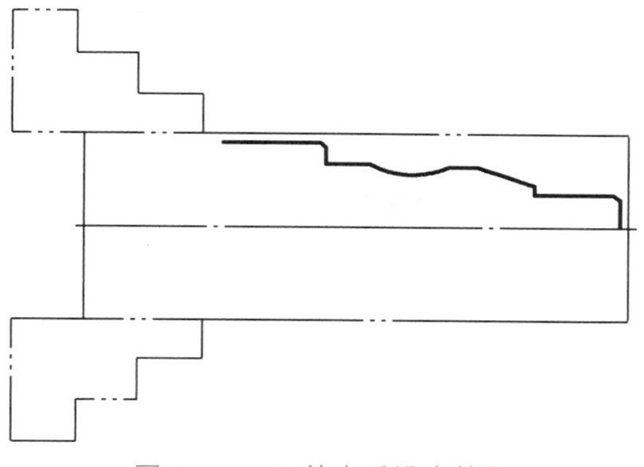

图 8－17　工件夹爪设定效果

3）生成端面加工刀具路径

（1）在菜单区选择“车削”→“标准”中的“车端面”命令，弹出“车端面”对话框，如图 8－18 所示，根据表 8－1 中的数值设置各项切削参数。

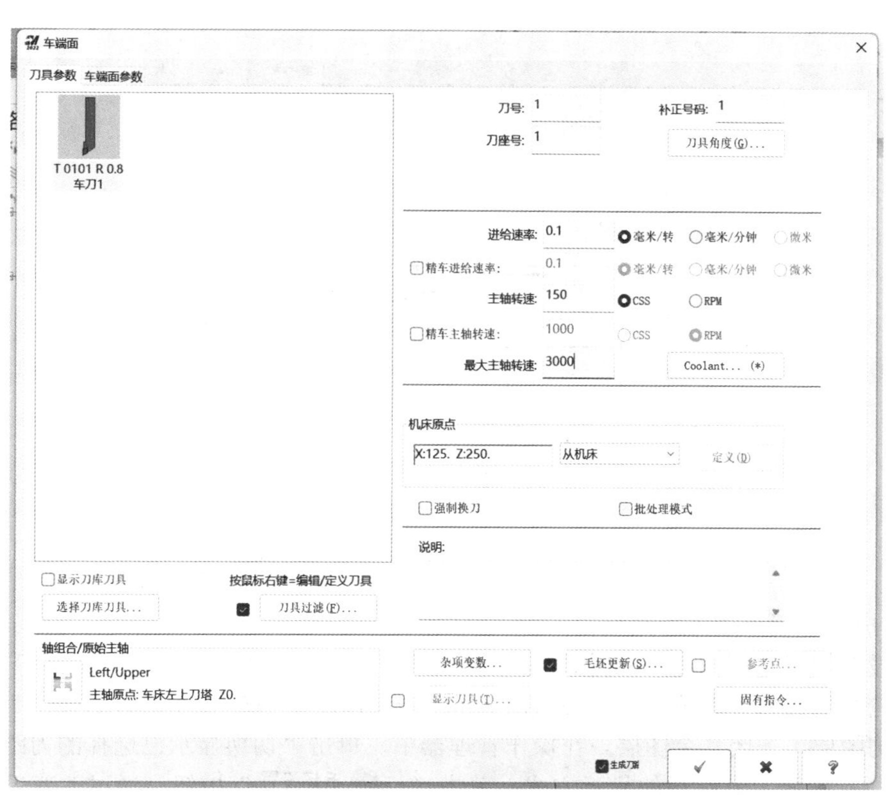

图 8－18　车端面“刀具参数”选项卡

（2）选择“车端面参数”选项卡进行参数设置既可以选择“选择点”来确定加工区域，此时可以选取端面车削的两个角点；也可以选择“使用毛坯”来确定加工区域，端面车削参数设置如图 8－19 所示。完成设置后生成如图 8－20 所示的切端面刀具加工路径。

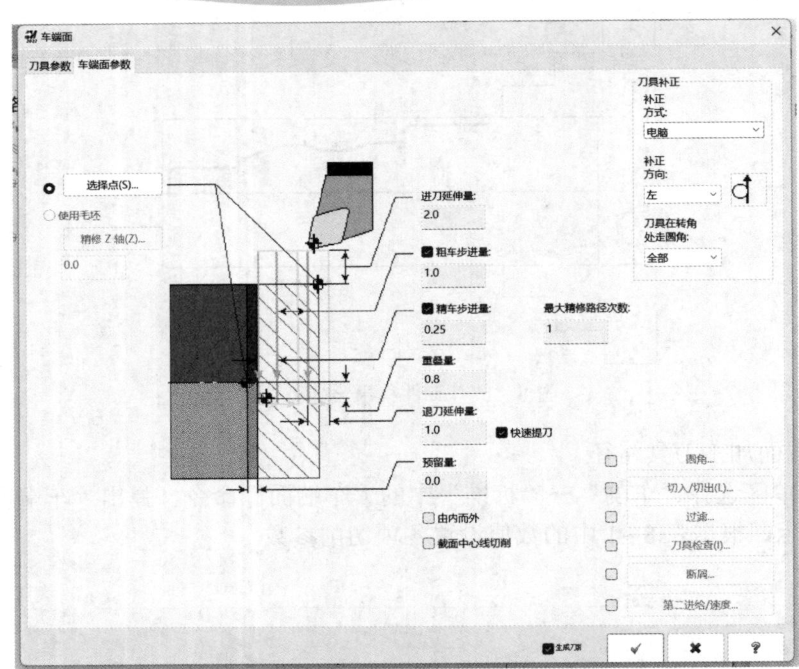

图 8-19 “车端面参数”设置

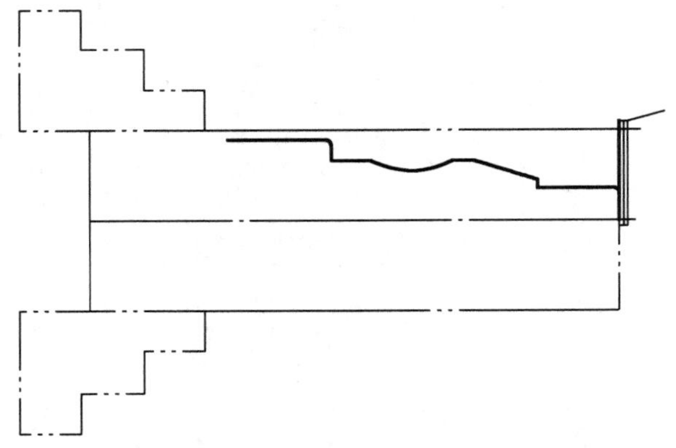

图 8-20 车端面刀具路径

4）生成轮廓粗车加工刀具路径

（1）设置加工轮廓的起刀位置。

加工轮廓的起刀位置位于工件右端面 2 mm 处，且在 1×45° 倒角的延长线上。设置“图层 1”为构图层，关闭其余图层。在操作管理器中，单击“切换显示已选择的刀路操作”按钮≋，切换车端面刀具路径的显示方式；单击“毛坯设置”按钮，通过改变毛坯、卡盘和尾座的显示方式，隐藏掉毛坯、卡盘和尾座。选择菜单栏中“线框”→“绘线”功能区域的“平行线”命令平行线，输入距离为“2”，选择要平行的直线后单击其右侧，然后单击“确定”按钮，结果如图 8-21 所示。选择菜单栏中“线框”→“修剪”功能区域的“修剪到图素”命令修剪到图素，点选“修剪两物体”按钮修剪两物体(2)，延伸图 8-21 中的倒角线到距离端面 2 mm 处，然后单击“确定”按钮。在绘图区选中辅助线，然后右击，

选择“删除图素”选项 ✕ 删除图素(E) 删除辅助线，结果如图 8–22 所示。

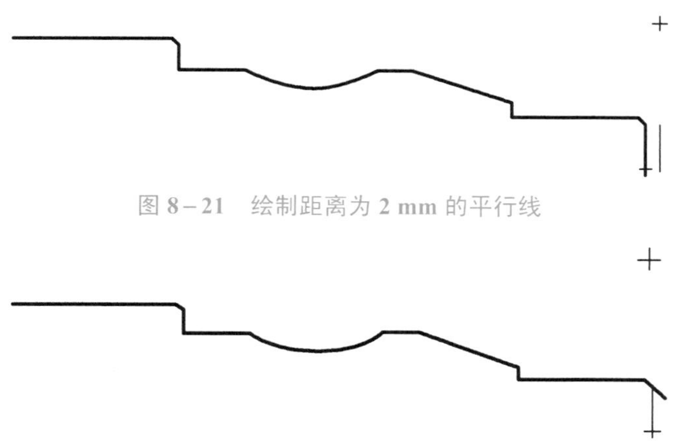

图 8–21 绘制距离为 2 mm 的平行线

图 8–22 延伸倒角线

（2）设置加工轮廓的终止位置。

选择菜单栏“线框”→“绘线”面板区域的“线端点”命令，点选“垂直线”按钮 ◉ 垂直线(V)，绘制加工轮廓的终止线。选取第一点后，在尺寸面板区域输入长度为“4”，按 Enter 键，结果如图 8–23 所示。

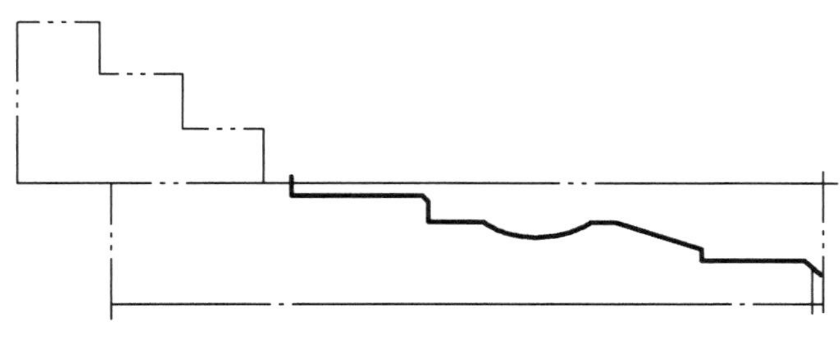

图 8–23 绘制加工轮廓的终止线

（3）生成外轮廓粗车刀具路径。

选择菜单“车削–标准”→“粗车”命令，弹出“线框串连”对话框，选择“串连”命令，在绘图区选取所要加工的轮廓，轮廓起点为倒角延长线的端点，如图 8–24 所示。

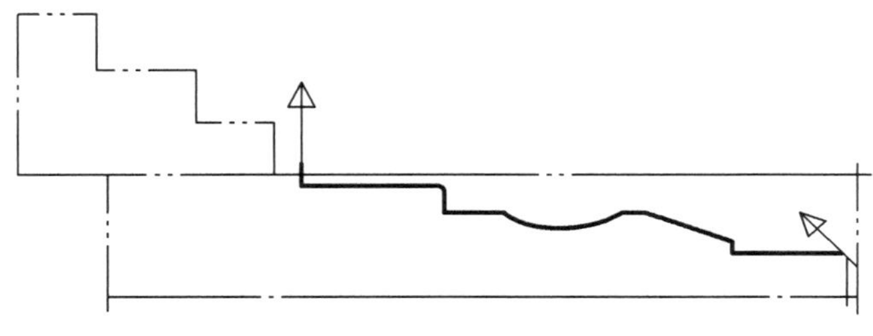

图 8–24 选择粗车轮廓线

单击“确定”按钮✔，系统将弹出“粗车”对话框，参数设置如图 8–25 所示。

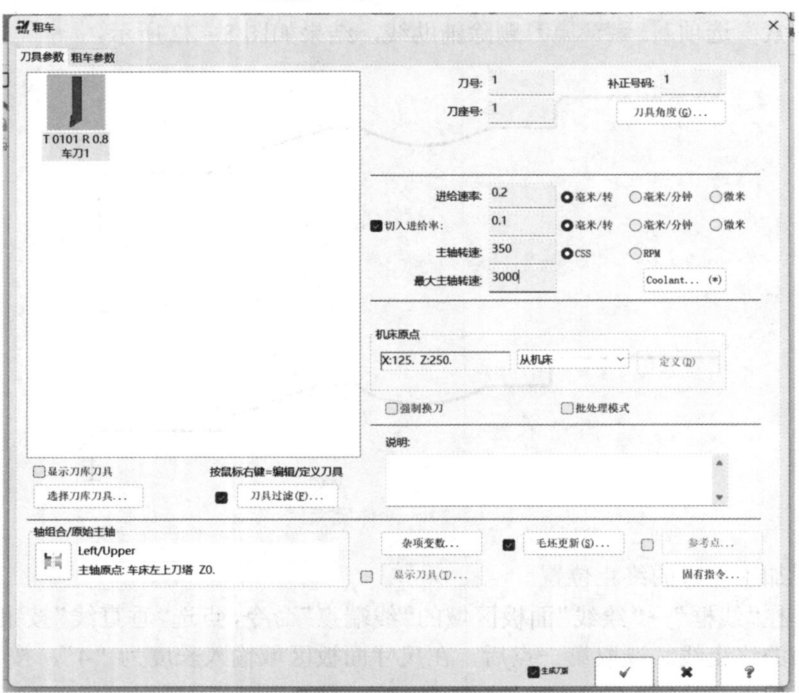

图 8－25 “粗车”中“刀具参数”选项卡

选择对话框中的“粗车参数”选项卡，并设置各项切削参数，如图 8－26 所示。

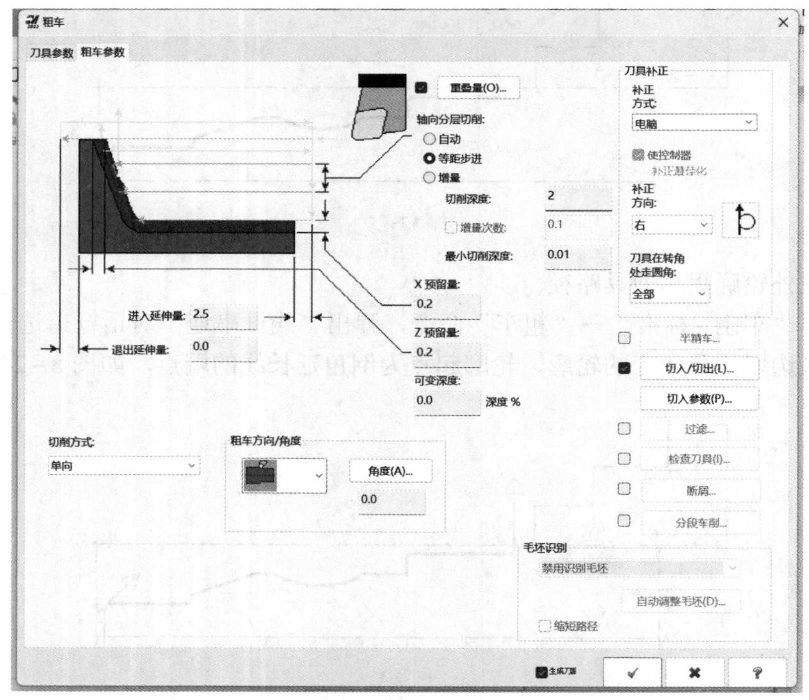

图 8－26 “粗车”中“粗车参数”选项卡

单击“确定”按钮，生成如图 8–27 所示的粗车外轮廓刀具路径。

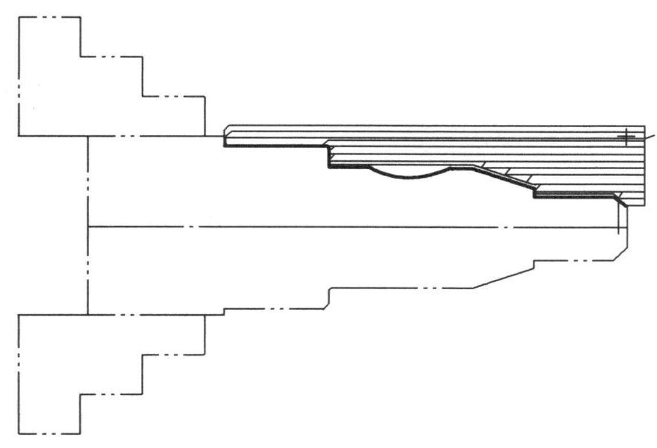

图 8–27　粗车外轮廓刀具路径

单击图 8–26 中的“切入参数（P）”按钮，系统弹出如图 8–28 所示的“车削切入参数”对话框，该对话框用来设置在粗车加工中是否允许底切，并选择径向有底切的方式。

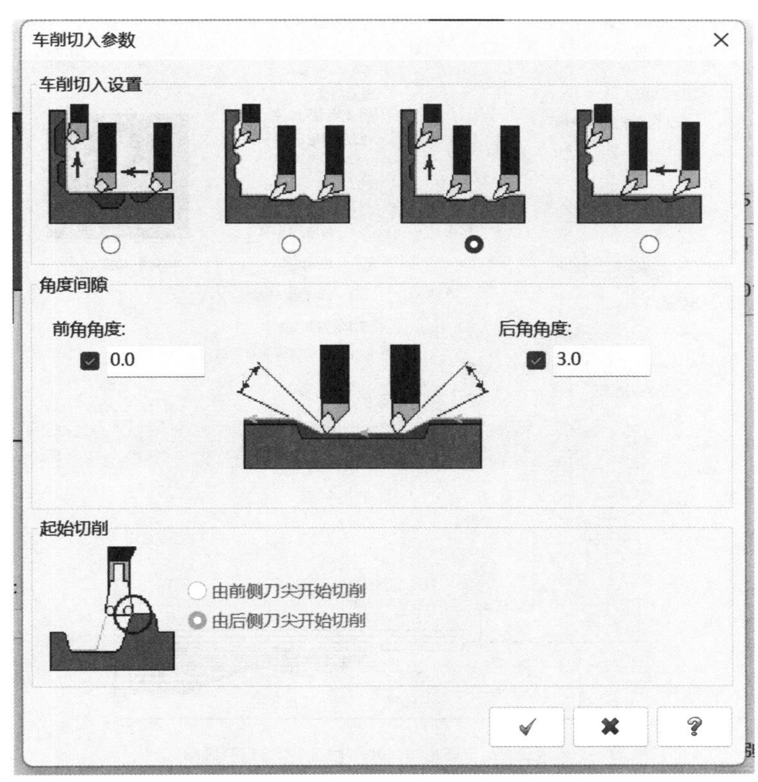

图 8–28　车削“切入参数”设置

单击图 8–26 中的“切入/切出（L）”按钮，弹出“切入/切出设置”对话框，设置进入向量，如图 8–29 所示；设置退刀向量，如图 8–30 所示。最终生成径向有底切的粗车刀具路径，如图 8–31 所示。

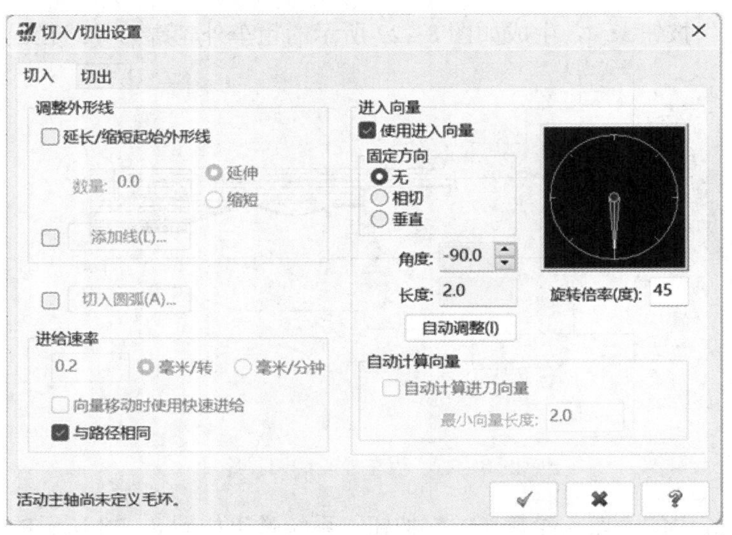

图 8-29 “进入向量”设置

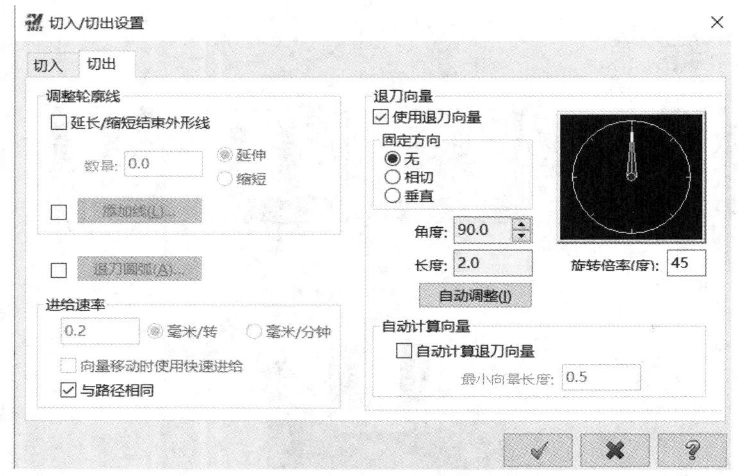

图 8-30 “退刀向量”设置

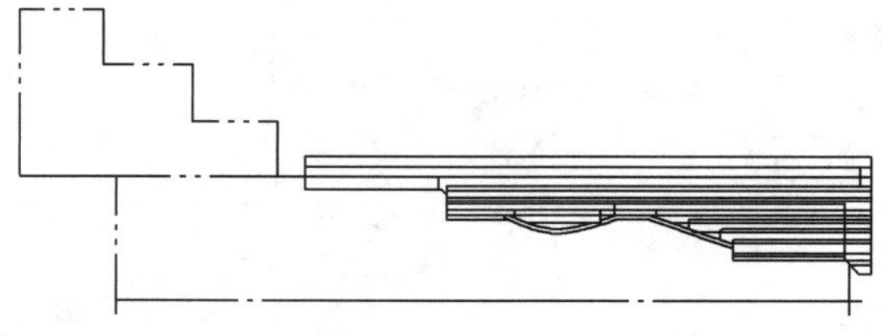

图 8-31 径向有底切的粗车刀具路径

5）生成精车加工刀具路径

（1）在菜单区选择“车削-标准”→“精车”命令，弹出“线框串连”对话框，选择需要精加工的外轮廓。如果精车轮廓与粗车轮廓相同，则可以单击“选取上次”按钮。单击“确定”按钮，弹出“精车”对话框，设置刀具参数，如图 8-32 所示，在“精车参数”选项卡中设置各项参数，如图 8-33 所示。

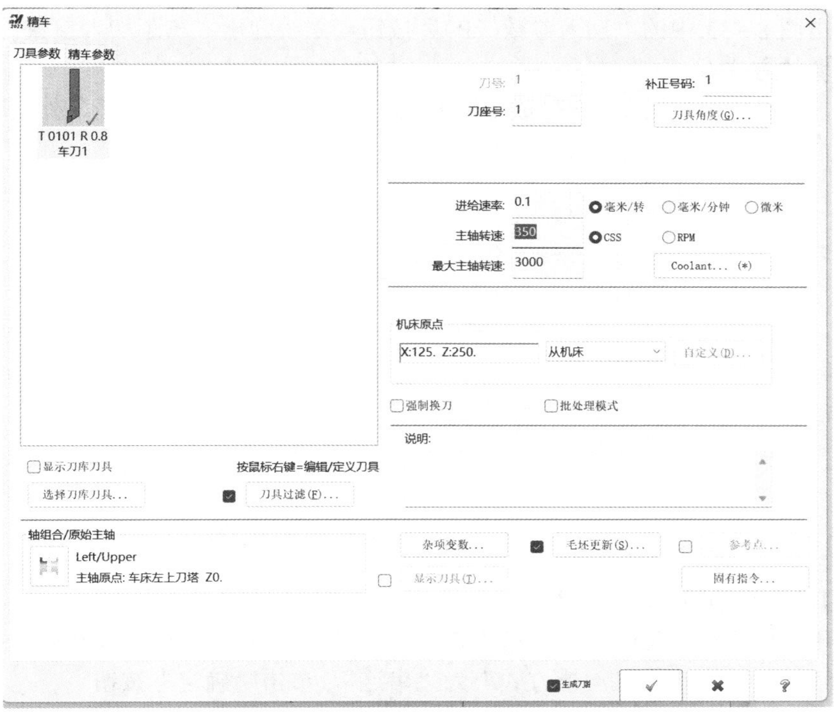

图 8－32 “精车”对话框

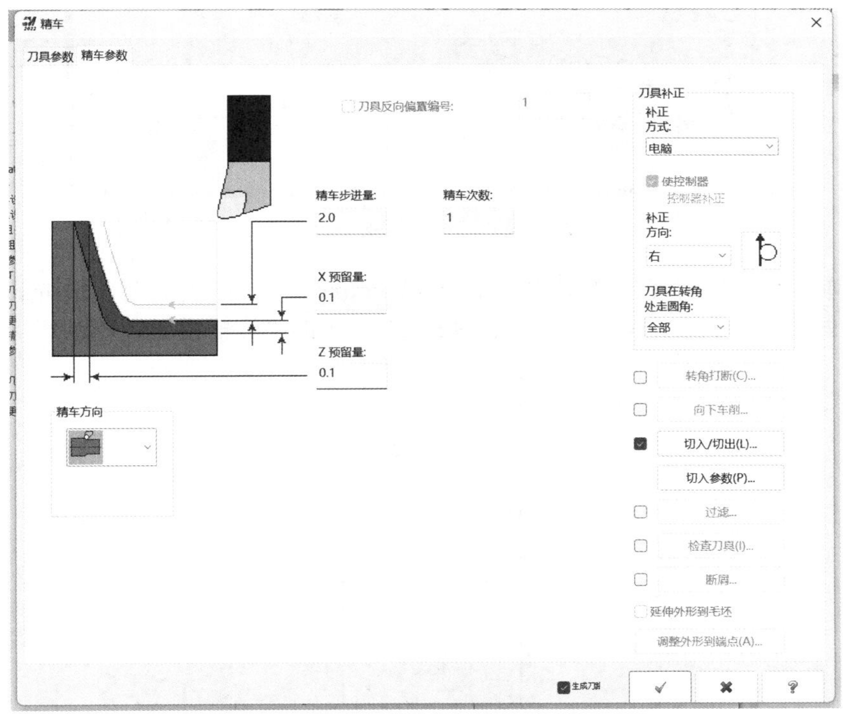

图 8－33 “精车”中“精车参数”选项卡

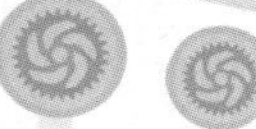

（2）单击图 8－33 中的“切入参数（P）”按钮，系统弹出“车削切入参数”对话框，选择径向有底切的方式。

（3）单击“确定”按钮，生成如图 8－34 所示的径向有底切的精车外轮廓刀具路径。

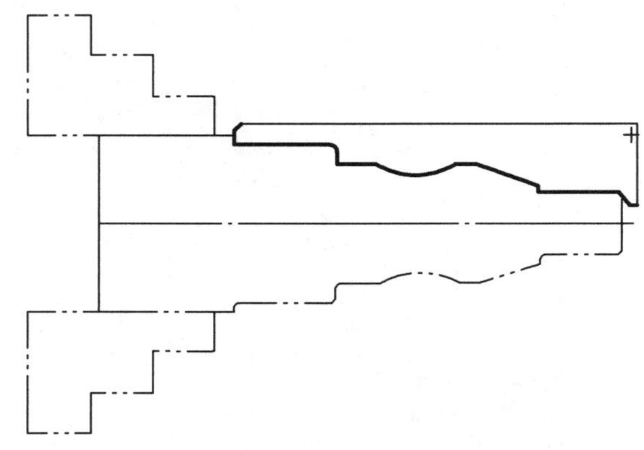

图 8－34　径向有底切的精车外轮廓刀具路径

6）退刀槽 3×ϕ10 加工刀具路径

（1）打开“图层 5”，在菜单栏选择“车削”→“沟槽”命令，弹出如图 8－35 所示的“沟槽选项”对话框，选择“定义沟槽方式”为“串连”，单击“确定”按钮。

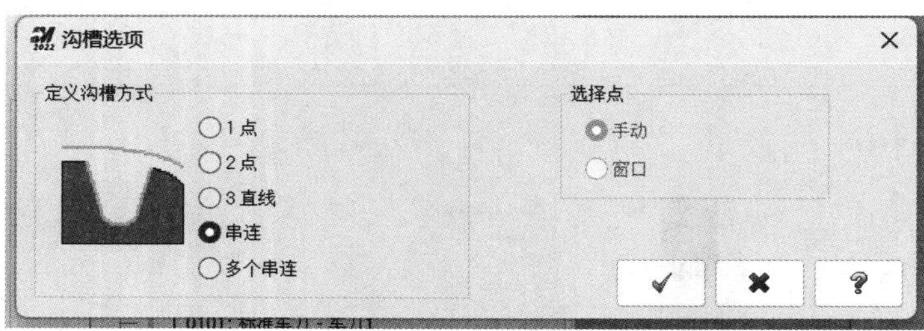

图 8－35　“沟槽选项”对话框

（2）在弹出的“线框串连”对话框中单击“部分串连”按钮，选择欲加工的槽 3×ϕ10 的轮廓线，如图 8－36 所示，系统弹出如图 8－37 所示的“沟槽粗车（串连）”对话框。

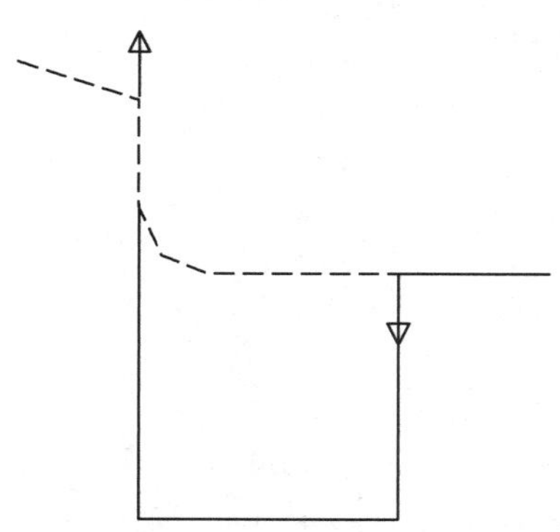

图 8－36　选择槽的轮廓线

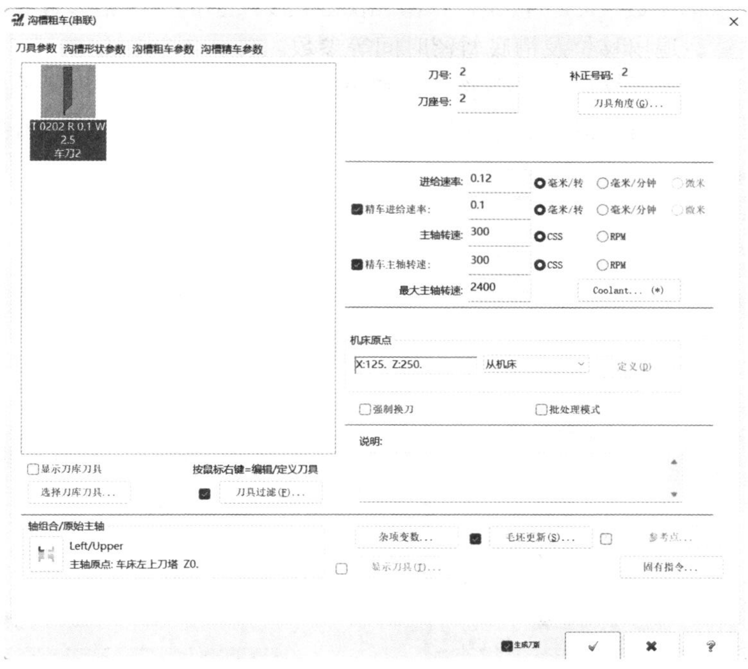

图 8－37 “沟槽粗车（串连）”对话框

（3）“沟槽形状参数”采用默认值，“沟槽粗车参数”选项卡用于设置切槽的粗车参数，如图 8－38 所示。

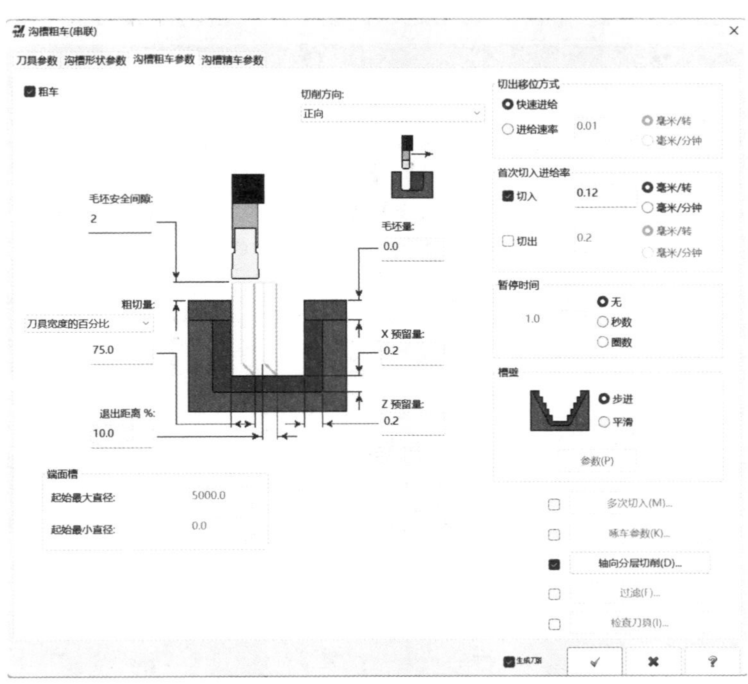

图 8－38 “沟槽粗车参数”选项卡

（4）单击“啄车参数（K）”按钮，弹出如图 8－39 所示的“啄钻参数”对话框，在该对话框中设置啄钻量、退出移位及槽底暂留时间等参数。

（5）单击“轴向分层切削（D）”按钮，弹出如图 8－40 所示的“沟槽分层切深设定”对话框，在该对话框中设置刀具每次的切削深度、切削次数和刀具移动方式等参数。

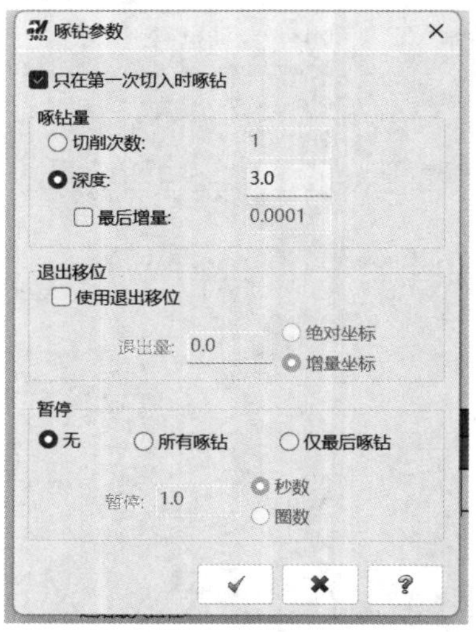

图 8－39　“啄钻参数”对话框

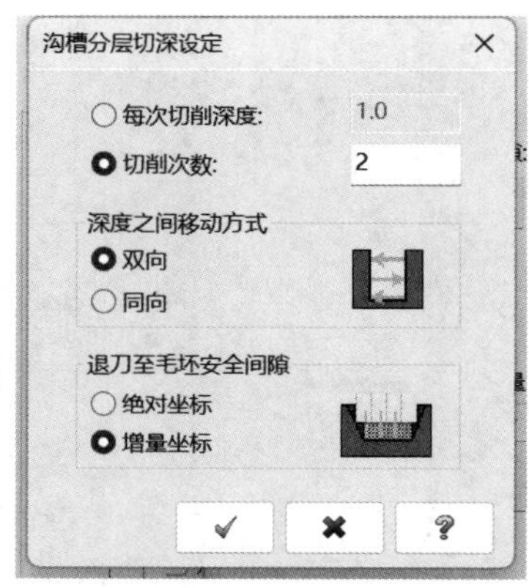

图 8－40　“切槽分层切深设定”对话框

（6）径向粗车参数设置完成后，单击“沟槽精车参数”选项卡，如图 8－41 所示。勾选“切入（L）”复选框，并单击该按钮，弹出如图 8－42 所示的进刀向量的“切入”对话框，可以进行“调整轮廓线”“进给率”“使用进入向量”及“自动计算向量”等参数的设置。

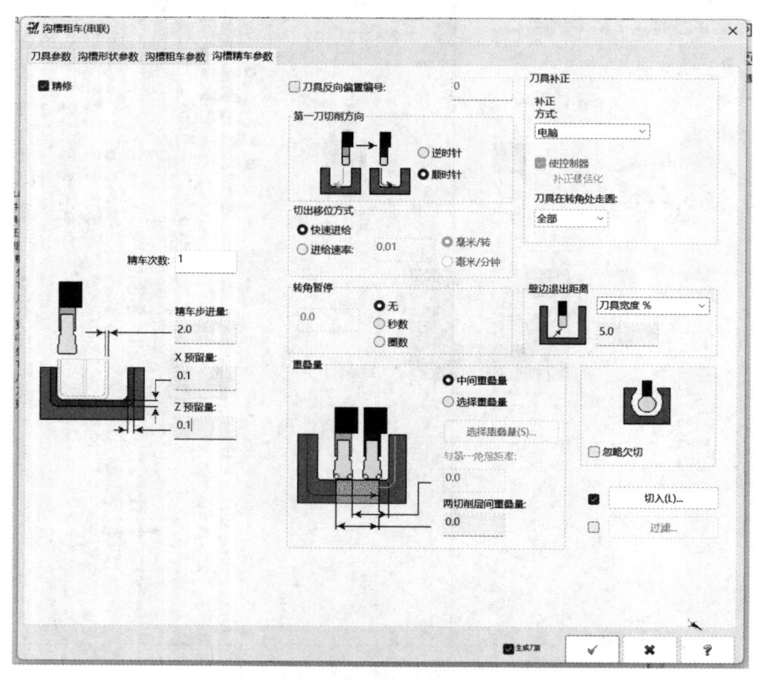

图 8－41　“沟槽精车参数”选项卡

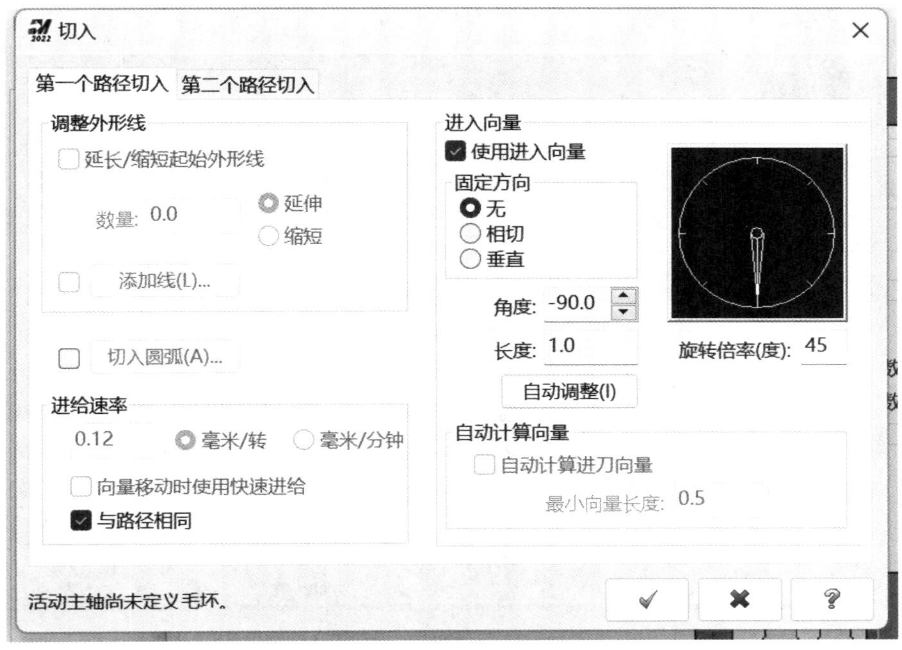

图 8-42　“切入”对话框

（7）设置各项参数完成后，单击“确定”按钮，生成如图 8-43 所示的切槽刀具路径。

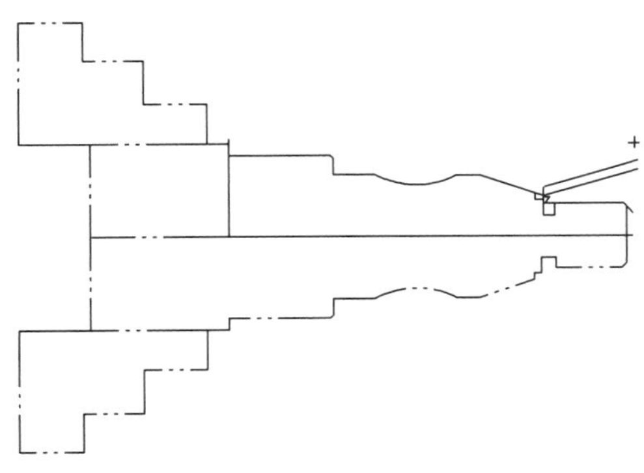

图 8-43　切槽刀具路径

7）生成螺纹加工刀具路径

（1）在菜单栏选择“车削”→“车螺纹”命令，弹出如图 8-44 所示的“车螺纹”对话框。

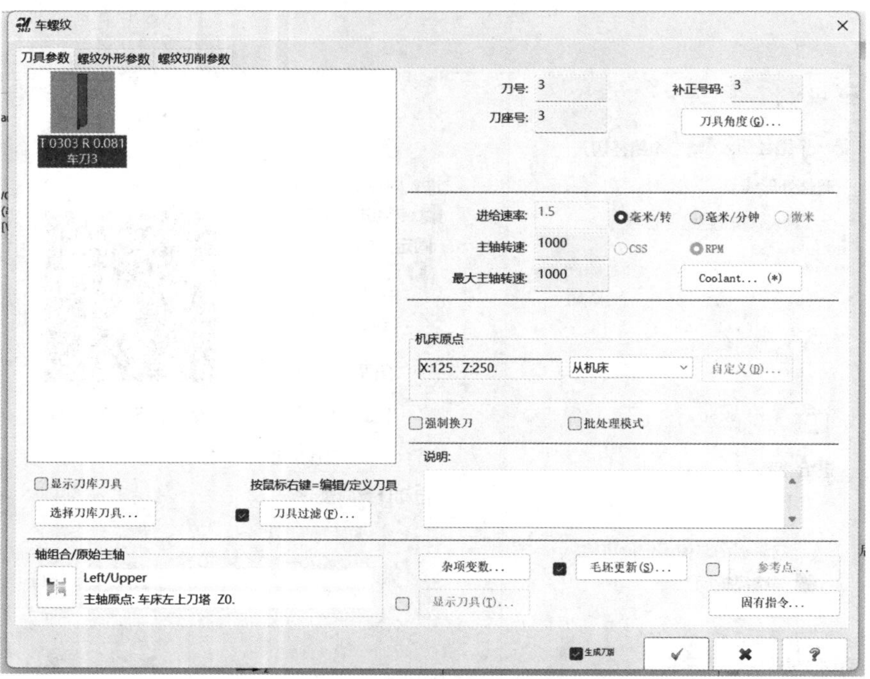

图 8-44 “车螺纹”对话框

（2）在“螺纹外形参数”选项卡中定义螺纹参数，如图 8-45 所示，给出螺纹大径 ϕ16.0 后可以单击“运用公式计算（F）”按钮，直接计算出小径，如图 8-46 所示。

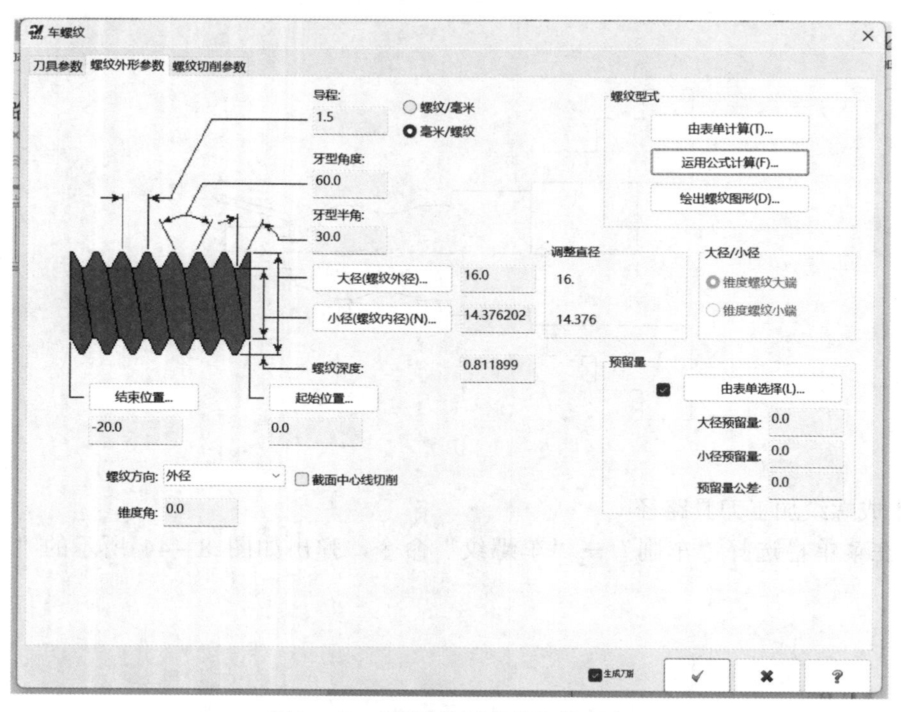

图 8-45 “螺纹外形参数”选项卡

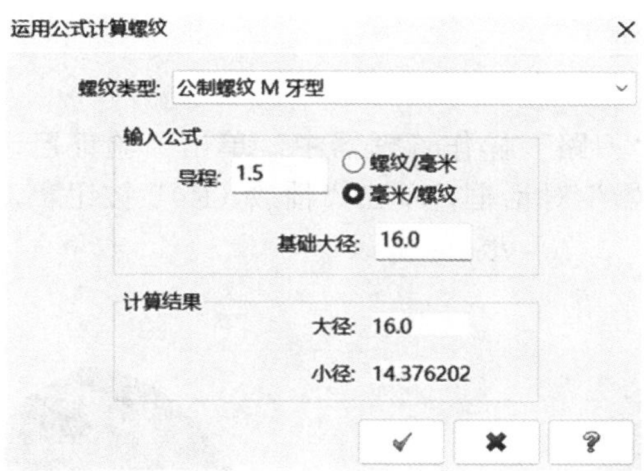

图 8-46　运用公式计算出螺纹小径

（3）在“螺纹切削参数”选项卡中定义螺纹切削参数，如图 8-47 所示。

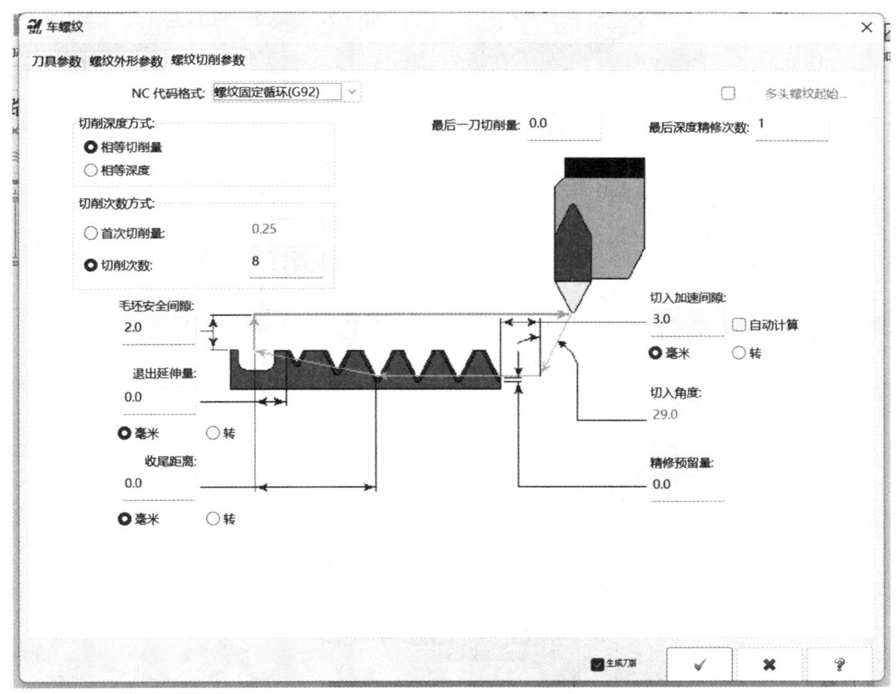

图 8-47　“螺纹切削参数”选项卡

（4）单击“确定”按钮 ✔，生成如图 8-48 所示的刀具路径。

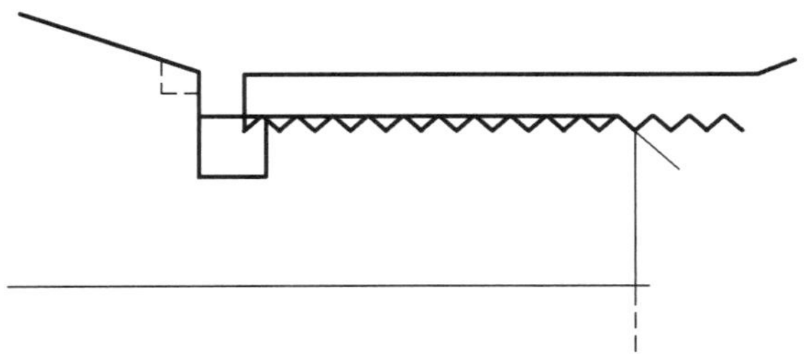

图 8-48　车螺纹刀具路径

4. 实体验证及后置处理

1）实体验证

在图 8－11 所示的“刀路”操作管理器中，单击“验证已选择的操作”按钮，系统弹出“Mastercam 模拟器”对话框，单击“播放（R）”按钮，模拟加工结果如图 8－49 所示。

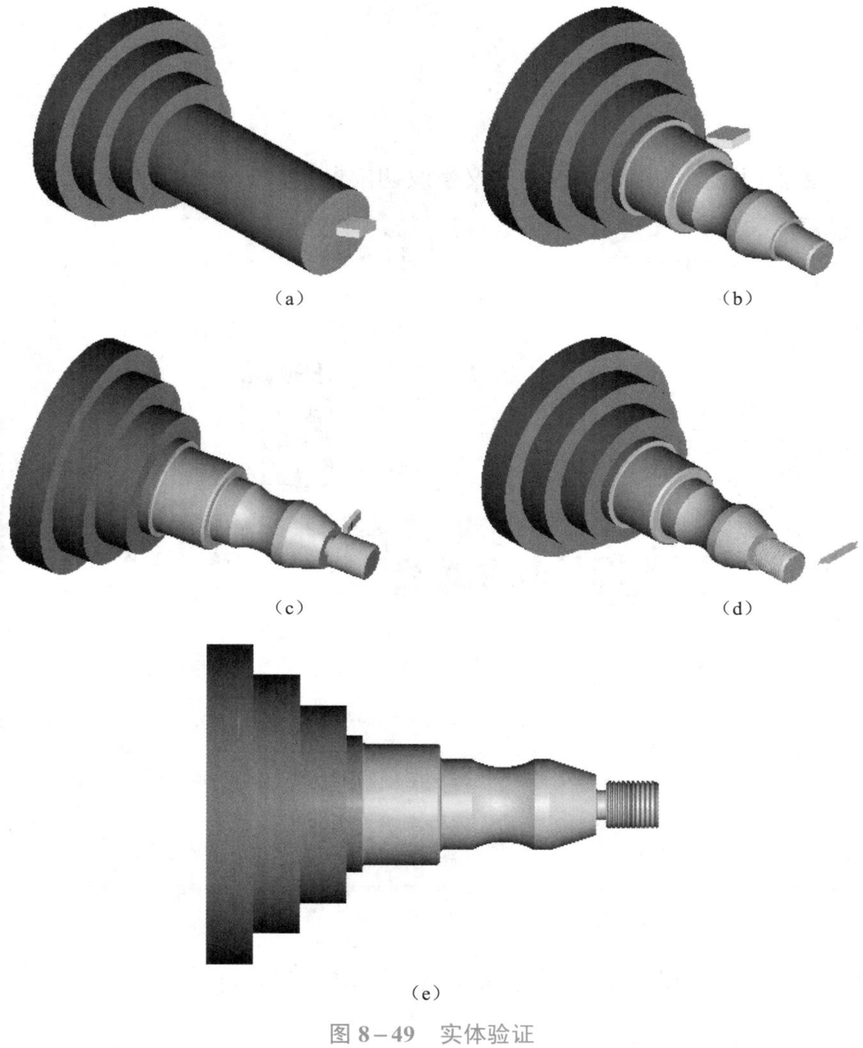

（a）

（b）

（c）

（d）

（e）

图 8－49 实体验证

（a）工步 1：车端面；（b）工步 2、3：粗、精车外轮廓；（c）工步 4：切槽 3×ϕ10；（d）工步 5：车螺纹 M16×1.5；（e）效果图

2）后置处理

在图 8－11 所示的“刀路”操作管理器中，单击“属性”选项卡中的“文件”按钮 文件，弹出“机床群组属性”对话框，可以将“群组名称”改为“阶梯轴”，如图 8－50 所示。

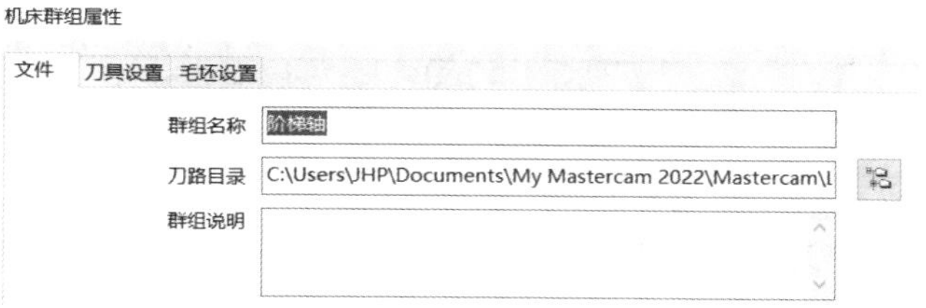

机床群组属性

文件 刀具设置 毛坯设置

群组名称 阶梯轴

刀路目录 C:\Users\JHP\Documents\My Mastercam 2022\Mastercam\l

群组说明

图 8－50　修改群组名称

在“刀具设置”选项卡中设置程序号为“1”，如图 8－51 所示。

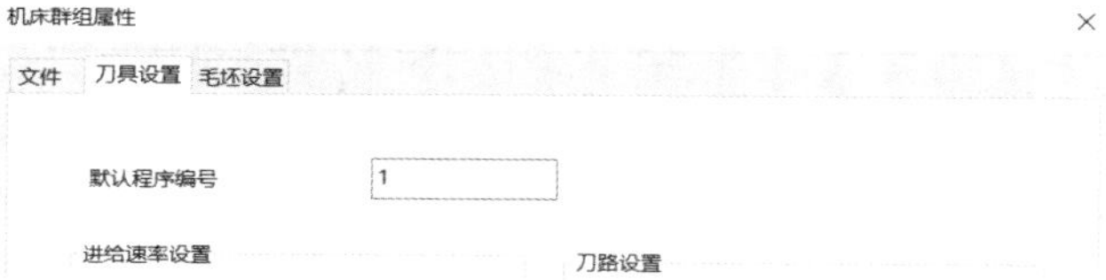

机床群组属性

文件 刀具设置 毛坯设置

默认程序编号 1

进给速率设置　　刀路设置

图 8－51　设置程序号

在“刀路”管理器中单击“执行选择的操作进行后处理”按钮 G1，打开“后处理程序”对话框，选择输出的“NC 文件”按钮 ☑NC文件，单击“确定”按钮 ✓ 后，即可生成 NC 数控加工程序。

项目描述任务操作视频

8.4 项目评价

项目实施评价表见表 8－2。

表 8－2　项目实施评价表

序号	检测内容与要求	分值	学生自评（25%）	小组评价（25%）	教师评价（50%）
1	学习态度	5			
2	安全、规范、文明操作	5			
3	能建立阶梯轴的二维轮廓模型和三维实体模型	10			
4	能确定阶梯轴加工工艺路线，编制数控加工工序卡	5			
5	能进行刀具设置和工件设置	5			
6	能生成端面加工刀具路径并进行仿真	10			
7	能生成轮廓粗车加工刀具路径并进行仿真	10			
8	能生成轮廓精车加工刀具路径并进行仿真	10			
9	能生成切槽加工刀具路径并进行仿真	10			

续表

序号	检测内容与要求	分值	学生自评（25%）	小组评价（25%）	教师评价（50%）
10	能生成螺纹加工刀具路径并进行仿真	10			
11	能后置生成数控加工程序	5			
12	项目任务实施方案的可行性及完成的速度	5			
13	小组合作与分工	5			
14	学习成果展示与问题回答	5			
总分		100			
			合计：　　　　（等第：　　）		
问题记录和解决方法	记录项目实施中出现的问题和采取的解决方法				
签字：			时间：		

8.5 项目总结

车床加工是机械工厂使用最多的一道工序，数控车床也是工厂使用最多的机床，它主要用于轴类和盘类零件的加工。

车削加工是纯二维的加工，零件也都是圆柱形状，比铣削加工简单得多。以前国内的数控车床大多使用手工编程，现在随着 CAM 技术的普及，在数控床上也开始利用 CAM 软件编写车削加工程序。Mastercam 2022 提供了大量的数控车削加工策略。

通过本项目的学习，可以非常熟练地掌握以下内容：

（1）基于 Mastercam 2022 车床加工的基础知识，例如数控车床坐标系的设定、工作界面和菜单的使用、工件和刀具的设置等。

（2）Mastercam 2022 的几种车床加工类型及其参数设置，包括粗车、精车、端面车削、挖槽、钻孔、螺纹车削等。

8.6 项目拓展

如图 8－52 所示，盘材料为 45 调质钢，毛坯为ϕ65 mm×40 mm 圆棒料，应用 Mastercam 2022 软件完成该零件的车削加工造型，生成刀具加工路径，根据 FANUC－0i 系统的要求进

行后置处理，生成 CAM 编程 NC 代码。

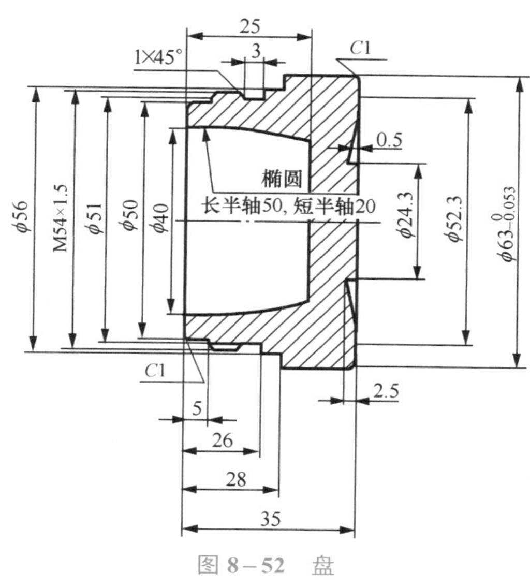

图 8－52　盘

1. 几何建模

1）绘制中心线

在绘图区右击鼠标，弹出“属性面板”工作条，选取“线型”为点画线，“线宽”为细实线，“颜色”为“12”，“图层”为“10”，并在图层名称处输入“中心线”，按 Enter 键。

回到工作界面，单击工具栏中的绘制“线端点”按钮，单击操作栏中的“水平线”按钮 水平线(H)，输入第一点坐标（－38，0，0）和第二点坐标（3，0，0），单击操作栏中的“确定”按钮，绘制出的中心水平线如图 8－53 所示。

图 8－53　绘制中心水平线

2）绘制外轮廓线

（1）确定初始参数。

Z：0.000；作图颜色：10；层别编号：1；层别名称：外轮廓线；WCS：T；构图面：T；屏幕视角：T；线型：实线；线宽：粗实线。

（2）绘制外轮廓线

选择“线端点”按钮→“连续线”按钮 连续线(U)，依次输入各端点坐标值（－0.5，0，0）、（－0.5，12.15，0）、（－2.5，12.15，0）、（0，26.35，0）、（0，30，0）、（－1，31，0）、（－15，31，0）、（－15，28，0）、（－19，28，0）、（－19，26.925，0）、（－30，26.925，0）、（－30，25，0）、（－35，25，0）、（－35，0，0）和（－0.5，0，0），然后单击“确定”按钮，绘制出如图 8－54（a）所示的图形。

注：为了几何建模的需要将轮廓封闭起来，等到设定刀具路径时，为了方便轮廓的选择可以单击“隐藏图素”按钮，将中心线上的实线隐藏起来。

（3）绘制外槽。

使用相关命令绘制完成 3 mm × ϕ51 mm 的外槽，如图 8 – 54（b）所示。

（4）绘制倒角

选择“线框”命令中的“倒角”命令，倒角 1 × 45°，结果如图 8 – 54（c）所示。

3）绘制内轮廓线

选择“图层 5”，图层名称为“内轮廓线”。

选择菜单栏中的“线框”→“形状”功能区域的“矩形”→“椭圆”命令，长轴设为“50”，短轴设为“20”，选取中心点位置（–35，0，0），然后单击“确定”按钮。

选择“线端点”按钮→“平行线”命令 平行线，绘制一条距离左端面线为 25 mm 的垂线。选择菜单栏中的“线框”→“修剪到图素”命令，裁剪椭圆和垂线，绘制出的零件轮廓如图 8 – 54（d）所示。

4）绘制几何模型

选择“图层 20”，图层名称为“实体”。应用菜单栏“实体”中的“旋转”命令，使用“串连”按钮，选择图 8 – 54 中封闭的零件轮廓，旋转轴线选择中心水平线，单击“确定”按钮，为了显示清楚可以将其他各层关闭，绘制出的几何模型如图 8 – 55 所示。

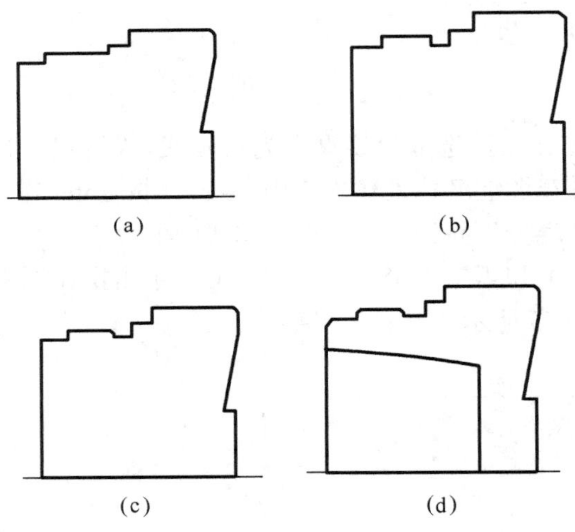

图 8 – 54　绘制零件轮廓

（a）绘制外轮廓线；（b）绘制外槽；（c）倒角；（d）绘制内轮廓线

图 8 – 55　零件的几何模型

2. 制定工艺方案

1）零件结构分析

项目拓展任务操作视频

零件左端外轮廓由圆柱面、外槽及外螺纹组成，内轮廓为椭圆和平底内孔。加工平底内孔前需要钻孔，钻孔时要求将麻花钻钻尖刃磨成平头钻，严格控制钻孔深度；内孔刀具主偏角大于 90°，刀具最小加工孔径小于平底半径，刀具安装等高于工件回转轴线。

零件右端端面内有内凹锥台，加工中采用主偏角较大的外圆刀具加工，必要时可以将刀具后面刃磨成弧形，以防止刀具与工件发生干涉。

2）确定加工顺序和工件装夹方式

采用三爪卡盘装夹定位工件。先加工工件右端端面、圆柱面、端面内凹锥台，掉头再装夹 $\phi62^{0}_{-0.03}$ 外圆，加工左端端面、外圆柱面、外槽、外槽、外螺纹、打孔和内椭圆面。

数控加工工序卡见表 8－3。

表 8－3　数控加工工序卡

数控加工工序卡			工序号		工序内容			
			1		车			
×××学校			零件名称		材料	夹具名称		使用设备
			盘		45 钢	三爪自定心卡盘		数控车床
工步号	程序号	工步内容	刀具号	刀具规格	主轴转速/（r • min^{-1}）	进给量/（mm • r^{-1}）	背吃刀量/mm	备注
1	O0001	车右端面	1	93° 外圆车刀	150 m/min	0.1	0.2	
2		粗车外圆，留 1 mm 精车余量	1		800	0.2	1.0	
3		精车外圆至 $\phi62^{0}_{-0.03}$ mm	1		1 200	0.08	0.5	
4		粗车内凹锥台	5	105° 外圆车刀	800	0.2	2	
5		精车内凹锥台	5		1 000	0.1	0.25	
掉头，车左端各部								
1	O0002	车左端面	1	93° 外圆车刀	150 m/min	0.1	0.2	
2		钻孔，留 0.1 mm 精车余量	6	ϕ32 mm 平底钻	240			
3		粗车外轮廓，留 1 mm 精车余量	1	93° 外圆车刀	800	0.2	1.0	
4		精车外轮廓	1		180 m/min	0.08	0.5	
5		切槽 3 mm × ϕ51 mm	2	宽 2 mm	650	0.08		
6		车外螺纹 M54 × 1.5 mm	3	60°	800	1.5		
7		粗车内轮廓	4	ϕ12 mm	800	0.2	1	
8		精车内轮廓	4		180 m/min	0.1	0.25	
编制			审核			第　页		共　页

3. 刀具路径规划

选择菜单栏中的“机床”→“车削”→“默认”命令即可。

1）车床坐标系设置

单击状态栏中的“绘图平面面”，在打开的快捷菜单中选择“车床直径”的 +D+Z，进行车床坐标系的设定。

2）工件设置

（1）在“刀路”操作管理器中单击“材料设置”，系统弹出“加工群组属性”对话框，在“毛坯设置”选项卡的“毛坯”面板区域单击“参数”按钮参数...，打开“机床组件管理：毛坯”对话框，在“图形”面板区域选择“圆柱体”，设定毛坯参数，如图 8－56 所示，单击“确定”按钮✓，结果如图 8－57（a）所示。

注：将零件的右端面中心设为工件坐标系原点（端面加工余量为 2.5 mm）。

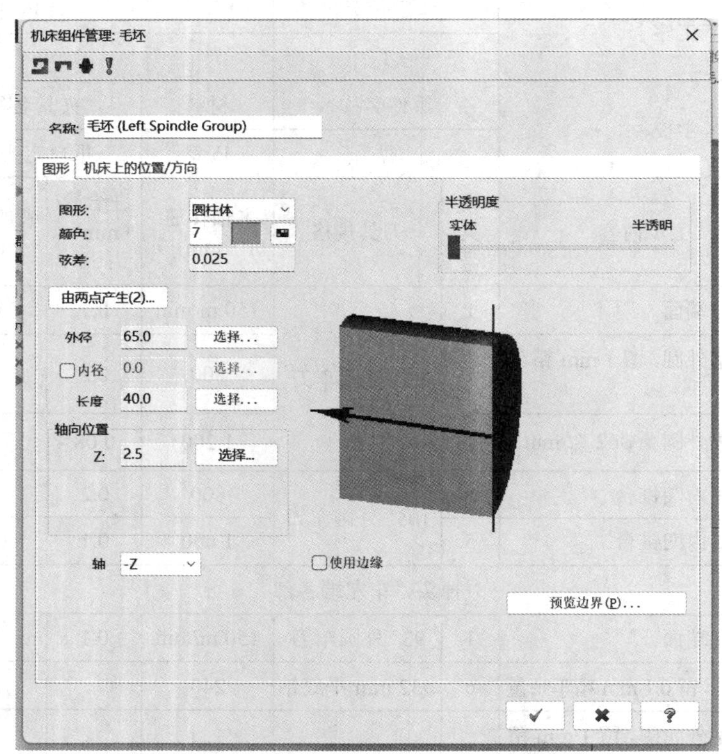

图 8－56 “机床组件管理：毛坯”对话框

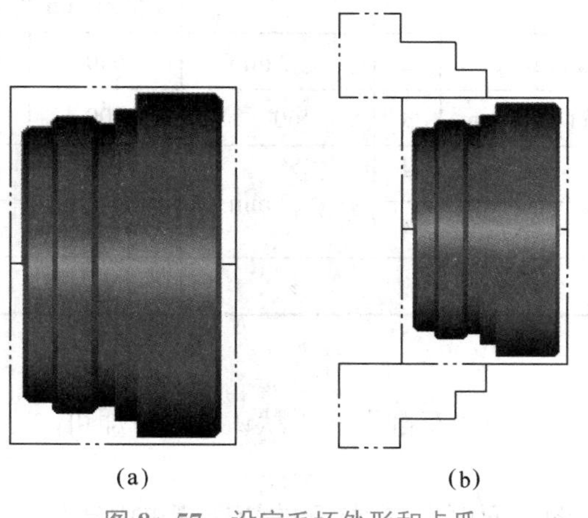

图 8－57 设定毛坯外形和卡爪

（a）设定毛坯；（b）设定夹爪

（2）在“毛坯设置”选项卡的“卡爪设置”面板区域，单击“参数”按钮参数...，系统弹出“机床组件管理：卡盘”对话框，设置卡爪参数如图 8－58 所示，单击“确定”按钮✓，结果如图 8－57（b）所示。

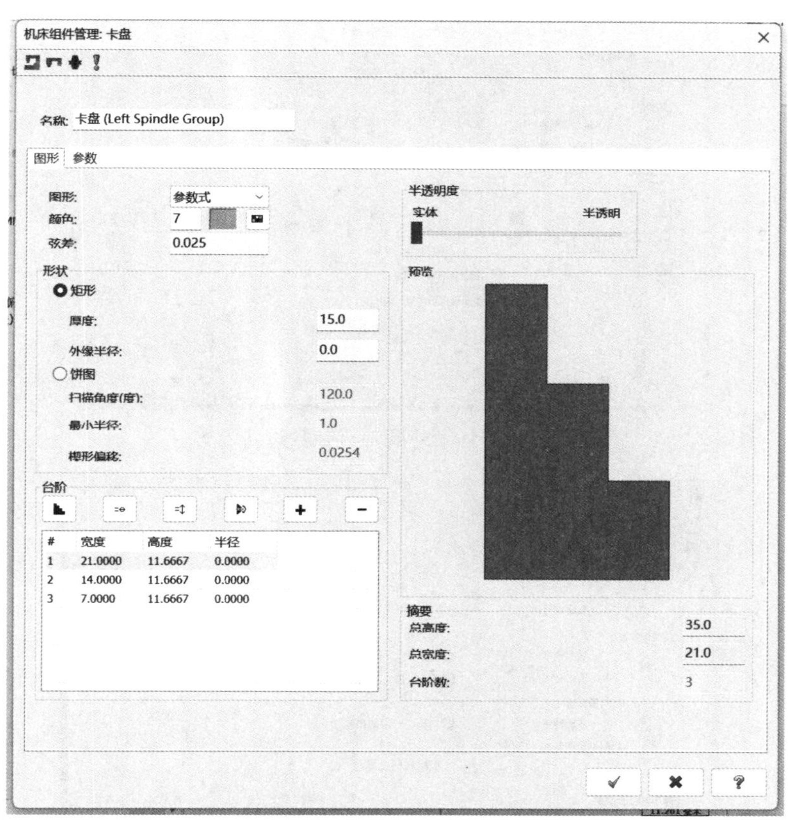

图 8－58　设置卡爪参数

3）刀具设置

在菜单区选择“车削”→在“工具”功能区域单击“车刀管理”命令，可以根据加工需要从刀具库中将刀具选择到加工群组列表中，也可以创建新刀具。

（1）外圆刀 T0101（粗、精车外圆和端面）。

在加工群组列表中右击，选择“创建新刀具”，车刀类型选择“标准车削”，刀片型式选用“C 型”（80° 刀尖角），刀杆选用“L 型”，设定的刀具参数如图 8－59 所示，刀具预览如图 8－63 中所示的“车刀 1”。

（2）外槽刀 T0202（切外槽）。

创建新刀具，车刀类型选择“槽刀/切断”，刀片型式选用“单头（方头）”，刀宽 2 mm，长度要大些，这样可以切削较深的槽。刀杆选用外径（右手），设定的刀具参数如图 8－60 所示，刀具预览如图 8－63 中所示的“车刀 2”。

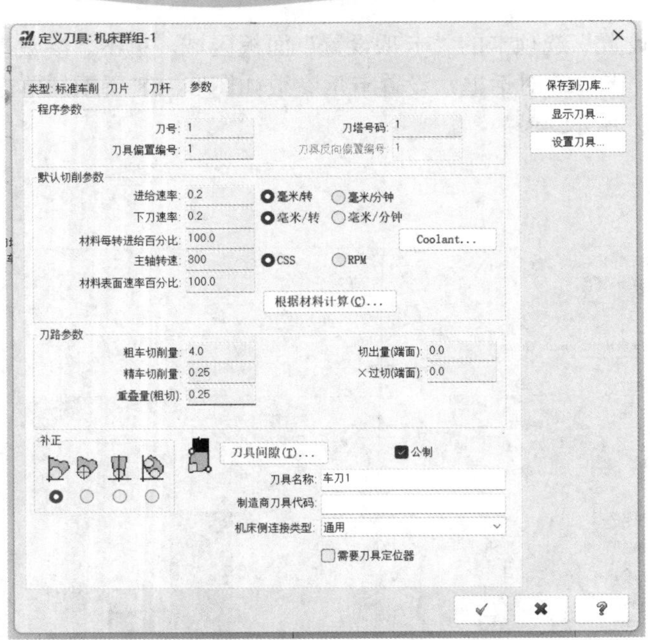

图 8－59　外圆刀具参数设置

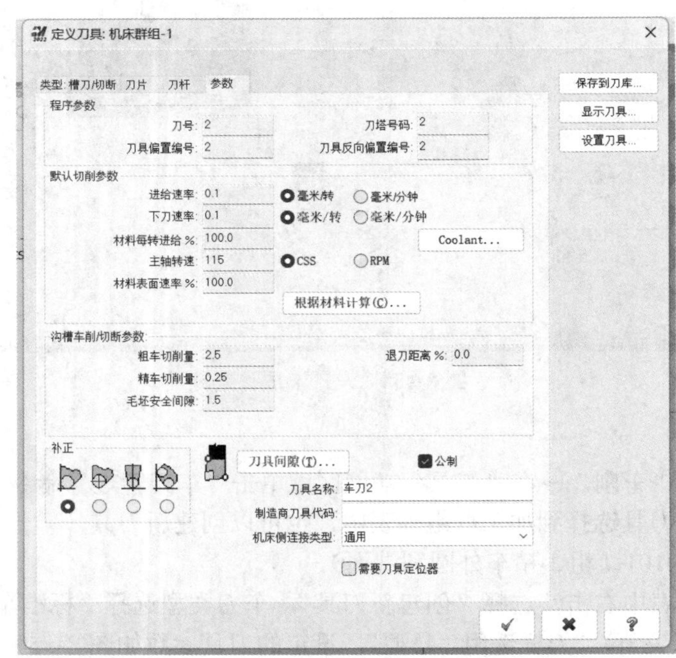

图 8－60　外槽刀具参数设置

（3）外螺纹刀 T0303（车外螺纹）。

创建新刀具，车刀类型选择“车螺纹”，刀片型式选用“公制 60°”，刀杆选用“平直刀杆”（straight shank 型），设定的刀具参数如图 8－61 所示，刀具预览如图 8－63 中所示的“车刀 3”。

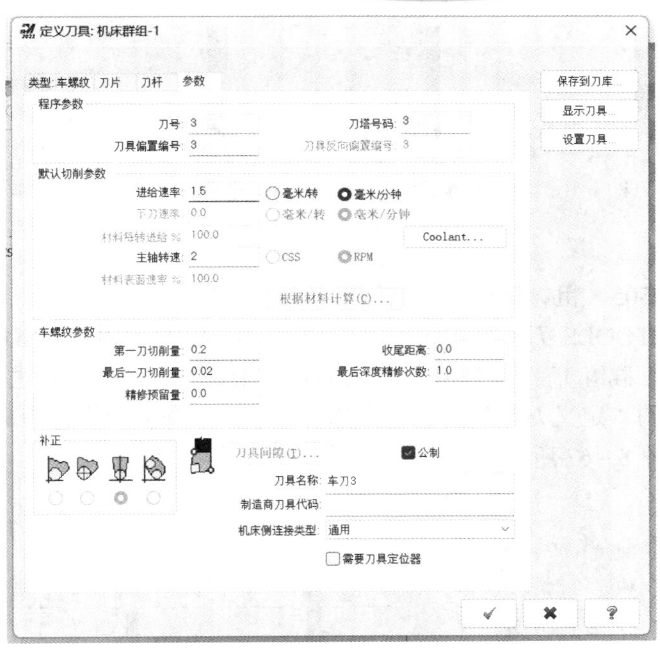

图 8-61 外螺纹刀具参数设置

（4）内孔车刀 T0404（粗、精车内孔）。

创建新刀具，车刀类型选择“镗刀”，刀片型式选用“V 型”（35° 刀尖角），刀杆选用“Q 型”，注意刀杆直径设定为“12 mm”，设定的刀具参数如图 8-62 所示，刀具预览如图 8-63 中所示的“车刀 4”。

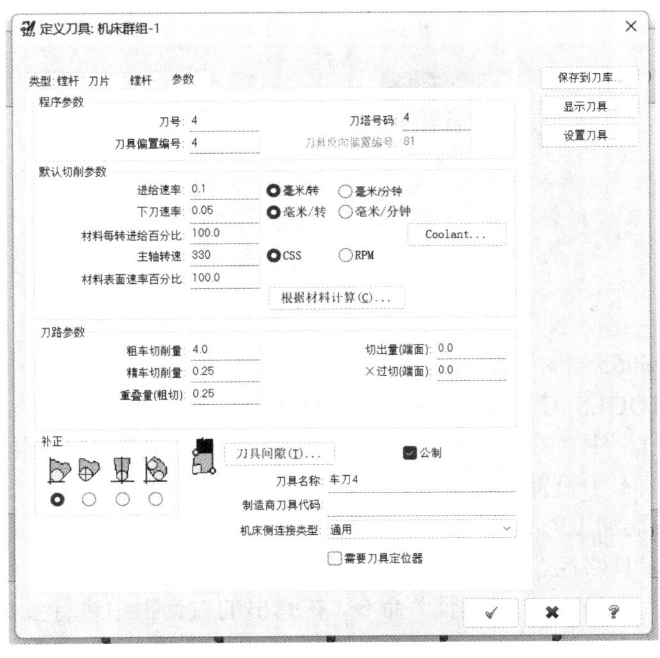

图 8-62 内圆刀具参数设置

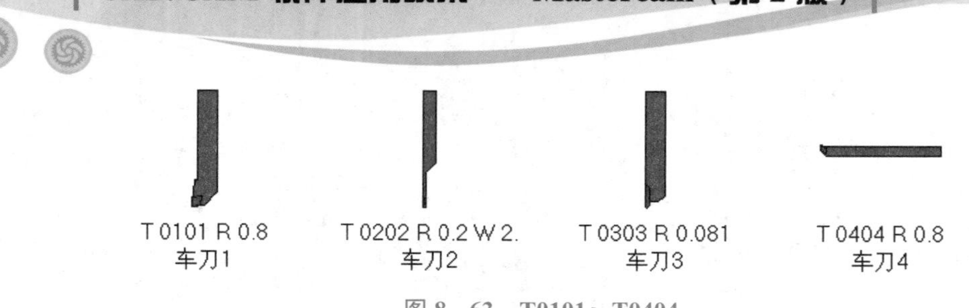

图 8－63　T0101～T0404

（5）外圆刀 T0505（粗、精车右端端面锥台）。

从 VALENITE.TOOLS 刀具库中选取主偏角较大的刀具，如图 8－64 所示，双击，将选中的刀具放入“加工群组 1”中。选中新的刀具，右击鼠标，对新刀具进行编辑，如图 8－65 所示，可以在弹出的“定义刀具”对话框中的“参数”选项卡中设置刀具参数，将刀具号改为 T0505，结果如图 8－67 所示。

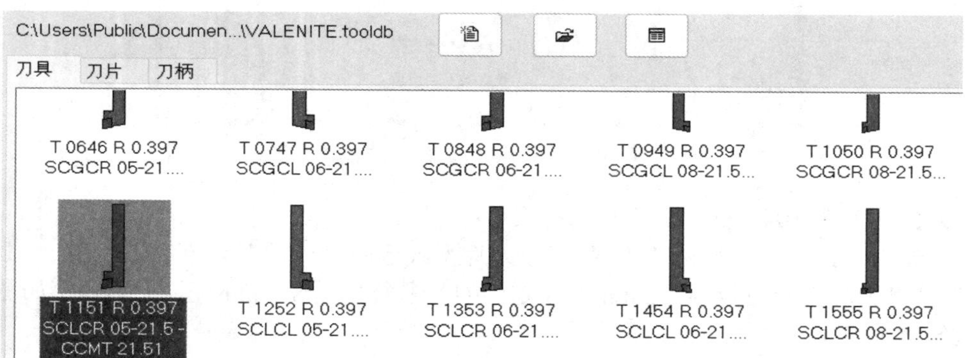

图 8－64　选取 T0505

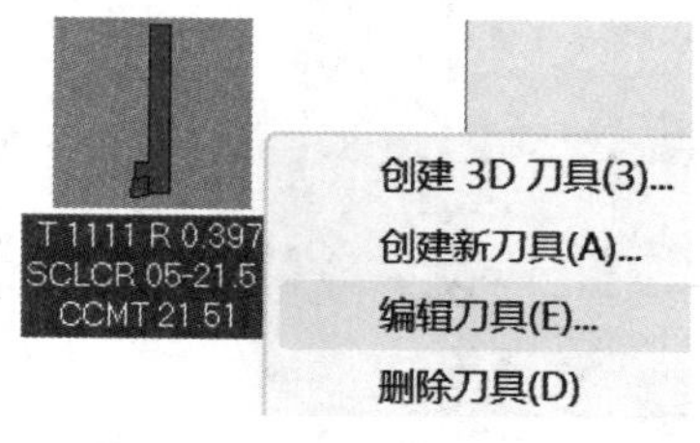

图 8－65　编辑刀具 T0505

（6）平底钻 T0606。

从 LMILLSM.TOOLS 刀具库中选取ϕ32 的平底刀，如图 8－66 所示，双击，将选中的刀具放入“加工群组 1”中。右击鼠标，对新刀具进行编辑，可以在弹出的“定义刀具”对话框中的“参数”选项卡中设置刀具参数，并将刀具号改为 T0606，结果如图 8－67 所示。

4）生成工件右端加工刀具路径

（1）端面加工刀具路径。

在菜单区选择“车削”→“车端面”命令，在弹出的对话框中进行参数设置，根据表 8－3 中的数值设置各项切削参数，如图 8－68 和图 8－69 所示。完成设置后生成如图 8－70 所示的端面加工刀具路径，可以通过键盘上的“T”键隐藏或显示生成的刀具路径。

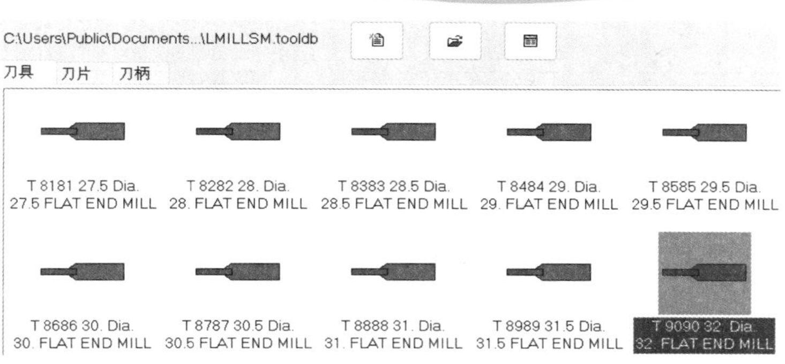

图 8－66　选取 T0606

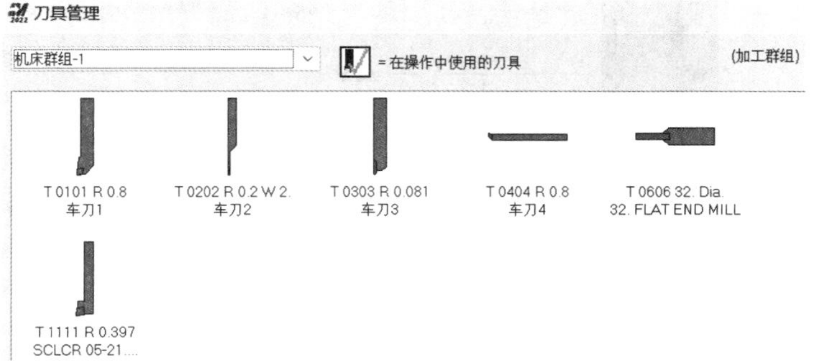

图 8－67　T0505～T0606

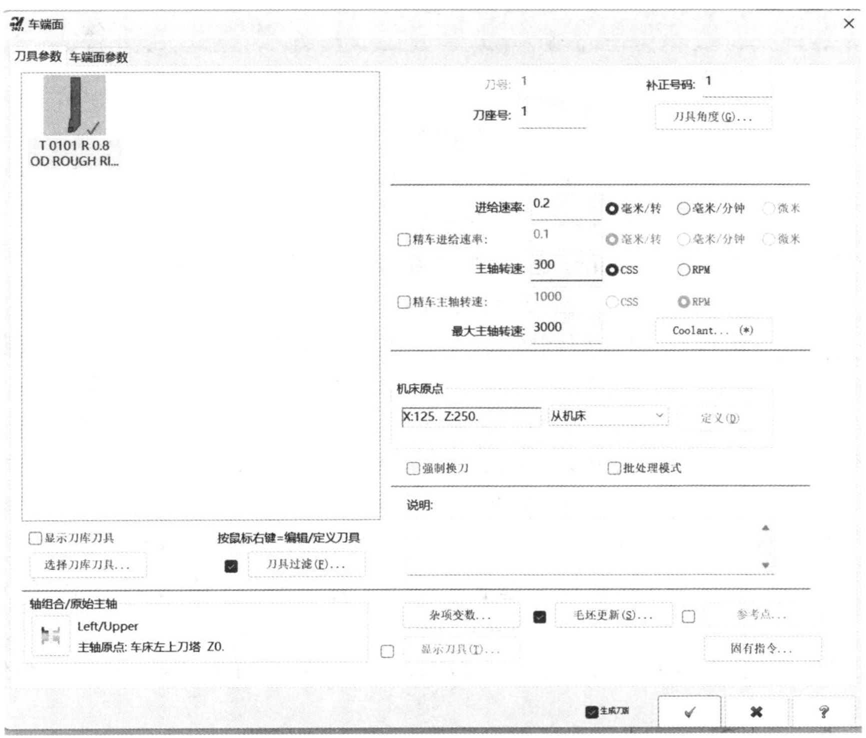

图 8－68　车端面“刀具参数”选项卡

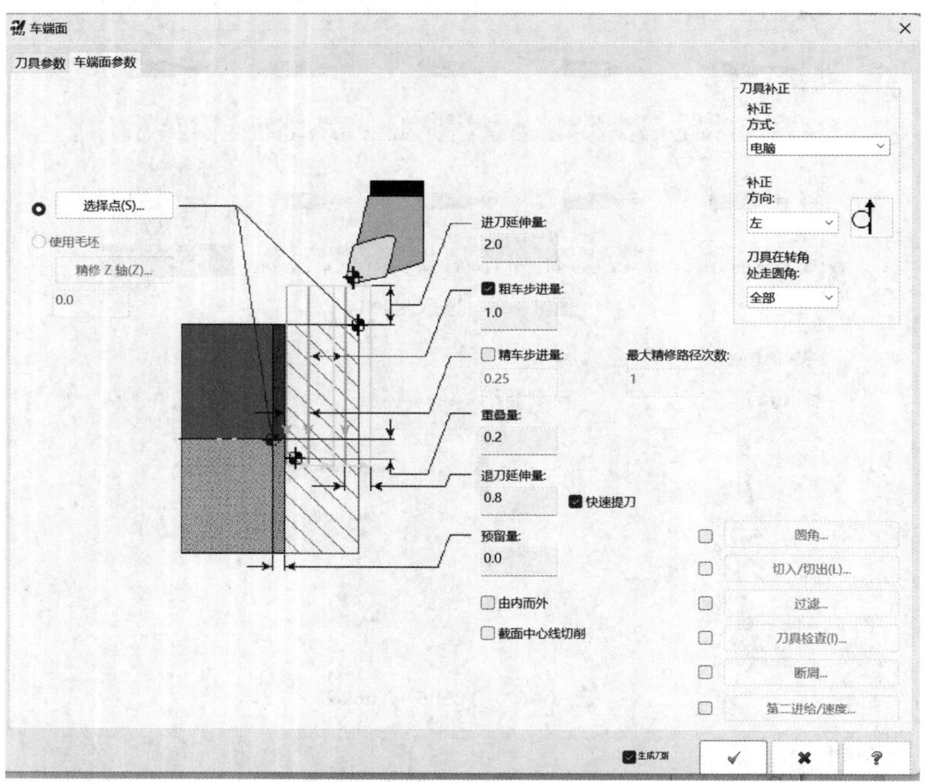

图 8－69 “车端面参数”设置

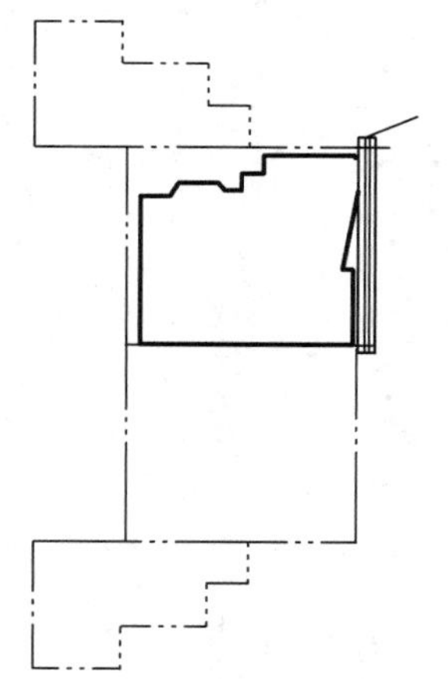

图 8－70 车右端端面刀具路径

（2）外轮廓粗车刀具路径。

① 选择加工外轮廓起刀位置位于工件右端面 2 mm 处，且在 1×45° 倒角的延长线上；加工外轮廓终止位置位于距右端面 16 mm 处。选择“线端点”按钮→“平行线”命令 平行线，绘制一条距离右端面线为 2 mm 的垂线。选择菜单栏中的“修剪”→“修剪到图素”→“修剪一物体”命令 修剪单一物体(1)，裁剪倒角线后删除垂线。选择菜单栏“修剪到图素”→“修剪到图素”命令，单击“修改长度”按钮 修改长度，输入要延长的长度为 1 mm，单击所要延长的线段，结果如图 8－71 所示。

② 在“刀路”操作管理器区域内右击，选择“车床刀路”→“简式加工”→“简式粗车”命令，弹出“线框串连”对话框，选取所要加工的外轮廓，轮廓起点为倒角延长线的端点，如图 8－72 所示。单击“确定” 按钮，选取“T0101”，设置“简式粗车参数”，如图 8－73 所示，完成设置后生成如图 8－74 所示的右端外轮廓粗加工刀具路径。

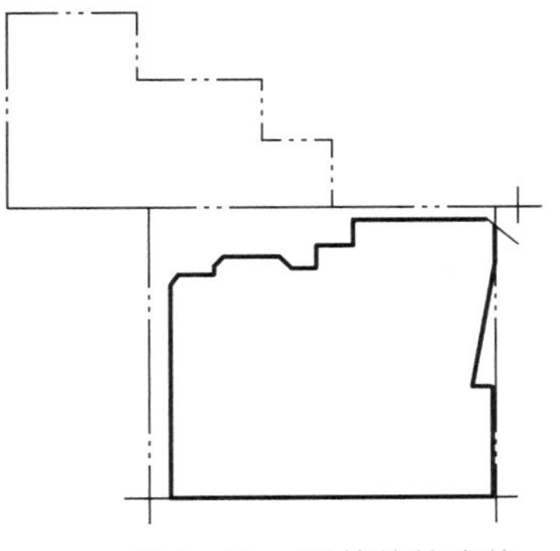

图 8-71　延伸外轮廓线

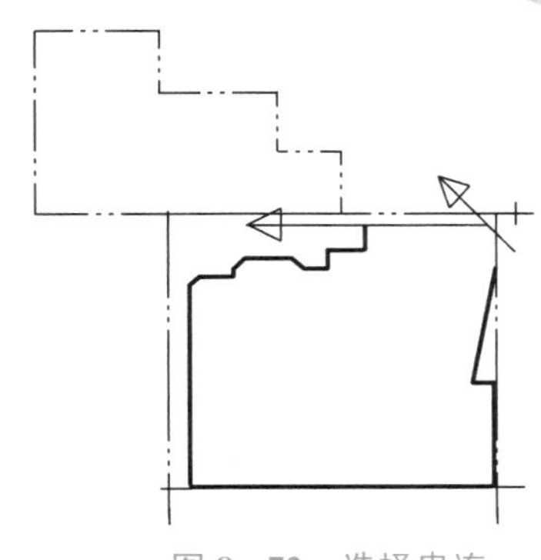

图 8-72　选择串连

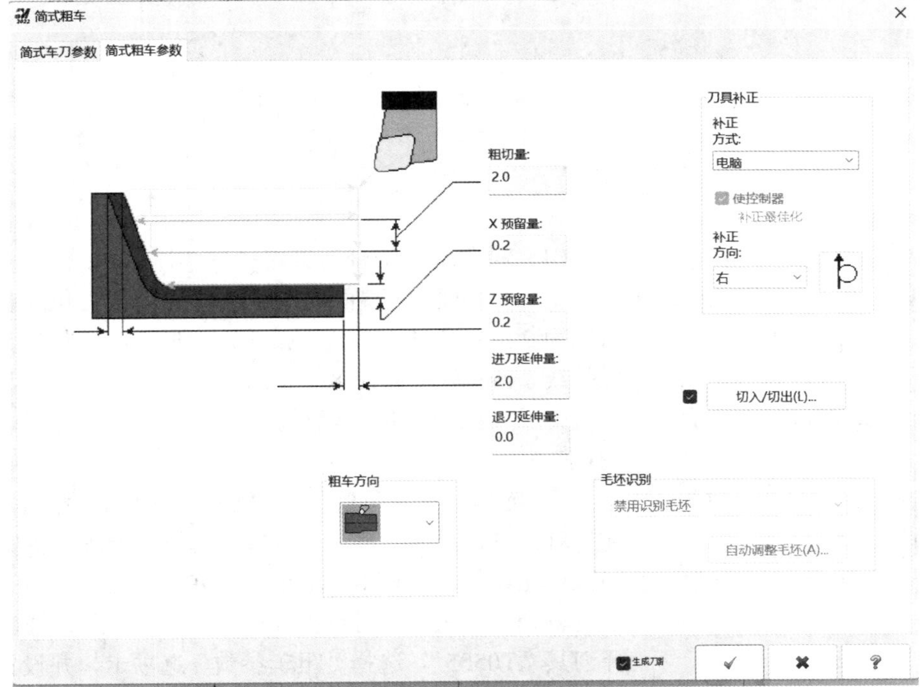

图 8-73　“简式粗车参数”选项卡

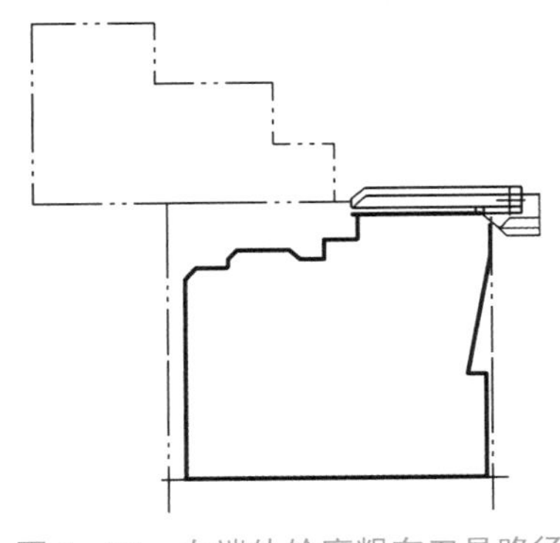

图 8-74　右端外轮廓粗车刀具路径

简式车削共有 3 种方式：简式粗车、简式精车和简式沟槽车。在使用简式切削方式时，所需设置的参数较少，主要用于较为简单的粗车、精车和径向车削。

（3）外轮廓精车刀具路径。

选择“简式加工”中的“简式精车”命令，系统将弹出“线框串连”对话框，选择需要精加工的外轮廓。如果精车轮廓与粗车轮廓相同，则可以单击“选择上次”按钮 。设置“简式精车参数”，如图 8-75 所示，生成如图 8-76 所示的右端外轮廓精车刀具路径。

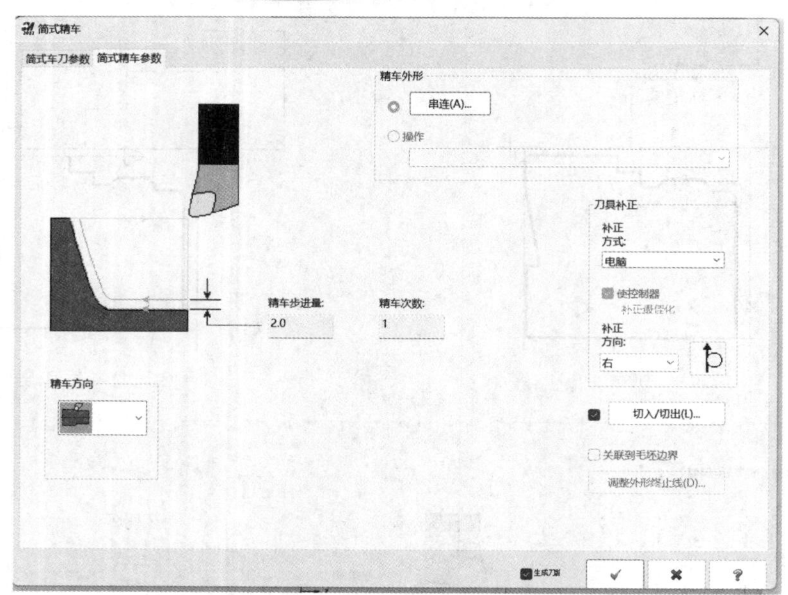

图 8－75 “简式精车参数”选项卡

（4）粗车端面锥台刀具路径。

① 选择加工右端面内凹锥台轮廓的起刀位置位于工件右端面 2 mm 且过中心线 1 mm 处；加工终止位置为右端面延长线 1 mm 处，如图 8－77 所示。

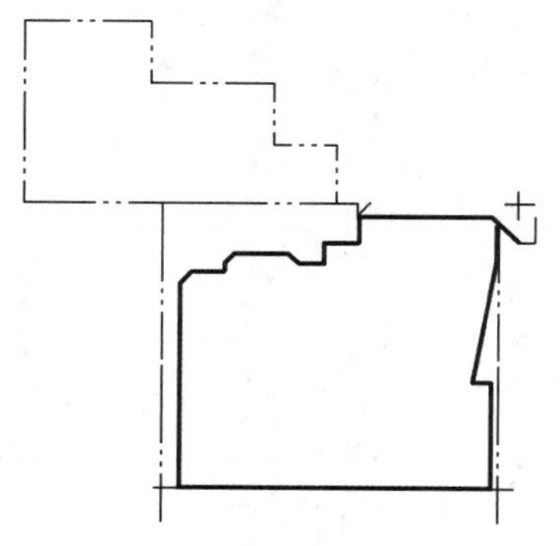

图 8－76 右端外轮廓精车刀具路径

为了看图方便也可以重新建立一个“图层 3”，名称是“右端内内凹锥面”。

② 选择菜单“车削”→“粗车”命令，弹出“线框串连”对话框，选择“串连”方式，选取所要加工的右端面内凹锥台轮廓线，如图 8－78 所示。单击“确定”按钮，系统将弹出“粗车”对话框，在“刀具参数”选取项卡中选择刀具“T0505”，选择“粗车参数”选项卡，并设置各项切削参数，如图 8－79 所示。单击“切入参数（P）”按钮，系统弹出“车削切入参数”对话框，设置进刀切入参数，选择端面有底切的粗车刀具路径，如图 8－80 所示。完成设置后生成如图 8－81 所示的粗车右端面内凹锥台刀具路径。

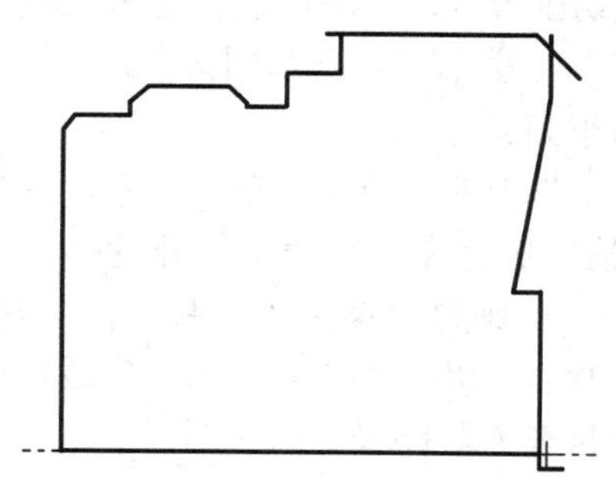

图 8－77 给右端面锥台外轮廓添加辅助线

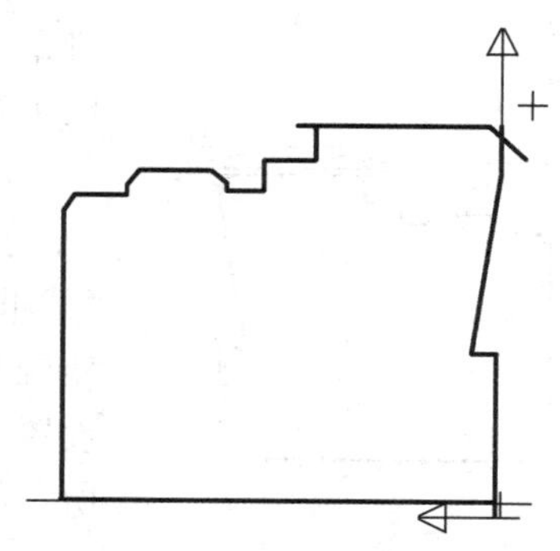

图 8－78 选取右端面内凹锥台轮廓线

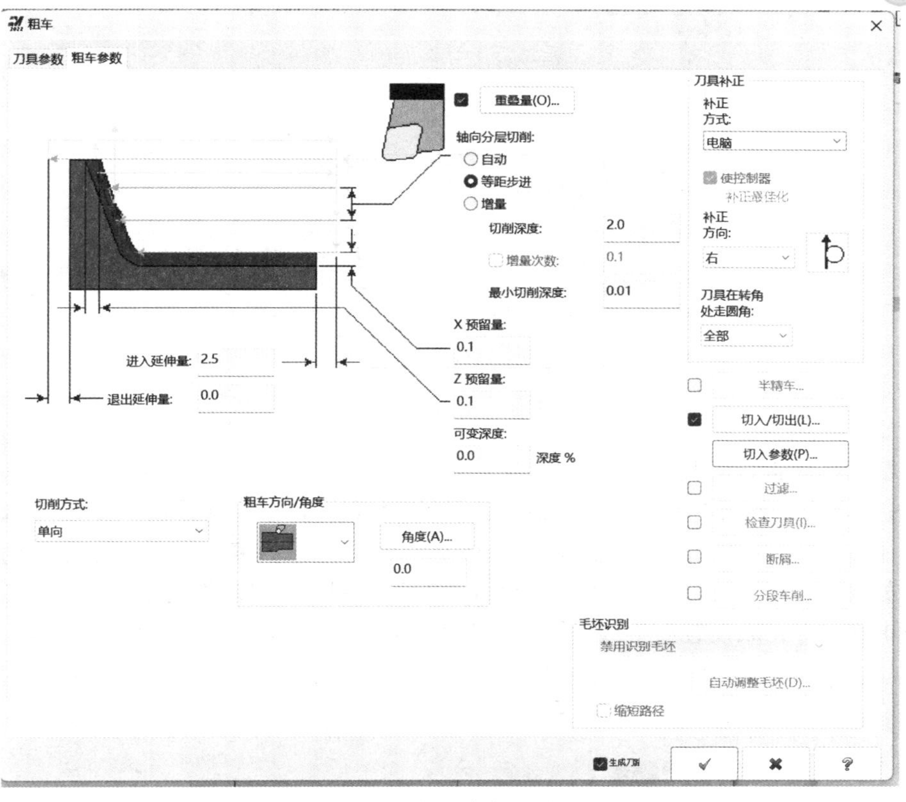

图 8-79 “粗车参数”选项卡

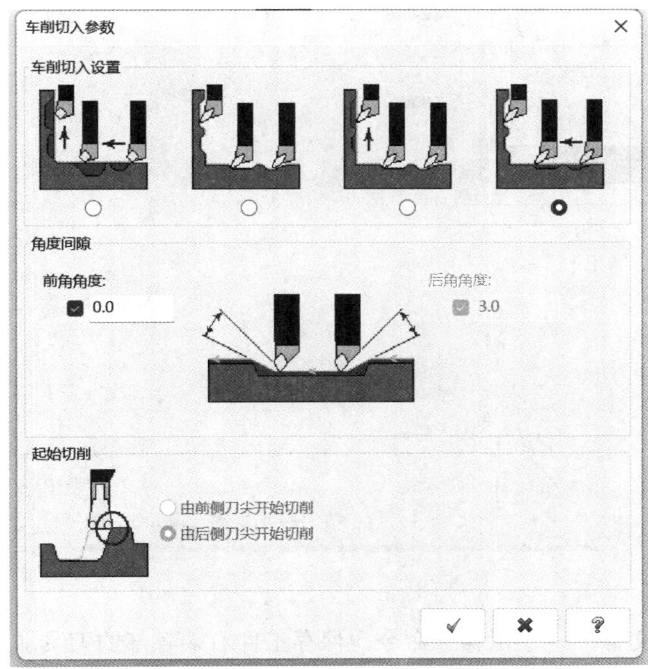

图 8-80 “车刀切入参数”设定

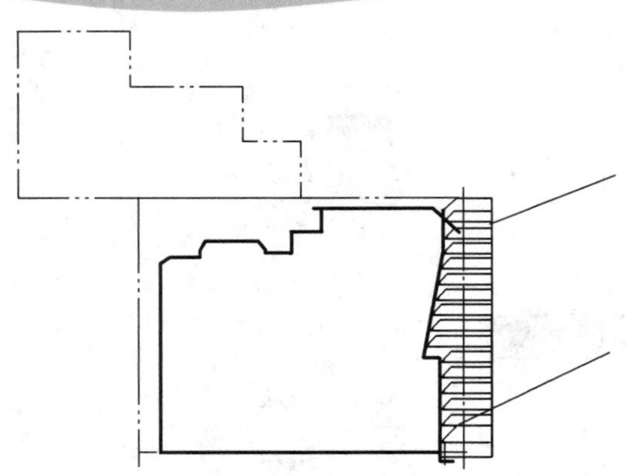

图 8－81　粗车右端面内凹锥台刀具路径

（5）精车端面锥台刀具路径。

① 选择菜单“车削”→“精车”命令，弹出“线框串连”对话框，单击“选取上次”按钮，单击“确定”，系统弹出“精车”对话框，选择刀具“T0505”，并设置精车参数，如图 8－82 所示。单击“切入参数（P）”按钮，选择端面有底切的精车刀具路径，如图 8－80 所示。完成设置后生成如图 8－83 所示精车右端内凹锥台的刀具路径。

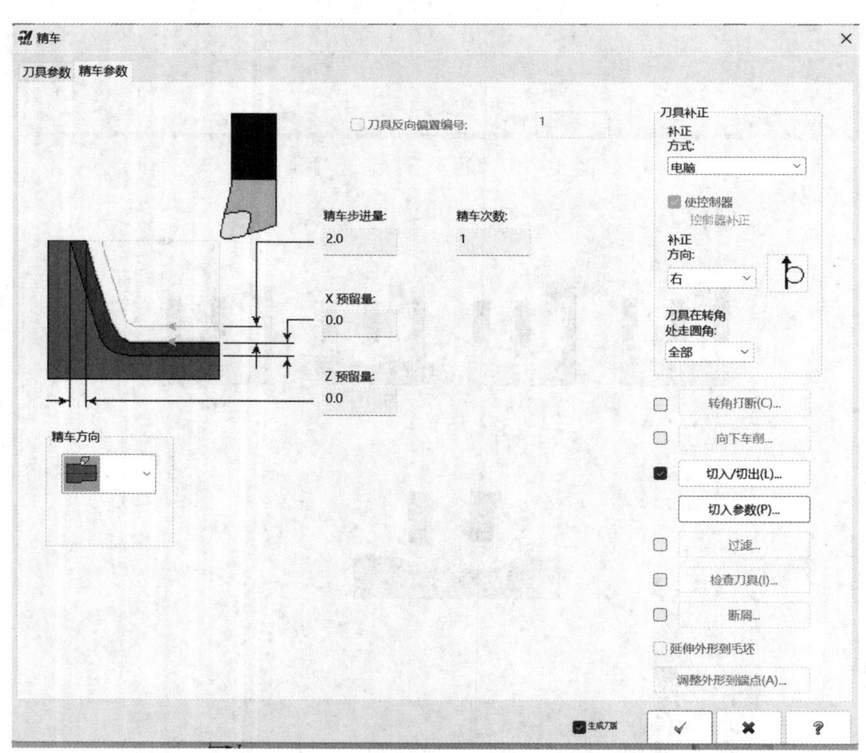

图 8－82　“精车参数”选项卡

② 选择菜单“文件”→“保存”命令，保存工件右端各部的刀具加工路径。

5）生成工件左端加工刀具路径

为了加工工件左端，需将工件掉头，在这里可以使用“镜像”功能。

打开“图层 5”，使用画垂直线命令先在绘图区画出镜像轴线，其坐标为（*D*0，*Z*－17.5，*Y*0）和（*D*20，*Z*－17.5，*Y*0）；然后在绘图区选中所要镜像的图素，选择菜单“转换”→“镜像”→“移动”命令，单击“向量”按钮 ◉ 向量(V): 来选取镜像轴，在绘图区选取刚才绘制的垂线作为镜像轴线，单击“确定”按钮 ✓ ，然后删除辅助垂线，镜像后的结果如图 8－84 所示。

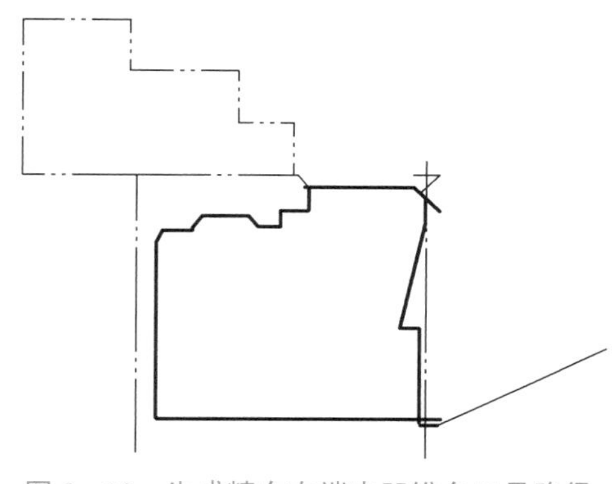

图 8－83　生成精车右端内凹锥台刀具路径

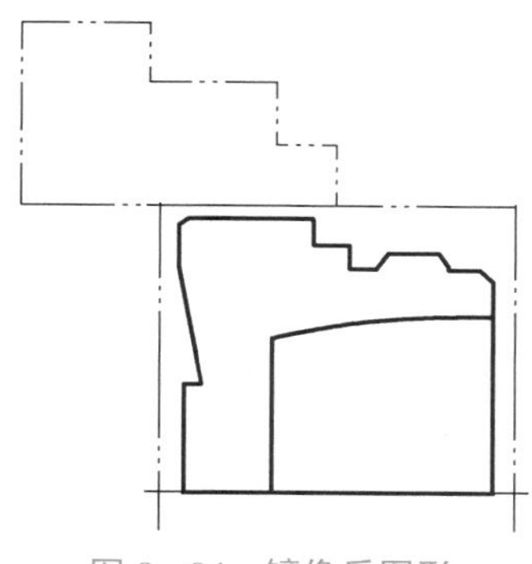

图 8－84　镜像后图形

（1）端面加工刀具路径。

选择菜单“车削”→“车端面”命令，选择刀具“T0101”，在弹出的对话框中选择“车端面参数”选项卡并进行参数设置，如图 8－85 所示，完成设置后生成如图 8－86 所示的左端面加工刀具路径。

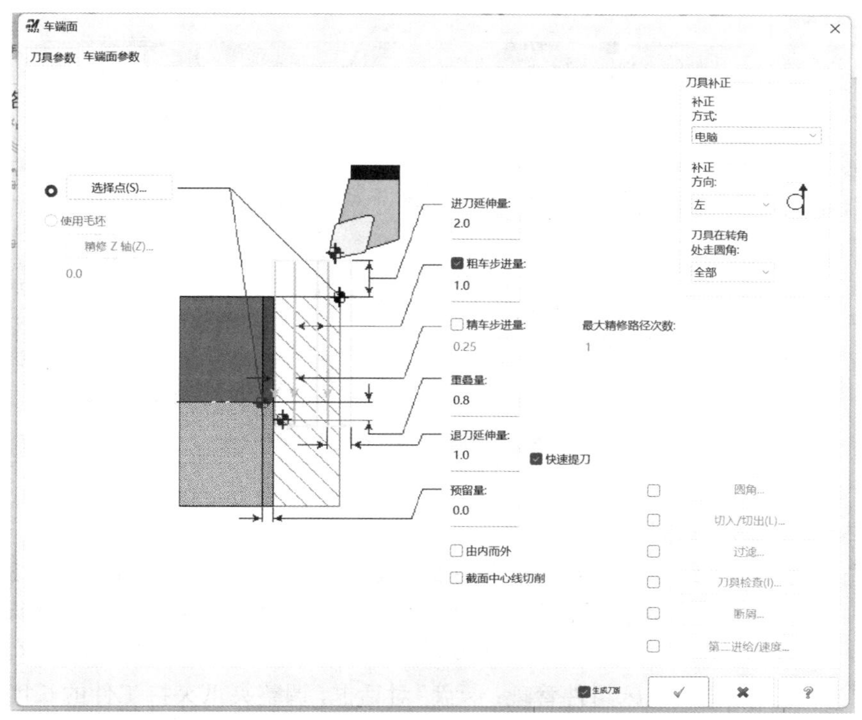

图 8－85　设置“车端面参数”

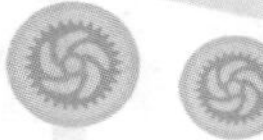

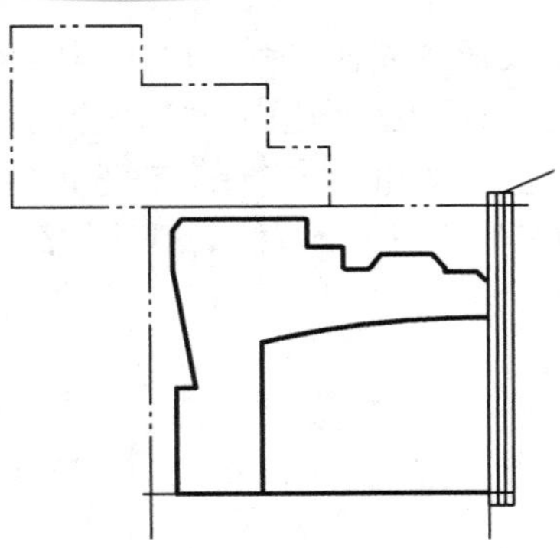

图 8-86　车左端端面刀具路径

（2）钻孔。

选择菜单“车削”→“钻孔”命令，系统弹出“车削钻孔”对话框。设置钻孔参数，如图 8-87 所示，单击“确定”按钮，生成如图 8-88 所示的钻孔加工刀具路径。

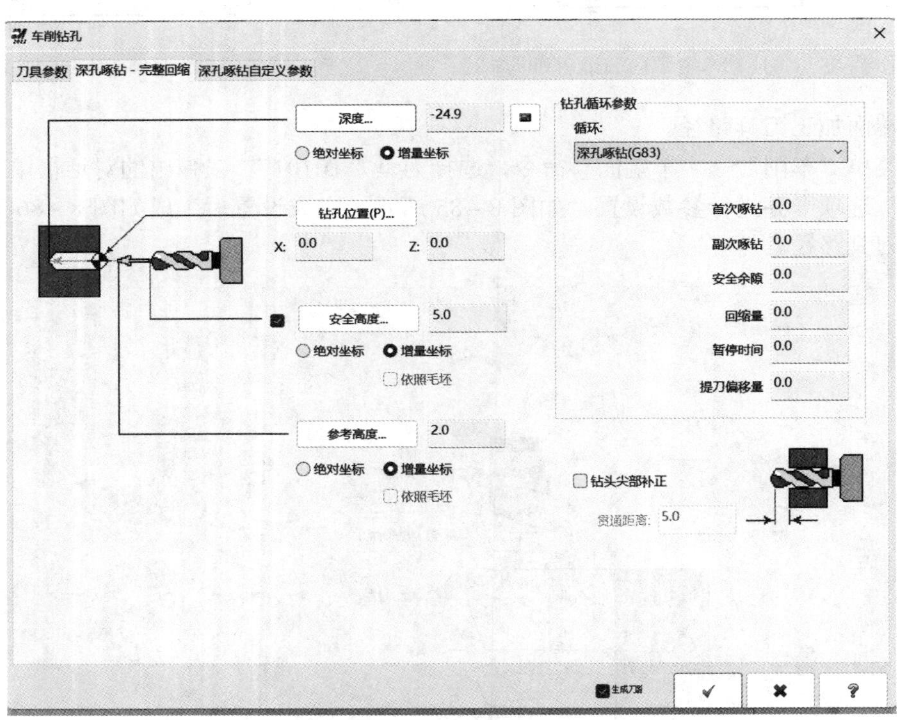

图 8-87　设置钻孔参数

（3）外轮廓粗车刀具路径。

① 首先修整外轮廓线，延长 1×45° 倒角线和加工轮廓终端的台肩线，如图 8-89 所示，由图 8-86 中可见卡爪的位置需要调整。在“刀路”操作管理器”中单击“毛坯设置”，系统弹出“机床群组属性”对话框，选择“毛坯设置”选项卡，在“卡爪设置”面板区域单击“参数”按钮 参数... ，系统弹出“机床组件管理：卡盘”对话框，调整夹爪夹持工件的长度为 15 mm，如图 8-90 所示，单击按钮。

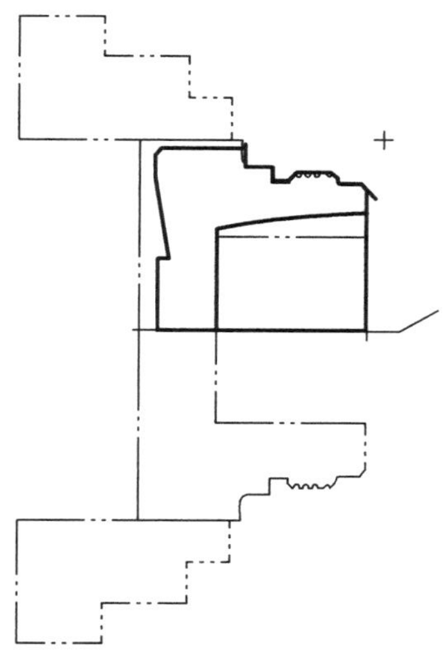

图 8－88　钻孔加工刀具路径

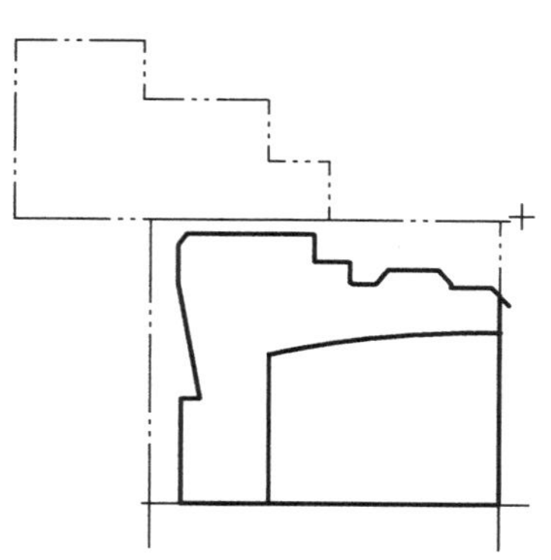

图 8－89　延长加工轮廓的两端

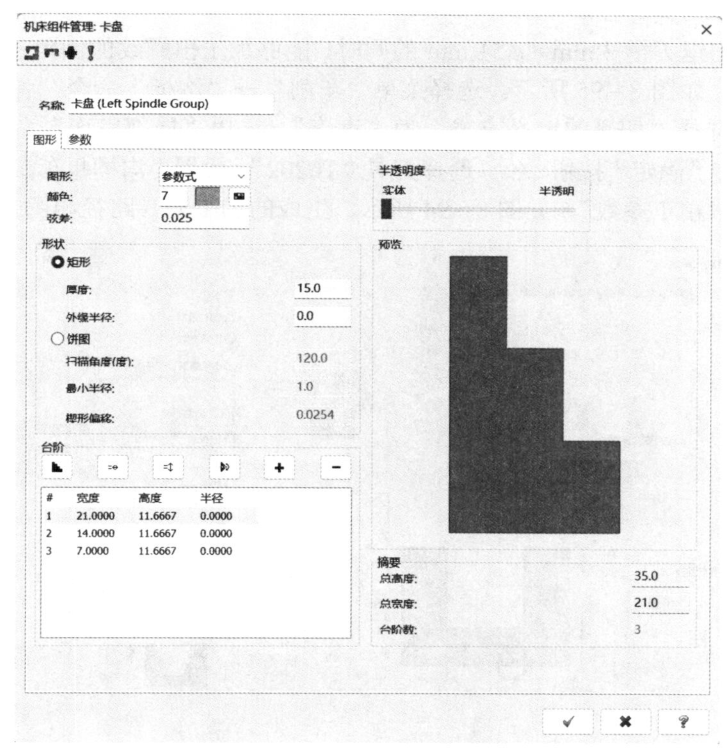

图 8－90　重新设定夹爪的夹持位置

② 择菜单“车削”→“粗车”命令，弹出“线框串连”对话框，选取所要加工的外轮廓线，单击“确定”按钮，系统弹出“粗车”对话框，选择刀具“T0101”，生成如图 8－91 所示的粗车左端外轮廓刀具路径。

（4）外轮廓精车刀具路径。

选择菜单“车削”→“精车”命令，弹出“线框串连”对话框，单击“选取上次”按钮，选取所要加工的外轮廓线，单击“确定”按钮，选择刀具“T0101”并设置精车切削参数，完成设置后生成如图 8－92 所示的精车左端外轮廓刀具路径。

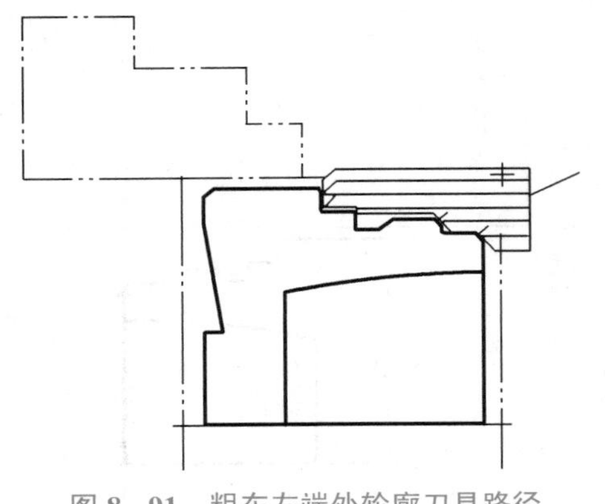
图 8－91　粗车左端外轮廓刀具路径

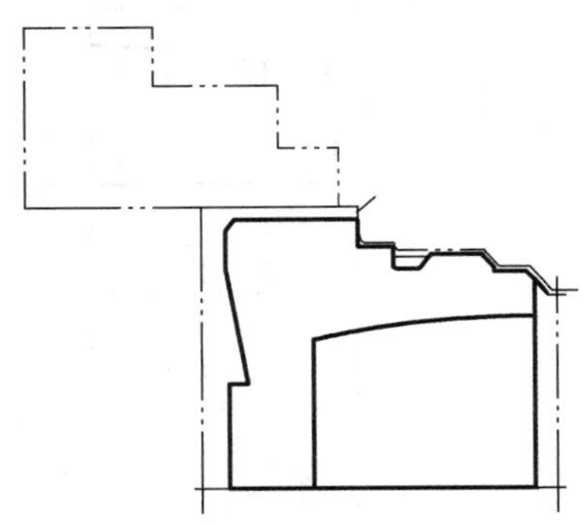
图 8－92　精车左端外轮廓刀具路径

（5）外槽加工刀具路径。

为了在加工出退刀槽 3 mm × ϕ51 mm 的同时，能够加工出螺纹的倒角，则需事先将外螺纹的倒角线延伸，如图 8－95 所示。选择菜单“车削”→“沟槽”命令，弹出“沟槽的切槽选项”对话框，选择“切槽的定义方式”为“串连”，选用“局部串连”命令，在绘图区选取外槽轮廓，单击“确定”按钮。选择刀具“T0202”，设置“沟槽粗车参数”，如图 8－93 所示，设置“沟槽精车参数”，如图 8－94 所示，生成的加工刀具路径如图 8－95 所示。

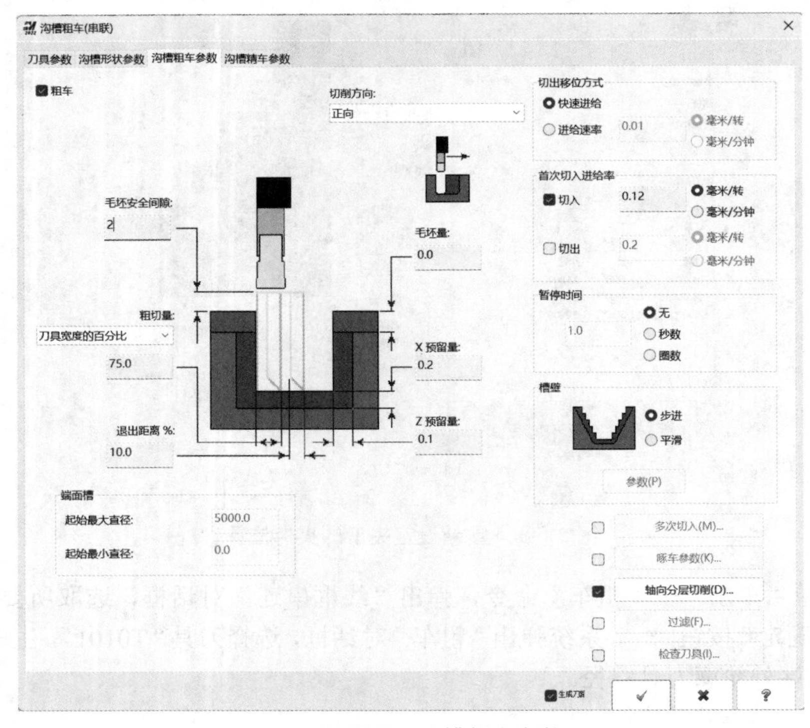

图 8－93　设置“沟槽粗车参数”

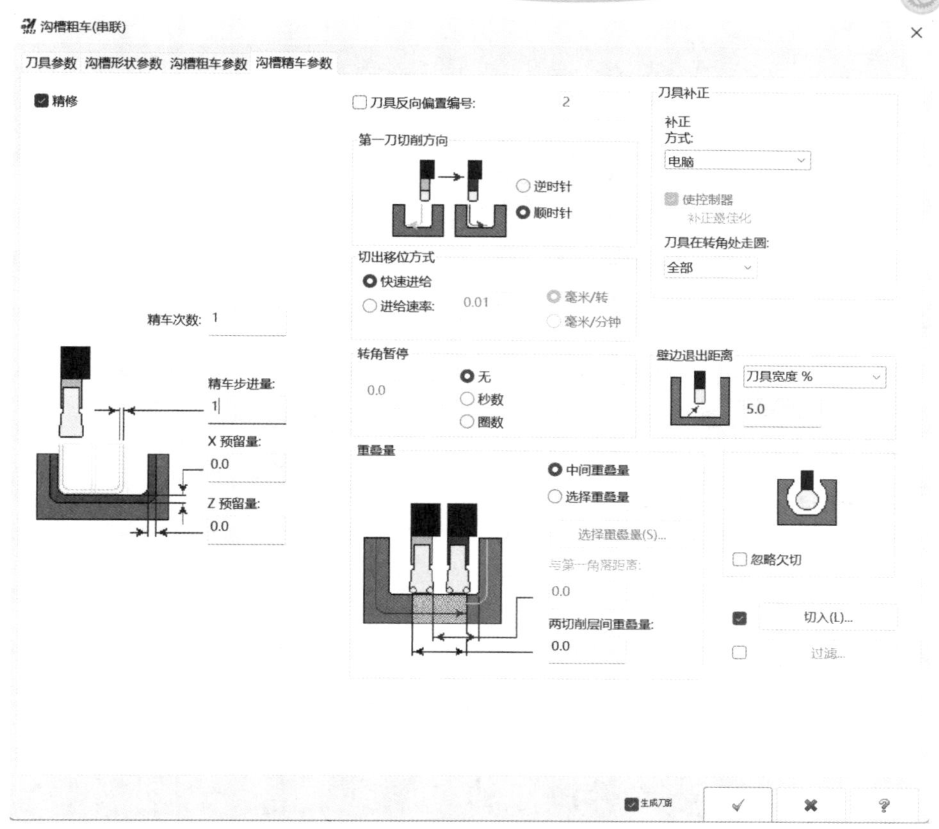

图 8－94 设置“沟槽精车参数”

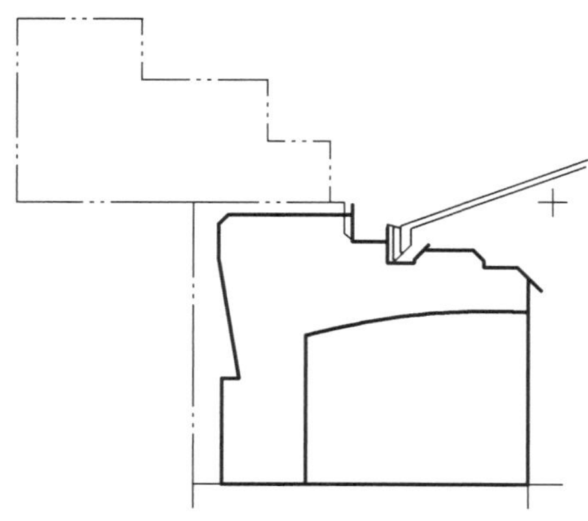
图 8－95 外槽加工刀具路径

（6）外螺纹加工刀具路径。

① 选择菜单“车削”→“车螺纹”命令，系统将弹出“车螺纹”对话框。在“螺纹外形参数”对话框中定义螺纹参数，如图 8－96 所示，给出螺纹大径后可以单击“运用公式计算”按钮 运用公式计算(F)... ，直接计算出小径，如图 8－97 所示，螺纹长度方向的起始和结束位置可以在绘图区选取。

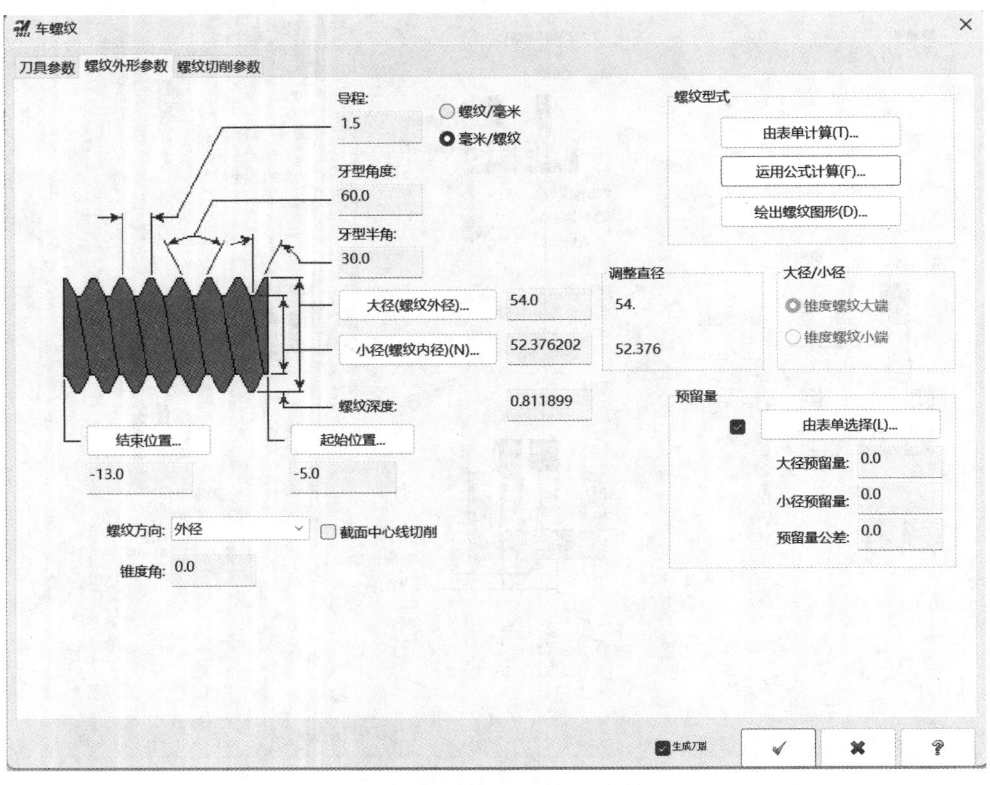

图 8－96　设置“螺纹外形参数”

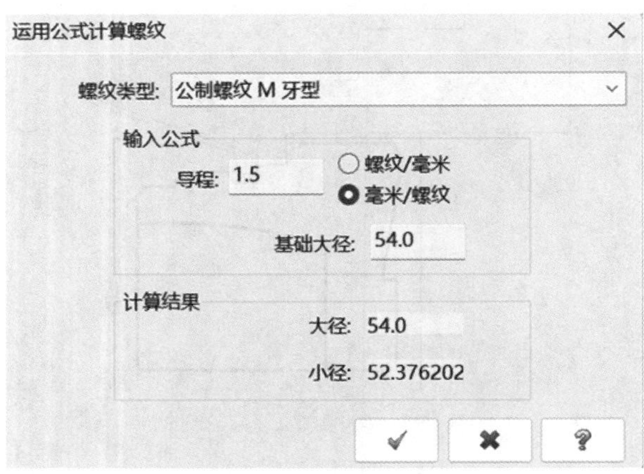

图 8－97　运用公式计算螺纹小径

② 在“螺纹切削参数”选项卡中定义螺纹切削参数，如图 8－98 所示，生成如图 8－99 所示的加工刀具路径。

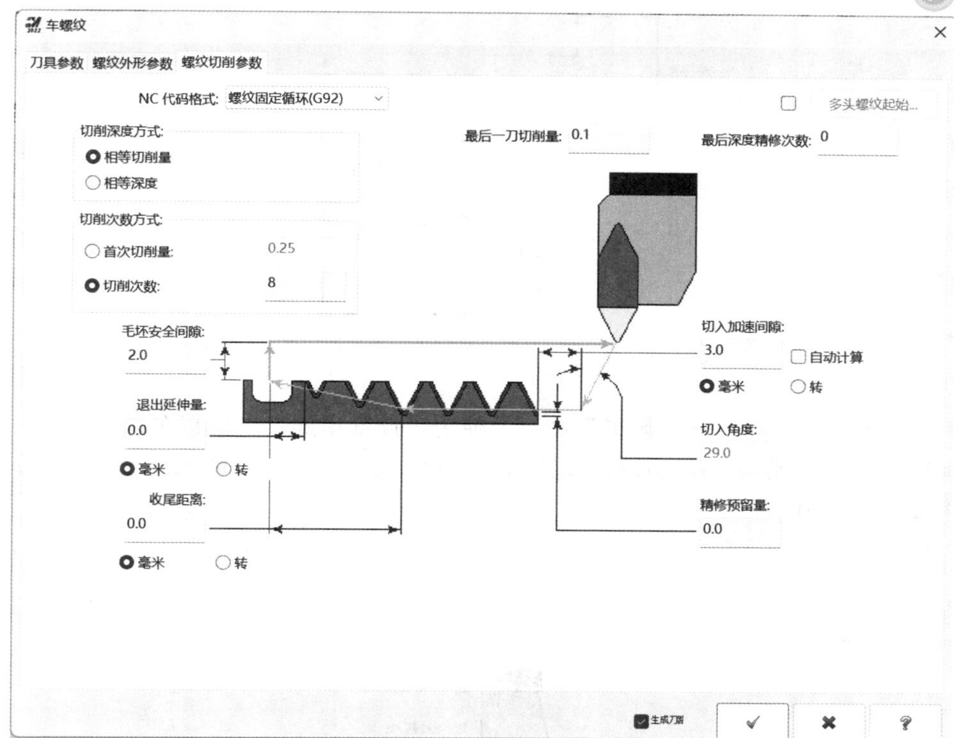

图 8－98　设置“螺纹切削参数”

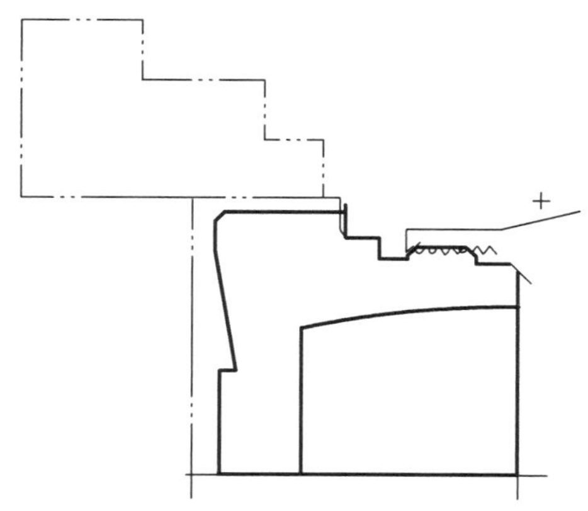

图 8－99　外螺纹加工刀具路径

（7）内轮廓粗车刀具路径。

① 为了能够正确选择内轮廓线，需要对轮廓线进行修整，并且考虑到内径刀具 T0404 的加工范围，将加工终止的位置调整为（*D*30，*Z*－15），如图 8－100 所示，可以将孔底垂线打断。选择菜单“线框”→“修剪”功能区域的“修剪到图素”命令 修剪到图素，在操作栏选择“打断”按钮 打断(B)，按下“修剪单一物体（1）”按钮 修剪单一物体(1)，在绘图区选中要打断的垂线，再选取打断线，单击“确定”按钮。

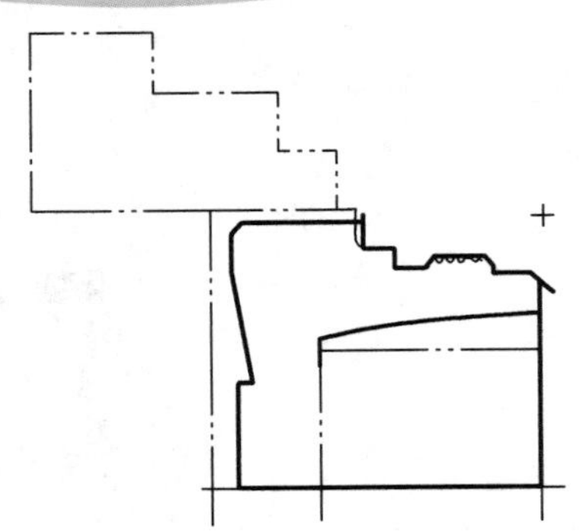

图 8－100　修整内轮廓刀具加工的终止位置

② 选择菜单“车削”→“粗车”命令，使用“局部串连”选取粗车内轮廓线，刀具选择“T0404”，弹出“粗车”对话框，设置粗车参数，如图 8－101 所示，生成的粗车内轮廓刀具路径如图 8－102 所示。

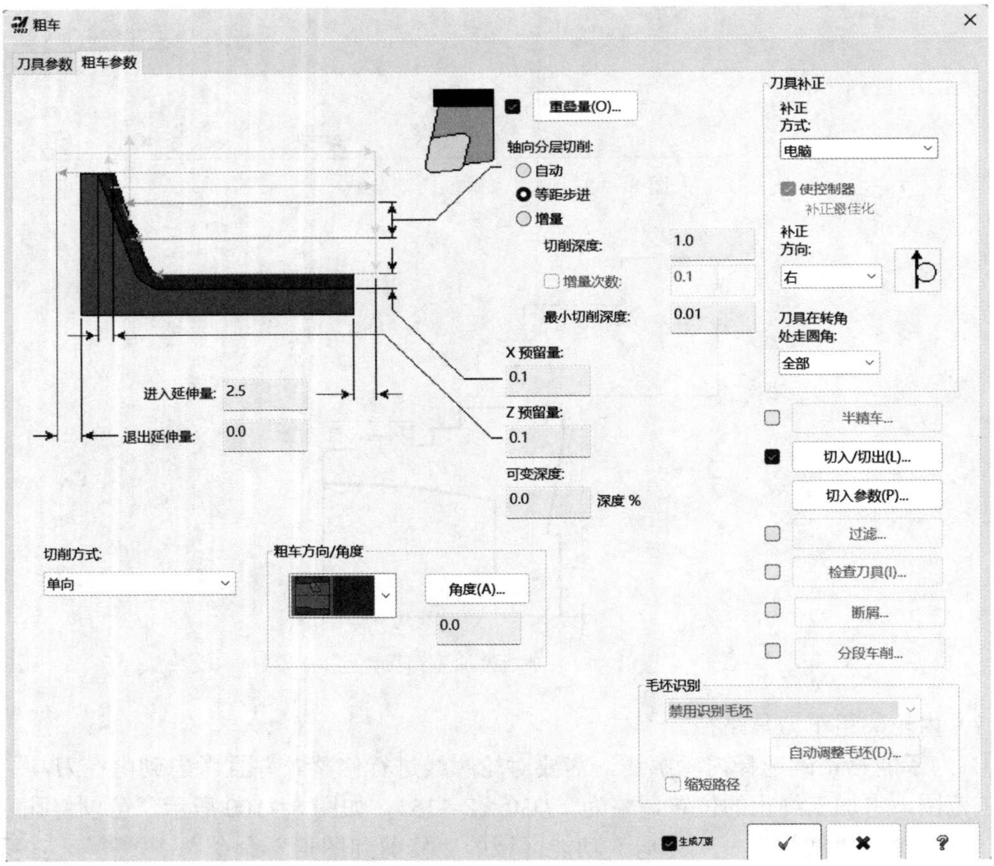

图 8－101　设置“粗车参数”

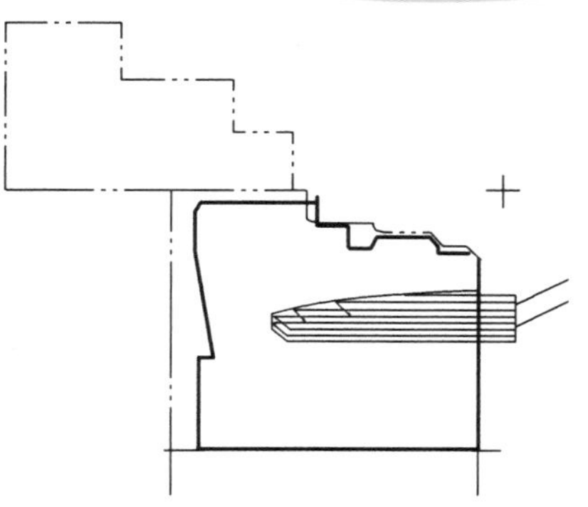

图 8－102　粗车内轮廓刀具路径

（8）内轮廓精车刀具路径。

选择菜单“车削”→“精车”命令，使用“串连”选取精车内轮廓线，刀具选择“T0404”，设置精车参数，如图 8－103 所示。单击“切入/切出（L）”按钮，选择“切出”选项卡，设置切出参数，如图 8－104 所示，生成的精车内轮廓刀具路径如图 8－105 所示。

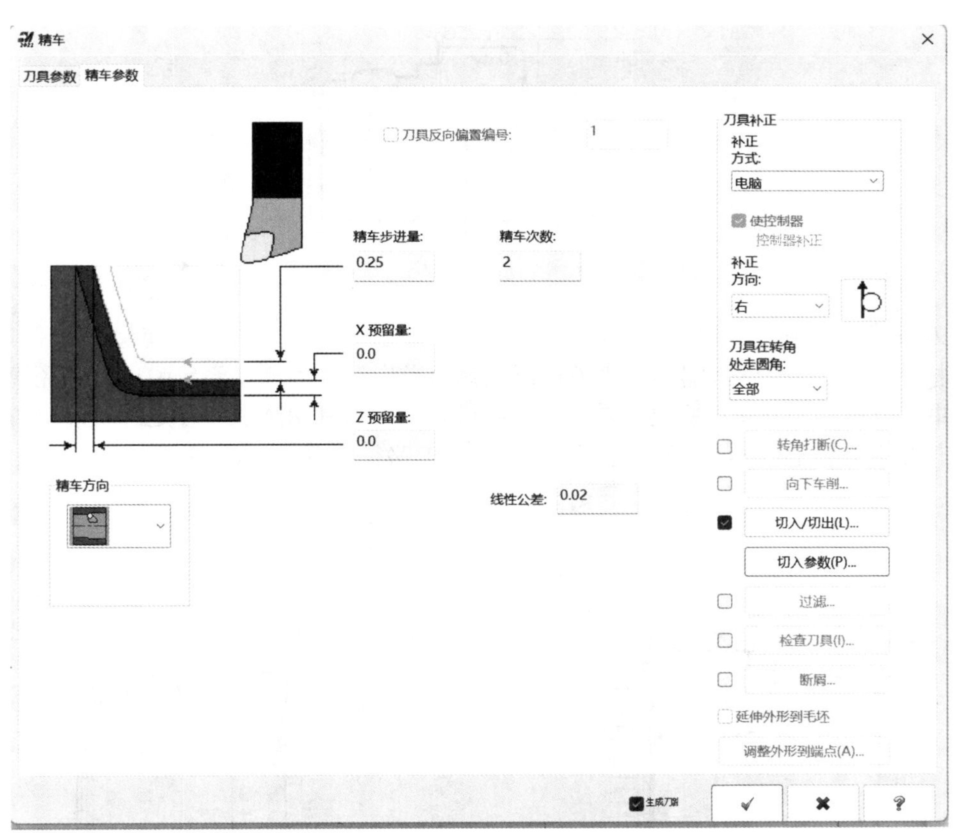

图 8－103　设置精车参数

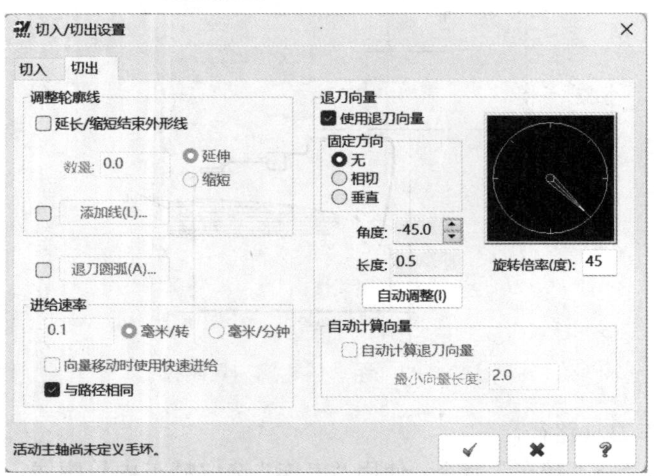

图 8－104 设置退刀参数

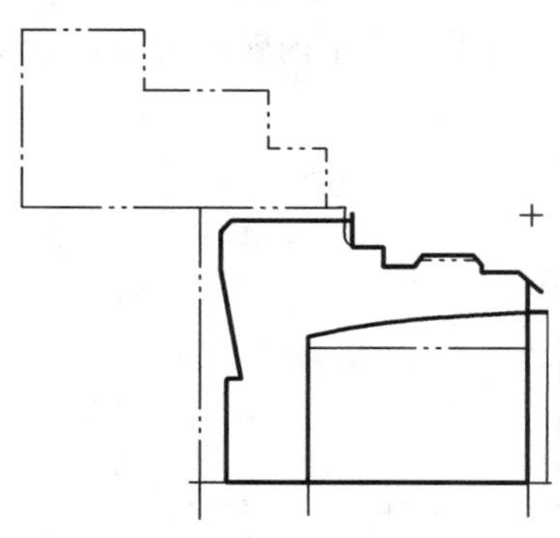

图 8－105 精车内轮廓刀具路径

3. 刀具路径模拟

单击“刀路”操作管理器中的“模拟已选择的操作”按钮，系统弹出“路径模拟”对话框，并在绘图区上方显示播放工具栏，在此可以观察刀具切削过程行走的轨迹。右端各部刀具加工路径如图 8－106 所示，左端各部刀具加工路径如图 8－107 所示。

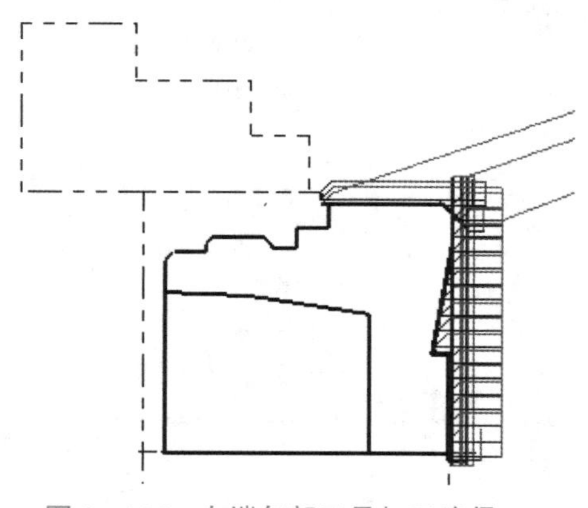

图 8－106 右端各部刀具加工路径

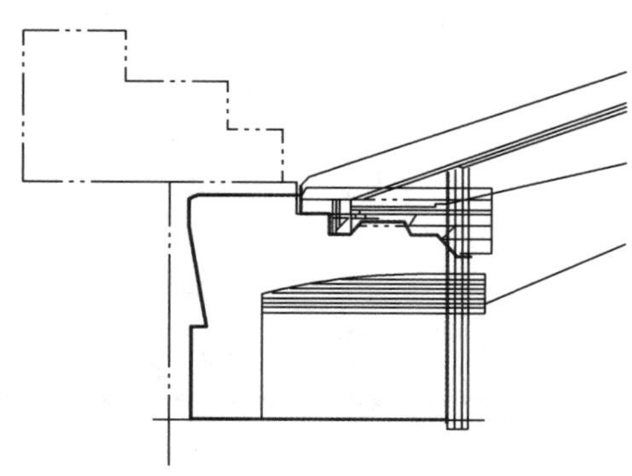

图 8－107 左端各部刀具加工路径

4. 实体验证及后置处理

1）实体验证

单击“刀路”操作管理器”中的“验证已选择的操作”按钮，系统将弹出“Mastercam 模拟器”对话框，在该对话框中可以通过播放来观察实际加工中刀具切削材料的加工过程。

车削工件右端实体验证过程如图 8－108 所示，车削工件左端实体验证过程如图 8－109 所示。

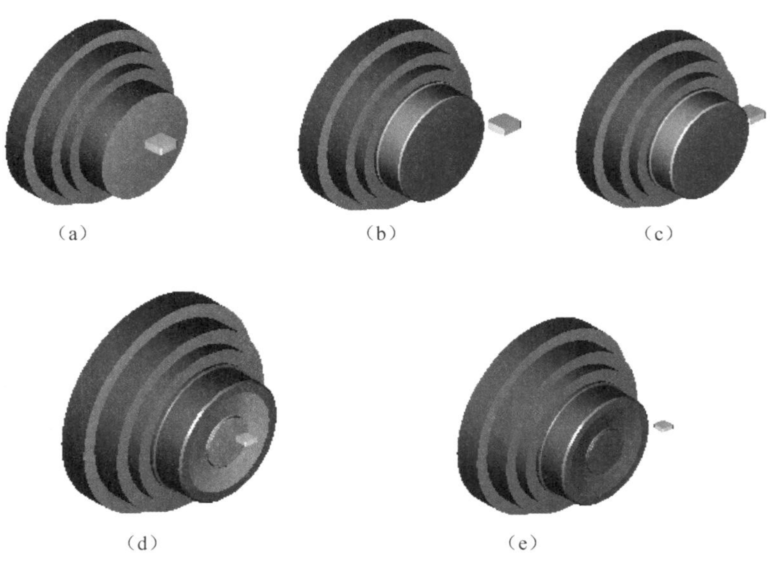

图 8－108　刀具车削工件右端实体验证过程

（a）工步 1：车右端面；（b）工步 2：粗车外圆；（c）工步 3：精车外圆；（d）工步 4：粗车内凹锥台；（e）工步 5：精车内凹锥台

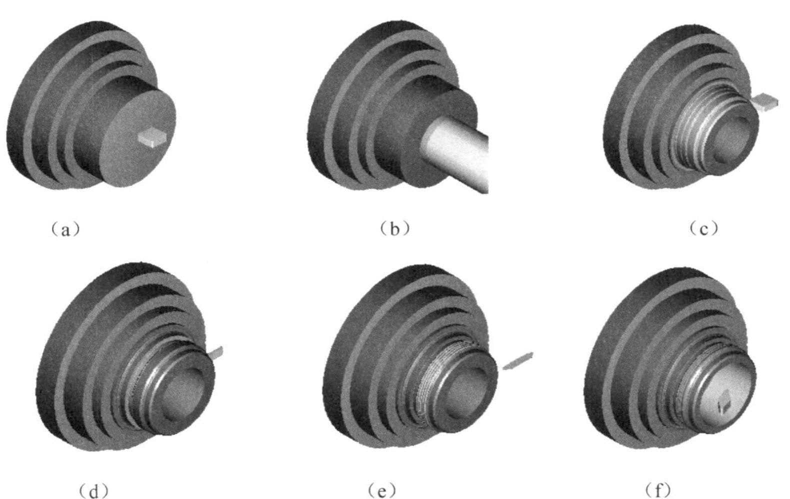

图 8－109　刀具车削工件左端实体验证过程

（a）工步 1：车左端面；（b）工步 2：钻孔；（c）工步 3、4：粗、精车外轮廓；（d）工步 5：切槽 3×ϕ51；（e）工步 6：车外螺纹 M54×1.5；（f）工步 7、8：粗、精车内轮廓

2）后置处理

在“刀路”操作管理器”中单击“执行选择的操作进行后处理”按钮 G1，系统将弹出“后处理程序”对话框。选中“NC 文件”前的复选框，表明生成 NC 加工代码。选中“询问”前的单选按钮，则会在覆盖原文件时提示助记用户是否覆盖，如图 8－110 所示。如果不想在 Mastercam 2022 编辑器中编辑程序，就不要勾选“编辑”复选框，程序生成后可以用记事本打开保存的“.NC”程序文件，以便进行程序的编辑，这时的程序格式是“.TXT”。

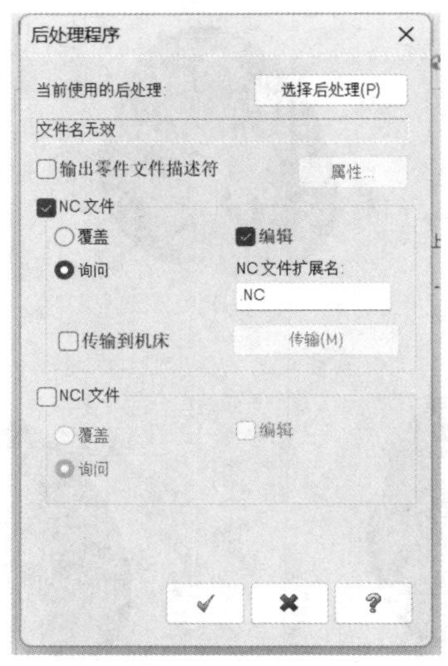

项目拓展任务操作视频

图 8－110　设置后处理程式参数

学有所思，举一反三。通过项目拓展，你有什么新的发现和收获？请写出来。

____。

根据项目编组，加强小组分工、协作训练，请充分发挥个人的聪明才智，自行设计、编制拓展项目实施评价表，格式不限。

8.7 相关知识

8.7.1 项目基础知识

项目基础知识

8.7.2　辅助项目知识

辅助项目知识（思政类）

8.8　巩固练习

8.8.1　填空题

1. Mastercam 2022 的“车削”模块默认包含________、________、________、________、________5 个功能选项区。

2. Mastercam 2022“车削”模块的 10 个标准刀路分别是________、________、________、________、________、________、________、________、________和________。

3. Mastercam 2022“车削”模块的 2 个手动操作分别是________和________。

4. Mastercam 2022“车削”模块的 4 个循环刀路分别是________、________、________和________。

5. 车床坐标系分为________、________、________、________4 种。

6. 车床刀具类型分为________、________、________、________、________5 种。

7. 粗车方向分为________、________、________、________4 种

8. 车床刀路 C 轴加工方式有________、________、________、________、________、________6 种。

8.8.2　选择题

1. 在数控车床坐标中，+Z 方向是（　　）。

   A. 刀具远离刀柄方向　　B. 刀具离开主轴线方向

   C. 刀具靠近主轴线方向　　D. 刀具靠近刀柄方向

2. 车床系统刀具的设置不包括（　　）。

   A. 刀具类型的设置　　B. 刀头的设置

   C. 刀柄的设置　　D. 刀具长度的设置

8.8.3　简答题

1. 简述车床加工和铣床加工的相同点与不同点。

2. 列举 8 种 Mastercam 2022 常用的车削加工方法。
3. Mastercam 2022 车削加工常用的构图面是哪一个？
4. 挖槽车削加工时为什么要设置底部刀具停留时间？
5. 练习在自定义尺寸、外形的工件上设置毛坯、卡盘、顶尖。

8.8.4 操作题

1. 基础练习

1. 如图 8－111 所示零件图，选择适当的加工方法并生成刀具路径，进行仿真加工生成 NC 程序。

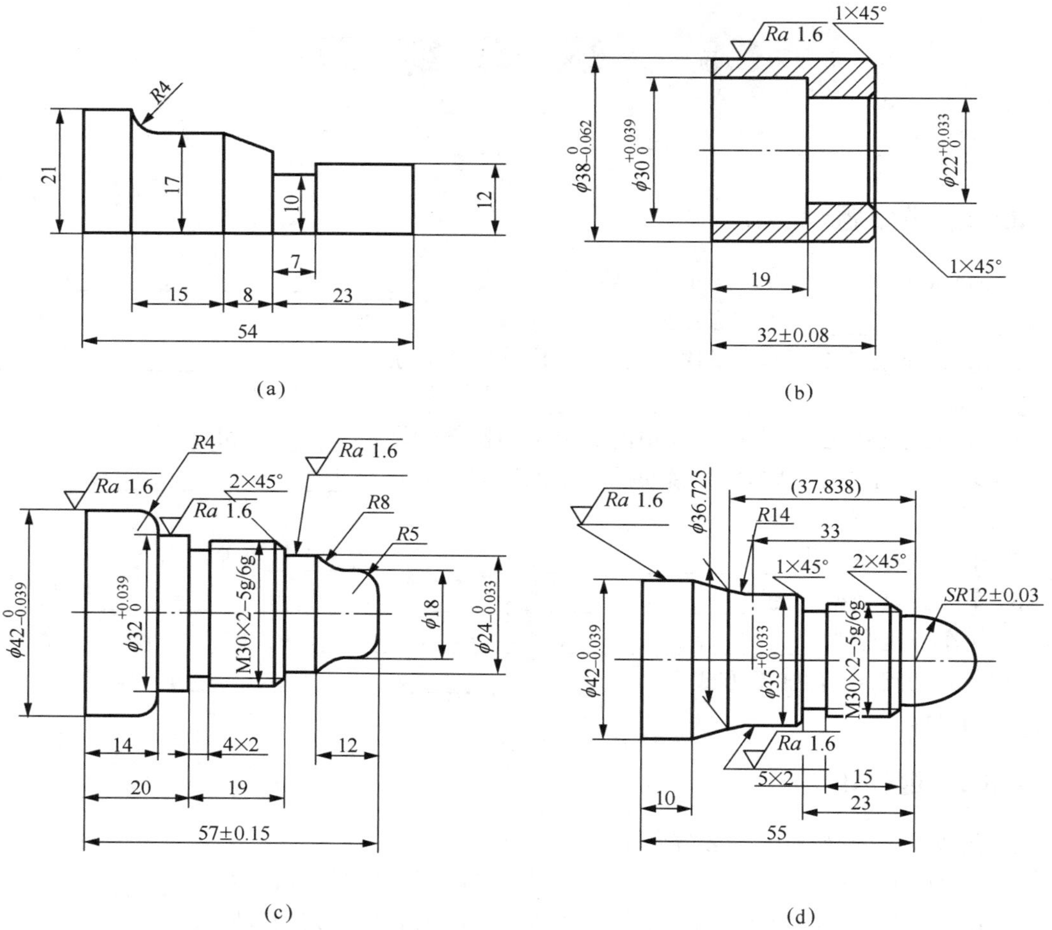

(a)

(b)

(c)

(d)

图 8－111 零件图

2. 提升训练

（1）通过图 8－112 所示的零件（毛坯为ϕ70 mm 的圆棒料，材料为 45 钢），练习使用 Mastercam 2022 车削编程软件完成车端面、粗车、精车、切槽及螺纹切削等车削加工。

（2）通过图 8－113 所示零件（毛坯材料为 45 钢），练习使用 Mastercam 2022 车削编程软件完成该零件的车削加工。

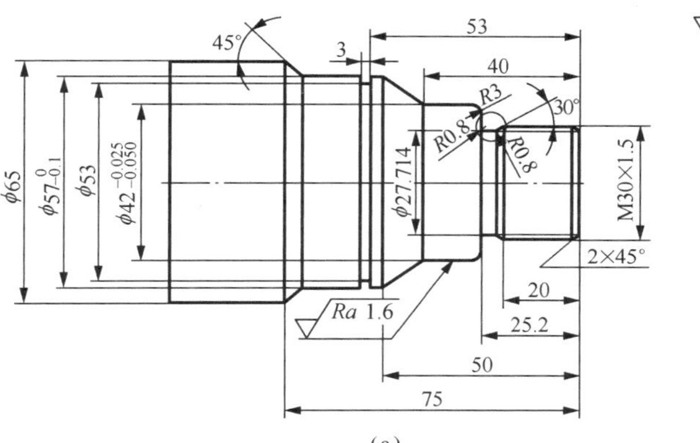

(a)

点	X	Z	I	K	R
1	27.714	−21.979	0.693	−0.4	0.8
2	27.5	−22.379			
3	27.5	−24.4	0.8	0	0.8
4	29.1	−25.2			

(b)

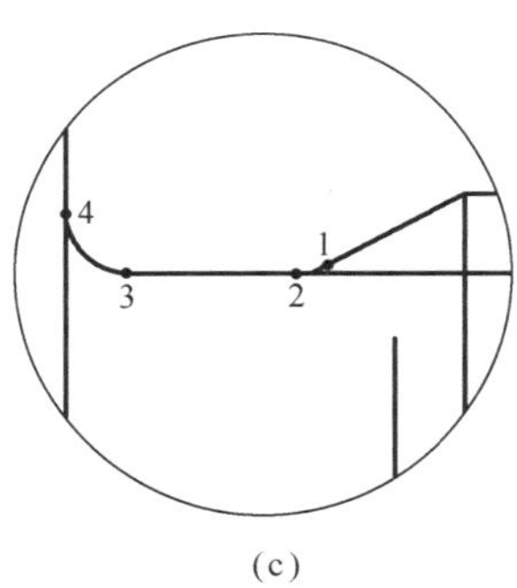

(c)

图 8－112　轴

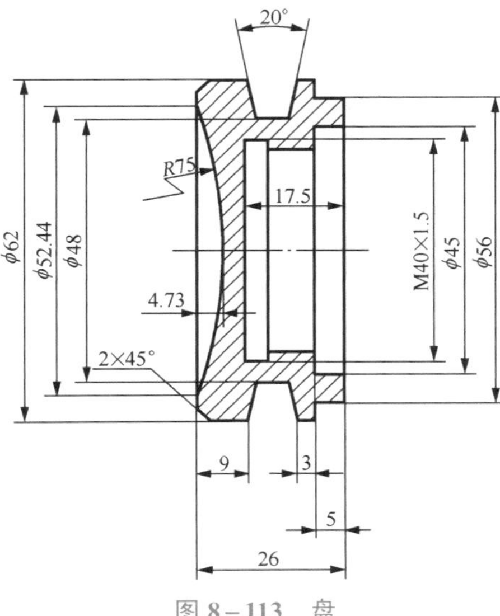

图 8－113　盘

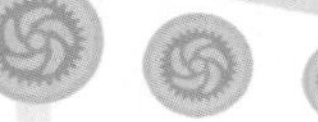

（3）已知加工数模（提升训练 3.stp），并附工件图，要求读入数模，提取轮廓线，建立加工模型进行编程。毛坯尺寸为 ϕ50mm×110mm，材料为 45 钢。

提示：先加工左端，然后掉头装夹加工右端，加工工艺参见刀路管理器。首先，在“毛坯设置”选项卡中定义毛坯与卡爪；其次，左端加工：车端面→粗车外圆→精车外圆→点钻孔窝→钻孔（ϕ10 mm）→扩孔（ϕ20 mm）→精车内孔→掉头装夹（毛坯翻转）→粗车外圆→精车外圆→车退刀槽→车螺纹。以上提升训练提示如图 8-114 所示。

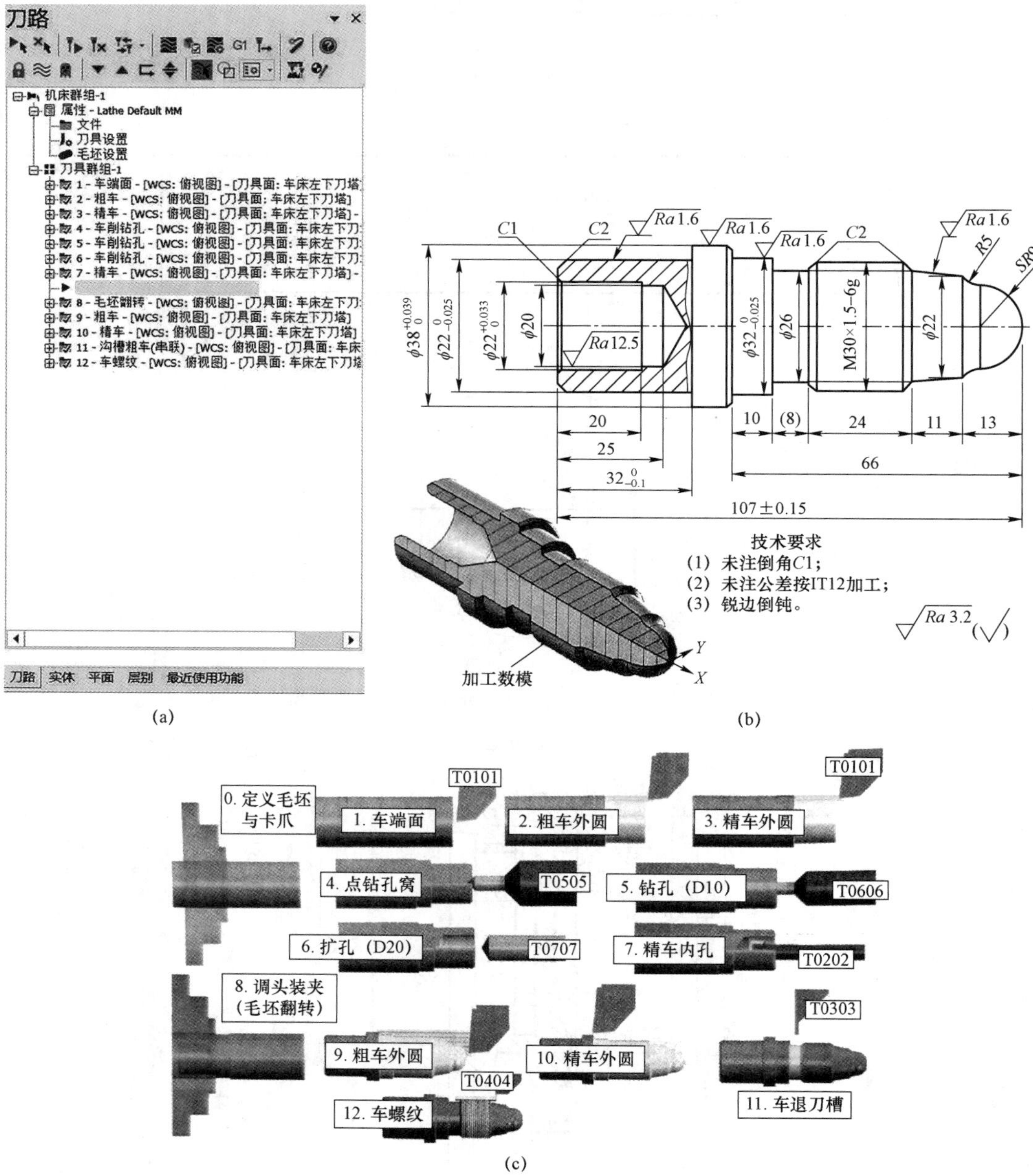

(a)

(b)

(c)

图 8-114 “提升训练 3.stp”提示

（a）刀路管理器（加工工艺）；（b）零件图；（c）加工步骤（仿真效果）

（4）自己设计一个印章，应用 Mastercam 2022 完成零件的车削加工造型，生成刀具加工路径，根据 FANUC-0i 系统的要求进行后置处理，生成数控机床用的 NC 代码。

要求：根据任务要求先进行市场调研，然后设计出自己的创意印章，并写出调研报告。

调研途径：网络、书店、商场、超市及批发市场等。

巩固练习（填空题、选择题）答案

附　　录

根据课程学习进度，本书作者专门制作了十讲学习视频，供使用者参考。

第一讲　CAD/CAM 入门

第二讲　二维图形绘制

第三讲　几何对象的编辑与绘制

第四讲　三维曲面建模 1

第五讲　三维曲面建模 2

第六讲　平面铣削加工

第七讲　挖槽加工

第八讲　Mastercam 软件三维铣削加工

第九讲　三维曲面加工

第十讲　SW－CNC 铣床仿真

参 考 文 献

[1] 蒋洪平. Mastercam X 标准教程 [M]. 北京：北京理工大学出版社，2007.
[2] 何满才. Mastercam X 基础教程 [M]. 北京：人民邮电出版社，2006.
[3] 何满才. Mastercam X 习题精解 [M]. 北京：人民邮电出版社，2007.
[4] 潘子南，鲁君尚，王锦. Mastercam X 基础教程 [M]. 北京：人民邮电出版社，2007.
[5] 张灶法，陆裴，尚洪光. Mastercam X 实用教程 [M]. 北京：清华大学出版社，2006.
[6] 赵国增. CAD/CAM 实训-MasterCAM 软件应用 [M]. 北京：高等教育出版社，2003.
[7] 康鹏工作室. Mastercam X 加工技术应用 [M]. 北京：清华大学出版社，2007.
[8] 蔡东根. Mastercam 9.0 应用与实例教程 [M]. 北京：人民邮电出版社，2006.
[9] 邓弈，苏先辉，肖调生. Mastercam 数控加工技术 [M]. 北京：清华大学出版社，2004.
[10] 张导成. 三维 CAD/CAM-Mastercam 应用 [M]. 北京：机械工业出版社，2004.
[11] 傅伟. Mastercam 软件应用技术 [M]. 北京：人民邮电出版社，2006.
[12] 宋昌平，张莉洁. Mastercam 实战技巧 [M]. 北京：化学工业出版社，2006.
[13] 沈建峰. CAD/CAM 基础与实训 [M]. 北京：中国劳动社会保障出版社，2008.
[14] 李云龙，曹岩. Mastercam 9.1 数控加工实例精解 [M]. 北京：机械工业出版社，2004.
[15] 邱坤. Mastercam X 数控自动编程 [M]. 北京：清华大学出版社，2010.
[16] 蒋洪平. 模具 CAD/CAM-Mastercam X [M]. 北京：北京理工大学出版社，2010.
[17] 麓山文化. 中文版 MastercamX7 从入门到精通 [M]. 北京：机械工业出版社，2015.
[18] 熊杰萍，徐钦. Mastercam X8 实例教程 [M]. 南京：东南大学出版社，2015.
[19] 钟日铭. Mastercam X9 中文版完全自学一本通 [M]. 北京：机械工业出版社，2016.
[20] 北京兆迪科技有限公司. Mastercam X8 数控加工教程 [M]. 北京：机械工业出版社，2017.
[21] 马志国. Mastercam 2017 数控加工编程应用实例 [M]. 北京：机械工业出版社，2017.
[22] 陈为国，陈昊，严思堃. 图解 Mastercam 2017 数控加工教程高级教程 [M]. 北京：机械工业出版社，2020.
[23] 胡仁喜，刘昌丽. Mastercam 2019 中文版从入门到精通 [M]. 北京：机械工业出版社，2021.